教育部——微软精品课程建设立项项目
高等学校计算机课程规划教材

数据结构与算法教程

（C++版）

唐宁九 游洪跃 孙界平 朱宏 杨秋辉 主编

清华大学出版社
北京

内容简介

本书结合C++面向对象程序设计的特点，构建了数据结构与算法，书中的所有算法都在Visual C++ 6.0、Visual C++ 2005、Visual C++ 2005 Express、Dev-C++和MinGW Developer Studio开发环境中进行了严格的测试，而且，在作者个人网页上提供了大量的教学支持内容。

本书共分11章，第1章是基础知识，介绍基本概念及其术语，讨论实用程序软件包；第2章引入线性表；第3章介绍栈和队列，用栈实现表达式求值；第4章介绍串，详细讨论串的存储结构与模式匹配算法；第5章介绍数组和广义表，首次提出了广义表的使用空间表存储结构；第6章介绍树结构，应用哈夫曼编码实现压缩软件；第7章介绍图结构，实现图的常用存储结构，讨论图的相关应用，并实现相应算法；第8章介绍查找，讨论静态查找表、动态找查表与散列表，并实现了所有算法；第9章介绍排序，以简洁方式实现各种排序算法；第10章介绍文件，讨论各种常用文件结构；第11章介绍算法设计技术与算法分析技术。

本书在内容组织上特别考虑了读者的可接受性；在算法实现时，重点考虑了程序的可读性；并且在习题、上机实验或课程设计中进一步实现更强的功能。通过本书学习，读者不但能迅速提高数据结构与算法的水平，还能提高C++程序设计的能力，经过适当的选择，本书可以作为数据结构、数据结构与算法分析、数据结构与算法设计、数据结构与算法等课程的教材，本书可作为高等院校计算机及相关专业的教材，也可供其他从事软件开发工作的读者学习参考使用。

图书在版编目(CIP)数据

数据结构与算法教程：C++版/唐宁九等主编. —北京：清华大学出版社，2012.12(2021.8重印)
高等学校计算机课程规划教材
ISBN 978-7-302-28030-9

Ⅰ.①数… Ⅱ.①唐… Ⅲ.①数据结构—高等学校—教材 ②算法分析—高等学校—教材 ③C语言—程序设计—高等学校—教材 Ⅳ.①TP311.12 ②TP312

中国版本图书馆CIP数据核字(2012)第023032号

责任编辑：汪汉友　徐跃进
封面设计：傅瑞学
责任校对：李建庄
责任印制：宋　林

出版发行：清华大学出版社
网　　址：http://www.tup.com.cn，http://www.wqbook.com
地　　址：北京清华大学学研大厦A座　　**邮　　编**：100084
社 总 机：010-62770175　　**邮　　购**：010-83470235
投稿与读者服务：010-62776969，c-service@tup.tsinghua.edu.cn
质量反馈：010-62772015，zhiliang@tup.tsinghua.edu.cn
课件下载：http://www.tup.com.cn，010-83470236
印 装 者：三河市龙大印装有限公司
经　　销：全国新华书店
开　　本：185mm×260mm　　**印　　张**：24.5　　**字　　数**：615千字
版　　次：2012年12月第1版　　**印　　次**：2021年8月第9次印刷
定　　价：59.00元

产品编号：042628-02

出版说明

信息时代早已显现其诱人魅力，当前几乎每个人都随身携有多个媒体、信息和通信设备，享受其带来的快乐和便捷。

我国高等教育早已进入大众化教育时代，而且计算机技术发展很快，知识更新速度也在快速增长，社会对计算机专业学生的专业能力要求也在不断翻新。这就使得我国目前的计算机教育面临严峻挑战。我们必须更新教育观念——弱化知识培养目的，强化对学生兴趣的培养，加强培养学生理论学习、快速学习的能力，强调培养学生的实践能力、动手能力、研究能力和创新能力。

教育观念的更新，必然导致教材的更新。一流的计算机人才需要一流的名师指导，而一流的名师需要精品教材的辅助，而精品教材也将有助于催生更多一流名师。名师们在长期的一线教学改革实践中，总结出了一整套面向学生的独特的教法、经验、教学内容等。本套丛书的目的就是推广他们的经验，并促使广大教育工作者进一步更新教育观念。

在教育部相关教学指导委员会专家的帮助和指导下，在各大学计算机院系领导的协助下，清华大学出版社规划并出版了本系列教材，以满足计算机课程群建设和课程教学的需要，并将各重点大学的优势专业学科的教育优势充分发挥出来。

本系列教材行文注重趣味性，立足课程改革和教材创新，广纳全国高校计算机专业一线优秀名师参与，从中精选出佳作予以出版。

本系列教材具有以下特点。

1. 有的放矢

针对计算机专业学生并站在计算机课程群建设、技术市场需求、创新人才培养的高度，规划相关课程群内各门课程的教学关系，以达到教学内容互相衔接、补充、相互贯穿和相互促进的目的。各门课程功能定位明确，并去掉课程中相互重复的部分，使学生既能够掌握这些课程的实质部分，又能节约一些课时，为开设社会需求的新技术课程准备条件。

2. 内容趣味性强

按照教学需求组织教学材料，注重教学内容的趣味性，在培养学习观念、学习兴趣的同时，注重创新教育，加强“创新思维”和“创新能力”的培养、训练，强调实践，案例选题注重实际和兴趣度，大部分课程各模块的内容分为基本、加深和拓宽内容 3 个层次。

3. 名师精品多

广罗名师参与，对于名师精品，予以重点扶持，教辅、教参、教案、PPT、实验大纲和实验指导等配套齐全,资源丰富。同一门课程,不同名师分出多个版本,方便选用。

4. 一线教师亲力

专家咨询指导,一线教师亲力;内容组织以教学需求为线索;注重理论知识学习,注重学习能力培养,强调案例分析,注重工程技术能力锻炼。

经济要发展,国力要增强,教育必须先行。教育要靠教师和教材,因此建立一支高水平的教材编写队伍是社会发展的需要,特希望有志于教材建设的教师能够加入到本团队。通过本系列教材的辐射,培养一批热心为读者奉献的编写教师团队。

清华大学出版社

前　言

数据结构与算法内容丰富，技巧性强，包含了计算机科学与技术的许多重要方面，对学生的计算机软件素质的培养作用明显。

本书采用 C++ 面向对象的观点介绍数据结构与算法，并使用模板程序设计技术，与传统采用面向过程的观点相比优势较大，使所设计的程序更容易实现代码重用，在提供通用性和灵活性的同时，又保证了效率。本书将面向对象程序设计的思想融合到数据结构与算法中，读者通过学习可进一步提高面向对象程序设计的能力。

全书共分为 11 章，第 1 章是基础知识，介绍基本概念及其术语、抽象数据类型的实现，还讨论算法的概念和算法分析的简单方法。作为预备知识，读者应具有一定的 C++ 程序设计的基础。但为了降低读者的门槛，本章还介绍了要用到的 C++ 的主要知识点，并介绍了实用程序软件包。

第 2 章引入线性表，详细讨论线性表的顺序存储结构与链式存储结构。在讨论链式存储结构时，首先仿照传统方法实现线性表，在此基础之上，在链表结构中保存当前位置和元素个数，这样在难度增加不大的情况下提高了算法效率，使学生逐步体会改进算法的途径与方法。

第 3 章介绍栈和队列，讨论栈和队列的顺序存储结构与链式存储结构，用栈实现表达式求值，通过学习能掌握各种栈和队列的实现与使用方法，对后继课程（如操作系统原理和编译原理）的学习打下良好基础。本章还讨论了优先队列，使队列应用更加广泛。

第 4 章介绍串，详细讨论串的存储结构与模式匹配算法，为开发串应用软件（如实现文本编辑软件）打下坚实的基础。

第 5 章介绍数组和广义表，详细讨论数组、特殊矩阵、稀疏矩阵和广义表的存储结构及实现方法，首次提出了广义表的使用空间表存储结构，并使用广义表实现 m 元多项式的表示。

第 6 章介绍树结构，讨论了二叉树、线索二叉树、树、森林及其哈夫曼树的结构及其实现，还用哈夫曼编码实现了压缩软件。

第 7 章介绍图结构，实现图的常用存储结构，并讨论图的相关应用，实现相应算法（如求最小生成树的 Prim 算法与 Kruskal 算法，求最短路径的 Dijkstra 算法与 Floyd 算法）。

第 8 章介绍查找，讨论静态查找表、动态查找表与散列表，还讨论二叉排序树、二叉平衡树与 B 树，并实现所有算法。

第 9 章介绍排序，以简洁方式实现各种排序算法，还测试了各种排序算法的实际运行时间。

第 10 章介绍文件，讨论主存储器和辅助存储器，以及各种常用文件结构，还特别介绍在数据库中经常采用的 VSAM 文件，对读者研究与学习数据库有一定的帮助。

第 11 章介绍算法设计技术与算法分析技术，详细讨论各种算法设计技术的使用方法并实现了各种算法，并对算法分析技术进行深入浅出的讨论。对读者的算法设计和算法分析的理论和实践都有极大的帮助。

对于初学者，要完全独立编写数据结构与算法的代码是相当困难的，因此本书讨论的数据结构与算法都加以实现并进行了严格测试，提供了完整的测试程序，读者可参考这些测试程序编写相关算法，但如果只会使用已有的数据结构编写简单的程序也不利于读者对数据结构与算法的深入理解，提高研究新数据结构与算法的能力。因此本书的习题不但包括基本练习题，还包括仿照书中数据结构构造新数据结构的题目，或改造已有算法的题目，这样使读者具有构造新结构及改造或改进算法的能力。

本书各章还提供了实例研究，这些实例研究包含教材基础内容的应用(例如第 4 章的实例研究——文本编辑，第 3 章的实例研究——表达式求值等)，也包含教材正文内容的补充(例如第 6 章的实例研究——树与等价关系)。实例研究主要提供给那些精力充沛的学生深入学习与研究，读者通过对实例研究的学习，可提高实际应用数据结构与算法的能力，虽然有一定的难度，但应比读者的想象更易学习与掌握。

为了尽快提高读者的学习能力，本书各章还提供了深入学习导读，包括本书作者实现相关数据结构与算法的最原始思想的资料来源，也包括进一步学习的参考资料，极大地方便了读者与教师查阅资料。

为了加强实践教学的需要，本书的附录中提供了实验题目与课程设计项目，并提供了实验报告格式与课程设计报告格式，以便学生在做数据结构与算法的实验与课程设计时选择，也为教师提供了可供参考的实验与课程设计的素材。

本教材在内容组织上特别考虑了读者的可接受性；在算法实现时，重点考虑程序的可读性，教材基本内容的算法一般选择最简单实现方式，学生容易接受；一般采用启发的方式在习题、上机实验或课程设计中进一步实现更强的功能，这样容易培养起读者的学习兴趣，使读者感到自己具有能发展或改进已有算法的能力，也会使读者感到自己已具有计算机高手的实力。

本书的作者都活跃在教学研究第一线上，有的作者还具有深厚的数学功底，不但完成了所有算法的测试程序，还对算法分析的相关公式进行了严格的数学推理。

本书采用了模板程序设计技术，模板技术已成为现代 C++ 语言的风格基础，C++ 98 (1998 年标准化的 C++)提供的标准程序库中有 80%的成分是使用模板机制实现的 STL (Standard Template Library，标准模板库)。而国内现阶段教学并未重视 C++ 的模板程序设计，书籍资料也不是很多。作者认为在 C++ 中，只要模仿本书算法，读者会在不知不觉中就掌握了模板程序设计技巧。

现在来讨论一下在国外数据结构与算法教材中上机时喜欢采用的 STL。实际上，STL 是 AT&T 贝尔实验室和 HP 研究实验室的研究人员将模板程序设计和面向对象程序设计的原理结合起来,创造的一套研究数据结构与算法的统一方法,现在已成为C++ 标准库的一部分。STL 提供了实现数据结构的新途径。它将(数据)结构(即组织数据的存储结构)抽象为容器。通过使用模板和迭代器,STL 库使程序员能够将广泛的通用算法应用到各种容器类上。通过本书作者的研究与了解,STL 库只覆盖了数据结构中的线性结构和树结构,并没有覆盖图部分,因此,对数据结构来讲,STL 库并不完备,同时,如果读者上机编程都只使用 STL 库解决数据结构的相关算法,可能使读者在数据结构编程方面,只会使用 STL 库,而不能独自设计新数据结构。本书采用模板方法实现了所有书中的数据结构算法,应比 STL 库更完备;同时 STL 库中包含的源代码可读性差,不适合作为教学使用,本书的算法源程序首要强调可读性,使读者容易接受与模仿,并且可进行改进或修改算法实现,因此在某种意义上讲,本书提供的关于数据结构与算法实现的类模板与函数模板是一种 GTL(General Template Library)或 OSGTL(Open Source General Template Library),读者也可从作者个人主页提供的软件包(具体内容见附录 B)来进行实际数据结构与算法方面的软件开发;当然,通过本书的学习,再返回来学习 STL 库的应用,将会事半功倍,读者只要找一本介绍 STL 的书籍或网上找一些介绍使用 STL 库的文档,并用 STL 库试着编程即可完全掌握 STL 库的使用。

特别要提一下有关 C++ 编译器的问题。在 C++ 之外的任何编程语言中,编译器都没有受到过如此之重视,这是因为 C++ 是一门非常复杂的语言,以致编译器也难于构造。下面介绍一些常用的优秀 C++ 编译器。

Visual C++ 编译器:由微软开发,现在主要流行 Visual C++ 6.0、Visual C++ 2005 以及 Visual C++ 2005 Express,特点是集成开发环境用户界面友好,信息提示准确,调试方便,对模板支持最完善;Visual C++ 6.0 对硬件环境要求低,现在安装的机器最多,但对标准 C++ 兼容只有 83.43%,Visual C++ 2005 与 Visual C++ 2005 Express 在软件提示信息上做了进一步的优化与改进,并且对标准 C++ 兼容程度达到了 98%以上,但对硬件的要求较高;还有 Visual C++ 2005 Express 是一种轻量级的 Visual C++ 软件,易于使用。对于编程爱好者、学生和初学者来说是很好的编程工具,微软在 2006 年 4 月 22 日正式宣布 Visual Studio 2005 Express 版永久免费。

GCC 编译器:著名的开源 C++ 编译器。是在 UNIX 操作系统(例如 Linux)下编写 C++ 程序的首选,有非常好的可移植性,可以在非常广泛的平台上使用,也是编写跨平台、嵌入式程序很好的选择。GCC 3.3 与标准 C++ 兼容程度大概能够达到 96.15%。现已有一些移植在 Windows 环境下使用 GCC 编译器的 IDE(集成开发环境),例如 Dev-C++ 与 MinGW Developer Studio,其中 Dev-C++ 是能够让 GCC 在 Windows 下运行的集成开发环境,提供了与专业 IDE 相媲美的语法高亮、代码提示与调试等功能;MinGW Developer Studio 是跨平台下的 GCC 集成开发环境。目前支持 Windows、Linux 和 FreeBSD;根据作者的实际使用,感觉使用 GCC 编译器的 IDE 错误信息提示的智能较低,错误提示不太准确,还有就是对模板支持较差,对语法检查较严格,有些在 Visual C++ 编译器中编译通过的程序可能在 GCC 编译器的 IDE 还会显示有错误信息。

本书所有算法都同时在 Visual C++ 6.0、Visual C++ 2005、Visual C++ 2005 Express、Dev-C++ 和 MinGW Developer Studio 中通过测试。读者可根据实际情况选择

适当的编译器,建议选择 Visual C++ 6.0。

教师可采取多种方式来使用本书作为讲授数据结构、数据结构与算法分析、数据结构与算法设计、数据结构与算法等课程,应该根据学生的背景知识以及课程的学时数来进行内容的取舍。为满足不同层次的教学需求,本教材使用了分层的思想,分层方法如下:没加有星号*及双星号**的部分是基本内容,适合所有读者学习;加有星号的部分是适合计算机专业的读者深入学习的选学部分;加有双星号的部分适合于感兴趣的同学研究,尤其适合于那些有志于 ACM 竞赛的读者加以深入研究。

作者为本书提供了全面的教学支持,如果在教学或学习过程中发现与本书有关的任何问题都可以与作者联系:youhongyue168@gmail.com,作者将尽力满足读者的要求,并可能将解答公布在作者的教学网站 http://teachhelp.changeip.net:9988/或 http://teachhelp.3322.org:9988/上。在教学网站上还将提供如下内容:

(1) 提供书中所有算法在 Visual C++ 6.0、Visual C++ 2005、Visual C++ 2005 Express、Dev-C++ 和 MinGW Developer Studio 开发环境中的测试程序,今后还会提供当时流行的 C++ 开发环境的测试程序,每种开发环境还将提供基本开发过程的文档;还提供本书作者开发的软件包(包含所有本书所讲的数据结构与算法的类模板与函数模板)。

(2) 提供教学用 Power Point 幻灯片 ppt 课件。

(3) 向教师提供所有习题、上机实验题与课程设计项目的解答或参考程序;对学生来讲,将在每学期期末(第 15 周~第 20 周)公布解压码。

(4) 数据结构与算法问答专栏。

(5) 提供至少 8 套数据结构与算法模拟试题及其解答,以供学生期末及考研复习,也可供教师出考题时参考。

(6) 提供数据结构与算法相关的其他资料(例如 Dev-C++ 与 MinGW Developer Studio 软件,流行免费 C++ 编译器的下载网址等)。

希望各位能够抽出宝贵的时间将你对本教材的建议或意见,当然也可以发表对国内外的数据结构与算法课程教学的任何意见寄给作者,你的意见将是我们再版修订教材的重要参考。

张卫华、彭骏、谭斌、李培宇、何凯霖、姜琳、聂清彬、黄维、邹昌文、王文昌、周焯华、胡开文、沈洁、周德华与欧阳等人对本书做了大量的工作,包括提供资料,调试算法,参与了部分内容的编写,在此特向他们表示感谢;作者还要感谢为本书提供直接或间接帮助的每一个朋友,由于你们热情的帮助或鼓励,激发了作者写好本书的信心以及写作热情。

本书的出版要感谢清华大学出版社各位编辑及评审专家,由于他们为本书的出版倾注了大量热情,也由于他们具有前瞻性的眼光才让读者有机会看到本书。

尽管作者有良好而负责任的严格态度,并做出了最大努力,但由于作者水平有限,书中难免有不妥之处,因此,敬请各位读者不吝赐教,以便作者有一个提高的机会,并在再版时尽量采用你们的意见。

编　者

2012 年 10 月

目　录

第1章 绪 论

随着计算机功能越来越强大，人们就越要尝试解决更加复杂的问题，而更复杂的问题需要更大的计算量，这使得对程序的运行效率有更高的要求，使得从事软件开发的人员必须学习和具备彻底理解隐藏在程序设计后面的一般原理——数据结构和算法。

虽然数据结构与算法的原理和方法是独立于具体的计算机语言，然而只能使用具体的某种计算机语言才能在计算机上实现，本书采用目前普遍使用的 C++ 程序设计语言来描述各种数据结构与算法，为使读者更好地理解教材，本章介绍 C++ 的基本结构和语法。

1.1 数据结构的概念和学习数据结构的必要性

对于数值计算问题的解决方法，主要是用数学方程建立数学模型，例如预测人口增长的数学模型为常微分方程，求解这些数学模型的方法是计算数学研究的范畴。

对于非数值计算问题，主要采用数据结构的方法建立数学模型，下面通过实例加以说明。

例 1.1 在人事管理系统中，包含有“员工基本信息”表格，包括了许多员工基本信息记录（例如包含有编号，姓名，性别，籍贯，家庭住址，生日，如表 1.1 所示），将这些记录按照一定的顺序存放在“员工基本信息”表格中，每个员工基本信息记录按顺序排列，形成员工基本信息记录的线性序列，这是一种最简单的线性表结构。

表 1.1 员工基本信息

编 号	姓 名	性 别	籍 贯	家 庭 住 址	生 日
1001	刘倩	女	北京	人民南路 16 号	1985.12.18
1002	朱洪顺	男	成都	一环路北 3 段 56 号	1986.6.28
1003	李世红	男	太原	二环路东 6 段 168 号	1983.10.16
1004	陈冠杰	男	杭州	解放路 18 号	1982.11.29
1005	游倩华	女	苏州	人民西路 98 号	1988.6.8
1006	林键忠	男	青岛	人民西路 69 号	1986.2.28
1007	李代靖	女	太原	一环路东 6 段 16 号	1985.3.19

例 1.2 典型的 UNIX 文件系统结构如图 1.1 所示，属于树结构，是一棵倒置的“树”，此处“树根”代表整个系统，用根目录/表示；下一层表示子系统，如 bin、lib、user 等，

"叶子"就是文件,如 LinkList.h、SqList.h 等。

例 1.3 要在 n 个网站建立通信网格,如图 1.2 所示,这些网站之间形成一种图结构。

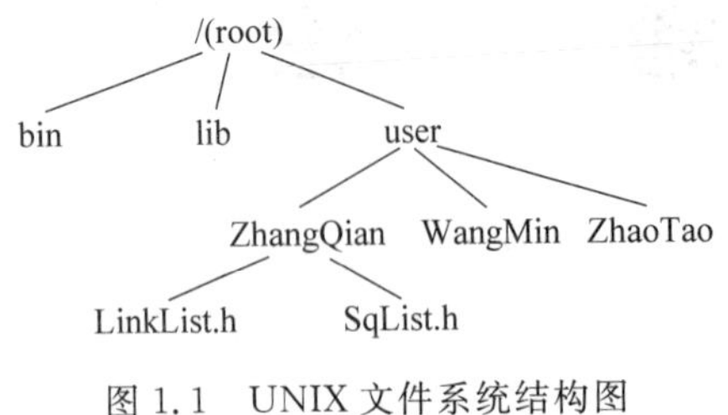

图 1.1 UNIX 文件系统结构图

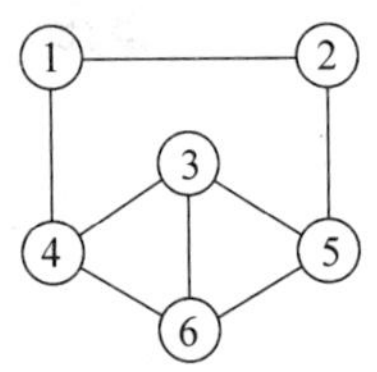

图 1.2 网站之间的"图"状结构

从上面的实例可以看出非数值计算问题的数学模型已不是数学方程,而是线性表、树和图等数据结构,简单地说,数据结构的研究范畴主要是非数值计算问题的操作对象和它们之间的关系以及在计算机中的表示和实现。

在选择数据结构解决特别问题时,只有通过预先分析问题来确定必须达到的性能目标,才有可能挑选出恰当的数据结构,与问题不相称的数据结构,会导致设计的程序效率低,当使用简单的设计就能达到目标时,选择复杂的数据结构来改进程序也没有必要。

1.2 数据结构的基本概念

本节介绍数据结构的基本概念,根据作者的经验,初学者对这些概念在开始时会感到非常抽象,难于理解,但随着不断地学习,一定会融会贯通并加以深刻理解。

1.2.1 数据

数据是客观事物的符号表示,是计算机中可以操作的对象,也就是一切能输入到计算机中并能被处理的符号的总称。

数据可以指数值型数据,例如整数、实数和复数等,这些数据主要应用于工程计算,相信读者都比较熟悉;也可以是非数值型数据,例如文字、图形、语音等数据。

1.2.2 数据元素和数据项

数据元素一般在计算机中作为整体进行处理,是数据的基本单位,数据元素也被称为记录,有的数据元素由若干**数据项**所组成,比如在员工基本信息表中,每个员工记录是一个数据元素,而员工的编号、姓名、性别、籍贯、家庭住址和生日等内容为数据项。

1.2.3 数据结构

在现实世界中,不同数据元素之间不是独立的,而是存在着特定的关系,我们将这些关系称为**结构**，**数据结构**指相互之间存在着一定关系的数据元素的集合。

为了方便起见，用示意图表示数据结构，这种图称为**逻辑结构图**，具体表示为：用小圆圈表示数据元素，用小圆圈之间的带有箭头的线段表示数据元素的有序对，具体地讲对于有序对＜u，v＞可表示为如图 1.3 所示。

u 称为 v 的直接前驱，简称为前驱，v 称为 u 的直接后继，简称为后继，数据元素之间的**关系**定义为有序对的集合。

根据数据元素之间关系的特性，主要有如下 3 类基本结构：

1. 线性结构

线性结构中的数据元素之间存在一个对应一个的关系，也就是除了第一个数据元素没有前驱，最后一个数据元素无后继以外，其他数据元素都有唯一的前驱和后继，如图 1.4 所示。

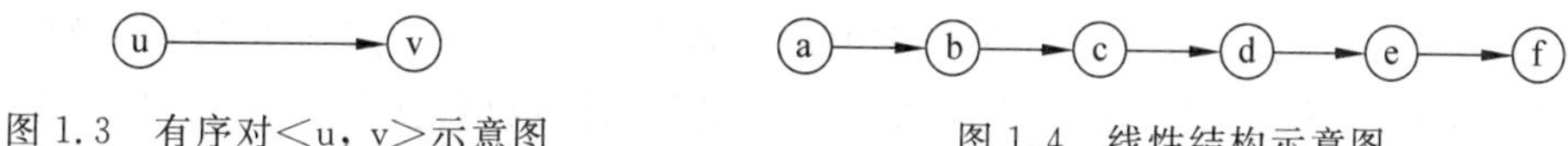

图 1.3　有序对＜u，v＞示意图　　　图 1.4　线性结构示意图

2. 树状结构

树状结构中的数据元素之间存在着一个对应多个的关系，数据元素之间存在着层次关系，也就是除了一个特殊的称为树根的数据元素无前驱外，其他数据元素都有唯一的前驱，如图 1.5 所示。

3. 图状结构

图状结构中的数据元素之间存在多个对应多个的关系，也就是任一数据元素可能有多个前驱和后继，如图 1.6 所示。

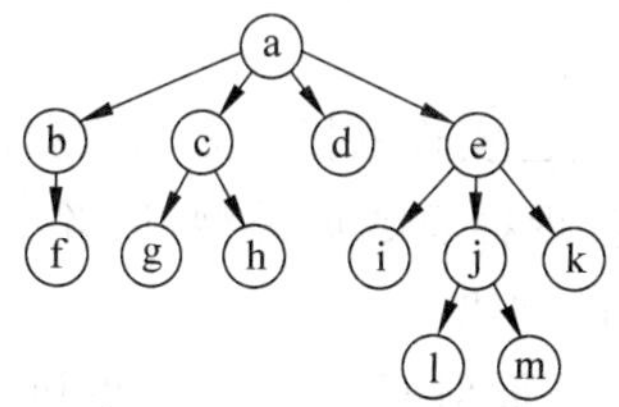

图 1.5　树状结构示意图

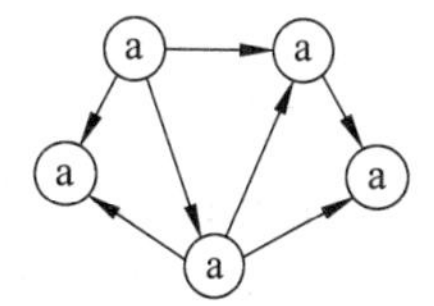

图 1.6　图状结构示意图

数据结构可以形式定义为如下的二元组：

DataStructure＝(D，S)

其中 D 是一个数据元素的集合，S 是定义在 D 中的数据元素之间的关系的有限集合。下面通过实例加以说明。

例 1.4　线性表可定义成如下形式的数据结构：

List＝(D，S)

其中 $D=\{a_i \mid a_i \in \text{ElemSet}, 1\leqslant i\leqslant n\}$，ElemSet 为某个数据元素的集合，$S=\{R\}$，$R=\{<a_{i-1}, a_i> \mid 1\leqslant i\leqslant n-1\}$。

上面数据结构的形式定义实际上是一种数学描述,也就是从解决问题的实际出发,为实现必要的功能建立数学模型,其结构定义中的关系用于描述数据元素之间的逻辑关系,是面向问题的,称为**逻辑结构**;数据结构在计算机中的表示称为**物理结构**或**存储结构**,物理结构是面向计算机的。

本书后面讨论数据结构时,不但要讨论典型的逻辑结构,同时还要讨论与逻辑结构相应的物理结构,以及数据结构的相关操作及其实现。

1.3 抽象数据类型及其实现

1.3.1 数据类型

在程序设计语言中已学过各种数据类型,比如C语言的基本数据类型为整型和浮点型,这些数据类型规定了使用这些类型时的取值范围,同时还规定类型可以使用的不同操作(在算术中称为运算),比如32位长的整型类型数据的取值范围是$-2^{31}\sim2^{31}-1$,能进行的操作有双目运算符:+、-、*、/、%,单目运算符+、-,关系运算符:<、>、<=、>=、==、!=,赋值运算符=等,在C语言中还提供了一些构造类型,例如数组类型、结构体类型等,程序员可以根据需要定义数据类型。在本书中,**数据类型**是指一组性质相同的值的集合以及定义在此集合上的一些操作的总称。

1.3.2 抽象数据类型(Abstract Data Type——ADT)

抽象指抽取出事物具有普遍性的本质,据说在欧洲古代没有3及3以上的概念,他们在数数时,3及3以上的数都称为many,也就是说他们还没有抽象出3及3以上的自然数。**抽象数据类型**指定义用于表示应用问题的数学模型,以及定义在此数学模型上的一组操作(也可称为服务、方法或运算)的总称。

抽象数据类型可利用已有的数据类型来实现,并用已实现的操作来构成新的操作,为使读者易于上机实践,本书采用C++程序设计语言实现抽象数据类型,读者不但能学到数据结构与算法的知识,同时也加深了程序面向技术的领悟。

考虑到可能有读者还没学过C++程序设计语言,下面对C++进行简单讨论,读者最好将所有的实例上机运行,并在学习后面章节时随时查阅相关内容,这样随着学习进度的深入,自然就掌握了C++。

1.3.3 C++的类和对象

C++主要通过类和对象支持面向对象程序设计技术,C++的类在本质上就是C语言中结构体的扩充,对象实质是类型为类的变量,在类中不但可以包含数据成员,还可以包含函数成员,并且规定了对类中成员的3级访问权限:public,private和protected。

(1) 在 public 中声明的成员可以在程序中直接进行访问。

(2) 在 private 和 protected 中声明的成员可以被此类的成员函数及声明为友元(friend)的函数所访问。

(3) 在 protected 中声明的成员可以被此类派生的类所访问,而在 private 中声明的成员则不能被此类派生的类所访问。

下面介绍的是 Rectangle 类的声明和实现,在 C++ 中一般将类声明放在头文件中,将类实现放在源程序文件中。

```
//文件路径名:e1_1\rectangle.h
#ifndef __RECTANGLE_H__                         //如果没有定义__RECTANGLE_H__
#define __RECTANGLE_H__                         //那么定义__RECTANGLE_H__

class Rectangle
{
private:
//私有成员
    int length, width, height;                  //长方体的长宽高

public:
//公有成员
    Rectangle(int len, int wd, int ht): length(len), width(wd), height(ht){}
                                                //构造函数
    virtual~Rectangle(){}                       //析构函数
    int Volume() const;                         //返回长方体的体积
};

#endif


//文件路径名:e1_1\rectangle.cpp
#include "rectangle.h"                          //包含类 Rectangle 的声明

int Rectangle::Volume() const
//操作结果: 返回长方体的体积
{
    return length * width * height;
}

//文件路径名: e1_1\main.cpp
#include<iostream>                              //包含 cout
using namespace std;                            //标准库包含在命名空间 std 中
#include "rectangle.h"                          //提供类 Rectangle 的声明
```

```
int main()
{
    Rectangle thisRectangle(6, 8, 9);          //构造一个长方体

    int volume=thisRectangle.Volume();         //计算长方体的体积
    cout<<volume<<endl;                        //显示长方体的体积

    system("PAUSE");                           //调用库函数 system()
    return 0;                                  //返回值 0,返回操作系统
}
```

在定义一个对象时,将自动调用构造函数,构造函数名与类名相同,上面实例中构造函数原型 Rectangle(int len, int wd, int ht)表示由 len、wd 和 ht 分别作为长方体的长、宽和高定义一个长方体对象。

当对象被释放时,将自动地调用析构函数,析构函数名由在符号～后面接类名构成,析构函数主要用于含有指针的数据成员中释放动态数据元素。上面实例中由于没有动态数据元素,所以析构函数不作任何操作。

在 C++ 的典型程序中,头文件(扩展名为 h)一般用于存放函数原型或类声明,在上面实例中,rectangle.h 中存储有类 Rectangle 的声明;源程序文件主要存放函数和类的成员函数的实现,在本例中 rectangle.cpp 包含了类 Rectangle 的成员函数实现,在编译时对函数实现进行编译,在连接时实现对函数的引用,然而对于用模板给出的参数化数据类型的函数,如果将函数体单独存放于一个源程序文件中,由于在编译这个源程序文件时还无法确定模板给出的参数化数据类型的具体类型,这时无法进一步编译,这样在连接时无法确定函数实现的机器代码,将会出现连接错误,这时只能将函数声明或类声明和实现放在同一个头文件中,为了方便与统一,本书后面都将函数声明或类声明和实现放在头文件中。

1.3.4 运算符重载

在 C++ 语言中,运算符是作为函数来进行处理的,用户可用关键字 operator 加上运算符来表示函数,这种函数称为运算符重载函数。比如两个复数相加可定义如下的函数:

```
Complex Add(const Complex &a, const Complex &b);
```

但人们习惯用＋表示相加,用运算符重载表示如下:

```
Complex operator+ (const Complex &a, const Complex &b);
```

运算符与普通函数使用的不同之处是普通函数参数出现在圆括号内;而运算符的参数出现在运算符的左右两侧。运算符重载有两种方式:

① 将运算符重载为全局函数,这时只有一个参数的运算符称为单目运算符,有两个参数的运算符称为双目运算符,这种情况可以声明为友元,以便引用类的私有成员,例如复数加法运算符＋可重载如下:

```
friend Complex operator+ (const Complex &a, const Complex &b);
```

② 运算符被重载为类的成员函数，此时对象自己成了左侧参数，所以单目运算符没有参数，双目运算符只有一个右侧参数，例如复数减法运算符可重载如下：

```
Complex operator-(const Complex &a);
```

下面是实例程序。

```
//文件路径名:e1_2\complex.h
#ifndef __COMPLEX_H__                          //如果没有定义__COMPLEX_H__
#define __COMPLEX_H__                          //那么定义__COMPLEX_H__

//声明类 Complex
class Complex
{
private:
//数据成员
    double realPart;                           //实部
    double imagePart;                          //虚部

public:
//公有函数
    Complex(double rp=0, double ip=0): realPart(rp), imagePart(ip){}
    //构造函数,构造复数,其实部和虚部分别被赋予参数 rp 和 ip 的值
    virtual~Complex(void) {};                  //析构函数,复数被销毁
    double GetRealPart() const {return realPart;}      //返回实部
    double GetImagePart() const {return imagePart;}    //返回虚部
    void SetRealPart(double rp) {realPart=rp;}         //设置实部
    void SetImagePart(double ip) {imagePart=ip;}       //设置虚部
    void Show() const;                                 //显示复数
    Complex operator-(const Complex &a);           //作为成员函数减法运算符-的重载
};

//类 Complex 的实现
void Complex::Show() const
//操作结果：显示复数
{
    cout<<realPart;                            //显示实部
    //对虚部进行讨论, 分别加以显示
    if(imagePart<0 && imagePart!=-1) cout<<imagePart<<"i"<<endl;
    else if(imagePart==-1) cout<<"-i"<<endl;
    else if(imagePart>0 && imagePart!=1) cout<<"+"<<imagePart<<"i"<<endl;
    else if(imagePart==1) cout<<"+i"<<endl;

}
```

```
Complex operator+ (const Complex &a, const Complex &b)
//操作结果：作为全局函数加法运算符"+"的重载
{
    Complex c;                                                  //定义复数对象
    c.SetRealPart(a.GetRealPart()+b.GetRealPart());             //设置实部
    c.SetImagePart(a.GetImagePart()+b.GetImagePart());          //设置虚部
    return c;                                                   //返回和
}

Complex Complex::operator- (const Complex &a)
//操作结果：作为成员函数减法运算符"-"的重载
{
    Complex c;                                                  //定义复数对象
    c.realPart=realPart-a.realPart;                             //设置实部
    c.imagePart=imagePart-a.imagePart;                          //设置虚部
    return c;                                                   //返回差
}

#endif


//文件路径名:e1_2\main.cpp
#include<iostream>                          //包含 cout
using namespace std;                        //标准库包含在命名空间 std 中
#include "complex.h"                        //复数类 Complex

int main()
{
    Complex z1(6, 8);                       //通过构造函数自动地生成复数 z=6+8i
    z1.Show();

    Complex z2(8, 9);                       //通过构造函数自动地生成复数 z=8+9i
    z2.Show();

    Complex z3;
    z3=z1+z2;                               //z3=z1+z2=14+17i
    z3.Show();

    Complex z4;
    z4=z2-z1;                               //z4=z2-z1=2+i
    z4.Show();

    system("PAUSE");                        //调用库函数 system()
    return 0;                               //返回值 0，返回操作系统
}
```

1.3.5　有关C++的动态存储分配

在C++中，不但具有C语言中的动态存储分配函数malloc()和free()，而且还提供了更易使用的新命令：new和delete，在C++中使用new分配的存储单元必须用delete进行释放。

new命令的使用格式如下：

```
new 被建立数据元素的数据类型
```

或

```
new 被建立数据元素的数据类型[分配存储单元个数]
```

new命令返回指向被建立数据元素的指针。第一种格式适合于建立单个数据元素，而第二种格式实际是建立一个数据元素数组。

delete命令的使用格式如下：

```
delete 指向被释放数据元素的指针
```

或

```
delete[]指向被释放数据元素数组的指针
```

第一种格式适合于释放单个数据元素，而第二种格式实际是释放数据元素数组。

下面是实例程序。

```
//文件路径名:e1_3\main.cpp
//显示文本文件内容
#include<iostream>                                  //编译预处理命令
#include<fstream>                                   //编译预处理命令
using namespace std;                                //标准库包含在命名空间std中

#define MAX_LINE_LENGTH 100

int main()
{
    ifstream * inFilePtr;
    char * strPtr, * strFileNamePtr;
    strPtr=new char[MAX_LINE_LENGTH];               //动态分配存储空间
    strFileNamePtr=new char[MAX_LINE_LENGTH];       //动态分配存储空间
    cout<<"请输入要显示的文本文件名:";
    cin>>strFileNamePtr;

    inFilePtr=new ifstream(strFileNamePtr);         //输入文件
    if(inFilePtr==NULL)
    {
```

```
        cout<<"打开文件"<<strFileNamePtr<<"失败!"<<endl;
        exit(1);                                          //非正常退出
    }

    while(!inFilePtr->eof())
    {   //当文件 inFilePtr 未结束时循环
        inFilePtr->getline(strPtr, MAX_LINE_LENGTH);      //读入一行字符
        cout<<strPtr<<endl;                               //显示一行字符
    }

    delete[]strPtr;                                       //动态释放字符串
    delete[]strFileNamePtr;                               //动态释放字符串
    delete inFilePtr;                                     //动态释放文件对象

    system("PAUSE");                                      //调用库函数 system()
    return 0;                                             //正常退出
}
```

1.3.6 C++ 的模板(template)

对于序列排序,可以是整数序列、字符串序列等,如按 C 语言的方法只能分别编写程序,在 C++ 中使用模板(template)代替任意类型的序列,这样就不需分别编写程序,也就是实现了代码的复用,下面是序列起泡排序的实例程序。

```
//文件路径名: e1_4\one_array.h
#ifndef __ONEARRAY_H__                        //如果没有定义__ONEArray_H__
#define __ONEARRAY_H__                        //那么定义__ONEArray_H__

//声明一维数组类模板 OneArray
template<class ElemType>
class OneArray
{
private:
//数据成员:
    ElemType *elem;                           //存储数据元素值
    int size;                                 //数组元素个数

public:
//公有函数模板:
    OneArray(int sz): size(sz) {elem=new ElemType[size];}    //构造函数模板
    ~OneArray(){delete elem;}                                //析构函数模板
    ElemType &operator[](int i) {return elem[i];}            //重载下标运算符
};
```

```
#endif

//文件路径名:e1_4\main.cpp
#include<iostream>                          //编译预处理命令
using namespace std;                        //使用命名空间 std
#include "array.h"                          //数组类模板 Array

int main()
{
    int n=6;                                //数组元素个数
    Array<int>a(n);                         //定义数组对象
    int i;                                  //定义临时变量

    for(i=0; i<n; i++) a[i]=i;              //设置数组元素值
    for(i=0; i<n; i++) cout<<a[i]<<" ";     //输出元素值
    cout<<endl;                             //换行

    system("PAUSE");                        //调用库函数 system(),输出系统提示信息
    return 0;                               //返回值 0, 返回操作系统
}
```

1.4 算法和算法分析

1.4.1 算法

算法是解决特定问题求解步骤的描述,在计算机中为指令的有限序列,并且每条指令表示为一个或多个操作。对于给定的问题可以有多种算法来解决,本书的有些问题给出了多种算法。

一个算法应具有如下几条性质才能称为是一种解决特定问题的算法。

1. 正确性

正确性指必须完成所期望的功能,也就是应当满足以特定的"规格说明"方式给出的需求。对算法是否"正确"的理解可以有如下 4 个层次。

(1) 程序中不含任何语法错误,这一层很容易达到,只要源程序能编译成功就没有语法错误了。

(2) 程序对于几组输入数据能够得出满足要求的结果,这一层也容易达到,一般程序员编写完程序后都要进行测试,都要输入几组数据,只有输出都能达到正确的结果才算编写完算法。

(3) 程序对于精心选择的、典型的、苛刻的并带有刁难性的几组输入数据能够得出满足要求的结果,这一层一般也能达到,一般软件公司都有专门的测试小组,都会选择比如边界数据、非法数据、有效数据进行测试,经过测试后的算法应能达到要求。

(4) 程序对于一切输入数据都能得出满足要求的结果，这一层只有简单的算法才能达到，对于大型算法一般都无法达到。

软件公司通常以第(3)层意义的正确性作为衡量一个算法是否合格的标准。

2. 具体性

一个算法必须由一系列具体操作组成，这时的“具体”指的所有操作都必须经过已实现的基本操作有限次来实现，并且所有操作都是可读的、可执行的，每一操作必须在有限时间内完成。

3. 确定性

算法中的所有操作都必须具有确切的含义，不能产生歧义，算法的执行者或阅读者都能明确其含义及如何执行。

4. 有限性

算法必须在执行有限步后结束，并且每一步都在有限时间内完成，如果一个算法要由无限步骤的操作才能结束(比如无限循环)，这样的算法在计算机上无法在有限时间内完成，也就是说算法没有实际意义。

5. 可读性

算法应具备良好的可读性，这样的算法有利于算法的查错及对算法的理解，一般算法的逻辑必须清楚、结构简单，所有标识符必须具有实际含义，能见名知义，在算法中必须加入适当的注释，说明算法的功能、输入输出参数的使用规则以及算法各程序段的功能等内容。

6. 健壮性

健壮性指当输入数据非法时，算法能作适当的处理并作出反应，而不应死机或输出异常结果，软件公司在测试程序时通常都会有意输入无效数据，比如在输入数值时有意输入字符，要求程序必须作出适当的处理。

1.4.2 算法分析

对于一个算法的评价，首先应考虑算法的正确性，其次是运算量(即运行效率的高低)，有时还要考虑算法所占的存储空间的大小，为定性分析引入了时间复杂度与空间复杂度的概念，本书重点考虑时间复杂度。

1. 时间复杂度

算法从组成来讲，由控制结构(一般高级语言都具有的顺序结构、分支结构与循环结构)和基本操作组成，算法的时间性能是这两部分的综合效果，为方便比较不同算法，通常会选择一种特定问题的基本操作，以此基本操作执行次数作为算法的时间度量。

一个特定算法的“运行工作量”的大小，一般依赖于问题的规模(通常用整数量 n 表示)，或者说，它是问题规模的函数。算法中基本操作执行次数通常为问题规模 n 的某个函数 f(n),算法时间度量为：T(n)=O(f(n))。[①]

O(f(n))称为算法的渐近时间复杂度,或简称为时间复杂度。

例 1.5 对于交换两个数据元素的算法,可采用循环赋值法,具体 C++ 程序如下：

```
//文件路径名:s1_5\alg.h
template<class ElemType>
void Swap(ElemType &a, ElemType &b)
//操作结果：交换 a 和 b 之值
{
    ElemType tem=a; a=b; b=tem;              //使用循环赋值交换 a 和 b
}
```

基本操作为赋值=,运算次数为 3,即 f(n)=3,所以 T(n)=O(3)=O(1),对于排序算法通常将交换两个元素当作基本操作。

例 1.6 查找具有 n 个元素的一维数组中的最大元素值的算法,可采用依次遍历数组中的元素,并记下最大元素的下标的方法,具体 C++ 程序如下：

```
//文件路径名:s1_6\alg.h
template<class ElemType>
int Largest(ElemType a[], int n)
//操作结果：将数组 a[0..n-1]中的最大元素
{
    ElemType curLargePos=0;                  //暂存当前已找到的最大元素位置
    for(int i=1; i<n; i++)
        if(a[i]>a[curLargePos])              //如果 a[i]更大
            curLargePos=i;                   //那么暂存它的位置
    return curLargePos;                      //返回最大元素的下标
}
```

问题的规模为 n,基本操作为比较两个元素值,比较次数为 f(n)=n,所以时间复杂度 T(n)=O(f(n))=O(n)。

例 1.7 求矩阵中各元素和的算法,可采用依次遍历知阵中的元素并求其和的方法,具体 C++ 程序如下：

```
//文件路径名:s1_7\alg.h
template<class ElemType>
ElemType Sum(ElemType a[][MAX_SIZE], int n)
//操作结果：返回矩阵 a 中元素之和
{
    ElemType s=0;                            //暂存和
    for(int i=0; i<n; i++)
        for(int j=0; j<n; j++)
```

① O 一般读为大 O,对于非负函数 T(n),若存在两个正常数 c 和 n_0,对任意 $n>n_0$,有 $T(n)\leqslant cf(n)$,则称 T(n)在集合 O(f(n))中,一般简写为 T(n)=O(f(n))。

```
        s=s+a[i][j];                                //累加求和
    return s;                                       //返回元素之和
}
```

问题的规模为 n，基本操作为加法+，操作次数为 $f(n)=n^2$，所以 $T(n)=O(f(n))=O(n^2)$。

一般常见的时间复杂度有：

(1) O(1)：常数阶时间复杂度，此种时间复杂度的算法运行时间效率最高。

(2) O(n)、$O(n^2)$、$O(n^3)$、……：多项式阶时间复杂度，大部分算法的时间复杂度为多项式阶复杂度，O(n)称为 1 阶时间复杂度，$O(n^2)$称为 2 阶时间复杂度，$O(n^3)$ 称为 3 阶时间复杂度等。

(3) $O(2^n)$：指数阶时间复杂度，它的运行效率最低，这种复杂度的算法根本不实用。

(4) O(nlogn)和 O(logn)：对数阶时间复杂度，此种时间复杂度除常数阶时间复杂度以外，它的效率最高。

有时算法中的基本操作重复执行次数也与问题的输入数据集有关，下面是插入排序算法：

```
//文件路径名:e1_5\alg.h
template<class ElemType>
void InsertSort(ElemType a[], int n)
//操作结果：对数组 a 使用插入排序进行排序
{
    for(int i=1; i<n; i++)
    {   //第 i 趟插入排序
        for(int j=i; j>0 && a[j]<a[j-1]; j--)
        {   //将比 a[j]大的元素都交换到 a[j]的后面
            Swap<ElemType>(a[j], a[j-1]);                   //交换 a[j]与 a[j-1]
        }
    }
}
```

上面算法的基本操作为交换两个元素 Swap，当 a 中元素已从小到大有序时，基本操作 Swap 的执行次数为 0；当 a 中元素已从大到小有序时，基本操作 Swap 的执行次数为 $\frac{n(n-1)}{2}$，这种算法通常计算基本操作重复执行次数的平均值，也就是对每种可能的输入的序列的期望值，这种时间复杂度称为平均时间复杂度。然而在很多情况下，平均时间复杂度难于计算，因此通常也讨论算法在最坏情况下的时间复杂度，比如上面实例中当 a 中元素已从大到小有序时，基本操作重复执行次数最大，这时最坏时间复杂度为 $T(n)=O\left(\frac{n(n-1)}{2}\right)=O(n^2)$，本书后面分析算法时间性能时，除特别指明外，都指最坏时间复杂度。

2. 空间复杂度

与时间复杂度类似，算法中所需存储空间通常为问题规模 n 的某个函数 f(n)，算法空间度量为：S(n)=O(f(n))。

O(f(n))称为算法的空间复杂度。

由于计算机的存储空间越来越大，对于常用算法存储空间已足够实际的需求，因此本书后面主要考虑时间复杂度。

*1.5 实用程序软件包

一些语句在逻辑上不相关，但却经常使用，将它们收集起来形成实用程序软件包，今后所有程序都可用它，在本书开发的几乎所有程序中包含有“文件包含”处理：

```
#include "utility.h"
```

这样允许程序访问此实用程序软件包的内容。

1. 标准库系统

在实用程序软件包中包含有常用的标准库系统，ANSI C++ 中的标准库包含在命名空间 std 中，为了能不带域解析运算符使用标准库，在 ANSI C++ 实用程序软件包中加入命令 using namespaced std;，具体内容如下：

```
#include<string>                     //标准串和操作
#include<iostream>                   //标准流操作
#include<limits>                     //极限
#include<cmath>                      //数据函数
#include<fstream>                    //文件输入输出
#include<cctype>                     //字符处理
#include<ctime>                      //日期和时间函数
#include<cstdlib>                    //标准库
#include<cstdio>                     //标准输入输出
#include<iomanip>                    //输入输出流格式设置
#include<cstdarg>                    //支持变长函数参数
#include<cassert>                    //支持断言
using namespace std;                 //标准库包含在命名空间 std 中
```

2. 定义宏 DEFAULT_SIZE

有些存储结构的构造函数在初始化需要提供元素个数的默认值的宏，有时还需要定义表示无穷大的宏，为方便起见，专门定义宏如下：

```
#define DEFAULT_SIZE 100             //默认元素个数
#define DEFAULT_INFINITY 1000000     //默认无穷大
```

3. UserSaysYes()函数

在很多程序中都可加入实用 UserSaysYes()函数，而在标准库中并没有此函数，为此在 utility.h 中加入此函数的定义，具体定义如下：

```
static bool UserSaysYes()
//操作结果：当用户肯定回答(yes)时，返回 true，用户否定回答(no)时，返回 false
{
    char ch;                                    //用户回答字符
    bool initialResponse=true;                  //初始回答

    do
    {   //循环直到用户输入恰当的回答为止
        if(initialResponse)cout<<"(y, n)?";     //初始回答
        else cout<<"用 y 或 n 回答:";            //非初始回答
        while((ch=cin.get())==' '||ch=='\t'||ch=='\n');
                                                //跳过空格,制表符及换行符获取一字符
        while(cin.get()!='\n');                 //跳过当前行后面的字符
        initialResponse=false;
    } while(ch!='y' && ch!='Y' && ch!='n' && ch!='N');

    if(ch=='y'||ch=='Y')return true;            //肯定回答
    else return false;                          //否定回答
}
```

说明：将 UserSaysYes()函数说明为静态函数，使函数的作用域只局限于被包含的源程序文件，这样可避免在一个程序中有多个源程序文件都包含 UserSaysYes()函数的定义时出现程序连接错误。

4. 定时器类 Timer

在比较不同算法与数据结构时，了解一个程序与另一个程序运行的计算机时间是非常有用的，为此目的，开发了一个实用的定时器类 Timer，它的构造函数用于启动定时器的工作，如果要重新设置定时器，可使用 Timer 类的方法 Reset()，方法 Elapsed Time()用于返回从 Timer 对象启动或最后一次调用方法 Reset()后所使用的 CPU 时间。

在 C++ 系统中提供了头文件 ctime 或 time. h，它包含了标准函数 clock()以及类型 clock_t，函数 clock()返回程序从开始运行到当前经过的嘀嗒(ticks)数，函数 clock()返回值类型为 clock_t，clock_t 在 Visual C++ 6.0 中的声明如下：

```
typedef long clock_t;
```

说明：在 C++ 中，一秒钟的嘀嗒(ticks)数等于 CLK_TCK，所以时间间隔的嘀嗒(ticks)数除以 CLK_TCK 就是时间间隔的秒数。

Timer 类的定义如下：

```
//定时器类 Timer
class Timer
{
private:
//数据成员
```

```
    clock_t startTime;                                    //起始时间

public:
//方法声明
    Timer() {startTime=clock();}                          //构造函数
    ~Timer() {};                                          //析构函数
    double ElapsedTime()                                  //返回已过的时间
    {
        clock_t endTime=clock();                          //结束时间
        return(double)(endTime-startTime)/(double)CLK_TCK;
            //返回从 Timer 对象启动或最后一次调用 Reset()后所使用的 CPU 时间
    }
    void Reset() {startTime=clock();}                     //重置开始时间
};
```

5. 有关随机数的函数

在编写测试程序时，使用随机数生成测试数据更具有代表性，为了更好地应用，特编写有关随机数的几个函数组成随机数类，具体定义如下：

```
//随机数类 Rand
class Rand
{
public:
//静态成员函数
    static void SetRandSeed() {srand((unsigned)time(NULL));}
                                                        //设置当前时间为随机数种子
    static int GetRand(int n) {return rand()%(n);}//生成 0~n-1 之间的随机数
    static int GetRand() {return rand();}               //生成随机数
};
```

6. 其他实用函数

下面是本书中经常用到的实用函数，使用这些函数将使编程更为简单。

```
template<class ElemType>
void Swap(ElemType &e1, ElemType &e2)
//操作结果：交换 e1, e2 之值
{
    ElemType temp=e1; e1=e2; e2=temp;                   //循环赋值实现交换 e1, e2
}

template<class ElemType>
void Show(ElemType elem[], int n)
//操作结果：显示数组 elem 的各数据元素值
{
    for(int i=0; i<n; i++)
```

```
        cout<<elem[i]<<" ";                    //显示数组 elem
    cout<<endl;                                //换行
}

template<class ElemType>
void Show(const ElemType &e)
//操作结果:显示数据元素
{
    cout<<e<<" ";                              //输出 e
}
```

7. 实用程序软件包测试程序

下面是使用实用程序软件包的测试程序，程序功能为测试两个矩阵相乘所用的时间，并加入了异常处理机制。

```
#include "utility.h"                           //实用程序软件包头文件
#define NUM 280                                //宏定义

int main(void)
{
    try                                        //用 try 封装可能出现异常的代码
    {
        if(NUM>280)throw "NUM 值太大了!";      //抛出异常

        int a[NUM+1][NUM+1], b[NUM+1][NUM+1], c[NUM+1][NUM+1];
        bool isContinue=true;
        Timer objTimer;

        while(isContinue)
        {
            int i, j, k;
            Rand::SetRandSeed();               //以当前时间作为随机数的种子
            objTimer.Reset();                  //重置当前时间为开始时间

            //生成随机的 a 与 b 的元素值
            for(i=1; i<=NUM; i++)
                for(j=1; j<=NUM; j++)
                {
                    a[i][j]=Rand::GetRand();   //生成随机数
                    b[i][j]=Rand::GetRand();   //生成随机数
                }

            //求 c=ab
            for(i=1; i<=NUM; i++)
```

```
            for(j=1; j<=NUM; j++)
            {
                c[i][j]=0;                          //初始化 c[i][j]为 0
                for(k=1; k<=NUM; k++)
                    c[i][j]=c[i][j]+a[i][k] * b[k][j];//累加求和
            }

        cout<<"用时:"<<objTimer.ElapsedTime()<<"秒."<<endl;
        cout<<"是否继续";
        isContinue=UserSaysYes();                   //输入回答
    }
  }
  catch(char * mess)                                //捕捉并处理异常
  {
      cout<<mess<<endl;;                            //显示异常信息
  }

  system("PAUSE");                                  //调用库函数 system()
  return 0;                                         //返回值 0,返回操作系统
}
```

1.6 深入学习导读

本章涉及的大部分问题都是数据结构概念与算法的相关概念以及 C++ 基础。Cliford A. Shaffer. 所著的“A Practical Introduction to Data Structures and Algorithm Analysis. Second Edition”[2]对于算法分析有较深刻的描述，严蔚敏与吴伟民编著《数据结构(C 语言版)》[12]对数据结构与算法的概念进行了准确的描述与定义，有关 C++ 部分可参考李涛、游洪跃、陈良银与李琳编写的《C++：面向对象程序设计》[19]及林瑶、蒋晓红与彭卫宁等译的《C++ 大学自学教程(第 7 版)》[18]。

本书的实用程序软件包的思想来源于 Robert L. Kruse，Alexander J. Ryba. 所著的“Data Structures and Program Design in C++”[1]。

1.7 习 题 1

1-1 设数据逻辑结构如下：

```
DS=(D,S)
D={1,2,3,4}
S={R}
R={(1,2),(2,3),(3,4),(4,1)}
```

试画出 DS 所对应的逻辑结构图。

1-2 设有如图 1.7 所示的逻辑结构图,试给出此数据结构的形式定义。

1-3 简述数据的逻辑结构与存储结构的含义及其它们之间的关系。

1-4 试求下面程序段中语句 x=x−1 的执行次数。

```
for(i=1;i<=n-1;i++)
  for(j=i+1;j<=n;j++)
    x=x-1;
```

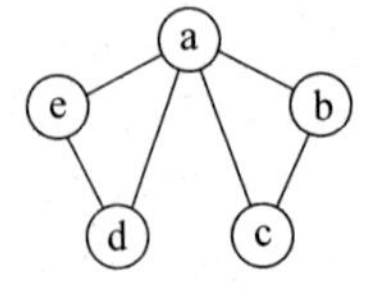

图 1.7 逻辑结构图

*1-5 试给出以下算法的时间复杂度。

```
void Hanoi(int n, char a, char b, char c)
//操作结果:将塔座 a 上按直径由小到大且自上而下编号为 1 到 n 的 n 个圆盘按规则(每次
//移动时要保持小圆盘放在大圆盘的上面)搬移到塔座 c 上,b 作辅助塔座
{
    if(n==1)
        cout<<n<<":"<<a<<"->"<<c<<endl;            //语句 1
    else
    {
        Hanoi(n-1, a, c, b);                       //语句 2
        cout<<n<<":"<<a<<"->"<<c<<endl;            //语句 3
        Hanoi(n-1, b, a, c);                       //语句 4
    }
}
```

1-6 试编写一算法,实现将输入的 3 个整数 x、y、z 按从小到大的顺序排列起来。

第2章　线　性　表

线性表是基本的数据结构，有着广泛的应用，比如存储一些数值、字符、工资信息、销售信息等，最直接、最简单的方法是将它们存储在一个线性表中，线性表本质就是序列，本章将讨论线性表的逻辑结构和存储结构以及线性表在表示多项式方面的应用。

2.1　线性表的逻辑结构

线性表是由类型相同的数据元素组成的有限序列，不同线性表的数据元素类型可以不同，可以是最简单的数值和字符，也可以是比较复杂的信息。

例如，由26个大写英语字母组成的字母表：

('A','B','C',…,'Z')

是一个线性表，其中的数据元素是大写英语字母。

又如，一个人一年中每个月的收入可以由线性表的形式给出：

(1988,1689,2108,2218,2198,2318,2668,2589,2816,2968,3298,3698)

线性表中的数据元素是整数。

在复杂一些的线性表中，通常数据元素一般由若干成员组成，这时一般将数据元素称为记录，例如职工基本信息表如表2.1所示，每个职工记录由编号、姓名、性别、籍贯、生日和基本工资组成。

表2.1　职工基本信息表

编　号	姓　名	性　别	籍　贯	生　日	基本工资
100006	张靖	女	成都	1982-8-18	1988
100018	李杰	男	北京	1988-6-8	2108
102019	李倩	女	上海	1979-11-16	2516
102066	王小明	男	天津	1981-12-19	2398
102689	吴晓娟	女	重庆	1976-6-8	3128

由上面的示例可以知道线性表中的数据元素都属于同一个数据集合，相邻元素之间存在着序偶关系，线性表可简单表示为：

$$(a_1, a_2, a_3, \cdots, a_i, a_{i+1}, \cdots, a_n)$$

线性表中 a_i 领先于 a_{i+1}，a_i 称为 a_{i+1} 的直接前驱，简称为前驱，a_{i+1} 称为 a_i 的直接后

继,简称为后继。

为更精确地定义线性表,下面给出线性表的形式定义:

$$LinearList=(D, R)$$

其中 $D=\{a_i \mid a_i \in ElemSet, i=1, 2, 3, \cdots, n, n \geqslant 0\}$,ElemSet 为某个数据集合;$R=\{N\}$,$N=\{<a_i, a_{i+1}> \mid i=1,2, \cdots, n-1\}$。

说明:

(1) N 为一个有序偶的集合,用于表示线性表中数据元素之间的相邻关系。

(2) 线性表中数据元素的个数 n 称为线性表的长度,当 n=0 时称为空表。

其中,a_1 为第一个数据元素,a_n 为最后一个数据元素;i=1,2,⋯,n-1 时,a_i 有且仅有一个直接后继;当 i=2,3,⋯,n 时,a_i 有且仅有一个直接前驱。

在实际应用中,线性表还包括了如下的基本操作。

1. int Length() const

初始条件:线性表已存在。

操作结果:返回线性表元素个数。

2. bool Empty() const

初始条件:线性表已存在。

操作结果:如线性表为空,则返回 true,否则返回 false。

3. void Clear()

初始条件:线性表已存在。

操作结果:清空线性表。

4. void Traverse(void(* visit)(const ElemType &))const

初始条件:线性表已存在。

操作结果:依次对线性表的每个元素调用函数(* visit)。

5. bool GetElem(int position, ElemType &e) const

初始条件:线性表已存在,1≤position≤Length()。

操作结果:用 e 返回第 position 个元素的值。

6. bool SetElem(int position, const ElemType &e)

初始条件:线性表已存在,1≤position≤Length()。

操作结果:将线性表的第 position 个位置的元素赋值为 e。

7. bool Delete(int position, ElemType &e)

初始条件:线性表已存在,1≤position≤Length()。

操作结果:删除线性表的第 position 个位置的元素,并用 e 返回其值,长度减 1。

8. bool Insert(int position, const ElemType &e)

初始条件:线性表已存在,1≤position≤Length()+1。

操作结果:在线性表的第 position 个位置前插入元素 e,长度加 1。

在具体实现时，还可能包括其他操作，但本书开发的软件包中不但都包含上述基本操作，还根据 C++ 语言的特点加入了一些其他操作，如赋值操作（由重载赋值运算符实现）、由已知线性表构造新线性表（由复制构造函数实现）等；C++ 中实现上面的操作通常也称为方法。

2.2 线性表的顺序存储结构

线性表的实现有两种方法——顺序表和链表，本节讨论顺序表的实现，下一节讨论链表的实现。

在顺序表实现中，数据存储在一个长度为 maxSize，数据类型为 ElemType 的数组中，并用 count 存储数组中存储的长线性表的实际元素个数，具体声明如下：

```
//顺序表类模板
template<class elemType>
class SqList
{
protected:
//顺序表实现的数据成员
    int count;                                              //元素个数
    int maxSize;                                            //顺序表最大元素个数
    elemType * elems;                                       //存储元素

public:
//抽象数据类型方法声明及重载编译系统默认方法声明
    SqList(int size=DEFAULT_SIZE);                          //构造函数模板
    virtual~SqList();                                       //析构函数模板
    int Length() const;                                     //求线性表长度
    bool Empty() const;                                     //判断线性表是否为空
    void Clear();                                           //将线性表清空
    void Traverse(void(* visit)(const elemType &))const;    //遍历线性表
    bool GetElem(int position, elemType &e) const;          //求指定位置的元素
    bool SetElem(int position, const elemType &e);          //设置指定位置的元素值
    bool Delete(int position, elemType &e);                 //删除元素
    bool Insert(int position, const elemType &e);           //插入元素
    SqList(const SqList<elemType> &copy);                   //复制构造函数模板
    SqList<elemType> &operator= (const SqList<elemType> &copy); //重载赋值运算符
};
```

大部分函数模板（SqList，～SqList，Length，Empty，Clear，Traverse，GetElem 和 SetElem）的实现都比较简单，本书的所有数据结构的实现中都引入模板参数，可能读者感到比较困难，实际上由于使用并不复杂，只要多用自然就会掌握，下面是具体实现。

```
template<class ElemType>
SqList<ElemType>::SqList(int size)
//操作结果：构造一个最大元素个数为 size 的空顺序表
{
    maxSize=size;                                   //最大元素个数
    elems=new ElemType[maxSize];                    //分配存储空间
    count=0;                                        //空线性表元素个数为 0
}

template<class ElemType>
SqList<ElemType>::~SqList()
//操作结果：销毁线性表
{
    delete[]elems;                                  //释放存储空间
}

template<class ElemType>
int SqList<ElemType>::Length() const
//操作结果：返回线性表元素个数
{
    return count;
}

template<class ElemType>
bool SqList<ElemType>::Empty() const
//操作结果：如线性表为空，则返回 true，否则返回 false
{
    return count==0;
}

template<class ElemType>
void SqList<ElemType>::Clear()
//操作结果：清空线性表
{
    count=0;
}

template<class ElemType>
void SqList<ElemType>::Traverse(void(*visit)(const ElemType &))const
//操作结果：依次对线性表的每个元素调用函数(*visit)
{
    for(int pos=1; pos<=Length(); pos++)
    {   //对线性表的每个元素调用函数(*visit)
        (*visit)(elems[pos-1]);
```

```
    }
}

template<class ElemType>
bool SqList<ElemType>::GetElem(int position, ElemType &e) const
//操作结果：当线性表存在第 position 个元素时,用 e 返回其值,返回 true,
//否则返回 false
{
    if(position<1||position>Length())
    {   //position 范围错
        return false;                                   //元素不存在
    }
    else
    {   //position 合法
        e=elems[position-1];
        return true;                                    //元素存在
    }
}

template<class ElemType>
bool SqList<ElemType>::SetElem(int position, const ElemType &e)
//操作结果：将线性表的第 position 个位置的元素赋值为 e, position 的取值范围
//为 1≤position≤Length(), position 合法时返回 true,否则返回 false
{
    if(position<1||position>Length())
    {   //position 范围错
        return false;                                   //位置错
    }
    else
    {   //position 合法
        elems[position-1]=e;
        return true;                                    //成功
    }
}
```

下面讨论比较复杂的操作,对于线性表的插入操作,是在线性表的第 i－1 个元素与第 i 个元素之间插入元素 e,如下所示：

插入前：

$$(a_1, a_2, a_3, \cdots, a_{i-1}, a_i, \cdots, a_n)$$

插入后：

$$(a_1, a_2, a_3, \cdots, a_{i-1}, e, a_i, \cdots, a_n)$$

插入前长度为 n,插入后长度为 n+1,数据元素 a_{i-1} 和 a_i 之间的关系＜a_{i-1}, a_i＞插入后将变为＜a_{i-1}, e＞和＜e, a_i＞。在线性表的顺序实现中,逻辑上相邻的数据元素的物

理位置也是相邻的,因此从插入位置开始的元素 $a_i,\cdots,a_n$ 将依次后移,如图 2.1 所示。

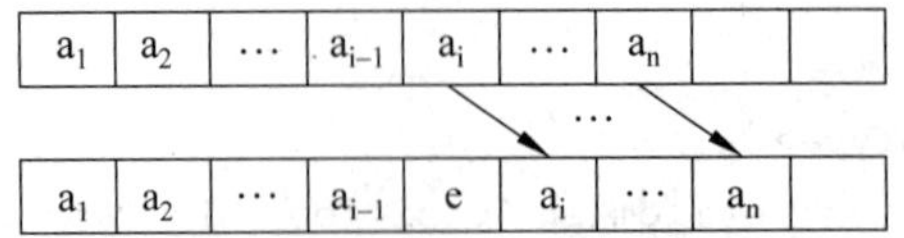

图 2.1 顺序表插入元素示意图

算法实现如下:

```
template<class ElemType>
bool SqList<ElemType>::Insert(int position, const ElemType &e)
//操作结果: 在线性表的第 position 个位置前插入元素 e, position 的取值
//范围为 1≤position≤Length()+1, 如线性表已满,则返回 false, 如
//position 合法, 则返回 true, 否则返回 false
{
    ElemType tmp;
    if(count==maxSize)
    {   //线性表已满
        return false;
    }
    else if(position<1||position>Length()+1)
    {   //position 范围错
        return false;
    }
    else
    {   //成功
        count++;                                    //插入后元素个数将自增 1
        for(int pos=Length(); pos>=position; pos--)
        {   //插入位置之后的元素右移
            GetElem(pos, tmp); SetElem(pos+1, tmp);
        }

        SetElem(position, e);                       //将 e 赋值到 position 位置处
        return true;                                //插入成功
    }
}
```

设 p_i 为第 i 个元素前插入一个元素的概率,由于在第 i 个元素前插入一个元素所需移动的元素次数为 $n-i+1$,所以在长度为 n 的线性表中插入元素时移动元素的平均次数为:

$$\sum_{i=1}^{n+1} p_i(n-i+1)$$

不失一般性可假设在线性表的任意位置上插入一个元素的概率都相等,即:

$$p_i = \frac{1}{n+1}$$

这时平均移动次数为：

$$\sum_{i=1}^{n+1} p_i(n-i+1) = \sum_{i=1}^{n+1} \frac{n-i+1}{n+1} = \frac{n}{2}$$

由上面公式可知插入算法 Insert 的时间复杂度为 O(n)。

对于线性表的删除操作，是删除线性表的第 i 个元素，如下所示：

删除前：

$$(a_1, a_2, a_3, \cdots, a_{i-1}, a_i, a_{i+1}, \cdots, a_n)$$

删除后：

$$(a_1, a_2, a_3, \cdots, a_{i-1}, a_i, \cdots, a_n)$$

删除前长度为 n，删除后长度为 n－1，数据元素 a_{i-1}、a_i 和 a_{i+1} 之间的逻辑关系将发生变化，删除前为 $< a_{i-1}, a_i >$，$< a_i, a_{i+1} >$，删除后为 $< a_{i-1}, a_{i+1} >$，如图 2.2 所示，从图 2.2 中可知，删除后从删除位置开始的元素 $a_{i+1}, \cdots, a_n$ 将依次前移。

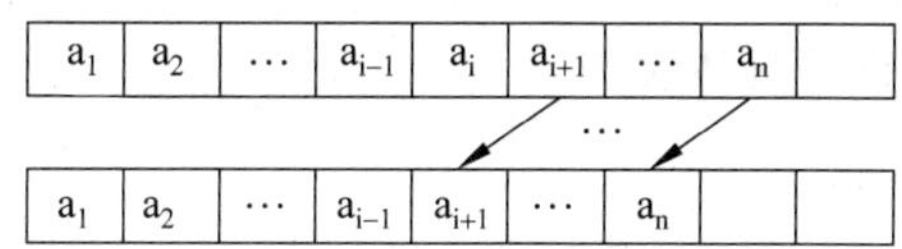

图 2.2　顺序表删除元素示意图

算法实现如下：

```
template<class ElemType>
bool SqList<ElemType>::Delete(int position, ElemType &e)
//操作结果：删除线性表的第 position 个位置的元素，并于删除前用 e 返回其值，
//position 的取值范围为 1≤position≤Length(),position 合法时函数
//返回 true,否则返回 false
{
    ElemType tmp;
    if(position<1||position>Length())
    {   //position 范围错
        return false;
    }
    else
    {   //position 合法
        GetElem(position, e);                      //用 e 返回被删除元素的值
        for(int pos=position+1; pos<=Length(); pos++)
        //被删除元素之后的元素依次左移
        {
            GetElem(pos, tmp); SetElem(pos-1, tmp);
        }
        count--;                                   //删除后元素个数将自减 1
        return true;
    }
}
```

设 q_i 为删除第 i 个元素的概率，删除第 i 个元素需移动元素的次数为 $n-i$，所以在长度为 n 的线性表中删除元素时移动元素的平均次数为：

$$\sum_{i=1}^{n} q_i(n-i)$$

不失一般性可假设在线性表的任意位置上插入一个元素的概率都相等，即：

$$q_i = \frac{1}{n}$$

这时平均移动次数为：

$$\sum_{i=1}^{n} q_i(n-i) = \sum_{i=1}^{n} \frac{n-i}{n} = \frac{n-1}{2}$$

由上面公式可知删除算法 Delete 的时间复杂度为 O(n)。

在类中增加复制构造函数和重载赋值运算符在有的算法中能增加程序的可读性，虽然类的赋值运算符的效率较低，但当前大部分算法中可读性比效率更重要。下面是复制构造函数和重载赋值运算符的具体实现。

```
template<class ElemType>
SqList<ElemType>::SqList(const SqList<ElemType>&copy)
//操作结果：由线性表 copy 构造新线性表——复制构造函数模板
{
    maxSize=copy.maxSize;                              //最大元素个数
    elems=new ElemType[maxSize];                       //分配存储空间
    count=copy.count;                                  //复制线性表元素个数

    for(int pos=1; pos<=Length(); pos++)
    {   //复制数据元素
        elems[pos-1]=copy.elems[pos-1];
    }
}

template<class ElemType>
SqList<ElemType>&SqList<ElemType>::operator=(const SqList<ElemType>&copy)
//操作结果：将线性表 copy 赋值给当前线性表——重载赋值运算符
{
    if(&copy!=this)
    {
        maxSize=copy.maxSize;                          //最大元素个数
        if(elems!=NULL) delete[]elems;                 //释放存储空间
        elems=new ElemType[maxSize];                   //分配存储空间
        count=copy.count;                              //复制线性表元素个数

        for(int pos=1; pos<=Length(); pos++)
        {   //复制数据元素
            elems[pos-1]=copy.elems[pos-1];
        }
```

```
    }
    return * this;
}
```

线性表的顺序存储结构有如下特点：

(1) 线性表的顺序存储结构用一组地址连续的存储单元依次存储线性表的元素；

(2) 线性表的顺序存储结构用元素在存储器中的“物理位置相邻”表示线性表中数据元素之间的逻辑关系，设 $LOC(a_i)$ 表示数据元素 a_i 的存储位置，L 为每个元素占用的存储单元个数，则有如下关系：

$$LOC(a_{i+1})=LOC(a_i)+L$$
$$LOC(a_i)=LOC(a_1)+(i-1)*L$$

(3) 线性表的顺序存储结构可直接随机存取任一个数据元素，所以线性表的顺序存储结构是一种随机存取的存储结构；

(4) 在进行插入或删除操作时需移动大量的数据元素。

下面通过实例将应用顺序表进行更复杂的操作。

例 2.1　设计顺序表存储的两个集合求差集的算法。

设 la，lb 是两个顺序表，分别表示两个给定的集合 A 和 B，求 A 与 B 的差集 C＝A－B。用顺序表 lc 表示集合 C。分别将 la 中元素取出，再在 lb 中进行查找，如没有在 lb 中出现，则将其插入到 lc 中。

具体算法如下：

```
//文件路径名:s2_1\alg.h
template<class ElemType>
void Difference(const SqList<ElemType>&la, const SqList<ElemType>&lb, SqList
<ElemType>&lc)
//操作结果：用 lc 返回 la 和 lb 表示的集合的差集
//方法：在 la 中取出元素，在 lb 中进行查找，如果未在 lb 中出现，则将其插入到 lc
{
    ElemType aElem, bElem;

    lc.Clear();                                     //清空 lc
    for(int aPos=1; aPos<=la.Length(); aPos++)
    {
        la.GetElem(aPos, aElem);                    //取出 la 的一个元素 aElem
        bool isExist=false;                         //表示 aElem 是否在 lb 中出现
        for(int bPos=1; bPos<=lb.Length(); bPos++)
        {
            lb.GetElem(bPos, bElem);                //取出 lb 的一个元素 bElem
            if(aElem==bElem)
            {
                isExist=true;        //aElem 同时在 la 和 lb 中出现，置 isExist 为 true
                break;               //退出内层循环
            }
```

```
        }
        if(!isExist)
        {   //aElem 在 la 中出现,而未在 lb 中出现,将其插入到 lc 中
            lc.Insert(lc.Length()+1, aElem);
        }
    }
}
```

*例 2.2 已知顺序表 la 的元素类型为 int。设计算法将其调整为左右两部分,左边所有元素为奇数,右边所有元素为偶数,并要求算法的时间复杂度为 O(n)。

本题算法的主要思路是设置 leftPos=1 和 rightPos=la.Length(),la 的第 leftPos 个数据元素为 aElem,第 rightPos 个数据元素为 bElem;当 aElem 为奇数时,则 leftPos++;当 bElem 为偶数时,则 rightPos--;当 aElem 为偶数,bElem 为奇数时,将 aElem 置换 la 的第 rightPos 个元素,bElem 置换 la 的第 leftPos 个元素,并且 leftPos++ 和 rightPos--;直到 leftPos==rightPos 时为止,算法复杂度为 O(n)。

具体算法如下:

```
//文件路径名:s2_2\alg.h
void Adjust(SqList<int>&la)
//操作结果:将 la 调整为左右两部分,左边所有元素为奇数,右边所有元素为偶数,并要求算法
//的时间复杂度为 O(n)
{
    int lPosition=1, rPosition=la.Length();
    int aElem, bElem;
    while(lPosition<rPosition)
    {
        la.GetElem(lPosition, aElem);
        la.GetElem(rPosition, bElem);
        if(aElem%2==1)
        {   //aElem 为奇数
            lPosition++;
        }
        else if(bElem%2==0)
        {   //bElem 为偶数
            rPosition--;
        }
        else
        {   //aElem 为偶数, bElem 为奇数
            la.SetElem(lPosition++, bElem);
                        //bElem 置换 la 的第 lPosition 个元素,并且 lPosition++
            la.SetElem(rPosition--, aElem);
                        //aElem 置换 la 的第 rPosition 个元素,并且 rPosition--
        }
    }
}
```

2.3　线性表的链式存储结构

采用上一节介绍的顺序存储结构可随机存取线性表中的任一元素，但作插入或删除操作时需要移动大量的元素，在本节要介绍的链式存储结构不要求逻辑上相邻的数据元素在物理位置上也相邻，插入删除操作时不需要移动元素。

2.3.1　单链表

单链表是一种最简单的线性表的链式存储结构，单链表也称为线性链表，用它来存储线性表时，每个数据元素用一个结点(node)来存储，一个结点由两个成员组成，一个是存放数据元素的 data，另一个是存储指向此链表下一个结点(即后继)的指针 next，如图 2.3 所示，如 p 指向结点，则结点的数据元素为 p－＞data，后继指针为p－＞next，p－＞next 指向结点的后继。

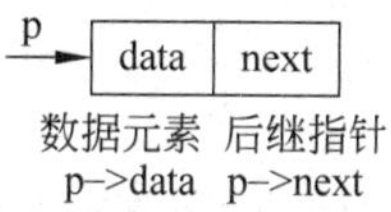

p　data　next
数据元素　后继指针
p->data　p->next

图 2.3　单链表结点示意图

一个线性表(a_1，a_2，a_3，…，a_n)的单链表结构通常如图 2.4 所示，在图中最前端增加了一个结点，这个结点没有存储任何数据元素，我们称为头结点，在单链表中增加头结点虽然增加了存储空间，但算法实现更简单，效率更高，单链表的头结点的地址可从指针 head 找到，指针 head 称为头指针，其他结点的地址由前驱的 next 得到。

注：*线性链表也可以没有头结点，读者可作为练习加以实现。*

当单链表中没有数据元素时，只有一个头结点，这时 head－＞next＝＝NULL，如图 2.5 所示。

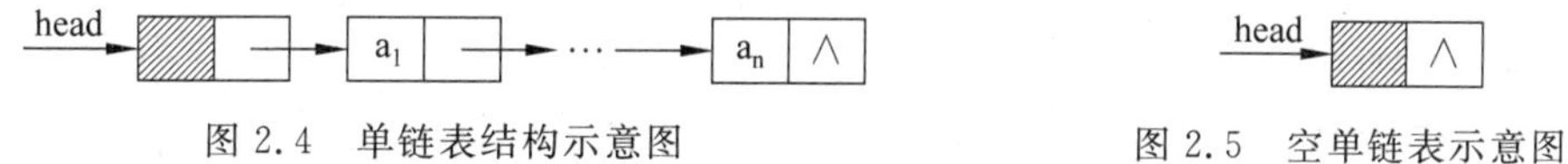

图 2.4　单链表结构示意图　　图 2.5　空单链表示意图

线性表的链式存储结构有如下特点：

(1) 数据元素之间的逻辑关系由结点中的后继指针表示；

(2) 每个元素的存储位置由其直接前驱的后继指针所指示；

(3) 线性表的链式存储结构是非随机存取的存储结构；

(4) 线性表的链式存储结构中的尾结点的直接后继为空(即此结点的后继指针为空)。

线性链表用结点中的后继指针来表示数据元素之间的逻辑关系，这样逻辑上相邻的两个元素不要求物理存储位置也相邻，下面是结点和线性链表的类模板的声明及实现，在这里结点使用结构 struct 来实现，所有成员都是公共的，也就是结点结构没有封装，在使用时一般将它作为已封装的其他数据结构的 private 或 protected 成员。正是由于这个原因，实现无封装的结点既安全又方便。

结点类模板比较简单，它的声明及成员函数模板的实现如下：

```
//结点类模板
template<class ElemType>
struct Node
{
//数据成员
    ElemType data;                                      //数据元素
    Node<ElemType> * next;                              //指向后继的指针

//构造函数模板
    Node();                                             //无参数的构造函数模板
    Node(ElemType item, Node<ElemType> * link=NULL);
                                                        //已知数据元素和后继指针建立结构
};

//结点类模板的实现部分
template<class ElemType>
Node<ElemType>::Node()
//操作结果:构造后继指针为空的结点
{
    next=NULL;
}

template<class ElemType>
Node<ElemType>::Node(ElemType item, Node<ElemType> * link)
//操作结果:构造一个数据元素为 item 和后继指针为 link 的结点
{
    data=item;
    next=link;
}
```

线性链表简单实现为数据成员只有头指针,成员函数模板与顺序表类似,具体声明如下:

```
//简单线性链表类模板
template<class ElemType>
class SimpleLinkList
{
protected:
//链表实现的数据成员
    Node<ElemType> * head;                              //头结点指针

//辅助函数模板
    Node<ElemType> * GetElemPtr(int position) const;
                                                        //返回指向第 position 个结点的指针
```

```
public:
//抽象数据类型方法声明及重载编译系统默认方法声明
    SimpleLinkList();                                          //无参数的构造函数模板
    virtual~SimpleLinkList();                                  //析构函数模板
    int Length() const;                                        //求线性表长度
    bool Empty() const;                                        //判断线性表是否为空
    void Clear();                                              //将线性表清空
    void Traverse(void(* visit)(const ElemType &))const;       //遍历线性表
    bool GetElem(int position, ElemType &e) const;             //求指定位置的元素
    bool SetElem(int position, const ElemType &e);             //设置指定位置的元素值
    bool Delete(int position, ElemType &e);                    //删除元素
    bool Insert(int position, const ElemType &e);              //插入元素
    SimpleLinkList(const SimpleLinkList<ElemType> &copy);      //复制构造函数模板
    SimpleLinkList<ElemType> &operator= (const SimpleLinkList<ElemType> &copy);
                                                               //重载赋值运算符
};
```

在单链表中,如果 p 指向线性链表的第 i 个数据元素(结点 a_i),则 p－＞next 指向第 i+1 个数据元素(结点 a_{i+1}),也就是如果 p－＞data＝＝a_i,则 p－＞neat－＞data＝＝a_{i+1},在线性链表中存取第 i 个数据元素必须从头指针出发进行查找,下面是辅助函数模板 GetElemPtr()的实现。

```
template<class ElemType>
Node<ElemType> * SimpleLinkList<ElemType>::GetElemPtr(int position) const
//操作结果:返回指向第 position 个结点的指针
{
    Node<ElemType> * tmpPtr=head;     //用 tmpPtr 遍历线性表以查找第 position 个结点
    int pos=0;                        //tmpPtr 所指结点的位置

    while(tmpPtr!=NULL && pos<position)
    {   //顺指针向后查找,直到 tmpPtr 指向第 position 个结点
        tmpPtr=tmpPtr->next;
        pos++;
    }

    if(tmpPtr!=NULL && pos==position)
    {   //查找成功
        return tmpPtr;
    }
    else
    {   //查找失败
        return NULL;
    }
}
```

上面算法的基本操作是比较 pos 和 position 并后移指针 tmpPtr，执行次数与数据元素在线性表中的位置有关，如 0≤i≤n，则执行次数为 i，可知时间复杂度为 O(n)。

线性链表的方法 LinkList、～LinkList、Length、Empty、Clear、Traverse、GetElem 和 SetElem 及相关的辅助函数模板 Init()的实现都比较简单，下面是具体实现。

```
template<class ElemType>
SimpleLinkList<ElemType>::SimpleLinkList()
//操作结果：构造一个空链表
{
    head=new Node<ElemType>;                              //生成头结点
}

template<class ElemType>
SimpleLinkList<ElemType>::~SimpleLinkList()
//操作结果：销毁线性表
{
    Clear();                                              //清空线性表
    delete head;                                          //释放头结点所点空间
}

template<class ElemType>
int SimpleLinkList<ElemType>::Length() const
//操作结果：返回线性表元素个数
{
    int count=0;                                          //计数器
    for(Node<ElemType> * tmpPtr=head->next; tmpPtr!=NULL; tmpPtr=tmpPtr->next)
    {   //用 tmpPtr 依次指向每个元素
        count++;                                          //对线性表的每个元素进行计数
    }
    return count;
}

template<class ElemType>
bool SimpleLinkList<ElemType>::Empty() const
//操作结果：如线性表为空，则返回 true，否则返回 false
{
    return head->next==NULL;
}

template<class ElemType>
void SimpleLinkList<ElemType>::Clear()
//操作结果：清空线性表
```

```
{
    ElemType tmpElem;                          //临时元素值
    while(!Empty())
    {   //表性表非空,则删除第 1 个元素
        Delete(1, tmpElem);
    }
}

template<class ElemType>
void SimpleLinkList<ElemType>::Traverse(void(* visit)(const ElemType &))const
//操作结果:依次对线性表的每个元素调用函数(* visit)
{
    for(Node<ElemType> * tmpPtr=head->next; tmpPtr!=NULL; tmpPtr=tmpPtr->
next)
    {   //用 tmpPtr 依次指向每个元素
        (* visit)(tmpPtr->data);               //对线性表的每个元素调用函数(* visit)
    }
}

template<class ElemType>
bool SimpleLinkList<ElemType>::GetElem(int position, ElemType &e) const
//操作结果:当线性表存在第 position 个元素时,用 e 返回其值,返回 true,否则
//返回 false
{
    if(position<1||position>Length())
    {   //position 范围错
        return false;                          //元素不存在
    }
    else
    {   //position 合法
        Node<ElemType> * tmpPtr;
        tmpPtr=GetElemPtr(position);           //取出指向第 position 个结点的指针
        e=tmpPtr->data;                        //用 e 返回第 position 个元素的值
        return true;
    }
}

template<class ElemType>
bool SimpleLinkList<ElemType>::SetElem(int position, const ElemType &e)
//操作结果:将线性表的第 position 个位置的元素赋值为 e, position 的取值范围
//为 1≤position≤Length(), position 合法时返回 true,否则返回 false
{
    if(position<1||position>Length())
```

```
    {   //position 范围错
        return false;
    }
    else
    {   //position 合法
        Node<ElemType> * tmpPtr;
        tmpPtr=GetElemPtr(position);          //取出指向第 position 个结点的指针
        tmpPtr->data=e;                       //设置第 position 个元素的值
        return true;
    }
}
```

下面讨论“插入”和“删除”操作，对于“插入”操作，设在线性链表的数据元素 a 和 b 之间插入 e，已知 tmpPtr 为指向数据元素 a 的指针，如图 2.6(a)所示。

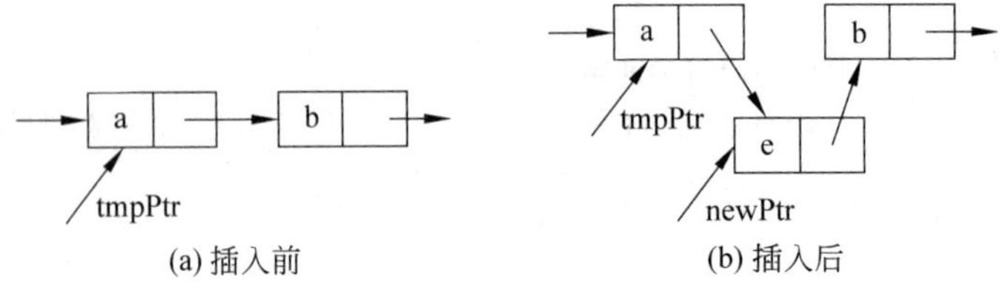

图 2.6　在单链表中插入结点示意图

为插入数据元素 e，应生成一个数据元素为 e，后继指针为 tmpPtr－＞next(指向 b)的新结点，设 newPtr 指向新结点，可用如下语句实现。

```
newPtr=new Node<ElemType>(e, tmpPtr->next);
```

然后由于插入后 a 的后继为 e，如图 2.6(b)所示，可用如下语句实现。

```
tmpPtr->next=newPtr;
```

“插入” 方法的算法实现如下：

```
template<class ElemType>
bool SimpleLinkList<ElemType>::Insert(int position, const ElemType &e)
//操作结果：在线性表的第 position 个位置前插入元素 eposition 的取值范围
//为 1≤position≤Length()+1，position 合法时返回 true，否则函数返回 false
{
    if(position<1||position>Length()+1)
    {   //position 范围错
        return false;                          //位置不合法
    }
    else
    {   //position 合法
        Node<ElemType> * tmpPtr;
        tmpPtr=GetElemPtr(position-1);         //取出指向第 position-1 个结点的指针
```

```
            Node<ElemType> * newPtr;
            newPtr=new Node<ElemType>(e, tmpPtr->next);     //生成新结点
            tmpPtr->next=newPtr;                            //将 tmpPtr 插入到链表中
            return true;
        }
    }
```

对于“删除”操作，如图 2.7 所示，设要删除数据元素 b，tmpPtr 指向 b 的前驱，nextPtr 指向 b，删除结点后只需修改 a 的后继指针即可，可用如下语句实现。

```
tmpPtr->next=nextPtr->next;
```

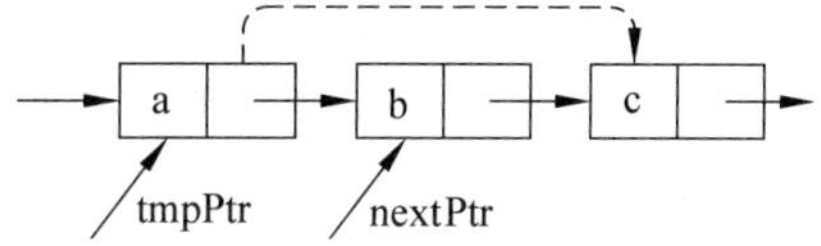

图 2.7　在单链表中删除结点示意图

“删除”方法的算法实现如下：

```
template<class ElemType>
bool SimpleLinkList<ElemType>::Delete(int position, ElemType &e)
//操作结果：删除线性表的第 position 个位置的元素，并用 e 返回其值，position 的
//取值范围为 1≤position≤Length()，position 合法时函数返回 true，否则函数
//返回 false
{
    if(position<1||position>Length())
    {   //position 范围错
        return false;
    }
    else
    {   //position 合法
        Node<ElemType> * tmpPtr;
        tmpPtr=GetElemPtr(position-1);          //取出指向第 position-1 个结点的指针
        Node<ElemType> * nextPtr=tmpPtr->next;  //nextPtr 为 tmpPtr 的后继
        tmpPtr->next=nextPtr->next;             //删除结点
        e=nextPtr->data;                        //用 e 返回被删结点元素值
        delete nextPtr;                         //释放被删结点
        return true;
    }
}
```

线性链表的复制构造函数模板和重载赋值运算符的算法与顺序表的相应算法完全相同，此处从略。

下面通过实例应用线性链表进行更复杂的操作。

例 2.3　已知线性链表 la 和 lb 中的数据元素按值递增，现在要将 la 和 lb 合并为新的线性表 lc，使 lc 中的数据元素仍递增有序。

lc 中的数据元素不是 la 中的数据元素就是 lb 中的数据元素，先将 lc 清空，然后将 la 和 lb 中的数据元素依次插入到 lc 中即可。为使 lc 中数据元素仍有序，设 la 的当前数据元素为 aItem，lb 的当前数据元素为 bItem，应插入到 lc 中的数据元素是 cItem，则有如

下关系。

$$
\text{cItem} = \begin{cases} \text{aItem}, & \text{aItem} < \text{bItem} \\ \text{bItem}, & \text{aItem} \geq \text{bItem} \end{cases}
$$

显然只需将 aItem 和 bItem 顺序取 la 和 lb 的数据元素即可，具体算法如下：

```
//文件路径名：s2_3\alg.h
template<class ElemType>
void MergeList(const SimpleLinkList<ElemType> &la, const SimpleLinkList<ElemType>
&lb, SimpleLinkList<ElemType> &lc)
//初始条件：la 和 lb 中数据元素递增有序
//操作结果：将 la 和 lb 合并为 lc,使 lc 中数据元素仍递增有序
{
    ElemType aElem, bElem;                              //la 和 lb 中当前数据元素
    int aLength=la.Length(), bLength=lb.Length();       //la 和 lb 的长度
    int aPosition=1, bPosition=1;                       //la 和 lb 的当前元素序号

    lc.Clear();                                         //清空 lc
    while(aPosition<=aLength && bPosition<=bLength)
    {   //取出 la 和 lb 中数据元素进行归并
        la.GetElem(aPosition, aElem);                   //取出 la 中数据元素
        lb.GetElem(bPosition, bElem);                   //取出 lb 中数据元素
        if(aElem<bElem)
        {   //归并 aElem
            lc.Insert(lc.Length()+1, aElem);            //插入 aElem 到 lc
            aPosition++;                                //指向 la 下一数据元素
        }
        else
        {   //归并 bElem
            lc.Insert(lc.Length()+1, bElem);            //插入 bElem 到 lc
            bPosition++;                                //指向 lb 下一数据元素
        }
    }

    while(aPosition<=aLength)
    {   //归并 la 中剩余数据元素
        la.GetElem(aPosition, aElem);                   //取出 la 中数据元素
        lc.Insert(lc.Length()+1, aElem);                //插入 aElem 到 lc
        aPosition++;                                    //指向 la 下一数据元素
    }

    while(bPosition<=bLength)
    {   //归并 lb 中剩余数据元素
        lb.GetElem(bPosition, bElem);                   //取出 lb 中数据元素
        lc.Insert(lc.Length()+1, bElem);                //插入 bElem 到 lc
```

```
        bPosition++;                                    //指向 lb 下一数据元素
    }
}
```

例 2.4 用线性链表将线性表的元素逆置，也就是将线性表($a_1,a_2,a_3,\cdots,a_n$)转换为($a_n,a_{n-1},a_{n-2},\cdots,a_1$)。

本题只要对 position 从 1 到 n/2 交换 $a_{position}$ 与 $a_{n-position+1}$ 即可达到本题要求。下面是具体算法。

```
//文件路径名:s2_4\alg.h
template<class ElemType>
void Reverse(SimpleLinkList<ElemType> &la)
//操作结果: 将 la 中元按逆置
{
    ElemType aElem, bElem;
    for(int position=1; position<=la.Length()/2; position++)
    {
        //取出 la 中的元素
        la.GetElem(position, aElem);        //取出 la 的第 position 个元素 aElem
        la.GetElem(la.Length()-position+1, bElem);
                                            //取出 la 的第 n-position+1 个元素 bElem

        //互交位置存入 la 中
        la.SetElem(position, bElem);        //bElem 存入在 position 处
        la.SetElem(la.Length()-position+1, aElem);
                                            //aElem 存入在 n-position+1 处
    }
}
```

2.3.2 循环链表

循环链表是另一种形式的线性表链式存储结构，它的结点结构与单链表相同，与单链表不同的是在循环链表中表尾结点的 next 指针不空(NULL)，而是指向头结点，如图 2.8(a)所示，循环链表为空的条件为 head－＞next＝＝head，如图 2.8(b)所示。

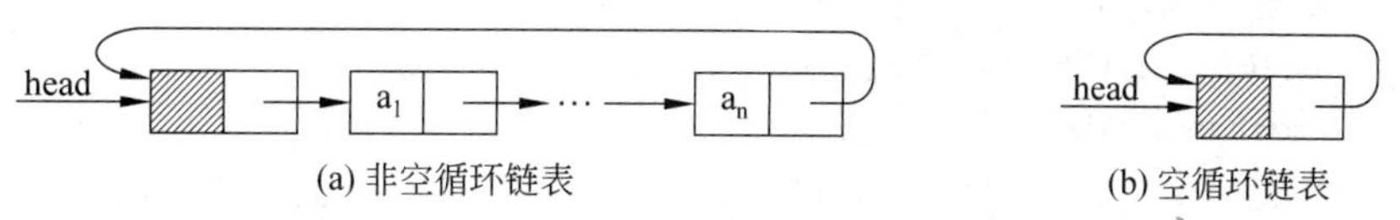

图 2.8 循环链表示意图

循环链表的操作与线性表的操作基本相同，只是将算法中的循环条件改为 tmpPtr 是否等于头指针，下面是循环链表类模板的声明。

```
//简单循环链表类模板
```

```
template<class ElemType>
class SimpleCircLinkList
{
protected:
//循环链表实现的数据成员
    Node<ElemType> * head;                          //头结点指针

//辅助函数模板
    Node<ElemType> * GetElemPtr(int position) const;
                                                    //返回指向第 position 个结点的指针

public:
//抽象数据类型方法声明及重载编译系统默认方法声明
    SimpleCircLinkList();                           //无参数的构造函数模板
    virtual~SimpleCircLinkList();                   //析构函数模板
    int Length() const;                             //求线性表长度
    bool Empty() const;                             //判断线性表是否为空
    void Clear();                                   //将线性表清空
    void Traverse(void(* visit)(const ElemType &))const;  //遍历线性表
    bool GetElem(int position, ElemType &e) const;        //求指定位置的元素
    bool SetElem(int position, const ElemType &e);        //设置指定位置的元素值
    bool Delete(int position, ElemType &e);               //删除元素
    bool Insert(int position, const ElemType &e);         //插入元素
    SimpleCircLinkList(const SimpleCircLinkList<ElemType> &copy);
                                                          //复制构造函数模板
    SimpleCircLinkList<ElemType> &operator= (const SimpleCircLinkList
    <ElemType> &copy);                                    //重载赋值运算符
};
```

下面只列出循环链表中与线性链表算法实现具有不同地方的算法,不同之处的语句用阴影部分加以表示,供读者参考。

```
template<class ElemType>
Node<ElemType> * SimpleCircLinkList<ElemType>::GetElemPtr(int position) const
//操作结果:返回指向第 position 个结点的指针
{
    if(position==0)
    {   //头结点的序号为 0
        return head;
    }

    Node<ElemType> * tmpPtr=head->next;
                            //用 tmpPtr 遍历线性表以查找第 position 个结点
    int pos=1;              //tmpPtr 所指结点的位置

    while(tmpPtr!=head && pos<position)
```

```
    {   //顺指针向后查找,直到 tmpPtr 指向第 position 个结点
        tmpPtr=tmpPtr->next;
        pos++;
    }

    if(tmpPtr!=head && pos==position)
    {   //查找成功
        return tmpPtr;
    }
    else
    {   //查找失败
        return NULL;
    }
}

template<class ElemType>
int SimpleCircLinkList<ElemType>::Length() const
//操作结果:返回线性表元素个数
{
    int count=0;                              //计数器
    for(Node<ElemType> * tmpPtr=head->next; tmpPtr!=head; tmpPtr=tmpPtr->next)
    {   //用 tmpPtr 依次指向每个元素
        count++;                              //对线性表的每个元素进行计数
    }
    return count;
}

template<class ElemType>
bool SimpleCircLinkList<ElemType>::Empty() const
//操作结果:如线性表为空,则返回 true,否则返回 false
{
    return head->next==head;
}

template<class ElemType>
void SimpleCircLinkList<ElemType>::Traverse(void(* visit)(const ElemType &))const
//操作结果:依次对线性表的每个元素调用函数(* visit)
{
    for(Node<ElemType> * tmpPtr=head->next; tmpPtr!=head; tmpPtr=tmpPtr->next)
    {   //用 tmpPtr 依次指向每个元素
        (* visit)(tmpPtr->data);              //对线性表的每个元素调用函数(* visit)
```

```
    }
}
```

例 2.5 用循环链表求解约瑟夫问题：一个旅行社要从 n 个游客中选出一名旅客，为他提供免费旅行服务，选择方法是让 n 个游客围成一个圆圈，然后从信封中取出一张纸条，用上面写着的正整数 m(m<n)作为报数值，第一个人从 1 开始一个人一个人按顺时针报数，报到第 m 个游客时，令其出列。然后再从下一个人开始，从 1 顺时针报数，报到第 m 个游客时，再令其出列，……如此下去，直到圆圈中只剩一个人为止。此人即为优胜者，将获免费旅行服务，例如 n=8，m=3，出列的顺序将为 3、6、1、5、2、8、4，最初编号为 7 的游客获得免费旅行服务。

用 position 表示指向当前报数到的游客在循环链表 la 中的序号，则每报一次数时，position++，当 position>la. Length()时，令 position=1，报数到 m 时，position 所表示游客出列，也就是删除循环链表的第 position 个结点，下一轮报数时，应从循环链表的第 position 个结点所表示的人开始报数，所以出列后应作 position-- 操作；这样出列 n-1 个人时，圆圈中就只剩一个人。具体算法如下：

```
//文件路径名:s2_5\alg.h
void Josephus(int n, int m)
//操作结果:n个人围成一个圆圈,首先第 1 个人从 1 开始一个人一个人顺时针报数,
//报到第 m 个人,令其出列。然后再从下一个人开始,从 1 顺时针报数报到第 m
//个人,再令其出列,…,如此下去, 直到圆圈中只剩一个人为止。此人即为
//优胜者

{
    SimpleCircLinkList<int> la;             //定义空循环链表
    int position=0;                         //报数到的人在链表中序号
    int out, winer;
    for(int k=1; k<=n; k++)
        la.Insert(k, k);                    //建立数据元素为 1,2,…,n 的循环链表

    cout<<"出列者:";
    for(int i=1; i<n; i++)                  //循环 n-1 次,让 n-1 个人出列
    {
        for(int j=1; j<=m; j++)             //从 1 报数到 m
        {
            position++;
            if(position>la.Length())
                position=1;
        }
        la.Delete(position--, out);         //报数到 m 的人出列
        cout<<out<<" ";
    }
```

```
    la.GetElem(1, winer);                    //剩下的一个人为优胜者
    cout<<endl<<"优胜者:"<<winer<<endl;
}
```

2.3.3 双向链表

在前面讨论的链表中的结点结构只有一个指向后继的指针，这样便只能从左向右进行查找其他结点，如要查找前驱，则只有从表头出发进行查找，效率较低，本节将研究用双向链表来解决这个问题。

双向链表的结点中有两个指针，分别指向前驱和后继，back 是指向前驱的指针，next 是指向后继的指针，如图 2.9 所示。双向链表的结点类模板声明及实现如下：

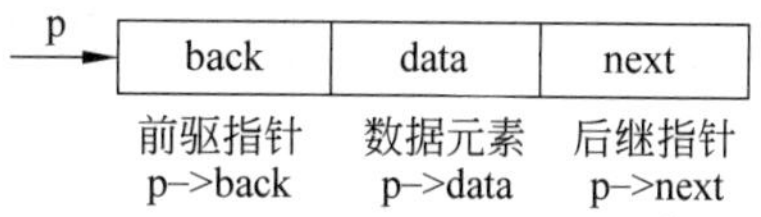

p → | back | data | next |

前驱指针 p->back　数据元素 p->data　后继指针 p->next

图 2.9 双向链表结点结构示意图

```
//结点类模板
template<class ElemType>
struct DblNode
{
//数据成员
    ElemType data;                           //数据元素
    DblNode<ElemType> * back;                //指向前驱的指针
    DblNode<ElemType> * next;                //指向后继的指针

//构造函数模板
    DblNode();                               //无数据的构造函数模板
    DblNode(ElemType,
        DblNode<ElemType> * linkBack=NULL,
        DblNode<ElemType> * linkNext=NULL);  //已知数据元素和后继指针建立结构
};

//结点类模板的实现部分

template<class ElemType>
DblNode<ElemType>::DblNode()
//操作结果：构造后继指针为空的结点
{
    next=NULL;
}

template<class ElemType>
DblNode<ElemType>::DblNode(ElemType,
            DblNode<ElemType> * linkBack,
            DblNode<ElemType> * linkNext);
//操作结果：构造一个数据元素为 item 和指针为 linkBack 和 linkNext 的结点
```

```
{
    data=item;
    back=linkBack;
    next=linkNext;
}
```

双向链表通常采用带头结点的循环链表形式，双向链表和空双向链表如图 2.10 所示。

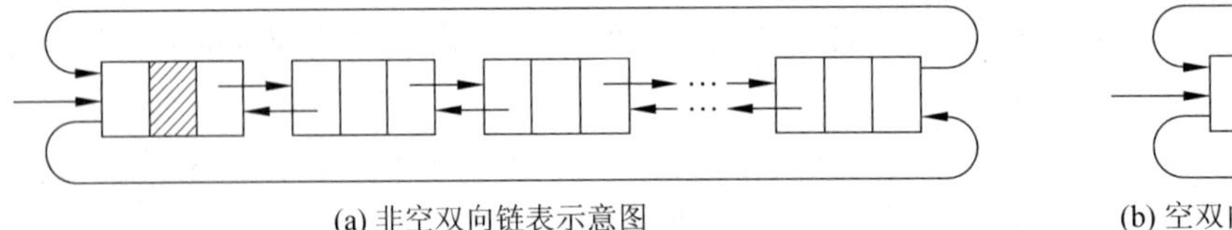

(a) 非空双向链表示意图　　(b) 空双向链表示意图

图 2.10　双向链表示意图

```
//简单双向循环链表类模板
template<class ElemType>
class SimpleDblLinkList
{
protected:
//循环链表实现的数据成员
    DblNode<ElemType> * head;                   //头结点指针

//辅助函数模板
    DblNode<ElemType> * GetElemPtr(int position) const;
                                                //返回指向第 position 个结点的指针

public:
//抽象数据类型方法声明及重载编译系统默认方法声明
    SimpleDblLinkList();                        //无参数的构造函数模板
    virtual~SimpleDblLinkList();                //析构函数模板
    int Length()const;                          //求线性表长度
    bool Empty()const;                          //判断线性表是否为空
    void Clear();                               //将线性表清空
    void Traverse(void(* visit)(const ElemType &))const;    //遍历线性表
    bool GetElem(int position, ElemType &e) const;          //求指定位置的元素
    bool SetElem(int position, const ElemType &e);          //设置指定位置的元素值
    bool Delete(int position, ElemType &e);                 //删除元素
    bool Insert(int position, const ElemType &e);           //插入元素
    SimpleDblLinkList(const SimpleDblLinkList<ElemType> &copy);
                                                            //复制构造函数模板
    SimpleDblLinkList<ElemType> &operator=(const SimpleDblLinkList<ElemType>
    &copy);                                                 //重载赋值运算符
};
```

双向链表的实现与循环链表的实现除了“插入”和“删除”操作之外完全相同，图 2.11 是插入操作示意图。设 tmpPtr 指向 a，nextPtr 指向 b，元素 e 插在 a 和 b 之间，newPtr 指向被插入结点，则显示 newPtr－＞back＝tmpPtr 和 newPtr－＞next＝nextPtr，可用如下的语句实现。

```
newPtr=new DblNode<ElemType>(e, tmpPtr, nextPtr);        //生成新结点
```

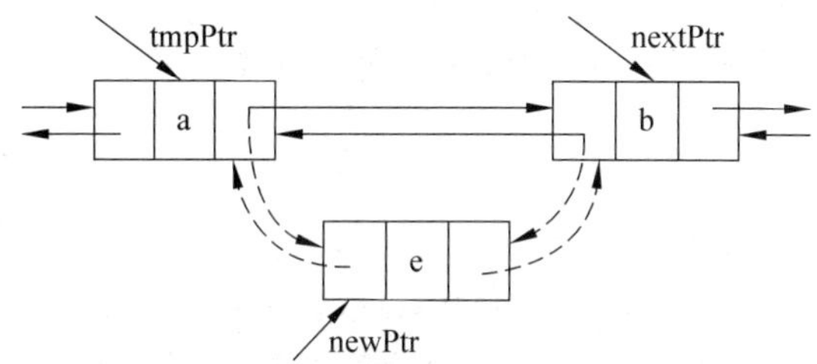

图 2.11　双向链表插入结点示意图

这时只需要再将 newPtr 的前驱指针和后继指针分别指向 a 和 b 即可，即：

```
tmpPtr->next=newPtr;                                     //修改向右的指针
nextPtr->back=newPtr;                                    //修改向左的指针
```

具体“插入”算法如下：

```
template<class ElemType>
bool SimpleDblLinkList<ElemType>::Insert(int position, const ElemType &e)
//操作结果：在线性表的第 position 个位置前插入元素 e,position 的取值范围为
//1≤position≤Length()+1, position 合法时返回 true, 否则函数返回 false
{
    if(position<1||position>Length()+1)
    {   //position 范围错
        return false;                          //位置不合法
    }
    else
    {   //position 合法
        DblNode<ElemType> * tmpPtr, * nextPtr, * newPtr;
        tmpPtr=GetElemPtr(position-1);         //取出指向第 position-1 个结点的指针
        nextPtr=tmpPtr->next;                  //nextPtr 指向第 position 个结点
        newPtr=new DblNode<ElemType>(e, tmpPtr, nextPtr);    //生成新结点
        tmpPtr->next=newPtr;                                 //修改向右的指针
        nextPtr->back=newPtr;                                //修改向左的指针
        return true;
    }
}
```

图 2.12 所示的是双向链表删除操作示意图，设 tmpPtr 指向被删除的结点，删除后的结点之间的关系由虚线表示，指针将发生如下的变化：

```
tmpPtr->back->next=tmpPtr->next;                    //修改前驱的指针
tmpPtr->next->back=tmpPtr->back;                    //修改后继的指针
```

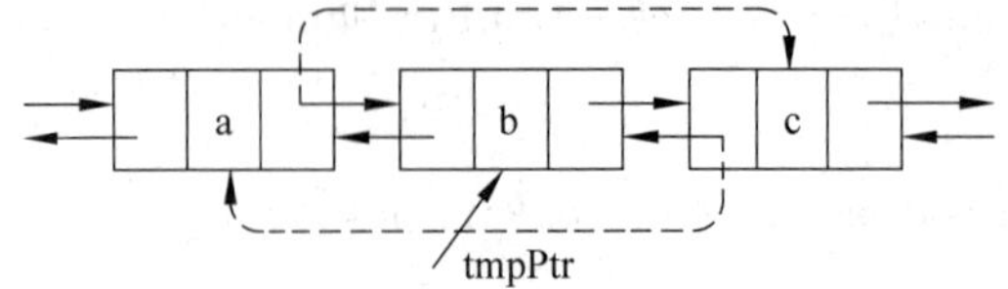

图 2.12 双向链表"删除"操作示意图

具体"删除"算法如下：

```
template<class ElemType>
bool SimpleDblLinkList<ElemType>::Delete(int position, ElemType &e)
//操作结果：删除线性表的第 position 个位置的元素，并用 e 返回其值,position 的取值范围
//为 1≤position≤Length(),position 合法时函数返回 true,否则函数返回 false
{
    if(position<1||position>Length())
    {   //position 范围错
        return false;
    }
    else
    {   //position 合法
        DblNode<ElemType> * tmpPtr;
        tmpPtr=GetElemPtr(position);              //取出指向第 position 个结点的指针
        tmpPtr->back->next=tmpPtr->next;          //修改向右的指针
        tmpPtr->next->back=tmpPtr->back;          //修改向左的指针
        e=tmpPtr->data;                           //用 e 返回被删结点元素值
        delete tmpPtr;                            //释放被删结点
        return true;
    }
}
```

*2.3.4 在链表结构中保存当前位置和元素个数

前面讲解了线性表的 3 种链式存储结构，这 3 种结构实现比较一致，处理简单，特别适合于初学者。但许多应用程序是按顺序处理线性表中的数据元素的，也就是处理完一个数据元素后再处理下一个数据元素，也可能要几次引用同一个数据元素，比如在访问下一个数据元素之前做 GetElem 和 SetElem 操作，对于这类应用程序，前面的链表实现效率低下，这是由于访问线性表中的某个元素的每个操作都是从线性表的起始处开始查找，直到找到为止，如果能够记住表中上一次使用的位置，并且下一个操作引用同一个或后一个位置，这样显然从上次用过的位置开始查找将会更有效率，这样就像更换一个性能更高的 CPU 就能加速程序的执行速度一样，既简单又方便。

当然并不是所有操作都从记住上次访问位置得到加速，比如对单链表，某程序要从表尾部开始，以逆序访问单链表中的元素，则每次访问都需要从单链表的起始处开始查找，这是由于单链表是单向的，记住上次的位置无助于查找它的前驱结点。

方法 GetElem 会产生一个问题，此方法已被定义成常方法，但在使用时须改变上次用过的位置，当然并没有改变线性表的数据元素的值及顺序，在 C++ 中可用关键字 mutale 定义表示位置的数据成员，这样虽然 GetElem 是常方法，仍然可以修改表示位置的数据元素。

还有大量操作都需要求表长，求表长的方法 Length 是通过遍历线性表来对元素进行计数的，时间复杂度为 O(n)，如能在结构中记住元素个数，这样方法 Length 的时间复杂度就变成 O(1)了，这样就能提高操作效率。

下面是单链表、循环链表和双向链表加上了当前位置和元素个数的类声明和相应主要修改过的辅助函数模板和方法的实现。

1. 修改单链表的类模板声明和相应修改过的辅助函数模板和方法的实现

```
//线性链表类模板
template<class ElemType>
class LinkList
{
protected:
//链表实现的数据成员
    Node<ElemType> * head;                          //头结点指针
    mutable int curPosition;                        //当前位置的序号
    mutable Node<ElemType> * curPtr;                //指向当前位置的指针
    int count;                                      //元素个数

//辅助函数模板
    Node<ElemType> * GetElemPtr(int position) const;
                                                    //返回指向第 position 个结点的指针

public:
//抽象数据类型方法声明及重载编译系统默认方法声明
    LinkList();                                     //无参数的构造函数模板
    virtual~LinkList();                             //析构函数模板
    int Length()const;                              //求线性表长度
    bool Empty()const;                              //判断线性表是否为空
    void Clear();                                   //将线性表清空
    void Traverse(void(* visit)(const ElemType &))const;   //遍历线性表
    bool GetElem(int position, ElemType &e) const;         //求指定位置的元素
    bool SetElem(int position, const ElemType &e);         //设置指定位置的元素值
    bool Delete(int position, ElemType &e);                //删除元素
    bool Insert(int position, const ElemType &e);          //插入元素
    LinkList(const LinkList<ElemType> &copy);              //复制构造函数
    LinkList<ElemType> &operator= (const LinkList<ElemType> &copy);
```

```
                                                                //重载赋值运算符
};

template<class ElemType>
Node<ElemType> * LinkList<ElemType>::GetElemPtr(int position) const
//操作结果：返回指向第 position 个结点的指针
{
    if(curPosition>position)
    {   //当前置在所查找位置之后，只能从表头开始操作
        curPosition=0;
        curPtr=head;
    }

    for(; curPosition<position; curPosition++)
        curPtr=curPtr->next;                        //查找位置 position

    return curPtr;
}

template<class ElemType>
int LinkList<ElemType>::Length() const
//操作结果：返回线性表元素个数
{
    return count;
}

template<class ElemType>
bool LinkList<ElemType>::Delete(int position, ElemType &e)
//操作结果：删除线性表的第 position 个位置的元素，并用 e 返回其值，position 的取值
//范围为 1≤position≤Length(),position 合法时函数返回 true,否则函数返回 false
{
    if(position<1||position>Length())
    {   //position 范围错
        return false;
    }
    else
    {   //position 合法
        Node<ElemType> * tmpPtr;
        tmpPtr=GetElemPtr(position-1);          //取出指向第 position-1 个结点的指针
        Node<ElemType> * nextPtr=tmpPtr->next;     //nextPtr 为 tmpPtr 的后继
        tmpPtr->next=nextPtr->next;                //删除结点
        e=nextPtr->data;                           //用 e 返回被删结点元素值
```

```
        if(position==Length())
        {   //删除尾结点,当前结点变为头结点
            curPosition=0;                          //设置当前位置的序号
            curPtr=head;                            //设置指向当前位置的指针
        }
        else
        {   //删除非尾结点,当前结点变为第 position 个结点
            curPosition=position;                   //设置当前位置的序号
            curPtr=tmpPtr->next;                    //设置指向当前位置的指针
        }
        count--;                                    //删除成功后元素个数减 1
        delete nextPtr;                             //释放被删结点
        return true;
    }
}

template<class ElemType>
bool LinkList<ElemType>::Insert(int position, const ElemType &e)
//操作结果:在线性表的第 position 个位置前插入元素 e, position 的取值范围
//为 1≤position≤Length()+1,position 合法时返回 true, 否则函数返回 false
{
    if(position<1||position>Length()+1)
    {   //position 范围错
        return false;                               //位置不合法
    }
    else
    {   //position 合法
        Node<ElemType> * tmpPtr;
        tmpPtr=GetElemPtr(position-1);              //取出指向第 position-1 个结点的指针
        Node<ElemType> * newPtr;
        newPtr=new Node<ElemType>(e, tmpPtr->next);     //生成新结点
        tmpPtr->next=newPtr;                            //将 tmpPtr 插入到链表中
        curPosition=position;                           //设置当前位置的序号
        curPtr=newPtr;                                  //设置指向当前位置的指针
        count++;                                        //插入成功后元素个数加 1
        return true;
    }
}
```

注释:上面的辅助函数模板 GetElemPtr(position)只供类方法调用,在调用前都已对参数的有效性进行了判断,只有有效参数值才可调用,所以返回指针一定是非空的,这样就不必再进行合法性检查了,提高了算法效率。

2. 修改循环链表的类模板声明和相应修改过的辅助函数模板和方法的实现

```
//循环链表类模板
template<class ElemType>
class CircLinkList
{
protected:
//循环链表实现的数据成员
    Node<ElemType> * head;                          //头结点指针
    mutable int curPosition;                        //当前位置的序号
    mutable Node<ElemType> * curPtr;                //指向当前位置的指针
    int count;                                      //元素个数

//辅助函数模板
    Node<ElemType> * GetElemPtr(int position) const;
                                                    //返回指向第 position 个结点的指针

public:
//抽象数据类型方法声明及重载编译系统默认方法声明
    CircLinkList();                                 //无参数的构造函数模板
    int~CircLinkList();                             //析构函数模板
    int Length() const;                             //求线性表长度
    bool Empty() const;                             //判断线性表是否为空
    void Clear();                                   //将线性表清空
    void Traverse(void(* visit)(const ElemType &))const;   //遍历线性表
    bool GetElem(int position, ElemType &e) const;         //求指定位置的元素
    bool SetElem(int position, const ElemType &e);         //设置指定位置的元素值
    bool Delete(int position, ElemType &e);                //删除元素
    bool Insert(int position, const ElemType &e);          //插入元素
    CircLinkList(const CircLinkList<ElemType> &copy);      //复制构造函数模板
    CircLinkList<ElemType> &operator= (const CircLinkList<ElemType> &copy);
                                                           //重载赋值运算符
};

template<class ElemType>
Node<ElemType> * CircLinkList<ElemType>::GetElemPtr(int position) const
//操作结果:返回指向第 position 个结点的指针
{
    while(curPosition!=position)
    {
        curPosition= (curPosition+1)%(Length()+1);         //序号在 0~length()之间
        curPtr=curPtr->next;                               //curPtr 指向后继
    }
```

```
    return curPtr;
}

template<class ElemType>
int CircLinkList<ElemType>::Length() const
//操作结果：返回线性表元素个数
{
    return count;
}
template<class ElemType>
bool CircLinkList<ElemType>::Delete(int position, ElemType &e)
//操作结果：删除线性表的第 position 个位置的元素，并用 e 返回其值,position 的取值
//范围为 1≤position≤Length(),position 合法时函数返回 true,否则函数返回 false
{
    if(position<1||position>Length())
    {   //position 范围错
        return false;
    }
    else
    {   //position 合法
        Node<ElemType> * tmpPtr;
        tmpPtr=GetElemPtr(position-1);          //取出指向第 position-1 个结点的指针
        Node<ElemType> * nextPtr=tmpPtr->next;     //nextPtr 为 tmpPtr 的后继
        tmpPtr->next=nextPtr->next;             //删除结点
        e=nextPtr->data;                        //用 e 返回被删结点元素值
        if(position==Length())
        {   //删除尾结点,当前结点变为头结点
            curPosition=0;                      //设置当前位置的序号
            curPtr=head;                        //设置指向当前位置的指针
        }
        else
        {   //删除非尾结点,当前结点变为第 position 个结点
            curPosition=position;               //设置当前位置的序号
            curPtr=tmpPtr->next;                //设置指向当前位置的指针
        }
        count--;                                //删除成功后元素个数减 1
        delete nextPtr;                         //释放被删结点
        return true;
    }
}

template<class ElemType>
bool CircLinkList<ElemType>::Insert(int position, const ElemType &e)
```

```
//操作结果:在线性表的第 position 个位置前插入元素 e, position 的取值范围
//为 1≤position≤Length()+1,position 合法时返回 true, 否则函数返回 false
{
    if(position<1||position>Length()+1)
    {   //position 范围错
        return false;                          //位置不合法
    }
    else
    {   //position 合法
        Node<ElemType> * tmpPtr;
        tmpPtr=GetElemPtr(position-1);         //取出指向第 position-1 个结点的指针
        Node<ElemType> * newPtr;
        newPtr=new Node<ElemType>(e, tmpPtr->next);    //生成新结点
        tmpPtr->next=newPtr;                           //将 tmpPtr 插入到链表中
        curPosition=position;                          //设置当前位置的序号
        curPtr=newPtr;                                 //设置指向当前位置的指针
        count++;                                       //插入成功后元素个数加 1
        return true;
    }
}
```

3. 修改双向链表的类模板声明和相应修改过的辅助函数模板和方法的实现

```
//双向链表类模板
template<class ElemType>
class DblLinkList
{
protected:
//循环链表实现的数据成员
    DblNode<ElemType> * head;                  //头结点指针
    mutable int curPosition;                   //当前位置的序号
    mutable DblNode<ElemType> * curPtr;        //指向当前位置的指针
    int count;                                 //元素个数

//辅助函数模板
    DblNode<ElemType> * GetElemPtr(int position) const;
                                               //返回指向 position 个结点的指针

public:
//抽象数据类型方法声明及重载编译系统默认方法声明
    DblLinkList();                             //无参数的构造函数模板
    virtual~DblLinkList();                     //析构函数模板
    int Length()const;                         //求线性表长度
```

```
    bool Empty()const;                                   //判断线性表是否为空
    void Clear();                                        //将线性表清空
    void Traverse(void(* visit)(const ElemType &))const;  //遍历线性表
    bool GetElem(int position, ElemType &e) const;        //求指定位置的元素
    bool SetElem(int position, const ElemType &e);        //设置指定位置的元素值
    bool Delete(int position, ElemType &e);               //删除元素
    bool Insert(int position, const ElemType &e);         //插入元素
    DblLinkList(const DblLinkList<ElemType> &copy);       //复制构造函数模板
    DblLinkList<ElemType> &operator=(const DblLinkList<ElemType> &copy);
                                                          //重载赋值运算符
};

template<class ElemType>
DblNode<ElemType> * DblLinkList<ElemType>::GetElemPtr(int position) const
//操作结果：返回指向第 position 个结点的指针
{
    if(curPosition<position)
    {   //当前位置在所查找位置之前,向后查找
        for(; curPosition<position; curPosition++)
            curPtr=curPtr->next;                          //查找位置 position
    }
    else if(curPosition>position)
    {   //当前位置在所查找位置之后,向前查找
        for(; curPosition>position; curPosition--)
            curPtr=curPtr->back;                          //查找位置 position
    }

    return curPtr;
}

template<class ElemType>
int DblLinkList<ElemType>::Length() const
//操作结果：返回线性表元素个数
{
    return count;
}

template<class ElemType>
bool DblLinkList<ElemType>::Delete(int position, ElemType &e)
//操作结果：删除线性表的第 position 个位置的元素，并用 e 返回其值,position 的取值
//范围为 1≤position≤Length(),position 合法时函数返回 true,否则函数返回 false
{
    if(position<1||position>Length())
```

```
    {   //position 范围错
        return false;
    }
    else
    {   //position 合法
        DblNode<ElemType> * tmpPtr;
        tmpPtr=GetElemPtr(position-1);        //取出指向第 position-1 个结点的指针
        tmpPtr=tmpPtr->next;                  //tmpPtr 指向第 position 个结点
        tmpPtr->back->next=tmpPtr->next;      //修改向右的指针
        tmpPtr->next->back=tmpPtr->back;      //修改向左的指针
        e=tmpPtr->data;                       //用 e 返回被删结点元素值
        if(position==Length())
        {   //删除尾结点,当前结点变为头结点
            curPosition=0;                    //设置当前位置的序号
            curPtr=head;                      //设置指向当前位置的指针
        }
        else
        {   //删除非尾结点,当前结点变为第 position 个结点
            curPosition=position;             //设置当前位置的序号
            curPtr=tmpPtr->next;              //设置指向当前位置的指针
        }
        count--;                              //删除成功后元素个数减 1
        delete tmpPtr;                        //释放被删结点
        return true;
    }
}

template<class ElemType>
bool DblLinkList<ElemType>::Insert(int position, const ElemType &e)
//操作结果:在线性表的第 position 个位置前插入元素 e,position 的取值范围
//为 1≤position≤Length()+1,position 合法时返回 true, 否则函数返回 false
{
    if(position<1||position>Length()+1)
    {   //position 范围错
        return false; //位置不合法
    }
    else
    {   //position 合法
        DblNode<ElemType> * tmpPtr, * nextPtr, * newPtr;
        tmpPtr=GetElemPtr(position-1);        //取出指向第 position-1 个结点的指针
        nextPtr=tmpPtr->next;                 //nextPtr 指向第 position 个结点
        newPtr=new DblNode<ElemType>(e, tmpPtr, nextPtr);  //生成新结点
        tmpPtr->next=newPtr;                               //修改向右的指针
```

```
        nextPtr->back=newPtr;                          //修改向左的指针
        curPosition=position;                          //设置当前位置的序号
        curPtr=newPtr;                                 //设置指向当前位置的指针
        count++;                                       //插入成功后元素个数加 1
        return true;
    }
}
```

*2.4 实例研究：一元多项式的表示

符号多项式的操作是表处理的典型应用，在数学上一元 n 次多项式 P(x)可按升幂表示为：

$$P(x)=p_0+p_1x+p_2x^2+\cdots+p_nx^n$$

多项式 P(x)由 n+1 个系数所组成，在计算机中可用线性表 P 来表示：

$$P=(p_0,\ p_1,\ p_2,\cdots,\ p_n)$$

设 Q(x)是一个 m 次多项式，同样地可用线性表 Q 来表示：

$$Q=(q_0,\ q_1,\ q_2,\cdots,\ q_m)$$

不失一般性，可设 $m\leqslant n$，则 P(x)与 Q(x)相加的结果 R(x)=P(x)+Q(x)可用线性表 R 来表示：

$$R=(p_0+q_0,\ p_1+q_1,\ p_2+q_2,\cdots,\ p_m+q_m,\ p_{m+1},\cdots,\ p_n)$$

这种方式定义的多项式可用顺序表实现，加法运算非常简单，但在实际应用中，通常多项式的次数可能很高，非零项数却很少，例如对于多项式：

$$S(x)=1+6x^{1000}+8x^{200000}$$

用顺序表来表示时，需用一个长度为 200001 的线性表来表示，但表的确只有 3 个非零项，这种情况非常占用内存空间，如果只存储非零项，则不但要存储非零系数，还必须同时存储相应的指数，一般情况下，可设多项式为：

$$P(x)=p_1x^{e_1}+p_2x^{e_2}+\cdots+p_mx^{e_m}$$

其中 p_i 为系数，e_i 为指数(i=1, 2, …, n)，并且按升幂排列，则满足：

$$0\leqslant e_1\leqslant e_2\leqslant\cdots\leqslant e_m$$

这时多项式 P(x)可用线性表 P 来表示：

$$P=((p_1,\ e_1),(p_2,\ e_2),\ \cdots,(p_m,\ e_m))$$

线性表的每个元素由两个成员组成，一个为系数，一个为指数，对于稀疏多项式(次数较大，非零项个数较少)的多项式通常采用这种存储结构，本节将讨论利用线性链表来实现一元多项式的表示。

对于多项 $f(x)=2+3x^2+6x^{18}$ 用线性链表表示如图 2.13 所示。

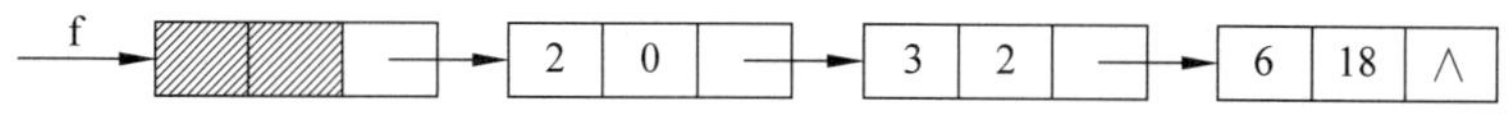

图 2.13 多项式 $f(x)=2+3x^2+6x^{18}$ 用线性链表表示意图

在实际应用中,多项式应包括如下的基本操作。

1. int Length() const

初始条件:多项式已存在。

操作结果:返回多项式的项数。

2. bool IsZero() const

初始条件:多项式已存在。

操作结果:如为零多项式,则返回 true,否则返回 false。

3. void SetZero()

初始条件:多项式已存在。

操作结果:将多项式置为 0。

4. void InsItem(const PolyItem &item)

初始条件:多项式已存在。

操作结果:插入一项。

5. Polynomial operator+(const Polynomial &p) const

初始条件:多项式已存在。

操作结果:重载加法运算符。

6. Polynomial operator-(const Polynomial &p) const

初始条件:多项式已存在。

操作结果:重载减法运算符。

7. Polynomial operator *(const Polynomial &p) const

初始条件:多项式已存在。

操作结果:重载乘法运算符。

对于多项式的链表实现,多项式的项声明定义如下:

```
//多项式项类
struct PolyItem
{
//数据成员
    double coef;                              //系数
    int expn;                                 //指数

//构造函数
    PolyItem();                               //无数据的构造函数
    PolyItem(double cf, int en);              //已知系数和指数建立结构
};

//多项式项类的实现部分
```

```
PolyItem::PolyItem()
//操作结果：构造指数为-1的结点
{
    expn=-1;
}

PolyItem::PolyItem(double cf, int en)
//操作结果：构造一个系数为cf和指数为en的结点
{
    coef=cf;
    expn=en;
}
```

多项式类声明如下：

```
//多项式类
class Polynomial
{
protected:
//多项式实现的数据成员
    LinkList<PolyItem>polyList;                              //多项式组成的线性表

public:
    //抽象数据类型方法声明及重载编译系统默认方法声明
    Polynomial(){};                                          //无参构造函数
    ~Polynomial(){};                                         //析构函数
    int Length() const;                                      //求多项式的项数
    bool IsZero() const;                                     //判断多项式是否为0
    void SetZero();                                          //将多项式置为0
    void Display();                                          //显示多项式
    void InsItem(const PolyItem &item);                      //插入一项
    Polynomial operator+(const Polynomial &p) const;         //加法运算符重载
    Polynomial operator-(const Polynomial &p) const;         //减法运算符重载
    Polynomial operator*(const Polynomial &p) const;         //乘法运算符重载
    Polynomial(const Polynomial &copy);                      //复制构造函数
    Polynomial(const LinkList<PolyItem> &copyLinkList);
    //由多项式组成的线性表构造多项式
    Polynomial &operator=(const Polynomial &copy);                //重载赋值运算符
    Polynomial &operator=(const LinkList<PolyItem> &copyLinkList); //重载赋值运算符
};
```

对于多项式的加法运算，用线性链表la与lb表示多项式，这两个多项式之和用线性链表lc表示，则lc的项为la中的项，或为lb中的项，或为la与lb的同类项之和，先设置lc为空(零多项式)，然后将la与lb中的项逐个进行合并插入到lc中即可，为使lc的项按升幂排列,la 的第 aPos 项为 aItem,lb 的第 bPos 项为 bItem,合并后插入到 lc 的元素为 cItem,则有:

(1) 当 aItem. expn<bItem. expn 时,cItem=aItem,也就是将 aItem 追加在 lc 的后面,并且++aPos。

(2) 当 aItem. expn>bItem. expn 时,cItem=bItem,也就是将 bItem 追加在 lc 的后面,并且++bPos。

(3) 当 aItem. expn=bItem. expn 时,令:

cItem. coef=aItem. coef+bItem. coef

cItem. expn=aItem. expn

如果 cItem. coef≠0,则将 cItem 追加在 lc 的后面,同时作操作++aPos 及++bPos。

如果 cItem. coef=0,则作操作++aPos 及++bPos。

显然 aPos 与 bPos 的初值都为 1,具体算法实现如下:

```
Polynomial Polynomial::operator+ (const Polynomial &p)const
//操作结果:返回当前多项式与 p 之和——加法运算符重载
{
    LinkList<PolyItem> la=polyList;                   //当前多项式对应的线性表
    LinkList<PolyItem> lb=p.polyList;                 //多项式 p 对应的线性表
    LinkList<PolyItem> lc;                            //和多项式对应的线性表
    int aPos=1, bPos=1;
    PolyItem aItem, bItem;

    while(la.GetElem(aPos, aItem) && lb.GetElem(bPos, bItem))
    {
        if(aItem.expn<bItem.expn)
        {   //la 中的项 aItem 指数较小
            lc.Insert(lc.Length()+1, aItem);          //将 aItem 追加到 lc 的后面
            ++aPos;                                   //以便取出 la 的第下一项
        }
        else if(aItem.expn>bItem.expn)
        {   //lb 中的项 bItem 指数较小
            lc.Insert(lc.Length()+1, bItem);          //将 bItem 追加到 lc 的后面
            ++bPos;                                   //以便取出 lb 的第下一项
        }
        else
        {   //la 中的项 aItem 和 lb 中的项 bItem 指数相等
            PolyItem sumItem(aItem.coef+bItem.coef, aItem.expn);
            if(sumItem.coef!=0)
                lc.Insert(lc.Length()+1, sumItem);    //将 bItem 追加到 lc 的后面
            ++aPos;                                   //以便取出 la 的第下一项
            ++bPos;                                   //以便取出 lb 的第下一项
        }
    }
```

```
	while(la.GetElem(aPos++, aItem))
	{	//将 la 的剩余项追加到 lc 的后面
		lc.Insert(lc.Length()+1, aItem);			//将 aItem 追加到 lc 的后面
	}

	while(lb.GetElem(bPos++, bItem))
	{	//将 lb 的剩余项追加到 lc 的后面
		lc.Insert(lc.Length()+1, bItem);			//将 bItem 追加到 lc 的后面
	}

	Polynomial fs;							//和多项式
	fs.polyList=lc;

	return fs;
}
```

两个一元多项式的乘法运算,可利用一元多项式的加法运算来实现,这是因为乘法运算可分解为一系列的加法运算来实现,设 P(x)、Q(x)与 R(x)为多项式:

$$P(x) = p_1 x^{e_1} + p_2 x^{e_2} + \cdots + p_m x^{e_m}$$

$$Q(x) = q_1 x^{e_1} + q_2 x^{e_2} + \cdots + q_n x^{e_n}$$

$$\begin{aligned} M(x) &= P(x) \times Q(x) \\ &= (p_1 x^{e_1} + p_2 x^{e_2} + \cdots + p_m x^{e_m}) \times (q_1 x^{e_1} + q_2 x^{e_2} + \cdots + q_n x^{e_n}) \\ &= \sum_{i=1}^{m} \sum_{j=1}^{n} p_i q_j P(x) x^{e_i + e_j} \end{aligned}$$

多项式的乘法运算的具体算法实现如下:

```
Polynomial Polynomial::operator * (const Polynomial &p) const
//操作结果:返回当前多项式与 p 之积——乘法运算符重载
{
	LinkList<PolyItem> la=polyList;				//当前多项式对应的线性表
	LinkList<PolyItem> lb=p.polyList;			//多项式 p 对应的线性表
	LinkList<PolyItem> lc;
	Polynomial fMultiply;						//乘积多项式
	int aPos=1, bPos;
	PolyItem aItem, bItem, cItem;

	while(la.GetElem(aPos++, aItem))
	{	//用 la 的各项去乘 lb
		bPos=1;
		while(lb.GetElem(bPos++, bItem))
		{	//将 la 与 lb 的每一次相乘
			cItem.coef=aItem.coef * bItem.coef;		//系数相乘
			cItem.expn=aItem.expn+bItem.expn;		//指数相加

			lc.Clear();							//清空 lc
```

```
            lc.Insert(lc.Length()+1, cItem);            //lc为乘积
            //将乘积加到 fMultiply
            Polynomial fc(lc);
            fMultiply=fMultiply+fc;
        }
    }

    return fMultiply;
}
```

2.5 深入学习导读

线性链表实现分成简单形式实现及在链表结构中保存当前位置元素个数进行实现，前者主要参考了严蔚敏、吴伟民编著的《数据结构(C语言版)》[12]，后者主要参考了 Robert L. Kruse，Alexander J. Ryba 所著的《Data Structures and Program Design in C++》[1]。

Cliford A. Shaffer 所著的 A Practical Introduction to Data Structures and Algorithm Analysis[2] 提出了一种用抽象类来表示抽象数据类型，用抽象类的派生类来实现数据结构的方法，如果不考虑学生的接受能力，是一种表示数据结构的完美方法。

严蔚敏、吴伟民编著的《数据结构(C语言版)》[12] 与殷人昆、陶永雷、谢若阳、盛绚华等编著的《数据结构(用面向对象方法与 C++ 描述)》[13] 都提出多项式的表示与相加，本书严格实现了多项式类并实现了多项式的加法与乘法运算。

2.6 习　题　2

2-1 简述头指针、头结点、首元结点(第一个元素结点)的区别。

2-2 简述线性表的顺序存储结构的缺点。

2-3 试给出不带头结点的双向链表、带头结点的双向循环链表为空的条件及图示。

2-4 在双向循环链表中，p 所指结点之后插入 s 所指结点，试给出语句序列。

2-5 简述单循环链表的特点，求已知结点的直接前驱的时间复杂度。

2-6 线性表长度为 n，采用顺序存储结构，在任何位置插入元素都为等概率的，试求在表中插入一个数据元素时，移动元素的平均个数。

2-7 对于线性表的顺序存储结构，设起始地址为 100，每个元素占 6 个存储单元，求第 18 个元素的内容存储在哪几个存储单元素中。

2-8 已知两个带头结点的单链表 A 和 B 分别表示两个集合，元素值递增有序，设计算法求出 A,B 的差集 C，并同样以递增的形式存储。

*2-9 SimpleLinkList 类模板添加一个成员函数模板，实现利用原结点空间逆置单链表中元素的顺序。

第3章　栈和队列

栈和队列是两种重要的特殊线性表，从结构上讲，栈和队列都是线性表，但栈和队列的基本操作是线性表操作的子集，是操作受限制的线性表，它们在各种软件系统中有着广泛应用，本章讨论栈和队列的定义、表示方法和实现，也给出一些典型应用。

3.1　栈

3.1.1　栈的基本概念

栈(stack)是限定只在表头进行插入(入栈)与删除(出栈)操作的线性表，表头端称为栈顶，表尾端称为栈底。

设有栈 $S=(a_1,a_2,a_3,\cdots,a_n)$，则一般称 a_1 为栈底元素，a_n 为栈顶元素，按 $a_1,a_2,a_3,\cdots,a_n$ 的顺序依次进栈，出栈的第一个元素为栈顶元素，也就是说栈是按后进先出的原则进行，如图 3.1 所示，所以栈可称为后进先出(last in first out)的线性表(简称为 LIFO 结构)。

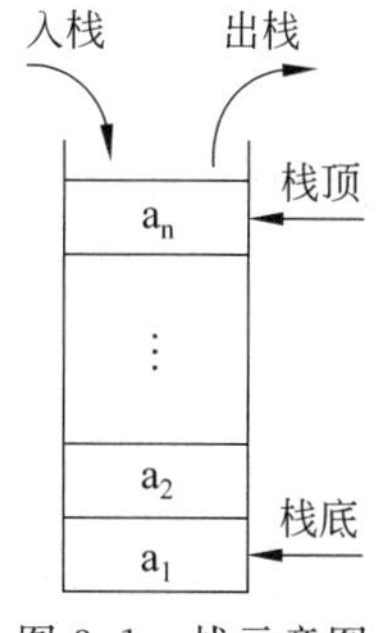

图 3.1　栈示意图

在实际应用中，栈包含了如下的基本操作。

1. int Length() const

初始条件：栈已存在。

操作结果：返回栈元素个数。

2. bool Empty() const

初始条件：栈已存在。

操作结果：如栈为空，则返回 true，否则返回 false。

3. void Clear()

初始条件：栈已存在。

操作结果：清空栈。

4. void Traverse(void(* visit)(const ElemType &))const

初始条件：栈已存在。

操作结果：从栈底到栈顶依次对栈的每个元素调用函数(* visit)。

5. bool Push(const ElemType &e)

初始条件：栈已存在。

操作结果：插入元素 e 为新的栈顶元素。

6. bool Top(ElemType &e) const

初始条件：栈已存在且非空。

操作结果：用 e 返回栈顶元素。

7. bool Pop(ElemType &e)

初始条件：栈已存在且非空。

操作结果：删除栈顶元素，并用 e 返回栈顶元素。

3.1.2 顺序栈

栈的实现与线性表类似，有两种方法——顺序栈和链栈，本节讨论顺序栈的实现，下一节讨论链栈的实现。

在顺序实现中，利用一组地址连续最大长度为 MAX_STACK_SIZE 的存储单元依次存放从栈底到栈顶的数据元素，将数据类型为 ElemType 的数据元素存储在数组中，并用 count 存储数组中存储的栈的实际元素个数，当 count=0 时表示栈为空，每当插入新的栈顶元素时，如栈未满，操作成功，count 的值将加 1，而当删除栈顶元素时，如栈不空，操作成功，count 的值将减 1，具体类模板声明及实现如下：

```
//顺序栈类模板
template<class ElemType>
class SqStack
{
protected:
//顺序栈的数据成员
    int count;                                              //元素个数
    int maxSize;                                            //栈最大元素个数
    ElemType * elems;                                       //存储元素

public:
//抽象数据类型方法声明及重载编译系统默认方法声明
    SqStack(int size=DEFAULT_SIZE);                         //构造函数模板
    virtual~SqStack();                                      //析构函数模板
    int Length() const;                                     //求栈长度
    bool Empty() const;                                     //判断栈是否为空
    void Clear();                                           //将栈清空
    void Traverse(void(* visit)(const ElemType &))const;    //遍历栈
    bool Push(const ElemType &e);                           //入栈
    bool Top(ElemType &e) const;                            //返回栈顶元素
    bool Pop(ElemType &e);                                  //出栈
```

```
    SqStack(const SqStack<ElemType> &copy);                  //复制构造函数模板
    SqStack<ElemType> &operator= (const SqStack<ElemType> &copy);
                                                             //重载赋值运算符
};

//顺序栈类模板的实现部分

template<class ElemType>
SqStack<ElemType>::SqStack(int size)
//操作结果：构造一个最大元素个数为 size 的空栈
{
    maxSize=size;                                            //最大元素个数
    elems=new ElemType[maxSize];                             //分配存储空间
    count=0;                                                 //空线性表元素个数为 0
}

template<class ElemType>
SqStack<ElemType>::~SqStack()
//操作结果：销毁栈
{
    delete[]elems;                                           //释放存储空间
}

template<class ElemType>
int SqStack<ElemType>::Length() const
//操作结果：返回栈元素个数
{
    return count;
}

template<class ElemType>
bool SqStack<ElemType>::Empty() const
//操作结果：如栈为空,则返回 true,否则返回 false
{
    return count==0;
}

template<class ElemType>
void SqStack<ElemType>::Clear()
//操作结果：清空栈
{
    count=0;
}
```

```
template<class ElemType>
void SqStack<ElemType>::Traverse(void(*visit)(const ElemType &))const
//操作结果:从栈底到栈顶依次对栈的每个元素调用函数(*visit)
{
    for(int pos=1; pos<=Length(); pos++)
    {   //从栈底到栈顶对栈的每个元素调用函数(*visit)
        (*visit)(elems[pos-1]);
    }
}

template<class ElemType>
bool SqStack<ElemType>::Push(const ElemType &e)
//操作结果:将元素 e 追加到栈顶,如成功则返加 true,如栈已满将返回 false
{
    if(count==maxSize)
    {   //栈已满
        return false;
    }
    else
    {   //操作成功
        elems[count++]=e;                              //将元素 e 追加到栈顶
        return true;
    }
}

template<class ElemType>
bool SqStack<ElemType>::Top(ElemType &e) const
//操作结果:如栈非空,用 e 返回栈顶元素,函数返回 true,否则函数返回 false
{
    if(Empty())
    {   //栈空
        return false;
    }
    else
    {   //栈非空,操作成功
        e=elems[count-1];                              //用 e 返回栈顶元素
        return true;
    }
}

template<class ElemType>
bool SqStack<ElemType>::Pop(ElemType &e)
//操作结果:如栈非空,删除栈顶元素,并用 e 返回栈顶元素,函数返回 true,否则函数返回 false
{
```

```
    if(Empty())
    {   //栈空
        return false;
    }
    else
    {   //操作成功
        e=elems[count-1];                               //用 e 返回栈顶元素
        count--;
        return true;
    }
}

template<class ElemType>
SqStack<ElemType>::SqStack(const SqStack<ElemType> &copy)
//操作结果: 由栈 copy 构造新栈——复制构造函数模板
{
    maxSize=copy.maxSize;                               //最大元素个数
    elems=new ElemType[maxSize];                        //分配存储空间
    count=copy.count;                                   //复制栈元素个数

    for(int pos=1; pos<=Length(); pos++)
    {   //从栈底到栈顶对栈 copy 的每个元素进行复制
        elems[pos-1]=copy.elems[pos-1];
    }
}

template<class ElemType>
SqStack< ElemType > &SqStack < ElemType >:: operator = (const SqStack < ElemType >
&copy)
//操作结果: 将栈 copy 赋值给当前栈——重载赋值运算符
{
    if(&copy!=this)
    {
        maxSize=copy.maxSize;                           //最大元素个数
        delete[]elems;                                  //释放存储空间
        elems=new ElemType[maxSize];                    //分配存储空间
        count=copy.count;                               //复制栈元素个数

        for(int pos=1; pos<=Length(); pos++)
        {   //从栈底到栈顶对栈 copy 的每个元素进行复制
            elems[pos-1]=copy.elems[pos-1];
        }
    }
```

```
    return * this;
}
```

例 3.1 读入一个整数 n 和 n 个整数,然后按相反的顺序输出。

本题可利用栈的后进先出的特性,在读取每个数据时将其入栈,然后再将数据出栈即可实现反序输出。

具体算法如下:

```
//文件路径名:s3_1\alg.h
void Reverse()
//初始条件:读入一个整数 n 和 n 个整数
//操作结果:按相反的顺序输出 n 个整数
{
    int n, e;
    SqStack<int>tmpS;                    //临时栈

    cout<<"输入一个整数:";
    cin>>n;

    while(n<=0)
    {   //保证 n 为正整数
        cout<<"整数不能为负或 0,请重新输入 n:";
        cin>>n;
    }

    cout<<"请输入"<<n<<"个整数:"<<endl;
    for(int i=0; i<n; i++)
    {   //输入 n 个整数,并入栈
        cin>>e;
        tmpS.Push(e);
    }

    cout<<"按输入的相反顺序输出:"<<endl;
    while(!tmpS.Empty())
    {   //出栈,并输出
        tmpS.Pop(e);
        cout<<e<<" ";
    }
}
```

当栈满时将发生溢出,为避免发生这种情况,须为栈设立一个足够大的存储空间,但如果空间过大,而栈中实际元素个数不多,则会浪费存储空间。当在程序中存在几个栈时,在实际运行中,可能有的栈膨胀过快,很快产生溢出,而有的栈可能还有许多空余空间,比如只有两个栈。为解决这种情况,可以定义一个足够大的栈空间,此存储空间的两端分别设为两个栈的栈底，两个栈的栈顶都向中间伸展，直到两个栈顶相遇才发生溢出，如图 3.2 所示。

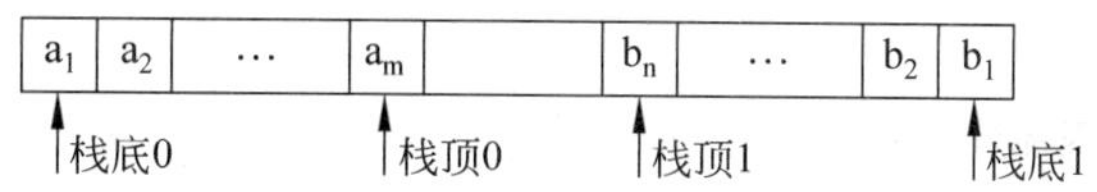

图 3.2　两个栈共享存储空间示意图

说明：对于 n(n>2)个栈的共享存储空间的情形，处理十分复杂，并且在插入和删除时可能会出现移动大量元素，时间代价较高，解决的办法就是采用链栈存储方式。

3.1.3　链式栈

在程序中同时使用多个栈的情形下，使用链式栈不但可以提高存储效率，同时还可达到共享存储空间的目的。

链式栈的结构如图 3.3 所示，入栈和出栈操作都非常简单，一般都不使用头结点直接实现，下面是链式栈的类模板声明和实现。

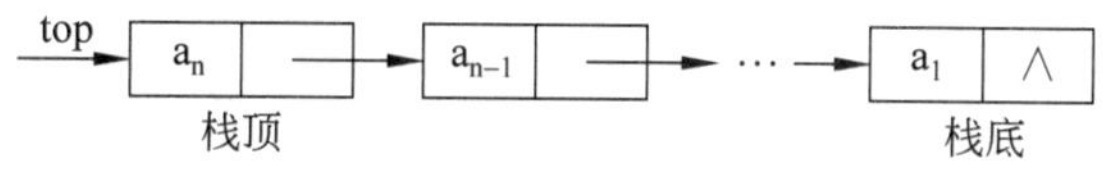

图 3.3　链式栈示意图

```
//链栈类模板
template<class ElemType>
class LinkStack
{
protected:
//链栈实现的数据成员
    Node<ElemType> * top;                                   //栈顶指针
    int count;                                              //元素个数

public:
//抽象数据类型方法声明及重载编译系统默认方法声明
    LinkStack();                                            //无参数的构造函数模板
    virtual~LinkStack();                                    //析构函数模板
    int Length() const;                                     //求栈长度
    bool Empty() const;                                     //判断栈是否为空
    void Clear();                                           //将栈清空
    void Traverse(void(* visit)(const ElemType &))const;    //遍历栈
    bool Push(const ElemType &e);                           //入栈
    bool Top(ElemType &e) const;                            //返回栈顶元素
    bool Pop(ElemType &e);                                  //出栈
    LinkStack(const LinkStack<ElemType> &copy);             //复制构造函数模板
    LinkStack<ElemType> &operator= (const LinkStack<ElemType> &copy);
```

```
                                                        //重载赋值运算符
};


//链栈类模板的实现部分
template<class ElemType>
LinkStack<ElemType>::LinkStack()
//操作结果：构造一个空栈表
{
    top=NULL;                                           //构造栈顶指针
    count=0;                                            //空栈元素个数为 0
}

template<class ElemType>
LinkStack<ElemType>::~LinkStack()
//操作结果：销毁栈
{
    Clear();
}

template<class ElemType>
int LinkStack<ElemType>::Length() const
//操作结果：返回栈元素个数
{
    return count;
}

template<class ElemType>
bool LinkStack<ElemType>::Empty() const
//操作结果：如栈为空,则返回 true,否则返回 false
{
    return top==NULL;
}

template<class ElemType>
void LinkStack<ElemType>::Clear()
//操作结果：清空栈
{
    ElemType tmpElem;                                   //临时元素值
    while(!Empty())
        Pop(tmpElem);
}

template<class ElemType>
```

```
void LinkStack<ElemType>::Traverse(void(* visit)(const ElemType &))const
//操作结果：从栈底到栈顶依次对栈的每个元素调用函数(* visit)
{
    Node<ElemType> * tmpPtr;
    LinkStack<ElemType>tmpS;            //临时栈,tmpS中元素顺序与当前栈元素顺序相反
    for(tmpPtr=top; tmpPtr!=NULL; tmpPtr=tmpPtr->next)
    {   //用tmpPtr依次指向当前栈的每个元素
        tmpS.Push(tmpPtr->data);        //对当前栈的每个元素入栈到tmpS中
    }

    for(tmpPtr=tmpS.top; tmpPtr!=NULL; tmpPtr=tmpPtr->next)
    {   //用tmpPtr从栈顶到栈底依次指向栈tmpS的每个元素
        (* visit)(tmpPtr->data);        //对栈tmpS的每个元素调用函数(* visit)
    }
}

template<class ElemType>
bool LinkStack<ElemType>::Push(const ElemType &e)
//操作结果：将元素e追加到栈顶,如成功则返回true,否则如动态内存已耗尽,将返回false
{
    Node<ElemType> * newTop=new Node<ElemType>(e, top);
    if(newTop==NULL)
    {   //动态内存耗尽
        return false;
    }
    else
    {   //操作成功
        top=newTop;
        count++;                        //元素个数自加1
        return true;
    }
}

template<class ElemType>
bool LinkStack<ElemType>::Top(ElemType &e) const
//操作结果：如栈非空,用e返回栈顶元素,函数返回true,否则返回false
{
    if(Empty())
    {   //栈空
        return false;
    }
    else
    {   //栈非空,操作成功
        e=top->data;                    //用e返回栈顶元素
```

```
		return true;
	}
}

template<class ElemType>
bool LinkStack<ElemType>::Pop(ElemType &e)
//操作结果:如栈非空,删除栈顶元素,并用 e 返回栈顶元素,函数返回 true,否则返回 false
{
	if(Empty())
	{	//栈空
		return false;
	}
	else
	{	//操作成功
		Node<ElemType> * old_top=top;			//旧栈顶
		e=old_top->data;				//用 e 返回栈顶元素
		top=old_top->next;				//top 指向新栈顶
		count--;					//元素个数自减 1
		delete old_top;					//删除旧栈顶
		return true;
	}
}

template<class ElemType>
LinkStack<ElemType>::LinkStack(const LinkStack<ElemType>&copy)
//操作结果:由栈 copy 构造新栈——复制构造函数模板
{
	if(copy.Empty())
	{	//copy 为空
		top=NULL;					//构造栈顶指针
		count=0;					//空栈元素个数为 0
	}
	else
	{	//copy 非空,复制栈
		top=new Node<ElemType>(copy.top->data);		//生成当前栈项
		count=copy.count;				//复制栈元素个数

		Node<ElemType> * buttomPtr=top;			//当前栈底指针
		for(Node<ElemType> * tmpPtr=copy.top->next; tmpPtr!=NULL; tmpPtr=
		tmpPtr->next)
		{	//用 tmpPtr 依次指向其余元素
			buttomPtr->next=new Node<ElemType>(tmpPtr->data); //向栈底追加元素
			buttomPtr=buttomPtr->next;			//buttomPtr 指向新栈底
		}
```

```
    }
}

template<class ElemType>
LinkStack<ElemType>&LinkStack<ElemType>::operator=(const LinkStack<ElemType>
&copy)
//操作结果：将栈 copy 赋值给当前栈——重载赋值运算符
{
    if(&copy!=this)
    {
        if(copy.Empty())
        {   //copy 为空
            top=NULL;                                   //构造栈顶指针
            count=0;                                    //空栈元素个数为 0
        }
        else
        {   //copy 非空,复制栈
            Clear();                                    //清空当前栈
            top=new Node<ElemType>(copy.top->data);     //生成当前栈项
            count=copy.count;                           //复制栈元素个数

            Node<ElemType> * buttomPtr=top;             //当前栈底指针
            for(Node<ElemType> * tmpPtr=copy.top->next; tmpPtr!=NULL; tmpPtr=
            tmpPtr->next)
            {   //用 tmpPtr 依次指向其余元素
                buttomPtr->next=new Node<ElemType>(tmpPtr->data);
                                                        //向栈底追加元素
                buttomPtr=buttomPtr->next;              //buttomPtr 指向新栈底
            }
        }
    }
    return * this;
}
```

例 3.2　设计一个算法判别用字符串表示的表达式中括号(,),[,],{,}是否配对出现。

比如字符串：

{a * [c+d * (e+f)]

漏掉了括号}

字符串：

{a * [b+c * (e−f])}

虽然有同等数量的左右大、中、小括号，但仍是不匹配的括号，是第 1 个右中括号]和最近的左小括号(不匹配。

下面通过一个算法来实现检查一个输入的字符串中括号是否正确匹配，算法思路如下：

用一个字符串表示一个表达式，从左向右依次扫描各字符；

如果读入的字符为(、[或{，则进栈；

若读入的字符为)，如栈空则左右括号不匹配，否则如栈顶的括号是(，则出栈，否则不匹配，这时栈顶为[或{；

若读入的字符为]，如栈空则左右括号不匹配，否则如栈顶的括号是[，则出栈，否则不匹配，这时栈顶为(或{；

若读入的字符为}，如栈空则左右括号不匹配，否则如栈顶的括号是{，则出栈，否则不匹配，这时栈顶为(或[；

若当前读入的字符是其他字符，则继续读入；

扫描完各字符后，如栈为空，则左右括号匹配，否则左右括号不匹配。

具体算法如下：

```
//文件路径名:s3_2\alg.h
bool Match(char * s)
//操作结果:判别用字符串 s 表示的表达式中大、中和小括号是否配对出现
{
    LinkStack<char>tmpS;                                //临时栈
    char tmpCh;                                         //临时字符

    for(int i=0; i<strlen(s); i++)
    {   //从左向右依次扫描各字符
        if(s[i]=='('||s[i]=='['||s[i]=='{')
        {   //如读入的字符为(、[或{,则进栈
            tmpS.Push(s[i]);
        }
        else if(s[i]==')')
        {   //读入的字符为)
            if(tmpS.Empty())
            {   //如栈空则左右括号不匹配
                return false;
            }
            else if(tmpS.Top(tmpCh), tmpCh=='(')
            {   //如栈顶的括号是(,则出栈
                tmpS.Pop(tmpCh);
            }
            else
            {   //否则不匹配,这时栈顶为[或{
                return false;
            }
        }
```

```
        else if(s[i]==']')
        {   //读入的字符为]
            if(tmpS.Empty())
            {   //如栈空则左右括号不匹配
                return false;
            }
            else if(tmpS.Top(tmpCh), tmpCh=='[')
            {   //如栈顶的括号是[,则出栈
                tmpS.Pop(tmpCh);
            }
            else
            {   //否则不匹配,这时栈顶为(或{
                return false;
            }
        }
        else if(s[i]=='}')
        {   //读入的字符为}
            if(tmpS.Empty())
            {   //如栈空则左右括号不匹配
                return false;
            }
            else if(tmpS.Top(tmpCh), tmpCh=='{')
            {   //如栈顶的括号是{,则出栈
                tmpS.Pop(tmpCh);
            }
            else
            {   //否则不匹配,这时栈顶为(或[
                return false;
            }
        }
    }

    if(tmpS.Empty())
    {   //栈空则左右括号匹配
        return true;
    }
    else
    {   //栈不空则左右括号不匹配
        return false;
    }
}
```

3.2 队 列

3.2.1 队列的基本概念

队列(queue)是一种先进先出(first in first out,缩写为 FIFO)的线性表,只允许在一端进行插入(入队)操作,在另一端进行删除(出队)操作。

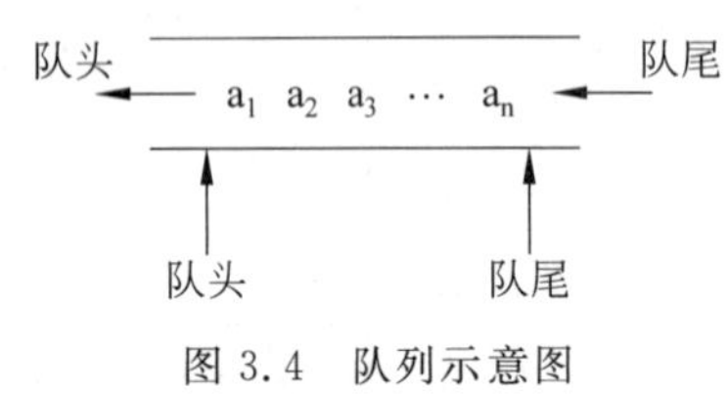

图 3.4 队列示意图

在队列中,允许入队操作的一端称为队尾,允许出队操作的一端称为队头,如图 3.4 所示。

设有队列 $q=(a_1,a_2,\cdots,a_n)$,则 a_1 称为队头元素,a_n 称为队尾元素,队列中元素按 $a_1,a_2,\cdots,a_n$ 的顺序入队,同时也按相同的顺序出队,队列的典型应用是操作系统中的作业排队,同时在离散事件模拟中一般都要使用队列,在实际应用中,队列包含了如下的基本操作。

1. int Length() const

初始条件:队列已存在。

操作结果:返回队列长度。

2. bool Empty() const

初始条件:队列已存在。

操作结果:如队列为空,则返回 true,否则返回 false。

3. void Clear()

初始条件:队列已存在。

操作结果:清空队列。

4. void Traverse(void(* visit)(const ElemType &))const

初始条件:队列已存在。

操作结果:依次对队列的每个元素调用函数(* visit)。

5. bool OutQueue(ElemType &e)

初始条件:队列非空。

操作结果:删除队头元素,并用 e 返回其值。

6. bool GetHead(ElemType &e) const

初始条件:队列非空。

操作结果:用 e 返回队头元素。

7. bool InQueue(const ElemType &e)

初始条件:队列已存在。

操作结果:插入元素 e 为新的队尾。

除了上面定义的队列外，还有一种限定性数据结构——双端队列(deque)，双端队列是插入和删除限定在线性表的两端进行的线性表，如图 3.5 所示。

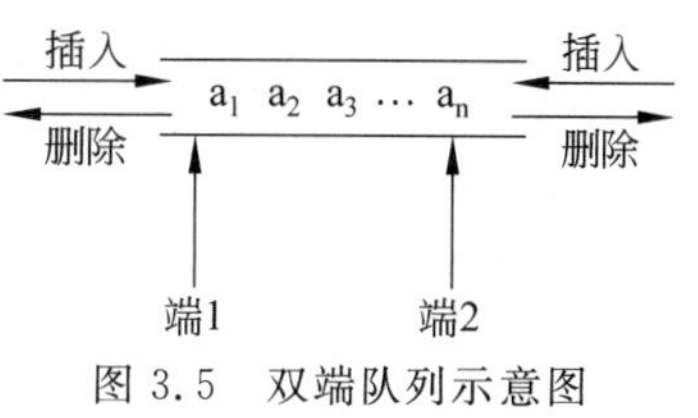

图 3.5 双端队列示意图

在实际应用中，可以有输入受限的双端队列，也就是允许在一端进行插入和删除操作，在另一端只允许进行删除操作，如图 3.6(a)所示；还有输出受限的双端队列，也就是允许在一端进行插入和删除操作，在另一端只允许进行插入操作，如图 3.6(b)所示。

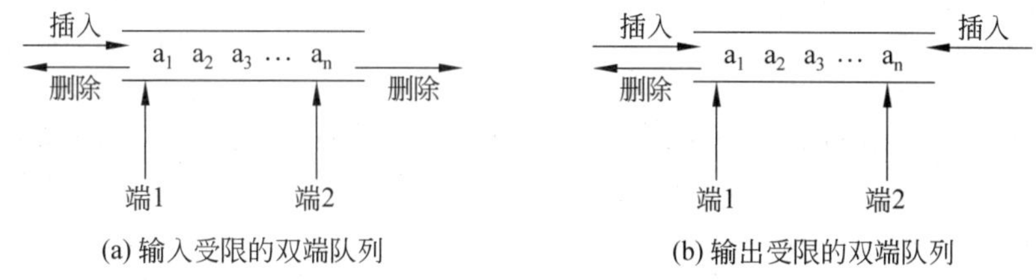

图 3.6 输入/出受限双端队列示意图

说明： 虽然双端队列看起来具有更大的优越性，但在实际应用中主要还是使用栈和队列。所以对双端队列不进行详细讨论。

3.2.2 链队列

队列也有两种存储结构：顺序存储结构和链式存储结构。

本小节先讨论队列的链式存储结构，用链表表示的队列称为链队列，一个链队列应有 2 个分别指示队头与队尾的指针(分别称为头指针与尾指针)，如图 3.7 所示。

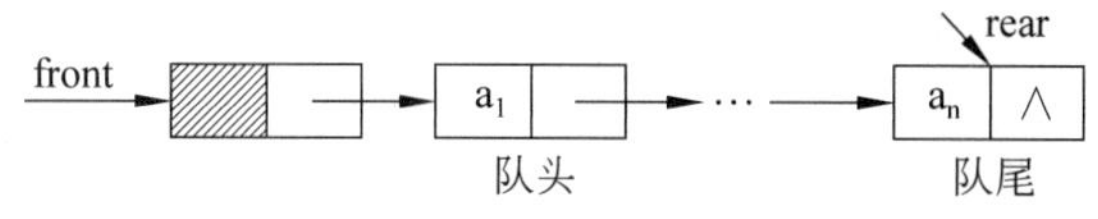

图 3.7 链队列示意图

如要从队列中退出一个元素，必须从单链表的第一个结点中取出队头元素，并删除此结点，而入队的新元素是存放在队尾处的，也就是单链表的最后一个元素的后面，并且此结点将成为新的队尾。

说明： 链队列适合于数据元素变动比较大的情形，一般不存在溢出的问题，如果程序中要使用多个队列，最好使用链队列，这样将不会出现存储分配的问题，也不必进行数据元素的移动。

下面是链队列的类模板声明及相应成员函数模板的实现。

```
//链队列类模板
template<class ElemType>
class LinkQueue
{
```

```
protected:
//链队列实现的数据成员
    Node<ElemType> * front, * rear;                           //队头队尾指针
    int count;                                                //元素个数

public:
//抽象数据类型方法声明及重载编译系统默认方法声明
    LinkQueue();                                              //无参数的构造函数模板
    virtual~LinkQueue();                                      //析构函数模板
    int Length() const;                                       //求队列长度
    bool Empty() const;                                       //判断队列是否为空
    void Clear();                                             //将队列清空
    void Traverse(void(* visit)(const ElemType &))const;      //遍历队列
    bool OutQueue(ElemType &e);                               //出队操作
    bool GetHead(ElemType &e) const;                          //取队头操作
    bool InQueue(const ElemType &e);                          //入队操作
    LinkQueue(const LinkQueue<ElemType> &copy);               //复制构造函数模板
    LinkQueue<ElemType> &operator= (const LinkQueue<ElemType> &copy);
                                                              //重载赋值运算符
};

//链队列类的实现部分
template<class ElemType>
LinkQueue<ElemType>::LinkQueue()
//操作结果：构造一个空队列
{
    rear=front=new Node<ElemType>;                            //生成头结点
    count=0;                                                  //空队列元素个数为 0
}

template<class ElemType>
LinkQueue<ElemType>::~LinkQueue()
//操作结果：销毁队列
{
    Clear();
}

template<class ElemType>
int LinkQueue<ElemType>::Length() const
//操作结果：返回队列长度
{
    return count;
}
```

```
template<class ElemType>
bool LinkQueue<ElemType>::Empty() const
//操作结果：如队列为空，则返回 true，否则返回 false
{
    return count==0;
}

template<class ElemType>
void LinkQueue<ElemType>::Clear()
//操作结果：清空队列
{
    ElemType tmpElem;                                         //临时元素值
    while(!Empty())
    {   //队列非空，则出列
        OutQueue(tmpElem);
    }
}

template<class ElemType>
void LinkQueue<ElemType>::Traverse(void(*visit)(const ElemType &))const
//操作结果：依次对队列的每个元素调用函数(*visit)
{
    for(Node<ElemType> *tmpPtr=front->next; tmpPtr!=NULL;
        tmpPtr=tmpPtr->next)
    {   //对队列每个元素调用函数(*visit)
        (*visit)(tmpPtr->data);
    }
}

template<class ElemType>
bool LinkQueue<ElemType>::OutQueue(ElemType &e)
//操作结果：如果队列非空，那么删除队头元素，并用 e 返回其值，返回 true，否则返回 false
{
    if(!Empty())
    {   //队列非空
        Node<ElemType> *tmpPtr=front->next;               //指向队列头元素
        e=tmpPtr->data;                                   //用 e 返回队头元素
        front->next=tmpPtr->next;                         //front 指向下一元素
        if(rear==tmpPtr)
        {   //表示出队前队列中只有一个元素，出队后为空队列
            rear=front;
        }
        delete tmpPtr;                                    //释放出队的结点
        count--;                                          //元素个数自减 1
```

```
        return true;
    }
    else
    {   //队列为空
        return false;
    }
}

template<class ElemType>
bool LinkQueue<ElemType>::GetHead(ElemType &e) const
//操作结果：如果队列非空,那么用 e 返回队头元素,返回 true,否则返回 false
{
    if(!Empty())
    {   //队列非空
        Node<ElemType> * tmpPtr=front->next;          //指向队列头元素
        e=tmpPtr->data;                               //用 e 返回队头元素
        return true;
    }
    else
    {   //队列为空
        return false;
    }
}

template<class ElemType>
bool LinkQueue<ElemType>::InQueue(const ElemType &e)
//操作结果：插入元素 e 为新的队尾,返回 true
{
    Node<ElemType> * tmpPtr=new Node<ElemType>(e);    //生成新结点
    rear->next=tmpPtr;                                //新结点追加在队尾
    rear=tmpPtr;                                      //rear 指向新队尾
    count++;                                          //元素个数自加 1
    return true;
}

template<class ElemType>
LinkQueue<ElemType>::LinkQueue(const LinkQueue<ElemType> &copy)
//操作结果：由队列 copy 构造新队列——复制构造函数模板
{
    rear=front=new Node<ElemType>;                    //生成头结点
    count=0;                                          //空队列元素个数为 0
    for(Node<ElemType> * tmpPtr=copy.front->next; tmpPtr!=NULL;
        tmpPtr=tmpPtr->next)
    {   //对 copy 队列每个元素对当前队列作入队列操作
```

```
        InQueue(tmpPtr->data);
    }
}

template<class ElemType>
LinkQueue<ElemType>&LinkQueue<ElemType>::operator=(const LinkQueue<ElemType>
&copy)
//操作结果：将队列 copy 赋值给当前队列——重载赋值运算符
{
    if(&copy!=this)
    {
        Clear();
        for(Node<ElemType> * tmpPtr=copy.front->next; tmpPtr!=NULL;
            tmpPtr=tmpPtr->next)
        {   //对 copy 队列每个元素对当前队列进行入队列操作
            InQueue(tmpPtr->data);
        }
    }
    return * this;
}
```

3.2.3 循环队列——队列的顺序存储结构

如果用 C++ 描述队列的顺序存储结构，实际是利用一个容量是 maxSize 的一维数组 elem 作为队列的元素的存储结构，并分别设立了两个 front 和 rear 分别表示队头和队尾，maxSize 是队列的最大元素个数，如图 3.8 所示。

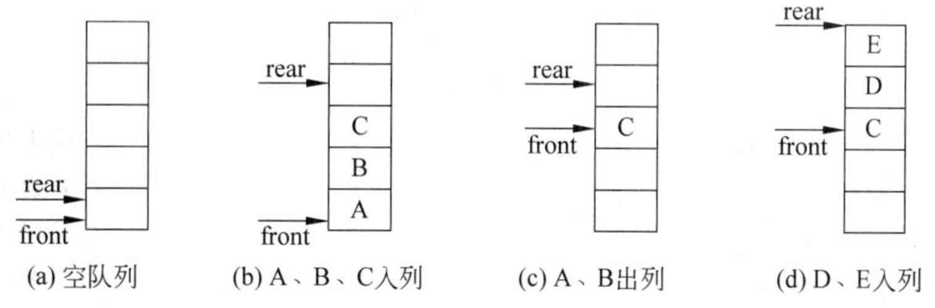

图 3.8 顺序队列的入队和出队示意图

设队列所分配的最大空间为 5，当队列处于图 3.8(d)状态时不可再继续插入新元素了，否则会因数组越界而导致出错，而此时队列的实际可用空间还没有使用完，这种情况下再插入一个新元素产生的溢出称为“假溢出”，解决假溢出的一个较巧妙办法是将顺序队列从逻辑上看成一个环，成为循环队列，循环队列的首尾相接，当队头 front 和队尾 rear 进入到 maxSize−1 时，再进一个位置就自动地移动到 0，可用取余运算(%)简单地实现。

队头进 1：front=(front+1) % maxSize

队尾进 1：rear=(rear+1) % maxSize

循环队列如图 3.9 所示，在图 3.9(a)中，元素 A,B,C 相继入队，在图 3.9(b)中，元素 D,E,F 相继入队，这时队满了，从图中可知队满时：

front=rear

如从图 3.9(a)中元素 A,B,C 相继出队，则可得图 3.9(c)所示的空队列，这时也有：

front=rear

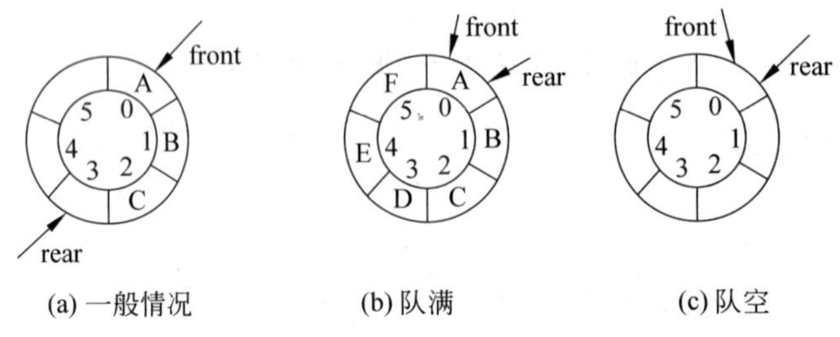

(a) 一般情况　　(b) 队满　　(c) 队空

图 3.9　循环队列示意图

可知只从 front=rear 无法判断是队空还是队满，有 3 种处理方法：

① 另设一个标志符区别队列是空还是满。

② 用一个数据成员存储元数的个数。

③ 少用一个元素空间，约定队头在队尾指针的下一位置(指环状的下一位置)时作为队满的标志。

本书采用第 2 种方法处理循环队列，下面是链队列的类模板声明及相应成员函数模板的实现。

```
//循环队列类模板

template<class ElemType>
class SqQueue
{
protected:
    int front, rear;                                        //队头队尾
    int count;                                              //元素个数
    int maxSize;                                            //队列最大元素个数
    ElemType * elem;                                        //元素存储空间

public:
//抽象数据类型方法声明及重载编译系统默认方法声明
    SqQueue(int size=DEFAULT_SIZE);                         //构造函数模板
    virtual~SqQueue();                                      //析构函数模板
    int Length() const;                                     //求队列长度
    bool Empty() const;                                     //判断队列是否为空
    void Clear();                                           //将队列清空
    void Traverse(void(* visit)(const ElemType &))const;    //遍历队列
    bool OutQueue(ElemType &e);                             //出队操作
```

```
    bool GetHead(ElemType &e) const;                        //取队头操作
    bool InQueue(const ElemType &e);                        //入队操作
    SqQueue(const SqQueue<ElemType> &copy);                 //复制构造函数模板
    SqQueue<ElemType> &operator= (const SqQueue<ElemType> &copy);
                                                            //重载赋值运算符
};

//循环队列类模板的实现部分
template<class ElemType>
SqQueue<ElemType>::SqQueue(int size)
//操作结果：构造一个最大元素个数为 size 的空循环队列
{
    maxSize=size;                                   //最大元素个数
    elems=new ElemType[maxSize];                    //分配存储空间
    rear=front=0;                                   //空队列队头与队尾相等
    count=0;                                        //空队列元素个数为 0
}

template<class ElemType>
SqQueue<ElemType>::~SqQueue()
//操作结果：销毁队列
{
    delete[]elems;                                  //释放存储空间
}

template<class ElemType>
int SqQueue<ElemType>::Length() const
//操作结果：返回队列长度
{
    return count;
}

template<class ElemType>
bool SqQueue<ElemType>::Empty() const
//操作结果：如队列为空，则返回 true，否则返回 false
{
    return count==0;
}

template<class ElemType>
void SqQueue<ElemType>::Clear()
//操作结果：清空队列
{
```

```
    rear=front=0;
    count=0;                                  //空队列元素个数为 0
}

template<class ElemType>
void SqQueue<ElemType>::Traverse(void(* visit)(const ElemType &))const
//操作结果:依次对队列的每个元素调用函数(* visit)
{
    for(int pos=front; pos!=rear; pos=(pos+1)%maxSize)
    {   //对队列每个元素调用函数(* visit)
        (* visit)(elems[pos]);
    }
}

template<class ElemType>
bool SqQueue<ElemType>::OutQueue(ElemType &e)
//操作结果:如果队列非空,那么删除队头元素,并用 e 返回其值,返回 true,否则返回 false
{
    if(!Empty())
    {   //队列非空
        e=elems[front];                       //用 e 返回队头元素
        front=(front+1)%maxSize;              //front 指向下一元素
        count--;                              //元素个数自减 1
        return true;
    }
    else
    {   //队列为空
        return false;
    }
}

template<class ElemType>
bool SqQueue<ElemType>::GetHead(ElemType &e) const
//操作结果:如果队列非空,那么用 e 返回队头元素,返回 true,否则返回 false
{
    if(!Empty())
    {   //队列非空
        e=elems[front];                       //用 e 返回队头元素
        return true;
    }
    else
    {   //队列为空
        return false;
```

```
    }
}

template<class ElemType>
bool SqQueue<ElemType>::InQueue(const ElemType &e)
//操作结果：如果队列已满,返回 false, 否则插入元素 e 为新的队尾,返回 true
{
    if(count==maxSize)
    {   //队列已满
        return false;
    }
    else
    {   //队列未满,入队成功
        elems[rear]=e;                              //插入 e 为新队尾
        rear=(rear+1)%maxSize;                      //rear 指向新队尾
        count++;                                    //元素个数自加 1
        return true;
    }
}

template<class ElemType>
SqQueue<ElemType>::SqQueue(const SqQueue<ElemType> &copy)
//操作结果：由队列 copy 构造新队列——复制构造函数模板
{
    maxSize=copy.maxSize;                           //复制最大元素个数
    elems=new ElemType[maxSize];                    //分配存储空间
    front=copy.front;                               //复制队头位置
    rear=copy.rear;                                 //复制队尾位置
    count=copy.count;                               //复制队列元素个数

    for(int pos=front; pos!=rear; pos=(pos+1)%maxSize)
    {   //复制循环队列元素
        elems[pos]=copy.elems[pos];
    }
}

template<class ElemType>
SqQueue<ElemType> &SqQueue<ElemType>::operator=(const SqQueue<ElemType> &copy)
//操作结果：将队列 copy 赋值给当前队列——重载赋值运算符
{
    if(&copy!=this)
    {
        maxSize=copy.maxSize;                       //复制最大元素个数
```

```
            delete[]elems;                              //释放存储空间
            elems=new ElemType[maxSize];                //分配存储空间
            front=copy.front;                           //复制队头位置
            rear=copy.rear;                             //复制队尾位置
            count=copy.count;                           //复制队列元素个数

            for(int pos=front; pos!=rear; pos=(pos+1)%maxSize)
            {    //复制循环队列元素
                elems[pos]=copy.elems[pos];
            }
        }
        return *this;
    }
```

*3.2.4 队列应用——显示二项式$(a+b)^i$的系数

二项式$(a+b)^i$展开后的系数构成杨辉三角形(国外也称为 Pascal 三角形),本节的问题是按行显示展开后系数的前若干行,如图 3.10 所示。

从图 3.10 可知,除第 1 行外,在显示第 i 行时,用到了第 i−1 行的数据,在显示第 i+1 行时,用到了第 i 行的数据,每一行的第一个元素与最后一个元素的值都等于 1。

如图 3.11 所示,数组 q 中已存储有第 2 行的元素的值,显然第 3 行的第 1 个元素的值为 1,将 1 存储在数组 q 的后面,从数组 q 中取出第 1 个元素的值 s=1,第 2 个元素的值t=2,计算 s+t=3,得到第 3 行第 2 个元素的值为 3,将 3 存储在数组 q 的后面,再设 s=t,从数组 q 中取出 t=1,计算 s+t=3,得到第 3 行第 3 个元素的值为 3,将 3 存储在数组 q 的后面,第 3 行的最后一个元素的值为 1,将 1 存储在数组 q 的后面,按同样的方法可求得其他行的各元素的值。图 3.11 中的数组 q 实际上是一个队列,利用队列 q 可实现逐行显示杨辉三角形中的各行。

```
i=1    1  1
i=2    1  2  1
i=3    1  3  3  1
i=4    1  4  6  4  1
```

图 3.10 杨辉三角形

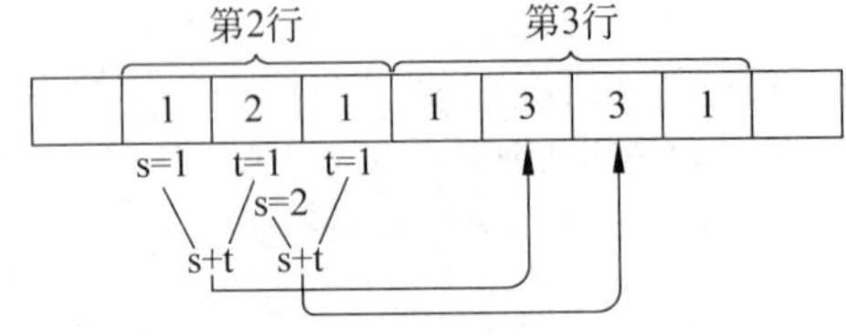

图 3.11 从 i 行元素的值计算并存储第 i+1 行的元素的值

下面是利用队列显示杨辉三角形的算法。

```
//文件路径名:e3_1\yanghui.h
void yanghuiTriangle(int n)
//操作结果: 显示三角形的第 1 行~第 n 行
{
    LinkQueue<int>q;
```

```
    int s, t;

    q.InQueue(1); q.InQueue(1);           //存储杨辉三角形的第 1 行的两个元素的值
    cout<<1<<"\t"<<1;                     //显示杨辉三角形的第 1 行
    for(int i=2; i<=n; i++)
    {   //依次显示杨辉三角形的第 2 行~第 n 行
        cout<<endl;
        q.InQueue(1);                     //第 i 行第 1 个元素的值为 1
        cout<<1<<"\t";                    //显示第 i 行第 1 个元素的值
        q.OutQueue(s);                    //取第 i-1 行第 1 个元素的值
        for(int j=2; j<=i; j++)
        {
            q.OutQueue(t);                //取第 i-1 行第 j 个元素的值
            q.InQueue(s+t);               //s+t 为第 i 行第 j 个元素的值
            cout<<s+t<<"\t";              //显示第 i 行第 j 个元素的值
            s=t;
        }
        q.InQueue(1);                     //第 i 行第 i+1 个元素的值为 1
        cout<<1;                          //显示第 i 行第 i+1 个元素的值
    }
    cout<<endl;
}
```

*3.3　实例研究：表达式求值

表达式求值是编译系统中要解决的基本问题，是栈的典型应用，下面介绍一种广为使用的中缀表达式求值的算法——算符优先法。

为简单起见，只讨论算术四则运算，算术四则运算的规则如下：

(1) 先乘除，后加减；

(2) 同级运算从左算到右；

(3) 先括号内，再括号外。

按照上面的规则，算术表达式：

$$6-3*2+8/4$$

的运算顺序如下：

$$6-3*2+8/4=6-6+8/4=0+8/4=0+2=2$$

算符优先法就是根据上面的运算符优先关系来实现对表达式进行编译执行的。任何表达式都可看成由操作数(operand)、操作符(operator)和界限符(delimiter)组成，操作数可为常量或变量标识符，也可以是常数；操作符可以为算术操作符、关系操作符和逻辑操作符；界限符主要为左右括号和表达式结束符，为简单起见，只讨论算术四则运算符('+'、'-'、'*'、'/')，操作数为常数，界限符为左右圆括号和等号('(',')','=')；对于任意两个操作符 theta1 和 theta2 的优先关系如下：

(1) theta1<theta2：theta1 优先级低于 theta2。

(2) theta1=theta2：theta1 优先级等于 theta2。

(3) theta1>theta2：theta1 优先级高于 theta2。

(4) theta1 e theta2：theta1 与 theta2 不允许相继出现。

为编程实现方便起见，将界限符也看成特殊的操作符，操作符之间的优先级关系如表 3.1 所示。

表 3.1 操作符优先关系表

theta1 \ theta2	'+'	'−'	'*'	'/'	'('	')'	'='
'+'	>	>	<	<	<	>	>
'−'	>	>	<	<	<	>	>
'*'	>	>	>	>	<	>	>
'/'	>	>	>	>	<	>	>
'('	<	<	<	<	<	=	e
')'	>	>	>	>	e	>	>
'='	<	<	<	<	<	e	=

根据规则(3)，当 theta1 为'+'、'−'、'*'、'/'时的优先级低于'('但高于')'，根据规则(2)，可知：

'+'>'+'；'−'>'−'；'*'>'*'；'/'>'/'

'='为表达式结束符，为程序实现简单，在表达式的最左边也虚设一个'='构成一个表达式的起始符，在表达式中'('='')'表示左右括号相遇，括号内的运算已结束，同样地'='='='表示表达式求值已完毕。')'与'('、'='与')'及'('与'='不允许相继出现，一旦出现这种情况可认为是语法错误。

具体实现算法时，可设置 2 个工作栈，一个为操作符栈 optr(operator)，另一个为操作数栈 opnd(operand)，算法基本思路如下：

(1) 将 optr 栈和 opnd 栈清空，在 optr 栈中加入一个'='。

(2) 从输入流获取一字符 ch，循环执行(3)至(5)直到求出表达式的值为止。

(3) 取出 optr 的栈顶 optrTop，当 optrTop='='且 ch='='时，整个表达式求值完毕，这时 opnd 栈的栈顶元素为表达式的值。

(4) 若 ch 不是操作符，则将字符放回输入流(cin. putback)，读操作数 operand；加入 opnd 栈，读入下一字符 ch；

(5) 若 ch 是操作符，将比较 ch 的优先级和 optrTop 的优先级。

如 optrTop<ch，则 ch 入 optr 栈，从输入流中取下一字符 ch；

如 optrTop>ch，则从 opnd 栈退出 left 和 right，从 optr 栈退出 theta，形成运算指令(left) theta(right)，结果入 opnd 栈；

如 optrTop='('且 ch==')'，则从 optr 栈退出栈顶的'('，去括号，然后从输入流中读入字符并送入 ch。

如 optrTop e ch，则出现语法错误，终止执行。

(6) 转(3)。

下面模拟一个简单的计算器,计算器接受浮点数,计算表达式之值,计算操作包含在类 Calculator 中,通过一个主函数来调用类的成员函数来进行计算,类 Calculator 的声明如下:

```
//文件路径名:calculator/alg.h
class Calculator
{
private:
//辅助函数
    static char GetChar();              //从输入流中跳过空格,换行符及制表符获取一字符
    static bool IsOperator(char ch); //判断字符 ch 是否为操作符
    static char Precede(char theta1, char theta2);
                                    //判断相继出现的操作符 theta1 和 theta2 的优先级
    static double Operate(double left, char theta, double right);
                                    //执行运算 left theta right
    static void Get2Operands (LinkStack< double > &opnd, double &left, double
&right);
        //从栈 opnd 中退出两个操作数

public:
//接口方法声明
    Calculator(){};                              //无参数的构造函数
    virtual~Calculator(){};                      //析构函数
    static void Run();                           //执行表达式求值计算
};
```

类中的辅助函数都比较简单,在这里就不写出具体的实现了,方法 Run()按上面提到的算法实现如下:

```
void Calculator::Run()
//操作结果:按算符优先法进行表达式求值计算
{
    LinkStack<double>opnd;                       //操作数栈
    LinkStack<char>optr;                         //操作符栈
    optr.Push('=');                              //在 optr 栈中加入一个=
    char ch;                                     //临时字符
    char optrTop;                                //临 optr 栈的栈顶字符
    double operand;                              //操作数
    char theta;                                  //操作符

    cin>>ch;                                     //从输入流获取一字符 ch
    while((optr.Top(optrTop), optrTop!='=')||ch!='=')
    {
        if(!IsOperator(ch))
```

```
        {   //ch 不是操作符
            cin.putback(ch);                         //将字符 ch 放回输入流
            cin>>operand;                            //读操作数 operand
            opnd.Push(operand);                      //进入 opnd 栈
            cin>>ch;                                 //读入下一字符 ch
        }
        else
        {   //ch 是操作符
            switch(Precede(optrTop, ch))
            {
            case '<':                                //栈顶操作符优先级低
                optr.Push(ch);                       //ch 入 optr 栈
                cin>>ch;                             //从输入流中取下一字符 ch
                break;
            case '=':                                //栈顶操作符与 ch 优先级相等
                if(ch= = ')')
                {   //此时 optr.Top= = '('
                    optr.Pap(optrTop);               //去括号
                    cin>>ch;                         //从输入流中取下一字符 ch
                }
                break;
            case '>':                                          //栈顶操作符优先级高
                double left, right;                            //操作数
                Get2Operands(opnd, left, right);               //取出两个操作数
                optr.Pop(theta);                               //从 optr 栈退出 theta
                opnd.Push(Operate(left, theta, right));        //运算结果进入 opnd 栈
                break;
            case 'e':                                          //操作符匹配错
                cout<<"操作符匹配错"<<endl;
                exit(2);
            }
        }
    }

    opnd.Top(operand);                                   //opnd 栈的栈顶元素为表达式的值
    cout<<"表达式值为:"<<operand<<endl;
}
```

3.4 深入学习导读

显示二项式$(a+b)^i$的系数的队列应用主要参考了殷人昆，陶永雷，谢若阳，盛绚华等编著的《数据结构(用面向对象方法与 C++ 描述)》[13]，本书主要从程序的可读性方面做了一些工作。

本书表达式求值算法主要参考了严蔚敏，吴伟民编著的《数据结构(C语言版)》[12]，殷人昆，陶永雷，谢若阳，盛绚华等编著的《数据结构(用面向对象方法与C++描述)》讨论应用后缀表示计算表达式的值与将中缀表达式转换为后缀表达式的方法。

3.5 习 题 3

3-1 试述栈与队列的异同。

3-2 栈的特点是什么？试举出栈的2个应用实例。

3-3 何谓顺序队列的上溢现象？有哪些解决方法？

3-4 设有一个输入序列ABCD,元素经过一个栈到达输出序列,并且元素一旦离开输入序列不再回到输入序列,试写出经过这个栈后可以得到各种输出序列。

3-5 回文(palindrome)是指一个字符串从前面读与从后面读都一样,仅使用栈和队列,编写一个算法来判断一个字符串是否为回文。

3-6 只利用栈与队列的成员函数,将一个队列中的元素倒置。

*3-7 试实现带头结点的链式栈。

*3-8 试实现一个2个栈共享存储空间的类模板。

第 4 章　串

描述各种信息的文字符号序列通常称为字符串，简称串，在计算机上的非数值处理一般都为字符串数据，例如网页可由字符串来描述，现实世界中的各种名称都可用字符串来描述。在语言编译程序中，源程序是字符串数据，在早期程序设计语言中，字符串一般作为输入和输出常量出现。随着计算机应用技术的不断发展，产生了大量字符串处理，这样字符串也作为一种变量类型出现在越来越多的程序设计语言中，同时也产生了一系列字符串的操作。

4.1　串类型的定义

串(String)由零个或多个字符构成的有限序列，通常记为：

$$s="a_0 a_1 \cdots a_{n-1}" \quad (n \geqslant 0)$$

其中，s 是串名，用双引号括起来的部分(不含该双引号本身)称为串值，每个 $a_i(0 \leqslant a_i < n)$ 为字符。串值中字符个数(也就是 n)称为串长，长度为 0 的串称为空串，各个字符全是空格字符的串(n 不为 0)称为空格串。

下面是几个串的示例。

```
a="This is a string.";
b="is";
c="ass";
d="";
e=" ";
```

在上面的示例中，a，b 和 c 是一般的串，长度分别为 17，2 和 3，d 的长度为 0，是空串，e 由空格组成，长度 1，是空格串。

串中任何连续多个字符组成的子序列称为此串的子串，包含子串的串相应地称为主串。串中某个字符在串中出现的位置称为该字符在串中的位置，子串中第 0 个字符在主串中出现的位置称为此子串在该主串中的位置。例如，b 是 a 的子串，a 是 b 的主串，子串 b 在主串 a 的位置为 2。

在计算机应用中，一般会遇到串的关系运算，也就是比较串的大小，串的关系运算以单个字符之间的大小关系为基础。在计算机中每个字符都有一个唯一的数值表示——

ASCII 码。字符间的大小关系由它们的 ASCII 码之间的大小关系决定。比如,字符 B 和 b 的 ASCII 码分别为 66、98,所以 B<b。下面定义串之间的大小关系,设有两个串:

$$str1 = "a_0 a_1 \cdots a_{m-1}", \quad str2 = "b_0 b_1 \cdots b_{n-1}"$$

str1 和 str2 之间的大小关系定义如下:

(1) 如果 $m=n$ 且 $a_i=b_i, i=0,1,\cdots,m-1$,则称 str1=str2;

(2) 如果下面两个条件中有一个满足,则称 str1<str2:

① $m<n$,且 $a_i=b_i, i=0,1,\cdots,m-1$;

② 存在某个 $0<k\leqslant \min(m, n)$,使得 $a_i=b_i, i=0,1,\cdots,k-1, a_k<b_k$。

(3) 不满足条件(1)和(2)时,则称 str1>str2。

在实际应用中,有很多串操作,如求一个子串在主串中的位置,在一个串中取子串等操作,但一般应包含如下的基本操作。

1. void Copy(String ©, const String &original)

初始条件:串 original 已存在。

操作结果:将串 original 复制得到一个串 copy。

2. bool Empty() const

初始条件:串已存在。

操作结果:如串为空,则返回 true,否则返回 false。

3. int Length() const

初始条件:串已存在。

操作结果:返回串的长度,即串中的字符个数。

4. void Concat(String &addTo, const String &addOn)

初始条件:串 addTo 和 addOn 已存在。

操作结果:将串 addOn 连接到串 addOn 的后面。

5. String SubString(const String &s, int pos, int len)

初始条件:串存在,且 0≤pos<s. Length(),0≤len≤s. Length()−pos。

操作结果:返回从第 pos 个字符开始长度为 len 的子串。

6. int Index(const String &target, const String &pattern, int pos=0)

初始条件:目标串 target 和模式串 pattern 都存在,模式串 pattern 非空,且 0≤pos<target. Length()。

操作结果:返回目标串 target 中第 pos 个字符后第一次出现的模式串 pattern 的位置。

4.2 字符串的实现

在 C++ 语言中提供了两种字符串的实现,其中一种是比较原始的 C 风格串,这种串的类型为 char *,字符串以字符\0 结束,这种形式的串在应用时容易出现问题,例如 C 语言风格的串存储了 NULL 值时,对于许多字符串库函数在遇到 NULL 字符串时将会在运行时崩溃，例如如下的语言：

```
char * str=NULL;
cout<<strlen(str)<<endl;
```

上面两条语句能够被编译器接受，但在运行时将产生致命性的错误。

在C++语言中很容易使用封装实现将C风格串嵌入到更加安全的基于类的字符串来实现，实际上在头文件string中已含了一种安全的字符串实现，但由于这个库没有包含在一些较老的C++编译器中，因此本节将设计一种安全的String类，使用面向对象技术来克服C风格的串中存在的问题。

为创建更加安全的字符串，需要求将C风格串的表示嵌成String类的一个成员，将字符串的长度作为另一个成员也非常方便，通过重载赋值运算符、复制构造函数、析构函数和构造函数能避免未经实始化对象等问题，当然还应增加一些串的常用操作，具体Sting类及相关操作声明如下：

```
//串类
class String
{
protected:
//串实现的数据成员
    char * strVal;                                      //串值
    int length;                                         //串长

public:
//抽象数据类型方法声明及重载编译系统默认方法声明
    String();                                           //构造函数
    virtual~String();                                   //析构函数
    String(const String &copy);                         //复制构造函数
    String(const char * copy);                          //从C风格串转换的构造函数
    String(LinkList<char>&copy);                        //从线性表转换的构造函数
    int Length() const;                                 //求串长度
    bool Empty() const;                                 //判断串是否为空
    String &operator=(const String &copy);              //重载赋值运算符
    const char * CStr() const;                          //将串转换成C风格串
    const char &String::operator[](int i) const;        //重载下标运算符
};

//串相关操作
String Read(istream &input);                            //从输入流读入串
String Read(istream &input,char &terminalChar);
    //从输入流读入串，并用terminalChar返回串结束字符
void Write(const String &s);                            //输出串
void Concat(String &addTo, const String &addOn);
    //将串addOn连接到addTo串的后面
```

```
void Copy(String &copy, const String &original);
    //将串 original 复制到串 copy
void Copy(String &copy, const String &original, int n);
    //将串 original 复制 n 个字符到串 copy
int Index(const String &target, const String &pattern, int pos=0);
    //查找模式串 pattern 第一次在目标串 target 中从第 pos 个字符开始出现的位置
String SubString(const String &s, int pos, int len);
    //求串 s 的第 pos 个字符开始的长度为 len 的子串
bool operator==(const String &first, const String &second);
    //重载关系运算符==
bool operator<(const String &first, const String &second);
    //重载关系运算符<
bool operator>(const String &first, const String &second);
    //重载关系运算符>
bool operator<=(const String &first, const String &second);
    //重载关系运算符<=
bool operator>=(const String &first, const String &second);
    //重载关系运算符>=
bool operator!=(const String &first, const String &second);
    //重载关系运算符!=
```

通过 String 类的构造函数实现了将 C 风格串转换为 String 对象，该构造函数的具体实现如下：

```
String::String(const char * inString)
//操作结果：从 C 风格串转换构造新串——转换构造函数
{
    length=strlen(inString);                          //串长
    strVal=new char[length+1];                        //分配存储空间
    strcpy(strVal, inString);                         //复制串值
}
```

无论何时当用户的代码需要从类型 char * 到 String 的类型进行转换时，构造函数将由编译器隐式地调用，例如下面的语句：

```
String str;
str="some string.";
```

为编译第 2 条语句，C++ 编译器将首先调用构造函数 String(const char * copy)将 some string. 转换为一个临时的 String 对象，然后再调用重载的 String 赋值运算符将此临时对象复制到串 str 中，最后再为此临时的 String 对象调用析构函数。

说明：上面的语句的测试程序文件夹为 e4_1，本章的其他地方出现的语句也在通过此测试程序进行测试，当然读者也可编写其他测试语句。

由于 C 风格串需要预先分配存储空间，而有的操作中预先无法确定串长，这样建立串时将会遇到困难，因此还提供了将线性链表转换为 String 串的构造函数。比如要求用

户读取一个 String 串，最方便的方法是将字符读取到一个链表中，然后调用构造函数将此链表转换为 String 对象。这种构造函数的具体实现如下：

```
String::String(LinkList<char> &copy)
//操作结果：从线性表转换构造新串——转换构造函数
{
    length=copy.Length();                          //串长
    strVal=new char[length+1];                     //分配存储空间
    for(int i=0; i<length; i++)
    {   //复制串值
        copy.GetElem(i+1, strVal[i]);
    }
    strVal[length]='\0';                           //串值以\0结束
}
```

将 String 对象转换为 C 风格串很有用，例如，这种转换能将许多 C 风格串库函数应用于 String 对象，String 类的方法 CStr()将返回 const char * 类型的值，此值指向表示 String 的字符串数据的指针，具体实现如下：

```
const char * String::CStr() const
//操作结果：将串转换成 C 风格串
{
    return(const char * )strVal;                   //串值类型转换
}
```

方法 CStr()可使用如下的代码。

```
String str;
str="some string.";
const char * newStr=str.CStr();
```

让方法 CStr()返回一个常量字符 C 风格串是重要的，上面代码中 newStr 字符串所占用的空间由类 String 所分配，并且分配后此内存可由类 String 释放，这样就避免了用户忘记删除由 String 创建的 C 风格串的可能性，当然为此付出的代价是用户程序不能使用返回的指针改变所引用的 C 风格串，所以转换函数 CStr()返回一个常量字符 C 风格串。

使用方法 CStr()将 String 对象转换为 C 风格串实现关系运算符的重载特别简单而且有效，下面是具体算法实现。

```
bool operator==(const String &first, const String &second)
//操作结果：重载关系运算符==
{
    return strcmp(first.CStr(), second.CStr())==0;
}

bool operator<(const String &first, const String &second)
```

```
//操作结果：重载关系运算符<
{
    return strcmp(first.CStr(), second.CStr())<0;
}

bool operator>(const String &first, const String &second)
//操作结果：重载关系运算符>
{
    return strcmp(first.CStr(), second.CStr())>0;
}

bool operator<=(const String &first, const String &second)
//操作结果：重载关系运算符<=
{
    return strcmp(first.CStr(), second.CStr())<=0;
}

bool operator>=(const String &first, const String &second)
//操作结果：重载关系运算符>=
{
    return strcmp(first.CStr(), second.CStr())>=0;
}

bool operator!=(const String &first, const String &second)
//操作结果：重载关系运算符!=
{
    return strcmp(first.CStr(), second.CStr())!=0;
}
```

复制构造函数的实现较简单。先根据串 copy 的大小为当前串分配存储空间，再将源串 copy 的长度、串值复制到当前串中即可，具体实现如下：

```
String::String(const String &copy)
//操作结果：由串 copy 构造新串——复制构造函数
{
    length=strlen(copy.CStr());                    //串长
    strVal=new char[length+1];                     //分配存储空间
    strcpy(strVal, copy.CStr());                   //复制串值
}
```

重载赋值运算符的实现与复制构造函数的实现思想基本相同，不同之处是要先释放当前串的存储空间，具体实现如下：

```
String &String::operator=(const String &copy)
//操作结果：重载赋值运算符
{
```

```
    if(&copy!=this)
    {
        delete[]strVal;                                    //释放原串存储空间
        length=strlen(copy.CStr());                        //串长
        strVal=new char[length+1];                         //分配存储空间
        strcpy(strVal, copy.CStr());                       //复制串值
    }
    return * this;
}
```

对于串的连接操作，需为新串 copy 分配大小等于串 addOn 和串 addTo 长度之和再加 1 的存储空间，再进行串值复制，最后将 copy 赋值给 addOn 即可，具体实现如下：

```
void Concat(String &addTo, const String &addOn)
//操作结果：将串 addOn 连接到 addTo 串的后面
{
    const char * cFirst=addTo.CStr();                          //指向第一个串
    const char * cSecond=addOn.CStr();                         //指向第二个串
    char * copy=new char[strlen(cFirst)+strlen(cSecond)+1];    //分配存储空间
    strcpy(copy, cFirst);                                      //复制第一个串
    strcat(copy, cSecond);                                     //连接第二个串
    addTo=copy;                                                //串赋值
    delete[]copy;                                              //释放 copy
}
```

求子串在主串中位置的函数 Index()的实现基本思想是先利用库函数 strstr()求出子串在主串中出现的指针值，然后减去主串的开始地址就得到子串位置，具体实现如下：

```
int Index(const String &target, const String &pattern, int pos)
//操作结果：如果匹配成功，返回模式串 pattern 第一次在目标串 target 中从第 pos
//个字符开始出现的位置，否则返回-1
{
    const char * cTarget=target.CStr();                 //目标串
    const char * cPattern=pattern.CStr();               //模式串
    const char * ptr=strstr(cTarget+pos, cPattern);     //模式匹配
    if(ptr==NULL)
    {   //匹配失败
        return -1;
    }
    else
    {   //匹配成功
        return ptr-cTarget;
    }
}
```

当需要读取一个 String 对象时，一种方法是重载流输入运算符<<以接受 String 对

象，这种方法保持了与 C++ 操作的相似性，读者可作为练习加以实现。本书采用了另一种可选方法，即创建 Read()函数来实现同样的功能。

字符串读取函数 Read()使用了临时字符线性链表来收集指定为参数的流的输入，然后调用构造函数将此线性链表转换为 String 对象，假设输入由一个新行或者文件结束符终止，具体实现如下：

```
String Read(istream &input)
//操作结果：从输入流读入串
{
    LinkList<char>temp;                          //临时线性表
    int size=0;                                  //初始线性表长度
    char ch;                                     //临时字符
    while((ch=input.peek())!=EOF &&              //peek()从输入流中取一个字符
                                                 //输入流指针不变
        (ch=input.get())!='\n')                  //get()从输入流中取一个字符
                                                 //输入流指针指向下一字符
    {   //将输入的字符追加线性表中
        temp.Insert(++size, ch);
    }
    String answer(temp);                         //构造串
    return answer;                               //返回串
}
```

Read()方法的另一个版本是引入参数来记录所输入的终止符，这个被重载的函数实现如下：

```
String Read(istream &input,char &terminalChar)
//操作结果：从输入流读入串，并用 terminalChar 返回串结束字符
{
    LinkList<char>temp;                          //临时线性表
    int size=0;                                  //初始线性表长度
    char ch;                                     //临时字符
    while((ch=input.peek())!=EOF &&              //peek()从输入流中取一个字符
                                                 //输入流指针不变
        (ch=input.get())!='\n')                  //get()从输入流中取一个字符
                                                 //输入流指针指向下一字符
    {   //将输入的字符追加线性表中
        temp.Insert(++size, ch);
    }
    terminalChar=ch;                             //用 terminalChar 返回串结束字符
    String answer(temp);                         //构造串
    return answer;                               //返回串
}
```

同样地也采用 Write()方法代替运算符<<也是一种可选方案，具体 Write()实现如下：

```
void Write(const String &s)
//操作结果:输出串
{
    cout<<s.CStr()<<endl;                    //输出串值
}
```

4.3 字符串模式匹配算法

本节假定指定两个串 T 和 P:

$$T="t_0t_1\cdots t_{n-1}",\quad P="p_0p_1\cdots p_{m-1}"$$

其中,$0<m\leqslant n$。如要在字符串 T 中查找是否有与字符串 P 相同的子串,则称字符串 T 为目标串(Target)或主串,称字符串 P 为模式串(Pattern)或子串,在 T 中从位置 pas 开始查找与 P 相同的子串的第一次出现的位置的过程称为字符串模式匹配(Pattern matching)。字符串模式匹配的应用范围越来越广泛,比如在文本编辑中经常在文本中搜索某个子文本(模式),又如字符串匹配在分子生物学中越来越受到重视,人们通常用字符串模式匹配算法从 DNA 序列中提取信息,获得其中的某种模式串。字符串模式匹配的效率十分重要。前面对于该操作的实现直接利用了 C 语言中的库函数 strstr()。本节介绍模式匹配操作的几种实现思想。

4.3.1 简单字符串模式匹配算法

对于字符串模式匹配算法的最简单实现是用字符串 P 的字符依次与字符串 T 中的字符进行比较,实现思想是:首先将子串 P 从第 0 个字符起与主串 T 的第 pos 个字符起依次比较对应字符,如全部对应相等,则表明已找到匹配,成功终止;否则,将子串 P 从第 0 个字符起与主串 T 的第 pos+1 个字符起依次比较对应字符,过程与前面相似;如此进行,直到某次成功匹配,或者某次 T 中无足够的剩余字符与 P 中各字符对应比较(匹配失败)为止。

不失一般性,设 pos=0,具体匹配过程如图 4.1 所示。

如果 $t_0=p_0, t_1=p_1, \cdots, t_{m-1}=p_{m-1}$,则模式匹配成功,返回模式串 P 第 0 个字符 p_0 在目标串 T 中出现的位置;如果在其中某个位置 i: $t_i\neq p_i$,则此趟模式匹配失败,这时将模式串 P 向右滑动一个位置,用 P 中字符从头开始与 T 中下一个字符依次进行比较,如图 4.2 所示。

目标串 T	t_0	t_1		t_{m-1}		t_{n-1}
	‖	‖	…	‖	…	
模式串 P	p_0	p_1		p_{m-1}		

图 4.1 简单字符串模式匹配图示之

目标串 T	t_0	t_1	t_2		t_{m-1}	t_m		t_{n-1}
		‖	‖	…	‖	‖	…	
模式串 P		p_0	p_1		p_{m-2}	p_{m-1}		

图 4.3 简单字符串模式匹配图示之二

这样反复进行,直到出现以下两种情况之一,则算法结束。

① 在某一趟匹配中,模式串 P 的所有字符都与目标串 T 中的对应字符相等,这时匹配成功,返回本趟匹配在目标串 T 中的开始位置,也就是模式串 P 的第 0 个字符在目标

串 T 中的位置。

② P 已经移到最后可能与 T 比较的位置，但对应字符不是完全相同，则表示目标串 T 中没有出现与模式串 P 相同的子串，匹配失败，返回−1。

例如，目标串 T="abaabab"，模式串 P="abab"，匹配过程如图 4.3 所示。

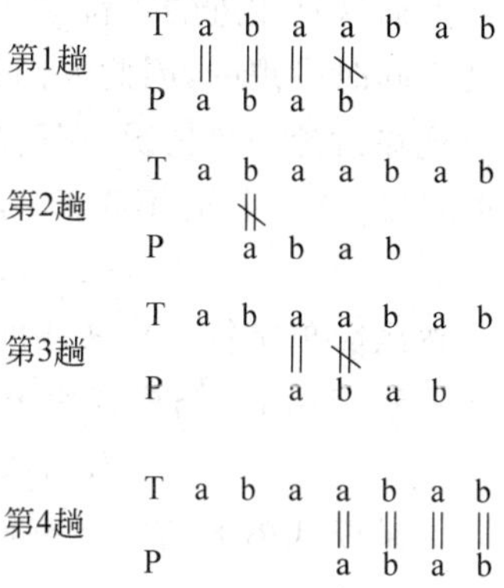

简单字符串模式匹配算法具体实现如下：

```
//文件路径名:e4_2\alg.h
int SimpleIndex(const String &T, const String &P,
int pos=0)
//操作结果:查找模式串 P 第一次在目标串 T 中从第 pos 个
  字符开始出现的位置
{
    int startPos= pos, i=pos, j=0;
    while(i<T.Length() && j<P.Length())
    {
        if(T[i]==P[j])
        {   //继续比较后续字符
            i++; j++;
        }
        else
        {   //指针回退,重新开始新的匹配
            i=++startPos; j=0;
        }
    }

    if(j>=P.Length())return startPos;          //匹配成功
    else return -1;                            //匹配失败
}
```

```
       T a b a a b a b
第1趟    ‖ ‖ ‖ ≠
       P a b a b

       T a b a a b a b
第2趟      ≠
       P   a b a b

       T a b a a b a b
第3趟        ‖ ≠
       P     a b a b

       T a b a a b a b
第4趟          ‖ ‖ ‖ ‖
       P       a b a b
```

图 4.3 简单字符串模式匹配过程图示之三

算法中 while 循环的循环次数与目标串和模式串有关。最理想的情况是第一趟就得到匹配，此时的循环次数为模式串 P 的长度；最坏情况是不存在匹配，每趟匹配过程都是在比较到模式串的最后一个字符时才不能匹配，此时的循环次数是 $(n-m+1)*m+(m-1)$，此处 n 为主串 T的长度，m 为模式串 P 的长度。显然，m 较小，且 $m<<n$ 时，此式约等于 $n*m$。

**4.3.2 KMP 字符串模式匹配算法

在上面介绍的简单字符串模式匹配算法中，当某趟匹配失败时，下一趟匹配都将模式串 P 后移一个位置，再从头开始与主串中的对应字符进行比较。造成算法效率低的主要原因是在算法的执行过程中有回溯，而这些回溯都可以避免。不失一般性，假设 pos=0，以图 4.3 为例进行说明，根据第一趟匹配可知，$t_0=p_0$，$t_1=p_1$，$t_2=p_2$，$t_3\neq p_3$，然而在模式串 P 中，由于 $p_0\neq p_1$，所以可以推知，$t_1(=p_1)\neq p_0$，所以在第二趟的匹配中，将 P 右移一位，用 t_1 与 p_0 比较一定不等。又由于 $p_0=p_2$，所以 $t_2=(p_2=)p_0$，因此在第三趟匹配中，P 再右移一位后，t_2 与 p_0 的比较肯定是相等的。所以应将 P 直接右移 2 位，跳过第 2 趟，并且跳过 t_2 与 p_0 的比较，直接从 t_3 和 p_1 开始进行比较。这样匹配过程就消除了回溯。

上面这种改进的字符串模式匹配算法由 D. E. Knuth、J. H. Morris 和 V. R. Pratt 3 人几乎同时发现的，因此人们称之为 KMP 算法。

现在讨论一般情况，用简单字符串模式匹配算法执行第 i+1 趟匹配时，如果比较到 P 中的第 j 个字符时不匹配，也就是有：

$$"t_i t_{i+1} t_{i+2} \cdots t_{i+j-1}" = "p_0 p_1 \cdots p_{j-1}", \quad t_{i+j} \neq p_j \tag{4.1}$$

按照简单字符串模式匹配算法的思想，下一趟(也就是第 i+2 趟)应从目标串 T 的第 i+1 位置起用 t_{i+1} 与模式串 P 中的 p_0，重新开始比较。如果匹配成功，则有

$$"t_{i+1} t_{i+2} \cdots t_{i+j} \cdots t_{i+m}" = "p_0 p_1 \cdots p_{j-1} \cdots p_{m-1}" \tag{4.2}$$

如果模式串 P 有如下特征：

$$"p_0 p_1 \cdots p_{j-2}" \neq "p_1 p_2 \cdots p_{j-1}" \tag{4.3}$$

这时由式(4.1)可知：

$$"t_{i+1} t_{i+2} \cdots t_{i+j-1}" = "p_1 p_2 \cdots p_{j-1}" \tag{4.4}$$

由式(4.3)与式(4.4)可知：

$$"t_{i+1} t_{i+2} \cdots t_{i+j-1}" \neq "p_0 p_1 \cdots p_{j-1}" \tag{4.5}$$

因而有如下的关系：

$$"t_{i+1} t_{i+2} \cdots t_{i+j} \cdots t_{i+m}" \neq "p_0 p_1 \cdots p_{j-1} \cdots p_{m-1}" \tag{4.6}$$

所以这时第 i+2 趟匹配可以不需要进行，就能断定必然不匹配。因而第 i+2 趟匹配可以跳过不做。那么，第 i+3 趟匹配是否应该进行呢？如果模式串 P 中有

$$"p_0 p_1 \cdots p_{j-3}" \neq "p_2 p_3 \cdots p_{j-1}" \tag{4.7}$$

则类似地可推得"$t_{i+2} t_{i+3} \cdots t_{i+m+1}$"≠"$p_0 p_1 \cdots p_{m-1}$"，这一趟仍然不匹配，可以跳过不做。依此类推，直到对于某值 k，使得

$$"p_0 p_1 \cdots p_k" \neq "p_{j-k-1} p_{j-k} \cdots p_{j-1}" \tag{4.8}$$

而

$$"p_0 p_1 \cdots p_{k-1}" = "p_{j-k} p_{j-k} \cdots p_{j-1}" \tag{4.9}$$

这时才有

$$"p_0 p_1 \cdots p_{k-1}" = "p_{j-k} p_{j-k+1} \cdots p_{j-1}" = "t_{i+j-k} t_{i+j-k+1} \cdots t_{i+j-1}" \tag{4.10}$$

这样，在第 i+1 趟比较时，如果目标串 T 中第 i+j 个字符与模式串 P 中第 j 个字符不匹配，我们只需将模式串 P 从当前位置直接向右"滑动"j−k 位，使模式串 P 中的第 k 个字符 p_k 与目标串 T 中的第 i+j 个字符 t_{i+j} 对齐开始比较。这是由于从前面的分析中可知，这时模式串 P 中的前面 k 个字符"$p_0 p_1 \cdots p_{k-1}$"必定与目标串 T 中第 i+j 个字符之前的 k 个字符"$t_{i+j-k} t_{i+j-k+1} \cdots t_{i+j-1}$"对应相等，这样便可直接从 T 中的第 i+j 个字符 t_{i+j}(也就是上一趟不匹配的字符)与模式串中的第 k 个字符 p_k 开始进行比较。

在 KMP 字符串匹配算法中，第 i+1 趟匹配失败时，目标串 T 的扫描指针 i 不回溯，而是下一趟继续从此处开始向后进行比较。但在模式串 P 中，扫描指针应退回到 p_k 的位置。

KMP 算法的关键是在匹配失败时，确定 k 的值。根据比较不相等时字符在模式串

P 中的位置不同，也就是对于不同的 j，k 的取值不同，k 值依赖于模式串 P 的前 j 个字符的构成，与目标串无关。设 next[j]＝k，此处表示当模式串 P 中第 j 个字符与目标串 T 中相应字符不匹配时，模式串 P 中应当由第 k 个字符与目标串中刚不匹配的字符对齐继续进行比较，模式串 P＝"$p_0 p_1 p_2 \cdots p_{m-1}$"的 next[j]定义为：

$$\text{next}[j] = \begin{cases} -1 & j = 0 \\ \max\{k \mid 0 < k < j \text{ 且 } "p_0 p_1 \cdots p_{k-1}" = "p_{j-k} p_{j-k+1} \cdots p_{j-1}"\} & \text{集合非空} \\ 0 & \text{其他情况} \end{cases} \tag{4.11}$$

例如，模式串 P＝"abaabcac"，其对应的 next[j]如下所示。

j	0	1	2	3	4	5	6	7
P	a	b	a	a	b	c	a	c
next[j]	−1	0	0	1	1	2	0	1

有了 next 数组后，匹配过程为：设以指针 i 和 j 分别指示目标串和模式串中正待比较的字符。在匹配过程中，如果 $p_j = t_i$，则 i 和 j 分别加 1；如果 $p_j \neq t_i$，则令 j＝next[j]，若此时 j＞−1，则下次的比较应从模式串 P 中的 p_j 起与 T 中的 t_i 对齐往下进行；若 j＝−1，则 P 中任何字符都不再与 t_i 比较，下次比较从 P 的第 0 个字符起与 t_{i+1} 对齐往下进行，即令 i 加 1，j＝0。

例 4.1 设目标串 T＝"acabaabaabcacx"，模式串 P＝"abaabcac"，根据 KMP 算法进行模式匹配的过程如图 4.4 所示。

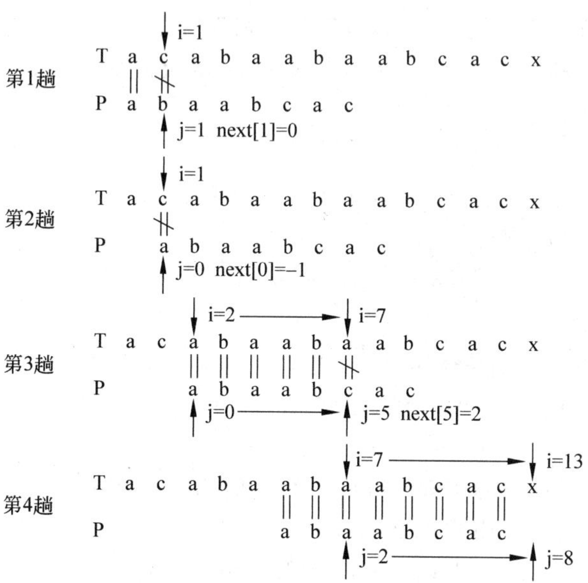

图 4.4 KMP 字符串模式匹配过程示意图

下面给出 KMP 字符串模式匹配辅助算法的实现代码。

```
int KMPIndexHelp(const String &T, const String &P, int pos, int next[])
//操作结果：通过 next 数组查找模式串 P 第一次在目标串 T 中从第 pos 个字符开始出现的位置
{
    int i=pos, j=0;         //i 为目标串 T 中的当前字符位置，j 为模式串 P 的当前字符位置
    while(i<T.Length() && j<P.Length())
    {
        if(j==-1)
        {   //此时表明 P 中任何字符都不再与 T[i]进行比较，下次 P[0]与 T[i+1]开始进行比较
            i++; j=0;
        }
        else if(P[j]==T[i])
        {   //P[j]与 T[i]匹配
            i++; j++;                 //模式串 P 与目标串 T 的当前位置向后移
        }
        else
        {   //P[j]与 T[i]不匹配
            j=next[j];                //寻找新的模式串 P 的匹配字符位置
        }
    }

    if(j<P.Length())return -1;        //匹配失败
    else return i-j;                  //匹配成功
}
```

KMP 字符串模式匹配算法的核心是要知道 next[j]的值，下面讨论计算 next[j]的方法，从 next[j]的定义知道，计算 next[j]，就是要在串"$p_0 p_1 \cdots p_{j-1}$"中找出最长的相等的两个子串"$p_0 p_1 \cdots p_{k-1}$"和"$p_{j-k} p_{j-k+1} \cdots p_{j-1}$"，求 next 函数值的过程是一个递推过程，分析如下：

由定义可知：

$$next[0]=-1 \tag{4.12}$$

设已有 next[j]=k，则有：

$$"p_0 p_1 \cdots p_{k-1}" = "p_{j-k} p_{j-k+1} \cdots p_{j-1}" \tag{4.13}$$

由式(4.11)显然有：

$$next[j+1]=\begin{cases} \max\{k+1 \mid 0<k+1<j+1 \text{ 且 } "p_0 p_1 \cdots p_{k-1} p_k" = "p_{j-k} p_{j-k+1} \cdots p_{j-1} p_j"\} & \text{集合非空} \\ 0 & \text{其他情况} \end{cases} \tag{4.14}$$

如果 $p_k = p_j$，由式(4.13)可知，next[j+1]=k+1=next[j]+1。

如果 $p_k \neq p_j$，则表明在模式串 P 中有：

$$"p_0 p_1 \cdots p_k" \neq "p_{j-k} p_{j-k+1} \cdots p_j" \tag{4.15}$$

此时可把求 next[j+1]值的问题看成是又一个模式匹配问题，此时的目标串和模式串都是串 P。根据 next[j]=k 可知"$p_0 p_1 \cdots p_{k-1}$"="$p_{j-k} p_{j-k+1} \cdots p_{j-1}$"，则当 $p_k \neq p_j$ 时应将模式串右移至第 next[k]个字符与主串中的第 j 个字符进行比较。实际上就是在

"$p_0 p_1 \cdots p_{k-1}$"中寻找使得：

$$"p_0 p_1 \cdots p_{h-1}" = "p_{k-h} p_{k-h+1} \cdots p_{k-1}" \tag{4.16}$$

成立的最大的 h，这时有两种情况：

(1) 找到 h，即有 next[k]=h。则由式(4.13)与式(4.16)可知，有：

$$"p_0 p_1 \cdots p_{h-1}" = "p_{k-h} p_{k-h+1} \cdots p_{k-1}" = "p_{j-h} p_{j-h+1} \cdots p_{j-1}" \tag{4.17}$$

这时在"$p_0 p_1 \cdots p_{j-1}$"中找到了长度为 h 的相等的前、后两个子串。

这时，若 $p_h = p_j$，则说明在主串中第 j+1 个字符之前存在一个长度为 h+1 的最长子串，与模式串中从第 0 个字符开始的长度为 h+1 的子串相等，即：

$$"p_0 p_1 \cdots p_{h-1} p_h" = "p_{j-h} p_{j-h+1} \cdots p_{j-1} p_j" \tag{4.18}$$

由 next[j+1]的定义可得：

$$next[j+1] = h+1 = next[k]+1 = next[next[j]]+1 \tag{4.19}$$

若 $p_h \neq p_j$，则再在"$p_0 p_1 \cdots p_{h-1}$"中寻找更小的 next[h]=y。如此递推，有可能还需要以同样方式再缩小寻找范围，直到 p_j 与模式串中的某个字符匹配成功或不存在任何 h 满足式(4.16)，则此时 next[j+1]=0，结束。

(2) 找不到 h，这时 next[j+1]=0。

因此可得出计算 next[j]的递推公式。

$$next[j+1] = \begin{cases} next^{(m)}[j]+1 & \text{若能找到最小的正整数 m，使得 } p_{next^{(m)}[j]} = p_j \\ 0 & \text{否则或 } j = 0 \end{cases} \tag{4.20}$$

其中，$next^{(1)}[j]=next[j]$，$next^{(m)}[j]=next[next^{(m-1)}[j]]$。

根据以上分析，计算 next[j]的代码的算法如下：

```
void GetNext(const String &P, int next[])
//操作结果：求模式串 P 的 next 数组的元素值
{
    next[0]=-1;            //由 next[0]=-1 开始进行递推
    int j=0, k=-1;         //next[j]=k 成立的初始情况
    while(j<P.Length()-1)
    {   //数组 next 的下标范围为 0~P.Length()-1，通过递推方式求得 next[j+1]的值
        if(k==-1)
        {   //不存在 k 满足 p[k]==p[j]或 j==0

            next[j+1]=0;   //next[j+1]=0
            j++; k=0;      //由于已求得 next[1]=0,所以 j 更新为 j+1，k 更新为 0
        }
        else if(P[k]==P[j])
        {   //此时 next[j+1]=next[j]+1
            next[j+1]=k+1;      //由于 P[k]==P[j],所以 next[j+1]=next[j]+1=k+1
            j++; k++;      //由于已求得 next[j+1]=k+1,所以 j 更新为 j+1,k 更新为 k+1
        }
        else
```

```
        {   //P[k]与 P[j]不匹配
            k=next[k];      //寻求新的匹配字符
        }
    }
}
```

将 KMPIndexHelp()函数与求 next 数组元素值的 GetNext()函数封装起来,可得如下 KMP 字符串模式匹配算法。

```
int KMPIndex(const String &T, const String &P, int pos=0)
//操作结果：查找模式串 P 第一次在目标串 T 中从第 pos 个字符开始出现的位置
{
    int *next=new int[P.Length()];              //为数组 next 分配空间
    GetNext(P, next);                           //求模式串 P 的 next 数组的元素值
    int result=KMPIndexHelp(T, P, pos, next);
                    //返回模式串 P 第一次在目标串 T 中从第 pos 个字符开始出现的位置
    delete[]next;                               //释放 next 所占用的存储空间
    return result;
}
```

**4.4 实例研究：文本编辑

本节设计一个微型文本编辑程序,此程序只有一些简单的命令,与现代文本编辑器相比显得相当简单,但它仍然说明了更大更复杂的文本编辑器构造中涉及的一些基本思想。

我们所开发的文本编辑器允许将文件读到内存中,即存储在一个缓冲区中,称这个类为 Editor。可以认为 Editor 对象中的每行文本是一个字符串,每行存储在一个双向链表的结点中,我们将设计执行字符串操作的编辑命令。

下面给出文本编辑器中包含的命令列表,这些命令可用大写或小写字母键入。

R：读取文本文件到缓冲区中,缓冲区中以前的任何内容将丢失,当前行是文件的第一行。

W：将缓冲区的内容写入文本文件,当前行或缓冲区均不改变。

I：插入单个新行,用户必须在恰当的提示符的响应中键入新行并提供其行号。

D：删除当前行并移到下一行。

F：从当前行开始,查找包含有用户请求的目标串的第一行。

C：将用户请求的字符串修改成用户请求的替换字符串,仅在当前行中有效。

Q：退出编辑器。

H：显示解释所有命令的帮助消息,程序也接受问号?作为 H 的替代者。

N：下一行,在缓冲区中进一行。

P：上一行,在缓冲区中退一行。

B：开始,到缓冲区的第一行。

E：结束,到缓冲区的最后一行。

G：到缓冲区中用户指定的行号。

V：查看缓冲区的全部内容，显示到终端上。

1. 主程序

主程序声明一个称为 text 的 Editor 对象并重复运行 text 的 Editor 方法，从用户处得到命令并处理这些命令。下面是程序示例：

```
//文件路径名:editor\main.cpp
int main()
//操作结果：读输入文件各行到文本缓存中，执行简单的行编辑，并写文本缓存到输出文件中
{
    try                                         //用 try 封装可能出现异常的代码
    {
        char infName[256], outfName[256];

        cout<<"请输入文件名(默认：file_in.txt):";
        strcpy(infName, Read(cin).CStr());
        if(strlen(infName)==0)
        {   //infName 为空
            strcpy(infName, "file_in.txt");
        }

        cout<<"请输出文件名(默认：file_out.txt):";
        strcpy(outfName, Read(cin).CStr());
        if(strlen(outfName)==0)
        {   //outfName 为空
            strcpy(outfName, "file_out.txt");
        }

        Editor text(infName, outfName);        //定义文本对象
        while(text.GetCommand())
        {   //接收并执行用户操作命令
            text.RunCommand();
        }
    }
    catch(char * mess)                          //捕捉并处理异常
    {
        cout<<mess<<endl;                       //显示异常信息
    }

    system("PAUSE");                            //调用库函数 system()
    return 0;                                   //返回值 0，返回操作系统
}
```

2. Editor 类说明

Editor 类包含以字符串(行)为数据元素的双向链表 textBuffer，并且可以有效地在

text 的两个方向上移动。

```
//文本编辑类
class Editor
{
private:
//文本编辑类的数据成员
    DblLinkList<String>textBuffer;          //文本缓存
    int curLineNo;                          //当前行号
    ifstream inFile;                        //输入文件
    ofstream outFile;                       //输出文件
    char userCommand;                       //用户命令

//辅助函数
    char GetChar();                         //从输入流中跳过空格及制表符获取一字符
    bool NextLine();                        //转到下一行
    bool PreviousLine();                    //转到前一行
    bool GotoLine();                        //转到指定行
    bool InsertLine();                      //插入一行
    bool ChangeLine();                      //替换当前行的指定文本串
    void ReadFile();                        //读入文本文件
    void WriteFile();                       //写文本文件
    void FindString();                      //查找串

public:
//方法声明
    Editor(char infName[], char outfName[]);    //构造函数
    bool GetCommand();                          //读取操作命令字符 userCommand
    void RunCommand();                          //运行操作命令
};
```

上面的类建立了许多辅助成员函数，这些函数将用于实现编辑器的各种命令。构造函数用输入和输出文件名建立输入和输出文件对象。

```
Editor::Editor(char infName[], char outfName[]):inFile(infName), outFile(outfName)
//操作结果：用输入文件名 infName 和输出文件名 outfName 构造编辑器——构造函数
{
    if(inFile==NULL)throw"打开输入文件失败!";          //抛出异常
    if(outFile==NULL)throw"打开输出文件失败!";         //抛出异常
    ReadFile();                                     //读入文本文件
}
```

3. 接收命令

由于文本编辑器必须容忍无效输入，由于不能期望用户在输入大小写字母上达成一

致,因此第一步就是将大写字母转换成小写字母。

```
bool Editor::GetCommand()
//操作结果:读取操作命令字符 userCommand,除非 userCommand 为 q,否则返回 true
{
    String curLine;                                  //当前行
    if(curLineNo!=0)
    {   //存在当前行
        textBuffer.GetElem(curLineNo, curLine);      //取出当前行
        cout<<curLineNo<<" : "                       //显示行号
            <<curLine.CStr()<<endl<<"?";             //显示当前行及问号(?)
    }
    else
    {   //不存在当前行
        cout<<"文件缓存空"<<endl<<"?";
    }

    userCommand=GetChar();                       //忽略空格及制表符并取得操作命令字符
    userCommand=tolower(userCommand);            //转换为小写字母
    while(cin.get()!='\n');                      //忽略用户输入的其他字符
    if(userCommand=='q')
    {   //userCommand 为'q'时返回 false
        return false;
    }
    else
    {   //userCommand 不为'q'时返回 true
        return true;
    }
}
```

4. 执行命令

方法 RunCommand 基本上是由一个大的 switch 语句组成,用 switch 完成每个命令的操作,并且具有处理用户选择和错误情况的处理。

```
void Editor::RunCommand()
//操作结果:运行操作命令
{
    String tempString;                               //临时串
    switch(userCommand)
    {
    case 'b': //转到第 1 行 b(egin)
        if(textBuffer.Empty())
        {   //文本缓存空
            cout<<" 警告: 文本缓存空 "<<endl;
        }
```

```
        else
        {   //文本缓存非空，转到第 1 行
            curLineNo=1;
        }
        break;

    case 'c': //替换当前行 c(hange)
        if(textBuffer.Empty())
        {
            cout<<"警告：文本缓存空"<<endl;
        }
        else if(!ChangeLine())
        {   //替换失败
            cout<<"错误：替换失败 "<<endl;
        }
        break;

    case 'd': //删除当前行 d(elete)
        if(!textBuffer.Delete(curLineNo, tempString))
        {   //删除当前行失败
            cout<<"错误：删除失败 "<<endl;
        }
        break;

    case 'e': //转到最后一行 e(nd)
        if(textBuffer.Empty())
        {
            cout<<"警告：文本缓存空 "<<endl;
        }
        else
        {   //转到最后第一行
            curLineNo=textBuffer.Length();
        }
        break;

    case 'f': //从当前行开始查找指定文本 f(ind)
        if(textBuffer.Empty())
        {
            cout<<"警告：文本缓存空 "<<endl;
        }
        else
        {   //从当前行开始查找指定文本
            FindString();
        }
```

```
    break;

case 'g': //转到指定行 g(o)
    if(!GotoLine())
    {   //转到指定行失败
        cout<<" 警告：没有那样的行"<<endl;
    }
    break;

case '?': //获得帮助?
case 'h': //获得帮助 h(elp)
    cout<<"有效命令：b(egin)c(hange)d(el)e(nd)"<<endl
        <<"f(ind)g(o)h(elp)i(nsert)n(ext)p(rior)"<<endl
        <<"q(uit)r(ead)v(iew)w(rite)"<<endl;
    break;

case 'i': //插入指定行 i(nsert)
    if(!InsertLine())
        cout<<" 错语：插入行出错 "<<endl;
    break;

case 'n': //转到下一行 n(ext)
    if(!NextLine())
    {   //无下一行
        cout<<" 警告：当前行已是最后一行"<<endl;
    }
    break;

case 'p': //转到前一行 p(rior)
    if(!PreviousLine())
    {   //无前一行
        cout<<" 警告：当前行已是第一行"<<endl;
    }
    break;

case 'r': //读入文本文件 r(ead)
    ReadFile();
    break;

case 'v': //显示文本 v(iew)
    textBuffer.Traverse(Write);
    break;

case 'w': //写文本缓存到输出文件中 w(rite)
```

```
        if(textBuffer.Empty())
        {   //文本缓存空
            cout<<" 警告: 文本缓存空"<<endl;
        }
        else
        {   //写文本缓存到输出文件中
            WriteFile();
        }
        break;

    default :
        cout<<"输入 h 或?获得帮助或输入有效命令字符: \n";
    }
}
```

5. 读写文件

由于读将破坏缓冲区中任何先前的内容,因此在开始执行此操作前要请求确认,除非缓冲区是空的。

```
void Editor::ReadFile()
//操作结果:读入文本文件
{
    bool proceed=true;
    if(!textBuffer.Empty())
    {   //文本缓存非空
        cout<<"文本缓存非空; 读入文件时将覆盖它."<<endl;
        cout<<" 回答 yes 将执行此操作?"<<endl;
        if(proceed=UserSaysYes())
        {   //回答 yes
            textBuffer.Clear();                          //清空缓存
        }
    }

    int lineNumber=1;                                    //起始行号
    char terminalChar;                                   //行终止字符
    while(proceed)
    {
        String inString=Read(infile, terminalChar);      //读入一行文本
        if(terminalChar==EOF)
        {   //以文件结束符结束,输入已结束
            proceed=false;
            if(strlen(inString.CStr())>0)
            {   //插入非空行
                textBuffer.Insert(lineNumber, inString);
```

```
            }
        }
        else
        {   //输入未结束
            textBuffer.Insert(lineNumber++, inString);
        }
    }

    if(textBuffer.Empty())
    {   //当前文本缓存为空
        curLineNo=0;
    }
    else
    {   //当前文本缓存非空
        curLineNo=1;
    }
}
```

比起读文件方法 ReadFile，写文件方法 WriteFile 更简单，因此将它留作练习，由读者自行补充完成。

6. 插入一行

为了在当前行号处插入一个新行，首先用 String 的函数 Read 读取一个字符串。在读进此字符串后，用线性表的方法 insert 插入它。

```
bool Editor::InsertLine()
//操作结果：插入指定行
{
    int lineNumber;
    cout<<"输入指定行号？";
    cin>>lineNumber;
    while(cin.get()!='\n');                        //跳过其他字符
    cout<<"输入新行文本串：";
    String toInsert=Read(cin);                     //插入行
    if(textBuffer.Insert(lineNumber, toInsert))
    {   //插入成功
        curLineNo=lineNumber;
        return true;
    }
    else
    {   //插入失败
        return false;
    }
}
```

7. 查找字符串

下面将实现查找包含有用户指定的目标文本串的行。这里使用 String 函数 Index 检查当前行是否包含目标,若目标没有出现在当前行中,那么查找缓冲区中的剩余部分。一旦发现了目标,则通过显示所找到的行来突出它,此时它成为当前行,并同时用一系列的上箭头(^)指示目标在行中出现的位置。

```
void Editor::FindString()
//操作结果:从当前行开始查找指定文本
{
    int index;
    cout<<"输入被查找的文本串:"<<endl;
    String searchString=Read(cin);                          //输入查找文本串
    String curLine;                                         //当前行
    textBuffer.GetElem(curLineNo,curLine);                  //取出当前行
    while((index=Index(curLine, searchString))==-1)
    {   //查找指定文本串
        if(curLineNo<textBuffer.Length())
        {   //查找下一行
            curLineNo++;                                    //下一行
            textBuffer.GetElem(curLineNo, curLine);         //取出下一行
        }
        else
        {   //已查找完所有行
            break;
        }
    }

    if(index==-1)
    {   //查找失败
        cout<<"查找串失败.";
    }
    else
    {   //查找成功
        cout<<curLine.CStr()<<endl;                         //显示行
        for(int i=0; i<index; i++)
        {   //在查找串前的位置显行空格
            cout<<" ";
        }
        for(int j=0; j<strlen(searchString.CStr()); j++)
        {   //在查找串前的位置显行^
            cout<<"^";
        }
    }
```

```
    cout<<endl;
}
```

8. 修改字符串

辅助函数 ChangeLine()仅在当前行中进行修改。用户很容易在键入目标或替换文本串时出错，这时函数 ChangeLine()不做任何修改，函数 ChangeLine()首先从用户那里获取目标串和替换文本串，然后在当前行中查找它。如果未发现目标，则通知用户，否则执行一系列的 String 和 C 风格串操作，将目标串从当前行删除并用替换文本串去替换它。

```
bool Editor::ChangeLine()
//操作结果：用户输入当前行中的指定文本串，用输入的新文本串替换指定文本串
//替换成功返回 true,否则返回 false
{
    bool result=true;
    cout<<"输入要被替换的指定文本串：";
    String strOld=Read(cin);                              //旧串
    cout<<"输入新文本串:";
    String strNew=Read(cin);                              //新串

    String curLine;                                       //当前行
    textBuffer.GetElem(curLineNo, curLine);               //取出当前行
    int index=Index(curLine, strOld);                     //在当前行中查找旧文本
    if(index==-1)
    {   //模式匹配失败
        result=false;
    }
    else
    {   //模式匹配成功
        String newLine;                                   //新行
        Copy(newLine, curLine, index);                    //复指定文本前的串
        Concat(newLine, strNew);                          //连接新文本串
        const char * oldLine=curLine.CStr();              //旧行
        Concat(newLine,(String)(oldLine+index+strlen(strOld.CStr())));
            //连接指定文本串后的串,oldLine+index+strlen(strOld.CStr())用于计算一个
            //临时指针,指向紧跟在被替换字符串后的, 然后将 C 风格串转换成一个
            //String,并被立即连接到 newline 的后面
        textBuffer.SetElem(curLineNo, newLine);           //设置当前行新串
    }
  return result;
}
```

4.5 深入学习导读

本章的字符串类型的实现以及文本编辑主要参考了 Robert L. Kruse, Alexander J. Ryba 所著的《Data Structures and Program Design in C++》[1]。

严蔚敏、吴伟民编著的《数据结构(C 语言版)》[12]，殷人昆、陶永雷、谢若阳、盛绚华编著的《数据结构(用面向对象方法与 C++ 描述)》[13]与 Adam Drozdek 著，郑岩，战晓苏译的《数据结构与算法——C++ 版(第 3 版)》[3]都详细讨论了 KMP 字符串模式匹配算法，但本书不仅严格实现了此算法，对算法的分析也较深刻。

4.6 习　题　4

4-1　简述空格串的定义及其长度。

4-2　空串与空格串有何区别，字符串中的空格符有何意义？空串在串处理中有何作用？

4-3　两个字符串相等的充要条件是什么？

**4-4　试说明 KMP 算法中求解 next 数组值的方法。

**4-5　已知模式串 P="ABCABAA"，计算模式 P 串的 next[]各元素的值。

*4-6　试设计一个算法测试一个串 s 的值是否为回文(即从左向右读出的内容与从右向左读出的内容一致)。

**4-7　补充实现本书文本编辑类 Editor 未实现的成员函数，实现一个简单的文本编辑器。

第5章　数组和广义表

本章讨论两种数据结构——数组和广义表，它们都可看成是线性表的扩展——表中的数据元素本身也可以是线性结构。

5.1　数　　组

5.1.1　数组的基本概念

数组是十分常用的结构，现在几乎所有的程序设计语言都直接支持数组类型。数组的操作基本上都要求首先对元素定位，本节的主要内容是给出数组的定义及其存储方法。

数组由一组类型相同的数据元素构成。可借助线性表的概念递归定义如下：

数组是一个元素可直接按序号寻址的线性表

$$a=(a_0, a_1, \cdots, a_{m-1})$$

若 $a_i(i=0, 1, \cdots, m-1)$是简单元素，则 a 是一维数组；当一维数组的每个元素 a_i 本身又是一个一维数组时，则一维数组扩充为二维数组。同样道理，当二维数组的每个元素本身又是一个一维数组时，则二维数组扩充为三维数组。依此类推，若 a_i 是 k－1 维数组，则 a 是 k 维数组。

可以看出，在 n 维数组中，每个元素受 n 个线性关系的约束（$n\geqslant 1$），若它在第 1～n 个线性关系中的序号分别为 $i_1, i_2, \cdots, i_n$，则称它的下标为 $i_1, i_2, \cdots, i_n$。如果数组名为 a，则记下标为 $i_1, i_2, \cdots, i_n$ 的元素为 $a_{i_1 i_2 \cdots i_n}$。

从上面定义可以看出，如果一个 $n(n>0)$维数组的第 i 维长度为 b_i，则此数组中共含有 $\prod_{i=1}^{n} b_i$ 个数据元素，每个元素都受 n 个关系的约束，就其单个关系而言，这 n 个关系都是线性关系。

数组的基础操作如下：

```
ElemType &operator()(int sub0,…)
```

初始条件：数组已存在。

操作结果：重载函数运算符。

5.1.2 数组的顺序表

由于很少在数组中进行插入和删除操作,所以数组的存储通常采用顺序存储方式。设 n 维数组共有 m($=\prod_{i=1}^{n} b_i$)个元素,数组存储的首地址为 base,数组中的每个元素需要 L 个存储单元,则整个数组共需 m * L 个存储单元。为了存取数组中某个特定下标的元素,必须确定下标为 $i_1, i_2, \cdots, i_n$ 的元素的存储位置。实际上就是把下标 $i_1, i_2, \cdots, i_n$ 映射到[0, m−1]中的某个数 Map($i_1, i_2, \cdots, i_n$),使得该下标所对应的元素值存储在以下位置:

$$Loc(i_1, i_2, \cdots, i_n) = base + Map(i_1, i_2, \cdots, i_n) * L$$

用 Loc($i_1, i_2, \cdots, i_n$)表示下标为 $i_1, i_2, \cdots, i_n$ 的数组元素的存储地址。可见,如果已经知道数组的首地址,要确定其他元素的存储位置,只需求出 Map($i_1, i_2, \cdots, i_n$)即可。下面讨论 Map($i_1, i_2, \cdots, i_n$)的计算。在后面的例子中,都是用 C++ 中表示数组的方式来描述数组及其元素。

对于一维数组,Map(i_1)=i_1。

对于二维数组,各元素可按如图 5.1 所示的表格形式进行排列。第一维下标相同的元素位于同一行,第二维下标相同的元素位于同一列。

a[0][0]	a[0][1]	a[0][2]	a[0][3]	a[0][4]	a[0][5]
a[1][0]	a[1][1]	a[1][2]	a[1][3]	a[1][4]	a[1][5]
a[2][0]	a[2][1]	a[2][2]	a[2][3]	a[2][4]	a[2][5]
a[3][0]	a[3][1]	a[3][2]	a[3][3]	a[3][4]	a[3][5]
a[4][0]	a[4][1]	a[4][2]	a[4][3]	a[4][4]	a[4][5]

图 5.1 数组 A[5][6]的元素列表

对于图 5.1 中的元素,从第 1 行开始,依次对每一行中的每个元素从左至右进行连续编号,即可得到如图 5.2(a)所示的映射结果。这种按行把二维数组中的元素位置映射为[0, m−1]中的某个数的方式称为行优先映射。C++ 中就采用行优先映射模式。图 5.2(b)中给出了另外一种映射模式,把所有元素按列的次序进行连续编号,称为列优先映射。

0	1	2	3	4	5
6	7	8	9	10	11
12	13	14	15	16	17
18	19	20	21	22	23
24	25	26	27	28	29

(a) 行优先映射

0	5	10	15	20	25
1	6	11	16	21	26
2	7	12	17	22	27
3	8	13	18	23	28
4	9	14	19	24	29

(b) 列优先映射

图 5.2 数组 A[5][6]的映射

可以看出,一个 b_1 行 b_2 列的二维数组 a[b_1][b_2]的行优先映射所对应的映射函数为:

$$Map(i_1, i_2) = i_1 b_2 + i_2$$

读者可用图5.1中的5行6列的数组来验证上述的行优先映射函数。因为列数为6，所以映射公式为 $Map(i_1, i_2)=6*i_1+i_2$，从而有 $Map(2, 3)=6*2+3=15$，$Map(3, 5)=6*3+5=23$，与图5.2(a)中所给出的编号完全相同。

可以扩充上述行优先映射模式，得到二维以上数组的行优先映射函数。在二维数组的行优先次序中，首先列出所有第一个下标为0的元素，然后是第一个下标为1的元素，…。第一个下标相同的所有元素按其第二个下标的递增次序排列。依此类推，对于三维数组，首先列出所有第一个下标为0的元素，然后是第一个下标为1的元素，…。第一个下标相同的所有元素按其第二个下标的递增次序排列，前两个下标相同的所有元素按其第三个下标的递增次序排列。例如数组A[4][2][4]中的元素，按行优先次序排列为：

a[0][0][0]　a[0][0][1]　a[0][0][2]　a[0][0][3]　a[0][1][0]　a[0][1][1]　a[0][1][2]　a[0][1][3]
a[1][0][0]　a[1][0][1]　a[1][0][2]　a[1][0][3]　a[1][1][0]　a[1][1][1]　a[1][1][2]　a[1][1][3]
a[2][0][0]　a[2][0][1]　a[2][0][2]　a[2][0][3]　a[2][1][0]　a[2][1][1]　a[2][1][2]　a[2][1][3]
a[3][0][0]　a[3][0][1]　a[3][0][2]　a[3][0][3]　a[3][1][0]　a[3][1][1]　a[3][1][2]　a[3][1][3]

从而三维数组 $a[b_1][b_2][b_3]$ 的行优先映射函数为：

$$Map(i_1, i_2, i_3)=i_1b_2b_3+i_2b_3+i_3$$

类推可得，n维数组 $a[b_1][b_2]\cdots[b_n]$ 的行优先映射函数为：

$$\begin{aligned}Map(i_1, i_2, \cdots, i_n) &= i_1b_2b_3\cdots b_n+i_2b_3\cdots b_n+\cdots+i_{n-1}b_n+i_n \\ &= \sum_{j=1}^{n-1} i_j * \prod_{k=j+1}^{n} b_k + i_n = \sum_{j=1}^{n} c_j i_j\end{aligned}$$

进一步可得如下公式：

$$\begin{aligned}Loc(i_1, i_2, \cdots, i_n) &= base+(i_1b_2b_3\cdots b_n+i_2b_3\cdots b_n+\cdots+i_{n-1}b_n+i_n)L \\ &= base+\sum_{j=1}^{n} c_j i_j * L\end{aligned}$$

其中 $c_n=1, c_{j-1}=b_j\times c_j, 1<j\leqslant n$。

在有些语言中，数组各维的下标范围不一定为 $[0, b_j-1](j=1, 2, \cdots, n)$，而是某个闭区间 $[l_j, h_j]$ 内的整数，则其行优先和列优先映射函数要随之改变。设n维数组的第k维的下标范围是 $[l_k, h_k]$，记

$$d_k=h_k-l_k+1,\quad k=1, 2, \cdots, n$$

显然，d_k 为第k维的长度(元素个数)，则此时有

$$\begin{aligned}Map(i_1, i_2, \cdots, i_n) &= (i_1-l_1)d_2d_3\cdots d_n+(i_2-l_2)d_3\cdots d_n \\ &\quad +\cdots+(i_{n-1}-l_{n-1})d_n+(i_n-l_n) \\ &= \sum_{j=1}^{n-1}(i_j-l_j) * \prod_{k=j+1}^{n} d_k + (i_n-l_n)\end{aligned}$$

列优先映射的映射函数可以类推得到，下面为列优先队列的结论。

n维数组 $a[b_1][b_2]\cdots[b_n]$ 的列优先映射函数为：

$$\begin{aligned}Map(i_1, i_2, \cdots, i_n) &= i_1+b_1i_2+\cdots+i_{n-1}b_n+b_1b_2\cdots b_{n-1}i_n \\ &= i_1+\sum_{j=2}^{n} i_j * \prod_{k=1}^{j-1} b_k = \sum_{j=1}^{n} c_j i_j\end{aligned}$$

$$\begin{aligned} Loc(i_1, i_2, \cdots, i_n) &= base + (i_1 + b_1 i_2 + \cdots + i_{n-1} b_n + b_1 b_2 \cdots b_{n-1} i_n) L \\ &= base + \sum_{j=1}^{n} c_j i_j * L \end{aligned}$$

其中 $c_1=1, c_{j+1}=b_j \times c_j, 1 \leqslant i < n$。

设 n 维数组的第 k 维的下标范围是$[l_k, h_k]$,记

$$d_k = h_k - l_k + 1, \quad k=1, 2, \cdots, n$$

d_k 为第 k 维的长度(元素个数),此时有

$$\begin{aligned} Map(i_1, i_2, \cdots, i_n) &= (i_1 - l_1) + d_1(i_2 - l_2) + \cdots + d_1 d_2 \cdots d_{n-1}(i_n - l_n) \\ &= (i_1 - l_1) + \sum_{j=2}^{n} (i_j - l_j) * \prod_{k=1}^{n-1} d_k \end{aligned}$$

**5.1.3 数组的类定义

在 C++ 中数组描述中,n 维数组的下标采用形式$[i_1][i_2]\cdots[i_n]$,i_j 为非负整数。但 C++ 本身无法保证数组下标 i_j 的合法性,为克服 C++ 标准数组的不足,下面给出一个数组类模板声明:

```
//数组类模板
template<class ElemType>
class Array
{
protected:
//数组的数据成员
    ElemType *base;                          //数组元素基址
    int dim;                                 //数组维数
    int *bounds;                             //数组各维长度
    int *constants;                          //数组映像函数常量

//辅助函数模板
    int Locate(int sub0, va_list &va) const;  //求元素在顺序存储中的位置

public:
//抽象数据类型方法声明及重载编译系统默认方法声明
    Array(int d,…);                          //由维数 d 与随后的各维长度构造数组
    ~Array();                                //析构函数模板
    ElemType &operator()(int sub0,…);        //重载函数运算符
    Array(const Array<ElemType> &copy);      //复制构造函数模板
    Array<ElemType> &operator=(const Array<ElemType> &copy);    //重载赋值运算符
};
```

上面用到了变长参数,通过重载函数运算符(),实现了数组元素的存取,例如定义一个二维数组 Array a(2,3,3),a(1,2)为第 1 行,第 2 列的元素,同时还对下标的合法性进行了检查,对于非法下标采用抛出异常的处理方式,这样将会自动调用析构函数释放数组

所占用的空间,下面是数组类的实现部分。

```
//数组类模板的实现部分
template<class ElemType>
Array<ElemType>::Array(int d,…)
//操作结果:由维数 d 与随后的各维长度构造数组
{
    if(d<1)throw "维数不能小于 1!";                    //抛出异常
    dim=d;                                          //数组维数为 d
    bounds=new int[dim];                            //分配数组各维长度存储空间
    va_list va;                                     //变长参数变量
    int elemTotal=1;                                //元素总数
    int i;                                          //临时变量

    va_start(va, d);
        //初始化变量 va,用于存储变长参数信息,d 为省略号左侧最右边的参数标识符
    for(i=0; i<dim; i++)
    {   //为各维长度赋值并计算数组总元素个数
        bounds[i]=va_arg(va, int);                  //取出变长参数作为各维长度
        elemTotal=elemTotal * bounds[i];            //统计数组总元素个数
    }
    va_end(va);                                     //结束变长参数的引用

    base=new ElemType[elemTotal];                   //分配数组元素空间
    constants=new int[dim];                         //分配数组映像函数常量
    constants[dim-1]=1;
    for(i=dim-2; i>=0;--i)
        constants[i]=bounds[i+1] * constants[i+1];  //计算数组映像函数常量
}

template<class ElemType>
Array<ElemType>::~Array()
//操作结果:释放数组所占用空间
{
    if(base!=NULL)delete[]base;                     //释放数组元素空间
    if(bounds!=NULL)delete[]bounds;                 //释放各维长度空间
    if(constants!=NULL)delete[]constants;           //释放映像函数常量空间
}

template<class ElemType>
int Array<ElemType>::Locate(int sub0, va_list &va) const
//操作结果:求元素在顺序存储中的位置
{
    if(!(sub0>=0 && sub0<bounds[0]))throw "下标出界!"; //抛出异常
```

```
    int off=constants[0] * sub0;                         //初始化元素在顺序存储中的位置
    for(int i=1; i<dim; i++)
    {
        int sub=va_arg(va, int);                         //取出数组元素下标
        if(!(sub>=0 && sub<bounds[i]))throw "下标出界!"; //抛出异常
        off+=constants[i] * sub;                         //累加乘积求元素在顺序存储中的位置
    }
    return off;
}

template<class ElemType>
ElemType &Array<ElemType>::operator()(int sub0, …)
//操作结果:重载函数运算符
{
    va_list va;                                          //变长参数变量
    va_start(va, sub0);
        //初始化变量 va,用于存储变长参数信息,sub0 为省略号左侧最右边的参数标识符
    int off=Locate(sub0, va);
    va_end(va);
    return * (base+off);                                 //数组元素
}

template<class ElemType>
Array<ElemType>::Array(const Array<ElemType> &copy)
//操作结果:由数组 copy 构造新数组——复制构造函数模板
{
    dim=copy.dim;                                        //数组维数

    int elemTotal=1;                                     //元素总数
    int i;                                               //临时变量
    for(i=0; i<dim; i++)
    {   //统计数组总元素个数
        elemTotal=elemTotal * copy.bounds[i];            //计算数组总元素个数
    }
    base=new ElemType[elemTotal];                        //为数组元素分配存储空间
    for(i=0; i<elemTotal; i++)
    {   //复制数组元素
        base[i]=copy.base[i];
    }

    bounds=new int[dim];                                 //为数组各维长度分配存储空间
    constants=new int[dim];                              //为数组映像函数常量分配存储空间
    for(i=0; i<dim; i++)
    {   //复制数组各维长度与映像函数常量
```

```
        bounds[i]=copy.bounds[i];                        //各维长度
        constants[i]=copy.constants[i];                  //映像函数常量
    }
}

template<class ElemType>
Array<ElemType> &Array<ElemType>::operator= (const Array<ElemType> &copy)
//操作结果：将数组 copy 赋值给当前数组——重载赋值运算符
{
    if(&copy!=this)
    {
        if(base!=NULL)delete[]base;                      //释放数组元素空间
        if(bounds!=NULL)delete[]bounds;                  //释放各维长度空间
        if(constants!=NULL)delete[]constants;            //释放映像函数常量空间

        dim=copy.dim;                                    //数组维数

        int elemTotal=1;                                 //元素总数
        int i;                                           //临时变量
        for(i=0; i<dim; i++)
        {   //统计数组总元素个数
            elemTotal=elemTotal * copy.bounds[i];        //计算数组总元素个数
        }
        base=new ElemType[elemTotal];                    //为数组元素分配存储空间
        for(i=0; i<elemTotal; i++)
        {   //复制数组元素
            base[i]=copy.base[i];
        }

        bounds=new int[dim];                         //为数组各维长度分配存储空间
        constants=new int[dim];                      //为数组映像函数常量分配存储空间
        for(i=0; i<dim; i++)
        {   //复制数组各维长度与映像函数常量
            bounds[i]=copy.bounds[i];                //各维长度
            constants[i]=copy.constants[i];          //映像函数常量
        }
    }
    return * this;
}
```

上面直接给出了多维数组的定义，没有重载下标运算符[]，要重载此运算符，可并分定义一维数组，二维数组，……，当然这样定义数组通用性要差些。

5.2 矩　　阵

5.2.1 矩阵的定义和操作

矩阵可描述为二维数组。矩阵的下标通常从 1 开始，而不像 C 和 C++ 或其他语言中的数组那样从 0 开始，并且常用 a(i, j)来引用矩阵中第 i 行第 j 列的元素。

一个 m×n 矩阵是一个 m 行、n 列的表，如图 5.3 所示。

$$\begin{bmatrix} a_{11} & a_{12} & \cdots & a_{1n} \\ a_{21} & a_{22} & \cdots & a_{2n} \\ \vdots & \vdots & & \vdots \\ a_{m1} & a_{m2} & \cdots & a_{mn} \end{bmatrix}$$

图 5.3　m×n 矩阵示意图

矩阵与二维数组有很多相似之处，一般用如下的二维数组来描述一个 m×n 矩阵 $a_{m\times n}$：

```
ElemType a[m][n];
```

矩阵中的元素 a(i, j)对应于二维数组的元素 a[i－1][j－1]。这种形式要求使用数组的下标[][]来指定每个矩阵元素。这种变化降低了应用代码的可读性，也增加了出错的概率。可以通过定义一个类 Matrix 来克服这个问题。在 Matrix 类中，将矩阵元素按照行优先次序存储到一个一维数组 elems 中，另外通过重载函数运算符()实现使用(i, j)来指定每个元素，并且根据矩阵的约定，其行列下标值都是从 1 开始。

矩阵的基础操作如下：

1. int GetRows() const

初始条件：矩阵已存在。

操作结果：返回矩阵行数。

2. int GetCols() const

初始条件：矩阵已存在。

操作结果：返回矩阵列数。

3. ElemType &operator()(int i, int j)

初始条件：矩阵已存在。

操作结果：重载函数运算符。

下面是矩阵的具体类模板声明及实现。

```
//矩阵类模板
template<class ElemType>
class Matrix
{
protected:
//矩阵的数据成员
    ElemType * elems;                                    //存储矩阵元素
    int rows, cols;                                      //矩阵行数和列数
```

```
public:
//抽象数据类型方法声明及重载编译系统默认方法声明
    Matrix(int rs, int cs);                          //构造一个 rs 行 cs 列的矩阵
    ~Matrix();                                       //析构函数模板
    int GetRows() const;                             //返回矩阵行数
    int GetCols() const;                             //返回矩阵列数
    ElemType &operator()(int i, int j);              //重载函数运算符
    Matrix(const Matrix<ElemType> &copy);            //复制构造函数模板
    Matrix<ElemType> &operator=(const Matrix<ElemType> &copy); //重载赋值运算符
};
```

构造函数首先检查给定的行、列数值是否合法，然后为存储矩阵元素的指针 elems 分配存储空间。

```
template<class ElemType>
Matrix<ElemType>::Matrix(int rs, int cs)
//操作结果: 构造一个 rs 行 cs 列的矩阵
{
    if(rs<1 && cs<1) throw "行数或列数无效!";          //抛出异常
    rows=rs;                                         //rs 为行数
    cols=cs;                                         //cs 为列数
    elems=new ElemType[rows * cols];                 //分配存储空间
}
```

重载函数运算符()用来指定矩阵中第 i 行、第 j 列的元素，根据行优先存储时的地址映射关系，实际上就是取数组 elems 中的第(i－1) * cols＋(j－1)个元素。

```
template<class ElemType>
ElemType &Matrix<ElemType>::operator()(int i, int j)
//操作结果: 重载函数运算符
{
    if(i<1||i>rows||j<1||j>cols) throw "下标出界!";    //抛出异常
    return elems[(i-1) * cols+j-1];                  //返回元素
}
```

5.2.2 特殊矩阵

如果值相同的元素或零元素在矩阵中按一定的规律分布，这样的矩阵称为特殊矩阵，可以用特殊方法进行存储和处理，以便提高空间和时间效率。下面首先介绍相关的几个概念。

方阵(square matrix)是行数和列数相同的矩阵。下面介绍的特殊矩阵都是方阵。

对称(symmetric)矩阵：a 是一个对称矩阵当且仅当对于所有的 i 和 j 有 a(i, j)＝a(j, i)，如图 5.4(a)所示。

三对角(tridiagonal)矩阵：a 是一个三对角矩阵当且仅当|i－j|＞1 时有 a(i, j)＝0

(a) 对称矩阵	(b) 三对角矩阵	(c) 下三角矩阵	(d) 上三角矩阵
6 1 3 5	1 2 0 0	9 0 0 0	6 3 7 2
1 2 8 5	5 3 3 0	5 3 0 0	0 4 1 7
3 8 4 8	0 9 8 5	6 1 2 0	0 0 2 0
5 5 8 9	0 0 7 6	8 4 3 4	0 0 0 1

图 5.4 n 阶特殊矩阵示例

(或常数 c),如图 5.4(b)所示。

下三角(lower triangular)矩阵：a 是一个下三角矩阵当且仅当 i<j 时有 a(i, j)=0(或常数 c),如图 5.4(c)所示。

上三角(upper triangular)矩阵：a 是一个上三角矩阵当且仅当 i>j 时有 a(i, j)=0(或常数 c),如图 5.4(d)所示。

特殊矩阵的基础操作如下：

(1) int GetSize() const

初始条件：特殊矩阵已存在。

操作结果：返回特殊矩阵阶数。

(2) ElemType &operator()(int i, int j)

初始条件：特殊矩阵已存在。

操作结果：重载函数运算符。

1. 三对角矩阵

在一个 n×n 的三对角矩阵中,三条对角线上之外的元素都是 0 或为一个常数 c：

主对角线：主对角线上元素的行列下标值 i 和 j 之间满足 i=j；

主对角线之下的对角线(称为低对角线)：低对角线上元素的行列下标值 i 和 j 之间满足 i=j+1；

主对角线之上的对角线(称为高对角线)：高对角线上元素的行列下标值 i 和 j 之间满足 i=j−1。

由于主对角线上有 n 个元素,两条次对角线上分别有 n−1 个元素,所以这三条对角线上的元素总数为 3n−2。因为其他元素都为常数 c,所以只需要存储三条对角线上的元素及常数 c,可以使用一个有 3n−1 个存储单元的一维数组 elems 来存储三对角矩阵中三条对角线上的元素及常数 c。对于图 5.4(b)所示的 4×4 的三对角矩阵,三条对角线上共有 11 个元素。如果三对角线之外的常量 c 映射到 elems[0]中,三对角线矩阵的元素逐行映射到数组 elems 中,则有：

elems：0,1, 2, 5, 3, 3, 9, 8, 5, 7, 6

如果逐列映射到数组 T 中,则有：

elems：0, 1, 5, 2, 3, 9, 3, 8, 7, 5, 6

如果按照对角线的次序(从最上面的对角线开始)进行映射,则有：

elems：0, 2, 3, 5, 1, 3, 8, 6, 5, 9, 7

在实际使用时,可根据具体的操作需要,在这三种不同的映射方式中选择一种。下面的类模板声明采用的是对角线映射方式。

```
//三对角矩阵类模板
template<class ElemType>
class TriDiagonalMatrix
{
protected:
//三对角矩阵的数据成员
    ElemType * elems;                           //存储矩阵元素
    int n;                                      //三对角矩阵阶数

public:
//抽象数据类型方法声明及重载编译系统默认方法声明
    TriDiagonalMatrix(int sz);                  //构造一个 sz 行 sz 列的三对角矩阵
    ~TriDiagonalMatrix();                       //析构函数模板
    int GetSize()const;                         //返回三对角矩阵阶数
    ElemType &operator()(int i, int j);         //重载函数运算符
    TriDiagonalMatrix(const TriDiagonalMatrix<ElemType>&copy);
                                                //复制构造函数模板
    TriDiagonalMatrix<ElemType>&operator=(const TriDiagonalMatrix<ElemType>
    &copy);
                                                //重载赋值运算符
};
```

构造函数模板根据给定的矩阵大小，为 elems 分配相应的存储空间，具体实现如下：

```
template<class ElemType>
TriDiagonalMatrix<ElemType>::TriDiagonalMatrix(int sz)
//操作结果：构造一个 sz 行 sz 列的三对角矩阵
{
    if(sz<1)throw "行数或列数无效!";              //抛出异常
    n=sz;                                       //sz 为矩阵阶数
    elems=new ElemType[3 * n-1];                //分配存储空间
}
```

重载函数运算符()就需取得第 i 行第 j 列的元素，应根据 i、j 值的不同情况考虑要取的元素是位于低对角线、主对角线、高对角线还是其他位置，然后计算出元素在 elems 中的存储位置。

```
template<class ElemType>
ElemType &TriDiagonalMatrix<ElemType>::operator()(int i, int j)
//操作结果：重载函数运算符
{
    if(i<1||i>n||j<1||j>n) throw "下标出界!";   //抛出异常
    if(i-j==1) return elems[2 * n+i-2];         //元素在低对象线上
    else if(i-j==0) return elems[n+i-1];        //元素在主对象线上
```

```
        else if(i-j==-1) return elems[i];         //元素在高对象线上
        else return elems[0];                     //元素在其他位置
    }
```

2. 三角矩阵

上三角矩阵和下三角矩阵统称为三角矩阵。在一个三角矩阵中,非常数元素都位于左下三角或右上三角的区域中。在一个下三角矩阵中,非常数区域的第一行有 1 个元素,第二行有 2 个元素,……,第 n 行有 n 个元素;而在一个上三角矩阵中,非常数区域的第一行有 n 个元素,第二行有 n−1 个元素,……,第 n 行有 1 个元素。对于这两种不同的情况,非常数区域的元素总数均为:

$$\sum_{i=1}^{n} i = \frac{n(n+1)}{2}$$

因此,两种三角矩阵都可以用一个有$\frac{n(n+1)}{2}+1$个存储单元的一维数组 elems 来存储。采用按行或按列两种不同的方式进行映射。将常量 c 映射到 elems[0]中,如果按行进行映射,则对于图 5.4(c)所示的 4×4 的下三角矩阵有:

elems:0, 9, 5, 3, 6, 1, 2, 8, 4, 3, 4

如果按列映射到数组 elems 中,则有:

elems:0, 9, 5, 6, 8, 3, 1, 4, 2, 3, 4

对于一个下三角矩阵中的元素 a(i, j),如果 i<j,则 a(i, j)=c,设 c 存储到 elems[0]中;如果 i≥j,则 a(i, j)位于非常数区域。在按行方式映射中,对于非常数区域的元素 a(i, j),要计算其在一维数组中的存储位置,可以如下分析:除了 c 之外,在元素 a(i, j)之前共有 $\sum_{k=1}^{i-1} k + j - 1 = \frac{i(i-1)}{2} + j - 1$ 个元素存储在一维数组中,因此 a(i, j)在数组 elems 中的位置为$\frac{i(i-1)}{2}+j$。下面是采用行映射方式存储的下三角矩阵的类模板声明。

```
//下三角矩阵类模板
template<class ElemType>
class LowerTriangularMatrix
{
protected:
//下三角矩阵的数据成员
    ElemType * elems;                            //存储矩阵元素
    int n;                                       //下三角矩阵阶数

public:
//抽象数据类型方法声明
    LowerTriangularMatrix(int sz);               //构造一个 sz 行 sz 列的下三角矩阵
    ~LowerTriangularMatrix();                    //析构函数模板
    int GetSize()const;                          //返回下三角矩阵阶数
    ElemType &operator()(int i, int j);          //重载函数运算符
```

```
};
```

构造函数模板首先判断矩阵大小是否合法，然后再根据给定的矩阵大小为 elems 分配相应的存储空间，具体实现如下：

```
template<class ElemType>
LowerTriangularMatrix<ElemType>::LowerTriangularMatrix(int sz)
//操作结果：构造一个 sz 行 sz 列的下三角矩阵
{
    if(sz<1)throw"行数或列数无效！";                //抛出异常
    n=sz;                                          //sz 为矩阵阶数
    elems=new ElemType[n * (n+1)/2+1];             //分配存储空间
}
```

重载函数运算符()就需取得第 i 行第 j 列的元素，需根据 i、j 值的不同情况考虑要取的元素是位于上三角还是下三角中。若 $i<j$，则可知在上三角，则直接返回 eleme[0]即可；否则，可知元素在 elems 中的存储位置应为 $i*(i-1)/2+j$。

```
template<class ElemType>
ElemType &LowerTriangularMatrix<ElemType>::operator()(int i, int j)
//操作结果：重载函数运算符
{
    if(i<1||i>n||j<1||j>n) throw "下标出界！";     //抛出异常
    if(i>=j) return elems[i * (i-1)/2+j];          //元素在下三角中
    else return elems[0];                          //元素在其他位置
}
```

对于上三角矩阵中，最好采用按行方式映射，这样在实现时与下三角矩阵的情况完全类似，在此处不再详细讨论，请读者自行完成。

3. 对称矩阵

由于对称矩阵中上三角和下三角中的元素是重复的，可以只存储上三角或下三角中的元素。这样一个 $n\times n$ 的对称矩阵就可以用一个有$\frac{n(n+1)}{2}$个存储单元的一维数组来存储，可以参考三角矩阵的存储模式来存储矩阵的上三角或下三角。需要访问未存储部分的元素时，应先根据对称矩阵的特点，找到此元素在下三角(或上三角)中的位置，然后用此位置求得元素在一维数组中的存储位置即可得到对应元素。不失一般性，假设采用按行方式映射存储下三角的元素，将这些元素存储在数组 elems 中，则元素 a(i, j)在 elems 中的存储位置 k 为：

$$k=\begin{cases}\frac{i(i-1)}{2}+j-1, & i\geqslant j\\ \frac{j(j-1)}{2}+i-1, & i<j\end{cases}$$

下面是对称矩阵类模板声明及其部分实现：

```
//对称矩阵类模板
template<class ElemType>
class SymmtryMatrix
{
protected:
//对称矩阵的数据成员
    ElemType * elems;                               //存储矩阵元素
    int n;                                          //对称矩阵阶数

public:
//抽象数据类型方法声明及重载编译系统默认方法声明
    SymmtryMatrix(int sz);                          //构造一个 sz 行 sz 列的对称矩阵
    ~SymmtryMatrix();                               //析构函数模板
    int GetSize() const;                            //返回对称矩阵阶数
    ElemType &operator()(int i, int j);             //重载函数运算符
    SymmtryMatrix(const SymmtryMatrix<ElemType> &copy);        //复制构造函数模板
    SymmtryMatrix<ElemType> &operator=(const SymmtryMatrix<ElemType> &copy);
                                                               //重载赋值运算符
};

template<class ElemType>
ElemType &SymmtryMatrix<ElemType>::operator()(int i, int j)
//操作结果:重载函数运算符
{
    if(i<1||i>n||j<1||j>n) throw "下标出界!";                  //抛出异常
    if(i>=j) return elems[i * (i-1)/2+j-1];                    //元素在下三角中
    else return elems[j * (j-1)/2+i-1];                        //元素在上三角中
}
```

5.2.3 稀疏矩阵

稀疏矩阵是 0 元素居多的矩阵,在科学和工程计算中有着十分重要的应用。如一个矩阵中有许多元素为 0,则称该矩阵为稀疏(sparse)矩阵。在稀疏矩阵和稠密矩阵之间并没有一个精确的界限。假设 m 行 n 列的矩阵含 t 个非零元素,一般称 $\delta=\frac{t}{m\times n}$ 为稀疏因子。

当稀疏矩阵的阶很高时,其中 0 元素会很多。如采用一般矩阵的存储方法,将存储大量 0 元素,这样将浪费大量的存储空间。但如果不存储 0 元素,只存储非零元素,但这样一来,元素的存储次序就不再能够代表它们的逻辑关系了,因此必须显式地指出每个元素在原矩阵中的逻辑位置。一种直观、常用的方法是,对每个非零元素,用三元组(行号,列号,元素值)来表示,这样每个元素的信息就全部记录下来了。三元组声明如下:

```
//三元组类模板
```

```
template<class ElemType>
struct Triple
{
//数据成员
    int row, col;                              //非零元素的行下标与列下标
    ElemType value;                            //非零元素的值

//构造函数模板
    Triple();                                  //无参数的构造函数模板
    Triple(int r, int c, ElemType v);          //已知数据元素建立三元组
};
```

各非零元素对应的三元组及其行列数可唯一确定一个稀疏矩阵。

例如,图 5.5 的稀疏矩阵三元组表为:

((1,3,2),(2,6,8),(3,1,1),(3,3,3),(5,1,4),(5,3,6))

再加上(5,6)这一对行、列值便可作为稀疏矩阵的一种描述。

稀疏矩阵具有如下的一些基本操作。

$$a=\begin{bmatrix}0&0&2&0&0&0\\0&0&0&0&0&8\\1&0&3&0&0&0\\0&0&0&0&0&0\\4&0&6&0&0&0\end{bmatrix}$$

图 5.5 稀疏矩阵 a

1. int GetRows() const

初始条件:稀疏矩阵已存在。

操作结果:返回稀疏矩阵行数。

2. int GetCols() const

初始条件:稀疏矩阵已存在。

操作结果:返回稀疏矩阵列数。

3. int GetNum() const

初始条件:稀疏矩阵已存在。

操作结果:返回稀疏矩阵非零元素个数。

4. bool Empty() const

初始条件:稀疏矩阵已存在。

操作结果:如稀疏矩阵为空,则返回 true,否则返回 false。

5. bool SetElem(int r, int c, const ElemType &v)

初始条件:稀疏矩阵已存在。

操作结果:设置指定位置的元素值。

6. bool GetElem(int r, int c, ElemType &v)

初始条件:稀疏矩阵已存在。

操作结果:求指定位置的元素值。

5.2.3.1 三元组顺序表

以顺序表存储三元组表,可得到稀疏矩阵的顺序存储结构——三元组顺序表,在三元组顺序表中,用三元组表表示稀疏矩阵时,为避免丢失信息,增设了一个信息元组,形

式为：

(行数，列数，非零元素个数)

将它作为三元组表的第一个元素。例如图 5.5 的矩阵 a 的按行序排列的三元组表如表 5.1 所示。

表 5.1 稀疏矩阵 a 的三元组表表示

row	col	value	row	col	value
5	6	6	3	3	3
1	3	2	5	1	4
2	6	8	5	3	6
3	1	1			

对应这种表示法，可以定义如下的类 TriSparseMatrix，这里采用的是将每个非零元素按行序映射到一维数组中。

```
//稀疏矩阵三元组顺序表类模板
template<class ElemType>
class TriSparseMatrix
{
protected:
//稀疏矩阵三元组顺序表的数据成员
    Triple<ElemType> * triElems;                //存储稀疏矩阵的三元组表
    int maxSize;                                //非零元素最大个数
    int rows, cols, num;                        //稀疏矩阵的行数,列数及非零元素个数

public:
//抽象数据类型方法声明及重载编译系统默认方法声明
    TriSparseMatrix (int rs= DEFAULT_SIZE, int cs= DEFAULT_SIZE, int size= DEFAULT_
SIZE);
        //构造一个 rs 行 cs 列非零元素最大个数为 size 的空稀疏矩阵
    ~TriSparseMatrix();                                //析构函数模板
    int GetRows() const;                               //返回稀疏矩阵行数
    int GetCols() const;                               //返回稀疏矩阵列数
    int GetNum() const;                                //返回稀疏矩阵非零元素个数
    bool SetElem(int r, int c, const ElemType &v);     //设置指定位置的元素值
    bool GetElem(int r, int c, ElemType &v);           //求指定位置的元素值
    TriSparseMatrix(const TriSparseMatrix<ElemType> &copy);  //复制构造函数模板
    TriSparseMatrix<ElemType> &operator= (const TriSparseMatrix<ElemType>
    &copy);
                                                       //重载赋值运算符
    static void SimpleTranspose(const TriSparseMatrix<ElemType> &source,
        TriSparseMatrix<ElemType> &dest);
        //将稀疏矩阵 source 转置成稀疏矩阵 dest 的简单算法
    static void FastTranspose(const TriSparseMatrix<ElemType> &source,
```

```
        TriSparseMatrix<ElemType> &dest);
        //将稀疏矩阵 source 转置成稀疏矩阵 dest 的快速算法
};
```

对于设置指定位置(r, c)的元素值 v,应首先查找是否在三元组表中有指定位置的三元组,如果存在指定位置(r, c)的三元组,当 v=0 时,则删除此三元组,否则修改三元组的非零元素值为 v;如果不存在指定位置(r, c)的三元组,当 v=0 时,则不作任何操作,否则插入三元组(r, c, v),具体实现如下:

```
template<class ElemType>
bool TriSparseMatrix<ElemType>::SetElem(int r, int c, const ElemType &v)
//操作结果: 如果下标范围错或溢出,则返回 false,否则返回 true
{
    if(r>rows||c>cols||r<1||c<1) return false;      //下标范围错

    int i, j;                                        //工作变量
    for(j=num-1; j>=0 &&
        (r<triElems[j].row||r==triElems[j].row && c<triElems[j].col); j--);
                                                     //查找三元组位置

    if(j>=0 && triElems[j].row==r && triElems[j].col==c)
    {   //找到三元组
        if(v==0)
        {   //删除三元组
            for(i=j+1; i<num; i++)
                triElems[i-1]=triElems[i];           //前移从 j+1 开始的三元组
            num--;                                   //删除三元组后,非零元个数自减 1
        }
        else
        {   //修改元素值
            triElems[j].value=v;
        }
        return true;                                 //成功
    }
    else if(v!=0)
    {
        if(num<maxSize)
        {   //将三元组(r, c, v)插入到三元组表中
            for(i=num-1; i>j; i--)
            {   //后移元素
                triElems[i+1]=triElems[i];
            }
            //j+1 为空出的插入位置
            triElems[j+1].row=r;                     //行
```

```
                triElems[j+1].col=c;                    //列
                triElems[j+1].value=v;                  //非零元素值
                num++;                                  //插入三元组后,非零元素个数自加 1
                return true;                            //成功
            }
            else
            {   //溢出
                return false;                           //溢出时返回 false
            }
        }
    }
```

三元组顺序表存储结构对于有些矩阵操作比较容易实现,比如矩阵的转置操作,下面将讨论矩阵转置的实现。

矩阵转置就是使 i 行 j 列元素与 j 行 i 列元素对换位置。如果矩阵是用二维数组表示的,则转置操作很简单。如果矩阵是用三元组顺序表表示的,则其实现要复杂一些。转置操作主要是将每个元素的行号和列号互换。由于在三元组表中,元素按行序或列序排列,所以行列号互换后,还应调整元素位置,使其仍保持按行序或列序排列的顺序。转置的具体步骤可以分为两步实现:

(1) 将每个非零元素对应的三元组的行号、列号互换;

(2) 对三元组表重新排序,使其中元素按行序或列序排列。

如果要降低时间复杂度,显然的做法是免去排序操作,在进行元素的行、列号互换时,同时执行排序。假设原三元组表为 source,转置后的三元组表为 dest,具体步骤描述为:

(1) 将三元组表 source 中的每个元素取出,交换其行、列号;

(2) 将变换后的三元组存入目标三元组表 dest 中适当位置,使最终三元组表 dest 中的元素按照行序或列序排列。

要实现这种转置操作,有简单转置算法和快速转置算法,前者实现思路简单,但时间复杂度较高;后者实现思路要复杂,但时间复杂度较低。不失一般性,后面的讨论假设转置前后三元组表中的元素都是按照行序排列,由于要存取三元组类的私有成员,所以将转置函数说明为三元组类的友元函数。

1. 简单转置算法

算法的基本思想:第一次从 source 中取出应该放置到 dest 中第一个位置的元素,行、列号互换后,放于 dest 中第一个位置;第二次从 source 中选取应该放到 dest 中的第二个位置的元素……如此进行,依次生成 dest 中的各元素。

由于转置后列号变行号,所以转置后元素的行序排列实质上是原矩阵元素的列序排列。算法是在 source 中按列号递增的次序依次取出各元素,即依次取第 1、第 2、……、最后一列元素。当某列上有多个元素时,按它们的行号递增的次序取各元素。这样便实现了将所取出的元素进行行、列号互换后,依次存放到 dest 中的下一个位置,也就是当前最后一个元素的下一个位置。实现算法可形式化描述为:

```
destPos=0;                      //稀疏矩阵 dest 的第一个三元组的存放位置
for(col=最小列号; col<=最大列号; col++)
{
    在 source 中从头查找有无列号为 col 的三元组;若有,则将其行、列号交换后,依次存入
    dest 中 destPos 所指位置,同时 destPos 加 1;
}
```

由于原三元组表中的元素是按行序排列的,因此,当列号等于 col 的元素有多个时,它们中必然是行号较小者先出现,这样可以保证列号(在转置后的三元组表中是行号)相同时按行号(在转置后的三元组表中是列号)排列。

根据上面的思想可以写出如下的矩阵转置函数模板:

```
template<class ElemType>
void TriSparseMatrix<ElemType>::SimpleTranspose(const TriSparseMatrix
<ElemType>&source, TriSparseMatrix<ElemType>&dest)
//操作结果:将稀疏矩阵 source 转置成稀疏矩阵 dest 的简单算法
{
    dest.rows=source.cols;                                  //行数
    dest.cols=source.rows;                                  //列数
    dest.num=source.num;                                    //非零元素个数
    dest.maxSize=source.maxSize;                            //最大非零元素个数
    delete[]dest.triElems;                                  //释放存储空间
    dest.triElems=new Triple<ElemType>[dest.maxSize];       //分配存储空间

    if(dest.num>0)
    {
        int destPos=0;                      //稀疏矩阵 dest 的第一个三元组的存放位置
        for(int col=1; col<=source.cols; col++)
        {   //转置前的列变为转置后的行
            for(int sourcePos=0; sourcePos<source.num; sourcePos++)
            {   //查找第 col 列的三元组
                if(source.triElems[sourcePos].col==col)
                {   //找到第 col 列的一个三元组,转置后存入 dest
                    dest.triElems[destPos].row=source.triElems[sourcePos].col;
                                            //列变行
                    dest.triElems[destPos].col=source.triElems[sourcePos].row;
                                            //行变列
                    dest.triElems[destPos].value=source.triElems[sourcePos].value;
                                            //非零元素值不变
                    destPos++;              //dest 的下一个三元组的存放位置
                }
            }
        }
    }
}
```

简单转置算法在实现时,对每一个列号,都要从头到尾扫描一遍三元组表,因此其时间复杂度为 O(cols * num)。

*2. 快速转置算法

简单转置算法对每一个列都要从头到尾扫描一遍三元组表,时间复杂度较大。能否对三元组表扫描一遍,就可以将各三元组存储到转置后的三元组表 b 中的适当位置呢?下面介绍的快速转置算法就能实现这一功能。

该算法基本思想是依次从 source 中第 1、第 2……位置取出各三元组,交换它们的行、列号后放置到 dest 中适当位置,该过程可形式化描述为:

```
for(sourcePos=0; sourcePos<num; sourcePos++)
{   //循环遍历 source 的三元组
    确定 source 的 sourceElems[sourcePos]三元组在 dest 中应放位置 destPos;
    将 source 的 sourceElems[sourcePos]三元组的行、列号交换后放入 dest 中
    destPos 位置;
}
```

可以看到,这个算法的关键问题是确定当前从 source 中取出的三元组在 dest 中应存放的 destPos 位置。

转置后的三元组表 dest 中的三元组实质上是按它们在 source 的列号次序排列的,source 中第 1 列中的第 1 个非零元素应放置在 dest 中第 1 个位置,该列上其他三元组应放置在 dest 中第 2、第 3……位置上,处理完原矩阵第 1 列上的元素后,应接着按类似的方式依次从原矩阵中取出第 2、第 3……列上的元素,并依次放置在 dest 中相应位置。因此,若知道 source 中每一列上第 1 个非零元素在 dest 中应放置的位置,则其他元素的存放位置就可通过逐步递增方式获得。

因此,首先增设一个一维数组 cPos[],令

cPos[col]=source 第 col 列上第一个非零元素在 dest 中应放置的位置

由于矩阵转置后,按原矩阵的列序存储,所以,如果知道 cPos[col]的值,则第 col 列上第一个非零元素在 dest 中的位置就是 cPos[col]的值,而第 col 列上其他非零元素的存储位置可通过依次给 cPos[col]加 1 获得。上述程序可进一步细化为

```
for(sourcePos=0; sourcePos<num; sourcePos++)
{   //循环遍历 source 的三元组
    int destPos=cPos[sourceElems[sourcePos].col];
                                //用于表示 dest 当前列的下一个非零元素三元组的存储位置
    destElems[destPos].row=sourceElems[sourcePos].col;       //列变行
    destElems[destPos].col=sourceElems[sourcePos].row;       //行变列
    destElems[destPos].value=sourceElems[sourcePos].value;   //非零元素值不变
    ++cPos[sourceElems[sourcePos].col];
                                        //dest 当前列的下一个非零元素三元组的存储新位置
}
```

这个算法的实现关键变为如何求得 cPos[]数组各个元素的值。为了求 cPos[],在此引入

另一个一维数组 cNum[],令

cNum[col]=source 第 col 列上非零元素的个数

有了 cNum[col],cPos[col]的值可用下列递推公式求得:

cPos[1]=0

cPos[col]=cPos[col-1]+cNum[col-1]　(col≥2)

例如,对于图 5.5 的稀疏矩阵,对应的 cPos[]和 cNum[]如表 5.2 所示。

表 5.2　图 5.5 稀疏矩阵 a 的 cPos[]和 cNum[]的值

col	1	2	3	4	5	6
cNum[col]	2	0	2	0	0	1
cPos[col]	0	2	2	4	4	4

下面是快速转置算法的实现。

```
template<class ElemType>
void TriSparseMatrix<ElemType>::FastTranspose(const TriSparseMatrix<ElemType>
&source,
    TriSparseMatrix<ElemType> &dest)
//操作结果:将稀疏矩阵 source 转置成稀疏矩阵 dest 的快速算法
{
    dest.rows=source.cols;                                      //行数
    dest.cols=source.rows;                                      //列数
    dest.num=source.num;                                        //非零元素个数
    dest.maxSize=source.maxSize;                                //最大非零元素个数
    delete[]dest.triElems;                                      //释放存储空间
    dest.triElems=new Triple<ElemType>[dest.maxSize];           //分配存储空间
    int col;                                                    //列
    int sourcePos;                              //稀疏矩阵 source 三元组的表的位置

    if(dest.num>0)
    {
        for(col=1; col<=source.cols; col++)cNum[col]=0;         //初始化 cNum
        for(sourcePos=0; sourcePos<source.num; sourcePos++)
            ++cNum[source.triElems[sourcePos].col];
                                    //统计 source 每一列的非零元素个数
        cPos[1]=0;                  //第一列的第一个非零元素在 dest 存储的起始位置
        for(col=2; col<=source.cols; col++)
        {   //循环求每一列的第一个非零元素在 dest 存储的起始位置
            cPos[col]=cPos[col-1]+cNum[col-1];
        }

        for(sourcePos=0; sourcePos<source.num; sourcePos++)
        {   //循环遍历 source 的三元组
```

```
            int destPos=cPos[source.triElems[sourcePos].col];
                //用于表示 dest 当前列的下一个非零元素三元组的存储位置
            dest.triElems[destPos].row=source.triElems[sourcePos].col;    //列变行
            dest.triElems[destPos].col=source.triElems[sourcePos].row;    //行变列
            dest.triElems[destPos].value=source.triElems[sourcePos].value;
                                                                    //非零元素值不变
            ++cPos[source.triElems[sourcePos].col];
                //dest 当前列的下一个非零元素三元组的存储新位置
        }
    }

    delete[]cNum;                        //释放 cNum
    delete[]cPos;                        //释放 cPos
}
```

快速转置算法在实现时,共有 4 个并列的 for 循环,循环次数分别是 cols 和 num,因此时间复杂度为 O(cols+num)。

*5.2.3.2 十字链表

当稀疏矩阵中的非零元素个数或位置在操作过程中经常发生变化时,就不适合采用三元组表来表示稀疏的非零元素了,这时可采用链式存储方式表示稀疏矩阵。由于稀疏矩阵的链式存储表示最终形成了一个十字交叉的链表,所以这种存储结构叫做十字链表。十字链表是一种特殊的链表,它不仅可以用来表示稀疏矩阵,事实上,一切具有正交关系的结构,都可用十字链表存储。在此,我们基于稀疏矩阵来介绍十字链表的相关内容。

在稀疏矩阵的十字链表表示中,每个非零元素对应十字链表中的一个结点,各结点的结构如图 5.6 所示。

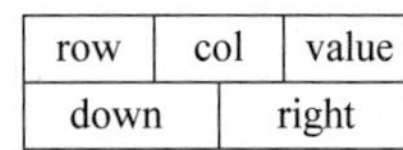

图 5.6 十字链表结点结构

结点中的 row、col、value 分别记录各非零元素的行号、列号和元素值,down、right 是 2 个指针,分别指向同一列和同一行的下一个非零元素结点。这样,每个非零元素既是某个行链表中的一个结点,又是某个列链表中的一个结点。

十字链表结点结构类模板声明如下:

```
//十字链表三元组结点类模板
template<class ElemType>
struct CLkTriNode
{
//数据成员
    Triple<ElemType>triElems;                     //三元组
    CLkTriNode<ElemType> * right, * down;         //非零元素所在行表与列表的后继指针

//构造函数模板
    CLkTriNode();                                 //无参数的构造函数
    CLkTriNode(const Triple<ElemType>&e,          //已知三元组和指针建立结点
        CLkTriNode<ElemType> * rLink=NULL, CLkTriNode<ElemType> * dLink=NULL);
```

```
};
```

为了能够快速找到各个行、列链表，可用两个一维数组分别存储行链表的头指针和列链表的头指针。例如，对于图 5.5 所示的稀疏矩阵 a 的十字链表如图 5.7 所示。

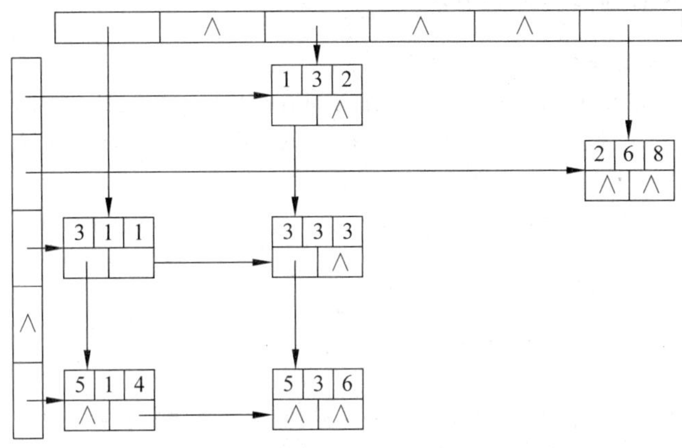

图 5.7 图 5.5 所示的稀疏矩阵 a 的十字链表表示

稀疏矩阵的十字链类模板声明如下：

```
//稀疏矩阵十字链表类模板
template<class ElemType>
class CLkSparseMatrix
{
protected:
//稀疏矩阵十字链的数据成员
    CLkTriNode<ElemType> **rightHead,**downHead;      //行列链表表头数组
    int rows, cols, num;                         //稀疏矩阵的行数,列数及非零元素个数

//辅助函数模板
    void DestroyHelp();                                //清空稀疏矩阵
    StatusCode InsertHelp(const Triple<ElemType>&e); //插入十字链表三元组结点

public:
//抽象数据类型方法声明及重载编译系统默认方法声明
    CLkSparseMatrix(int rs=DEFAULT_SIZE, int cs=DEFAULT_SIZE);
        //构造一个 rs 行 cs 列的空稀疏矩阵
    ~CLkSparseMatrix();                                //析构函数模板
    int GetRows() const;                               //返回稀疏矩阵行数
    int GetCols() const;                               //返回稀疏矩阵列数
    int GetNum() const;                                //返回稀疏矩阵非零元素个数
    bool SetElem(int r, int c, const ElemType &v);     //设置指定位置的元素值
    bool GetElem(int r, int c, ElemType &v);           //求指定位置的元素值
    CLkSparseMatrix(const CLkSparseMatrix<ElemType>&copy);  //复制构造函数模板
```

```
    CLkSparseMatrix<ElemType>&operator=(const CLkSparseMatrix<ElemType>&copy);
                                                                //重载赋值运算符
};
```

对于插入函数，模板应分别查找在行链表与列链表的插入位置，然后分别修改行指针 right 和列指针 down，具体实现如下：

```
template<class ElemType>
bool CLkSparseMatrix<ElemType>::InsertHelp(const Triple<ElemType>&e)
//操作结果：如果下标范围错或三元组下标重复，则返回 false，如果插入成功，则返回 true
{
    if(e.row>rows||e.col>cols||e.row<1||e.col<1) return false;   //下标范围错

    CLkTriNode<ElemType> * pre, * p;
    int row=e.row, col=e.col;

    CLkTriNode<ElemType> * ePtr=new CLkTriNode<ElemType>(e);

    //将 ePtr 插入第 row 行链表的适当位置
    if(rightHead[row]==NULL||rightHead[row]->triElem.col>=col)
    {   //ePtr 插在第 row 行链表的表头处
        ePtr->right=rightHead[row];
        rightHead[row]=ePtr;
    }
    else
    {   //寻找在第 row 行链表中的插入位置
        pre=NULL; p=rightHead[row];                              //初始化 p 和 pre
        while(p!=NULL && p->triElem.col<col)
        {   //p 与 pre 右移
            pre=p;    p=p->right;
        }
        if(p!=NULL && p->triElem.row==row && p->triElem.col==col)
        {   //三元组下标重复
            return false;
        }
        pre->right=ePtr;  ePtr->right=p;          //将 ePtr 插入在 p 与 pre 之间
    }

    //将 ePtr 插入在第 col 列链表的适当位置
    if(downHead[col]==NULL||downHead[col]->triElem.row>=row)
    {   //ePtr 插在第 col 列链表的表头处
        ePtr->down=downHead[col];
        downHead[col]=ePtr;
    }
    else
```

```
    {   //寻找在第 col 列链表中的插入位置
        pre=NULL; p=downHead[col];                         //初始化 p 和 pre
        while(p!=NULL && p->triElem.row<row)
        {   //p 与 pre 下移
            pre=p; p=p->down;
        }
        if(p!=NULL && p->triElem.row==row && p->triElem.col==col)
        {   //三元组下标重复
            return false;
        }
        pre->down=ePtr; ePtr->down=p;                      //将 ePtr 插入在 p 与 pre 之间
    }

    num++;                                                 //非零元素个数自加 1
    return true;                                           //插入成功
}
```

5.3 广 义 表

5.3.1 基本概念

广义表通常简称为表，是由 n(n≥0)个元素组成的有限序列，记作：

$$GL = (a_1, a_2, a_3, \cdots, a_n)$$

其中，GL 是表名，n 为表的长度，n=0 时为空表。a_i 是表元素(i=1, 2, 3, …, n)，简称为元素，它可以是单个数据元素(称为原子元素，或简称为原子)，也可以是满足本定义的广义表(称为子表元素，或简称为子表)。例如，下面就是一个广义表的例子：

$$G = ((a,(b, c)), x,(y, z))$$

这个广义表的表名为 G，长度为 3，元素包括(a,(b, c))、x、(y, z)，其中的 x 是原子元素，(a,(b, c))和(y, z)是子表元素，它们本身又分别是一个广义表。若广义表 GL 中某元素含有广义表 GL 自身，则称 GL 为递归表。

原子元素可以是基本数据类型，也可以是结构等类型。

为了描述和操作方便，通常将广义表中的表元素分为两部分：表头和表尾。当广义表的长度 n 大于 0 时，广义表中的第一个元素称为表头(Head)。一般用 Head(GL)表示广义表 GL 的表头。广义表中除去表头后其他元素组成的表称为广义表的表尾(Tail)。一般用 Tail(GL)表示广义表 LS 的表尾。显然，表尾一定是广义表，但表头不一定是广义表。

由于广义表中的元素又可以是广义表，因此对于广义表有深度的概念。广义表 GL 的深度 Depth(GL)定义如下：

$$\text{Depth(GL)} = \begin{cases} 0 & \text{GL 为原子元素} \\ 1 & \text{GL 为空表} \\ 1 + \text{Max}(\text{Depth}(a_i) \mid 1 \leqslant i \leqslant n) & \text{其他情况} \end{cases}$$

广义表的深度本质上就是广义表表达式中括号的最大嵌套层数。

从前面的定义可以看出，一个广义表中可以包含不同层次的子表元素，从而子表元素也就属于不同层次的广义表。对任一广义表GL，称GL为GL的第一层元素，GL的各直接元素均为GL的第二层元素；对任意其他元素elem，它的直接元素的层号就等于elem的层号加1。层号相同者称为同层结点。

在这个定义中，将出现在不同位置的相同元素也看做是不同元素，因此同一个元素可能有不同的层号。

在后面的描述中，我们统一用大写字母表示广义表的名称，用小写字母代表原子元素。

下面通过几个广义表的例子来说明前面的概念。

① A=()：表名为A，空表，无头，无尾，长度为0，深度为1。

② B=(x, y, z)：表名为B，单元素表，表头为x，表尾为(y, z)，长度为3，深度为1。

③ C=(B, y, z)：表名为C，非单元素表，表头为B，表尾为(y, z)，长度为3，深度为2。

④ D=(x,(y, z))：表名为D，非单元素表，表头为x，表尾为((y, z))，长度为2，深度为2。

⑤ E=(x, E)：表名为E，非单元素表，递归表，表头为x，表尾为(E)，长度为2，E相当于一个无限的广义表E=(x,(x,(x, …)))，所以深度为∞。

由于广义表及其子表往往通过它的名字来使用，为了既说明每个表的构成，又标明它的名字，在广义表的表示中，还可以将"="去掉，直接将表名写在表的左括号前面，如例④中的D可写为D(x,(y, z))。

从广义表的定义可以看出，广义表具有如下性质。

(1) 宏观线性性：对任何一个广义表，如不考虑元素的内部结构，则它的直接元素之间是线性关系，因此可以将其看成是一个线性表。

(2) 元素分层性：广义表中的元素可以是另外一个广义表，即是一个子表，子表中的元素又可以是子表。整个广义表是一个层次结构。

(3) 元素复合性：广义表中的元素可以是原子元素和子表元素。其中，子表元素又可以由原子元素和子表元素根据广义表构成规则复合而成。所以广义表的元素类型不统一。对于子表元素，可在某一层上被当做子表元素，但就它本身的结构而言，也是一个广义表。

(4) 元素递归性：广义表的任一元素，又可以是一个广义表(其他广义表或自身)。这种递归性使得广义表具有很强的表达能力。

(5) 元素共享性：在同一广义表中，任一元素均可以出现多次，同一元素的多次出现都代表的是同一个目标，可以认为它们是共享同一目标。

广义表有如下基本操作。

1. GenListNode<ElemType> * First() const

初始条件：广义表已存在。

操作结果：返回广义表的第一个元素。

2. GenListNode<ElemType> * Next(GenListNode<ElemType> * elemPtr) const

初始条件：广义表已存在，elemPtr 指向广义表的元素。

操作结果：返回 elemPtr 指向的广义表元素的后继。

3. bool Empty() const

初始条件：广义表已存在。

操作结果：如广义表为空，则返回 true，否则返回 false。

4. void Push(const ElemType &e)

初始条件：广义表已存在。

操作结果：将原子元素 e 作为表头加入到广义表最前面。

5. void Push(GenList<ElemType> &subList)

初始条件：广义表已存在。

操作结果：将子表 subList 作为表头加入到广义表最前面。

6. int Depth()

初始条件：广义表已存在。

操作结果：返回广义表的深度。

*5.3.2　广义表的存储结构

在广义表的存储表示中，除了存储各元素的值之外，还要表示出元素之间的逻辑关系。为全面体现广义表的逻辑特性，广义表的存储结构应能适应广义表的宏观线性性、元素递归性等特性。基于广义表结构的复杂性，也决定了广义表存储结构的复杂性，因此，一般广义表的存储通常采用链式存储结构。本文中只介绍广义表的链式存储方法。

广义表的链式存储可以有多种形式，具体使用时，应根据具体问题的要求选择不同的存储结构。下面给出一种常用的借助引用数链式存储结构——引用数法广义表。在这种方法中，每一个表结点由 3 个成员组成，如图 5.8 所示。

tag=HEAD(0)	ref	nextLink

(a) 头结点

tag=ATOM(1)	atom	nextLink

(b) 原子结点

tag=LIST(2)	subLink	nextLink

(c) 表结点

图 5.8　引用数法广义表结点结构

上面引用数法广义表结点结构中，nextLink 用于存储指向后继结点的指针，这样将广义表的各元素连接成一个链表，为方便起见还在链表的前面加上头结点，这样广义表的结点可分 3 种类型：

(1) 头结点，用标志 tag＝HEAD 标识，数据 ref 用于存储引用数，子表的引用数表示能访问此子表的广义表或指针个数，后面章节将对引用数的内涵作详细的介绍。

(2) 原子结点，用标志 tag=ATOM 标识，原子元素用原子结点存储，atom 用于存储原子元素的值。

(3) 表结点，用标志 tag=LIST 标识，subLink 用于存储指向子表头结点的指针。

引用数法广义表结点类模板声明如下：

```
#ifndef __REF_GEN_LIST_NODE_TYPE__
#define __REF_GEN_LIST_NODE_TYPE__
enum RefGenListNodeType {HEAD, ATOM, LIST};
#endif

//引用数法广义表结点类模板
template<class ElemType>
struct RefGenListNode
{
//数据成员
    RefGenListNodeType tag;
        //标志,HEAD(0):头结点, ATOM(1):原子结构, LIST(2):表结点
    RefGenListNode<ElemType> * nextLink;          //指向同一层中的下一个结点指针
    union
    {
        int ref;                                  //tag=HEAD,表头结点,存放引用数
        ElemType atom;                            //tag=ATOM,存放原子结点的数据
        RefGenListNode<ElemType> * subLink;       //tag=LISK,存放指向子表的指针
    };

//构造函数模板
RefGenListNode(RefGenListNodeType tg=HEAD, RefGenListNode<ElemType> * next=NULL);
                                        //由标志 tg 和指针 next 构造引用数法广义表结点
};
```

对于前面的广义表 A、B、C、D 和 E，它们的存储结构如图 5.9 所示。

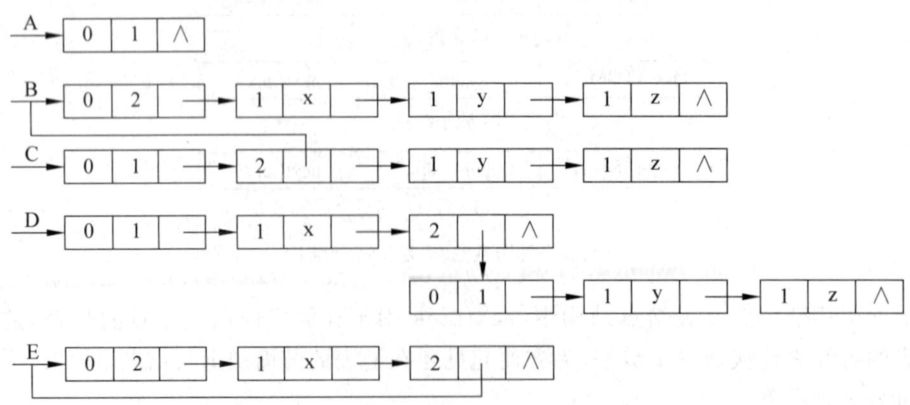

图 5.9 引用数法广义表的存储结构示意图

根据引用数法广义表的链式存储方法的实现思想，有如下的广义表类模板定义。

```
//引用数法广义表类模板
template<class ElemType>
class RefGenList
{
protected:
//引用数法广义表类的数据成员
    RefGenListNode<ElemType> * head;  //引用数法广义表头指针

//辅助函数模板
    char GetChar();                    //从输入流中跳过空格,换行符及制表符获取一字符
    void ShowHelp(RefGenListNode<ElemType> * hd) const;
        //显示以 hd 为头结点的引用数法广义表
    int DepthHelp(const RefGenListNode<ElemType> * hd) const;
        //计算以 hd 为表头的引用数法广义表的深度
    void ClearHelp(RefGenListNode<ElemType> * hd);
        //释放以 hd 为表头的引用数法广义表结构
    void CopyHelp(const RefGenListNode<ElemType> * sourceHead,
        RefGenListNode<ElemType> * &destHead);
        //将以 destHead 为头结点的引用数法广义表复制成以 sourceHead 为头结点的引用数
        //法广义表
    void CreateHelp(RefGenListNode<ElemType> * &first);
        //创建以 first 为首元素结点的引用数法广义表

public:
//抽象数据类型方法声明及重载编译系统默认方法声明
    RefGenList();                                   //无参数的构造函数模板
    RefGenList(RefGenListNode<ElemType> * hd);      //由头结点指针构造引用数法广义表
    ~RefGenList();                                  //析构函数模板
    RefGenListNode<ElemType> * First() const;       //返回引用数法广义表的第一个元素
    RefGenListNode<ElemType> * Next(RefGenListNode<ElemType> * elemPtr) const;
        //返回 elemPtr 指向的引用数法广义表元素的后继
    bool Empty()const;                              //判断引用数法广义表是否为空
    void Push(const ElemType &e);
                                //将原子元素 e 作为表头加入到引用数法广义表最前面
    void Push(RefGenList<ElemType> &subList);
                              //将子表 subList 作为表头加入到引用数法广义表最前面
    int Depth() const;                                    //计算引用数法广义表深度
    RefGenList(const RefGenList<ElemType> &copy);         //复制构造函数模板
    RefGenList<ElemType> &operator=(const RefGenList<ElemType> &copy);
                                                          //重载赋值运算符
    void Input() const;                                   //输入广义表
    void Show() const;                                    //显示广义表
};
```

这种存储结构的广义表具有如下特点。

(1) 广义表中的所有表,不论是哪一层的子表,都带有一个头结点,空表也不例外,其优点是便于操作。特别是当一个广义表被其他表共享的时候,如果要删除这个表中的第一个元素,则需删除此元素对应的结点。如果广义表的存储中不带表头结点,则必须检测所有的子表结点,逐一修改那些指向被删除结点的指针,这样修改既费时,又容易发生遗漏。如果所有广义表都带有表头结点,在删除表中第一个元素所在结点时,由于头结点不会发生变化,从而也就不用修改任何指向该子表的指针。

(2) 表中结点的层次分明。所有位于同一层的元素,在其存储表示中也在同一层。

(3) 可以很容易地计算出表的长度。从头结点开始,沿 nextLink 链能够找到的结点个数即为表的长度。

下面给出广义表类的部分成员函数的实现代码。

广义表类的构造函数模板实现构造一个只有头结点的空的广义表。

```
template<class ElemType>
RefGenList<ElemType>::RefGenList()
//操作结果:构造一个空引用数法广义表
{
    head=new RefGenListNode<ElemType>(HEAD);
    head->ref=1;                                //引用数
}
```

根据表头的定义,求表头操作返回广义表中的第一个元素对应的结点,即头结点的 nextLink 指针指向的结点。

```
template<class ElemType>
RefGenListNode<ElemType> * RefGenList<ElemType>::First() const
//操作结果:返回引用数法广义表的第一个元素
{
    return head->nextLink;
}
```

由于 nextLink 指针指向结点的后继结点,所以 Next()操作的实现非常简单,具体实现如下:

```
template<class ElemType>
RefGenListNode<ElemType> * RefGenList<ElemType>::Next(RefGenListNode
<ElemType> * elemPtr) const
//操作结果:返回 elemPtr 指向的引用数法广义表元素的后继
{
    return elemPtr->nextLink;
}
```

广义表具有递归特性,另外,从其结构看,任何一个非空的广义表的元素,本身又是一个广义表。因此,广义表很多操作的实现,非常适合利用递归程序来完成。

设非空广义表为：

$$GL=(a_1, a_2, a_3, \cdots, a_n)$$

其中的 $a_i(i=1,2,\cdots,n)$ 或为原子或为子表，在递归编程时，对原子结点可执行处理，而对于子表结点可进行递归调用。

说明：广义表的递归编程只适合于非递归广义表，对于递归广义表会出现无限递归。

在复制一个广义表时，只要分别对其元素按类型进行复制，然后再将复制后的元素链接成广义表即可，下面是具体实现：

```
template<class ElemType>
void RefGenList<ElemType>::CopyHelp(const RefGenListNode<ElemType> * sourceHead,
RefGenListNode<ElemType> * &destHead)
//初始条件：以 sourceHead 为头结点的引用数法广义表为非递归引用数法广义表
//操作结果：将以 sourceHead 为头结点的引用数法广义表复制成以 destHead 为头结点的引用
//数法广义表
{
    destHead=new RefGenListNode<ElemType>(HEAD);          //复制头结点
    RefGenListNode<ElemType> * destPtr=destHead;          //destHead 的当前结点
    destHead->ref=1;                                       //引用数为 1
    for(RefGenListNode<ElemType> * tmpPtr=sourceHead->nextLink; tmpPtr!=NULL;
        tmpPtr=tmpPtr->nextLink)
    {   //扫描引用数法广义表 sourceHead 的顶层
        destPtr=destPtr->nextLink=new RefGenListNode<ElemType>(tmpPtr->tag);
            //生成新结点
        if(tmpPtr->tag==LIST)
        {   //子表
            CopyHelp(tmpPtr->subLink, destPtr->subLink);//复制子表
        }
        else
        {   //原子结点
            destPtr->atom=tmpPtr->atom;                    //复制原子结点
        }
    }
}

template<class ElemType>
RefGenList<ElemType>::RefGenList(const RefGenList<ElemType> &copy)
//操作结果：由引用数法广义表 copy 构造新引用数法广义表——复制构造函数
{
    CopyHelp(copy.head, head);
}
```

广义表的深度为广义表中括号的重数。广义表 $GL=(a_1, a_2, a_3, \cdots, a_n)$ 的深度 Depth(GL)递归定义如下：

递归终结：

$$\text{Depth}(\text{GL})=1 \quad \text{当 GL 为空时}$$
$$\text{Depth}(\text{GL})=0 \quad \text{当 GL 为单元素}$$

递归计算：

$$\text{Depth}(\text{GL})=1+\text{Max}\{\text{Depth}(a_i)\mid 1\leqslant i\leqslant n\} \quad \text{当 } n>0$$

根据上面的分析，若 a_i 是原子，则 a_i 的深度为 0；若 a_i 是空表，则 a_i 的深度为 1；若 a_i 是子表，则需继续对 a_i 进行分解。由此可得如下的求广义表深度的算法。

```
template<class ElemType>
int RefGenList<ElemType>::DepthHelp(const RefGenListNode<ElemType> * hd) const
//操作结果：返回以 hd 为表头的引用数法广义表的深度
{
    if(hd->nextLink==NULL) return 1;            //空引用数法广义表的深度为 1

    int subMaxDepth=0;                          //子表最大深度
    for(RefGenListNode<ElemType> * tmpPtr=hd->nextLink; tmpPtr!=NULL;
        tmpPtr=tmpPtr->nextLink)
    {   //求子表的最大深度
        if(tmpPtr->tag==LIST)
        {   //子表
            int curSubDepth=DepthHelp(tmpPtr->subLink);    //子表深度
            if(subMaxDepth<curSubDepth) subMaxDepth=curSubDepth;
        }
    }
    return subMaxDepth+1;                   //引用数法广义表深度为子表最大深度加 1
}

template<class ElemType>
int RefGenList<ElemType>::Depth() const
//操作结果：返回引用数法广义表深度
{
    return DepthHelp(head);
}
```

有时需要用户通过输入描述广义表的表达式来建立广义表，例如输入(x,(y, z))，将建立如图 5.8 所示的广义表 D。

一般地，对于输入(a_1, a_2, a_3, …, a_n)，$n\geqslant 0$，要建立由元素 $a_i(1\leqslant i\leqslant n)$组成的广义表，此广义表由左括号(开始，建立广义表的输入流是 a_1, a_2, a_3, …, a_n)，这时可先建立存放 a_1 的结点，然后再递归建立与 a_1, a_2, a_3, …, a_n 相对应的表尾，并将其链接到 a_1 结点的后面。如果 a_1 是子表，则 a_1 一定以左括号开始，a_1 的其他部分是 a_{12}, a_{13}, …, a_{1m}的形式，可以递归地建立相应的子表，如果是原子，则直接建立原子结点即可，所以左括号是广义表的标志，为简单起见，假设输入流是正确的，具体实现如下：

```
template<class ElemType>
void RefGenList<ElemType>::CreateHelp(RefGenListNode<ElemType> * &first)
//操作结果：创建以 first 为首元素结点的引用数法广义表
{
    char ch=GetChar();                                  //读入字符
    switch(ch)
    {
    case ')':                                           //引用数法广义表建立完毕
        return;                                         //结束
    case '(':                                           //子表
        //表头为子表
        first=new RefGenListNode<ElemType>(LIST);       //生成表结点

        RefGenListNode<ElemType> * subHead;             //子表指针
        subHead=new RefGenListNode<ElemType>(HEAD);     //生成子表的头结点
        subHead->ref=1;                                 //引用数为 1
        first->subLink=subHead;                         //subHead 为子表
        CreateHelp(subHead->nextLink);                  //递归建立子表

        ch=GetChar();                               //跳过','
        if(ch!=',') cin.putback(ch);                //如不是',',则将 ch 回退到输入流
        CreateHelp(first->nextLink);                //建立引用数法广义表下一结点
        break;
    default:                                        //原子
        //表头为原子
        cin.putback(ch);                            //将 ch 回退到输入流
        ElemType amData;                            //原子结点数据
        cin>>amData;                                //输入原子结点数据
        first=new RefGenListNode<ElemType>(ATOM);     //生成原表结点
        first->atom=amData;                         //原子结点数据

        ch=GetChar();                               //跳过','
        if(ch!=',') cin.putback(ch);                //如不是',',则将 ch 回退到输入流
        CreateHelp(first->nextLink);                //建立引用数法广义表下一结点
        break;
    }
}

template<class ElemType>
void RefGenList<ElemType>::Input()
//操作结果：输入广义表
{
    head=new RefGenListNode<ElemType>(HEAD);        //生成引用数法广义表头结点
    head->ref=1;                                    //引用数为 1
```

```
    GetChar();                                  //读入第一个'('
    RefGenList<ElemType>::CreateHelp(head->nextLink);
        //创建以 head->nextLink 为表头的引用数法广义表
}
```

在释放广义表时,如直接在物理上释放广义表结点,这时由于广义表具有元素共享性,可能还有其他广义表要引用被释放广义表的结点,因此在逻辑上释放广义表并不表示一定要在物理上释放结点,为了判断是否能在物理上释放一个广义表结点,可用"引用数"识别,引用数就是能访问广义表的广义表或指针个数,由于头结点的数据元素部分是空闲的,正好用来存放引用数,在释放广义表时,首先让引用数自减 1,如果引用数为 0,则在物理上释放结点。下面是具体实现:

```
template<class ElemType>
void RefGenList<ElemType>::ClearHelp(RefGenListNode<ElemType> * hd)
//操作结果:释放以 hd 为表头的引用数法广义表结构
{
    hd->ref--;                                          //引用数自减 1
    if(hd->ref==0)
    {   //引用数为 0,释放结点所占用空间
        RefGenListNode<ElemType> * tmpPre, * tmpPtr;    //临时变量
        for(tmpPre=hd, tmpPtr=hd->nextLink;
            tmpPtr!=NULL; tmpPre=tmpPtr, tmpPtr=tmpPtr->nextLink)
        {   //扫描引用数法广义表 hd 的顶层
            delete tmpPre;                              //释放 tmpPre
            if(tmpPtr->tag==LIST)
            {   //tmpPtr 为子表
                ClearHelp(tmpPtr->subLink);             //释放子表
            }
        }
        delete tmpPre;                                  //释放尾结点 tmpPre
    }
}

template<class ElemType>
RefGenList<ElemType>::~RefGenList()
//操作结果:释放引用数法广义表结构——析构函数模板
{
    ClearHelp(head);
}
```

虽然用头结点和用引数解决了表共享的释放问题,但对于递归表,引用数不会为 0,例如图 5.9 中的表 E,引用数就为 2,这样就无法实现释放递归表 E 的目的,因此如果不改变思想,递归表会出现问题;我们可以这样来解决释放广义表的问题,建立一个全局广义表使用空间表对象,专门用于搜集指向广义表中结点的指针,用析构函数在程序结束时

统一释放所有广义表结点，这样实现时，不再需要引用数，头结点的数据部分为空，这样的广义表称为使用空间法广义表，前面的广义表 A、B、C、D 和 E，它们的存储结构如图 5.10 所示。

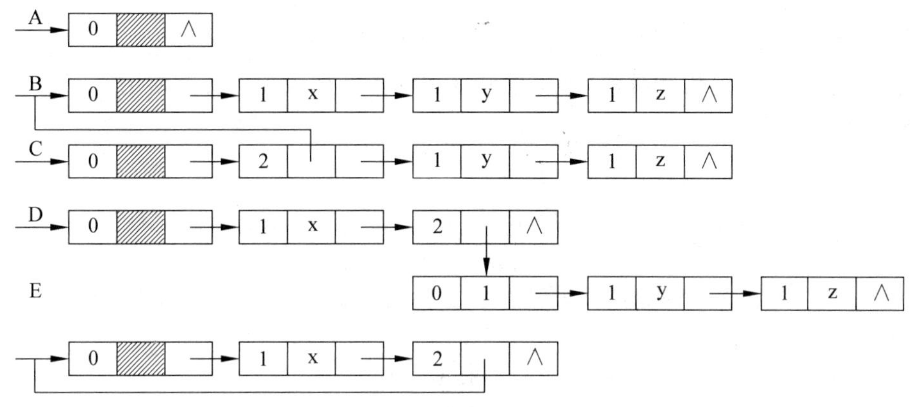

图 5.10 广义表的存储结构示意图

广义表使用空间表类模板声明如下：

```
//使用空间表类
class UseSpaceList
{
protected:
//数据成员
    Node<void * > * head;                         //使用空间表头指针

public:
//方法
    UseSpaceList();                               //无参数的构造函数模板
    ~UseSpaceList();                              //析构函数模板
    void Push(void * nodePtr);                    //将指向结点的指针加入到使用空间表中
};
```

析构函数将释放广义表结点空间，具体实现如下：

```
UseSpaceList::~UseSpaceList()
//操作结果：释放结点占用存储空间
{
    while(head!=NULL)
    {   //循环释放结点空间
        delete head->data;                        //head->data 存储的是指向结点的指针
        Node<void * > * tmpPtr=head;              //暂存 head
        head=head->next;                          //新的 head
        delete tmpPtr;                            //释放 tmpPtr
```

```
    }
}
```

定义全局广义表使用空间表对象如下：

```
UseSpaceList gUseSpaceList;            //全局使用空间表对象
```

在广义表结点类的构造函数中，将指向结点的指针加入到广义表使用空间表，具体实现如下：

```
template<class ElemType>
GenListNode<ElemType>::GenListNode(GenListNodeType tg, GenListNode<ElemType>
* next)
//操作结果：由标志 tg 和指针 next 构造广义表结点
{
    tag=tg;                            //标志
    nextLink=next;                     //后继
    gUseSpaceList.Push(this);          //将指向当前结点的指针加入到广义表使用空间表中
}
```

对于广义表类，不再需要清除广义表的操作 ClearHelp()，同时析构函数不再释放广义表结点(此时析构函数模板为空操作)，并且取消所有关于引用数 Ref 操作的语句；广义表结点类模板的其他部分与引用数法广义表结点类模板完全相同，此处从略；具体广义表类模板声明如下：

```
//广义表类模板
template<class ElemType>
class GenList
{
protected:
//广义表类的数据成员
    GenListNode<ElemType> * head;                    //广义表头指针

//辅助函数模板
    char GetChar();                    //从输入流中跳过空格,换行符及制表符获取一字符
    void ShowHelp(GenListNode<ElemType> * hd) const;
        //显示以 hd 为头结点的广义表
    int DepthHelp(const GenListNode<ElemType> * hd) const;
                                                //计算以 hd 为表头的广义表的深度
    void CopyHelp(const GenListNode<ElemType> * sourceHead,
        GenListNode<ElemType> * &destHead);
        //将以 destHead 为头结点的广义表复制成以 sourceHead 为头结点的广义表
    void CreateHelp(GenListNode<ElemType> * &first);
        //创建以 first 为首元素结点的广义表
```

```
public:
//抽象数据类型方法声明及重载编译系统默认方法声明
    GenList();                                  //无参数的构造函数模板
    GenList(GenListNode<ElemType> * hd);        //由头结点指针构造广义表
    ~GenList(){};                               //析构函数模板
    GenListNode<ElemType> * First() const;      //返回广义表的第一个元素
    GenListNode<ElemType> * Next(GenListNode<ElemType> * elemPtr) const;
                                           //返回 elemPtr 指向的广义表元素的后继
    bool Empty()const;                     //判断广义表是否为空
    void Push(const ElemType &e);          //将原子元素 e 作为表头加入到广义表最前面
    void Push(GenList<ElemType> &subList);
                                          //将子表 subList 作为表头加入到广义表最前面
    int Depth() const;                                            //计算广义表深度
    GenList(const GenList<ElemType> &copy);                       //复制构造函数模板
    GenList<ElemType> &operator= (const GenList<ElemType> &copy); //重载赋值运算符
    void Input() const;                                           //输入广义表
    void Show() const;                                            //显示广义表
};
```

说明：使用空间表法广义表具有明显的优势，可使编程更简捷，建议读者采用此方法处理广义表。但使用空间表法广义表是在程序结束时释放结点的，也就是采用动态方式生成结点，采用静态方式释放结点，如将引用数法与使用空间表法结合起来表示广义表，将是一种完美的方案。读者可作为练习加以实现。

5.4 深入学习导读

本章数组类的定义的思想来源于严蔚敏，吴伟民编著的《数据结构(C 语言版)》[12]，没有重载下标运算符[]，要重载此运算符，可并分定义一维数组，二维数组，…，可参考 Sartaj Sahni 著，汪诗林、孙晓东译的《数据结构、算法与应用：C++ 语言描述》[6] 与 Bruno R. Preiss 著，胡广斌，王崧，惠民等译的《数据结构与算法——面向对象的 C++ 设计模式》[7]。

本章数组类的定义与实现中用到了变长参数，可参考陈良银、游洪跃、李旭伟主编的《C 语言程序设计(C99 版)》[20]。

广义表的引用数法存储结构的思想参考了殷人昆，陶永雷，谢若阳，盛绚华编著的《数据结构(用面向对象方法与 C++ 描述)》[13] 与金远平编著的《数据结构(C++ 描述)》[14]。本章介绍的广义表使用空间表存储结构是作者独自开发的，读者可将广义表的引用数法与使用空间表存储结构结合起来，则效果更好。

5.5 习 题 5

5-1 写出下面稀疏矩阵的三元组表。

$$\begin{bmatrix} 0 & 2 & 0 & 0 & 0 \\ 0 & 0 & 0 & 4 & 0 \\ 0 & 0 & 0 & 0 & 0 \\ 3 & 0 & 0 & 0 & 1 \\ 0 & 0 & 0 & 5 & 0 \end{bmatrix}$$

5-2 画出广义表 D(A(),B(e),C(a,L(b,c,d)))的存储结构的图形表示。

5-3 试求广义表 L=(a,(a,b),c,d,((i,j),k))的长度与深度。

**5-4 设已知有一个 n×n 的上三角矩阵 a 的上三角元素已按行顺序连续存放在数组 b 中。设计一个算法将 b 中元素按列顺序连续存放至数组 c 中。

例：设 n=3；

$$A = \begin{bmatrix} 1 & 2 & 4 \\ 0 & 3 & 5 \\ 0 & 0 & 6 \end{bmatrix}$$

$$B = (1,2,4,3,5,6)$$

$$C = (1,2,3,4,5,6)$$

**5-5 将整数数组 a[0:n−1]中所有奇数移到所有偶数之前的算法。要求不另外增加存储空间，且时间复杂度为 O(n)。

**5-6 试按列顺序方式映射，实现下三角矩阵。

**5-7 试按列顺序方式映射，实现上三角矩阵。

第 6 章　树和二叉树

前面几章重点讨论了线性结构。本章将讨论一种常用的非线性结构——树状结构。树状结构的元素之间有分支和层次关系，类似于自然界的树。树状结构是一种非线性结构，客观世界许多事物的个体之间本身呈现树状结构，如家族关系、部门机构设置等。本章介绍关于树和二叉树的一些基本概念及其操作，并给出树的应用实例。

6.1　树的基本概念

6.1.1　树的定义

树是 n(n≥0)个元素的有限集合。如果 n=0，称为空树。如果 n>0，则在这棵非空树中的结点有如下特征。

(1) 有且仅有一个特定的称为根(root)的结点，它只有直接后继，但没有直接前驱；

(2) 当 n>1 时，其余结点可分为 m(m>0)个互不相交的有限集合 $T_1,T_2,\cdots,T_m$，其中每一个集合本身又是一棵树，并且称为根的子树。每棵子树的根结点有且仅有一个直接前驱，即根结点 root，但可以有 0 或多个直接后继。

例如，在图 6.1 中，图 6.1(a)所示的是空树，没有任何结点；图 6.1(b)所示的只有一个根结点的树，它没有子树；图 6.1(c)所示的是一棵有 12 个结点的树，其中 A 是根结点，其余结点分成 3 个互不相交的子集：$T_1=\{B, E, F\}$，$T_2=\{C, G, K, L\}$，$T_3=\{D, H, I, J\}$；T_1、T_2 和 T_3 都是根 A 的子树，且本身也是一棵树。比如 T_1，其根为 B，其余结点分为 2 个互不相交的子集：$T_{11}=\{E\}$，$T_{12}=\{F\}$；T_{11} 和 T_{12} 都是根 B 的子树，T_{11} 中 E 是根，T_{12} 中 F 是根。

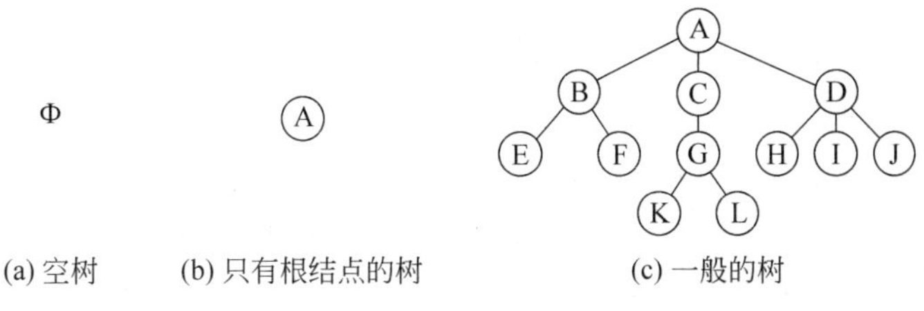

图 6.1　树示意

从上面树的定义及树的示例可以看出，树的定义是一个递归定义，也就是在其定义中又用到了树的概念。

6.1.2 基本术语

树状结构要比线性结构复杂得多，下面以图 6.1 中的树为例，介绍有关树的一些术语，这些术语将在后续章节中经常遇到。

结点：树中的每个元素分别对应一个结点，结点包含数据元素值及其逻辑关系信息，如若干指向其子树的指针。图 6.1(a)中的树有 0 个结点，图 6.1(b)中的树有 1 个结点，而图 6.1(c)中的树共有 12 个结点。

结点的度：结点拥有的子树数目。在图 6.1(c)所示的树中，根结点 A 的度为 3，结点 B 的度为 2，而结点 E、F、H、I、J、K 和 L 都没有子树，所以它们的度都是 0。

树的度：树中所有结点的度的最大值。图 6.1(c)所示的树的度为 3。

叶子结点：度为 0 的结点，简称为叶结点，又称为终端结点、外部结点。在图 6.1(c)中，树中的结点 E、F、H、I、J、K 和 L 都是叶子结点。

分支结点：度大于 0 的结点，即除叶子结点外的其他结点，又称为非终端结点、内部结点。图 6.1(c)所示树中的结点 A、B、C、D 和 G 都是分支结点。

孩子结点和双亲结点：如结点有子树，则子树的根结点称为此结点的孩子结点，简称为孩子。反过来，此结点称为孩子结点的双亲结点，简称为双亲。在图 6.1(c)所示的树中，B、C 和 D 分别为 A 的子树的根，则 B、C 和 D 都是 A 的孩子结点，而 A 则是 B、C 和 D 的双亲结点。

可以看到，叶子结点没有孩子，而整棵树的根没有双亲。

结点的层次：树结构的元素之间有明显的层次关系，因此有结点层次的概念。结点的层次从根开始定义起，根结点的层次为 1，其孩子结点的层次为 2，……。树中任一结点的层次为其双亲结点的层次加 1。在图 6.1(c)所示的树中，结点 A 的层次为 1，而结点 K 和 L 的层次为 4。

树的高度：树中叶子结点所在的最大层次称为树的高度，简称为树的高，树的高度也称为树的深度，也可简称为树的深。空树的高度为 0，只有一个根结点的树的高度为 1，图 6.1(c)所示树的高度为 4。

兄弟结点：同一双亲的孩子结点之间互称为兄弟结点，兄弟结点简称为兄弟。图 6.1(c)所示的树中，结点 B、C 和 D 互为兄弟，结点 K 和 L 互为兄弟，但结点 F 和 G 不是兄弟，因为它们的双亲不是同一个结点。

堂兄弟结点：在同一层，但双亲不同的结点称堂兄弟结点，例如结点 G 是结点 E、F、H、I 和 J 的堂兄弟结点。

祖先结点：从根结点到此结点所经分支上的所有结点都是该结点的祖先结点。图 6.1(c)所示的树中，结点 A、C 和 G 都是结点 K 的祖先结点。

子孙结点：某一结点的孩子，以及这些孩子的孩子……直到叶子结点，都是此结点的子孙结点。在图 6.1(c)所示的树中，结点 B 的子孙有结点 E 和 F。

路径：从树的一个结点到另一个结点的分支构成这两个结点之间的路径。

有序树：如果将树中结点的各子树看成从左至右是有次序的，即子树之间存在确定的次序关系，则称该树为有序树。

无序树：若根结点的各棵子树之间不存在确定的次序关系，可以互相交换位置，则称该树为无序树。

森林：m(m≥0)棵互不相交的树的集合构成森林。注意，在现实世界中，森林由很多树构成，但在数据结构中，0 棵或 1 棵树都可组成森林。对树中的每个结点而言，其子树的集合即为森林，通常称为子树森林。

6.2 二 叉 树

二叉树是一种特殊的树，比较适合于计算机处理，并且任何树和森林都可以转化为二叉树，关于二叉树的存储和操作是本章的重点。

6.2.1 二叉树的定义

二叉树或为空树，或是由一个根结点加上两棵分别称为左子树和右子树的、互不相交的二叉树组成。可以看出，二叉树的特点是每个结点至多只有两棵子树(即二叉树中不存在度大于 2 的结点)，并且，二叉树的子树有左右之分，次序不能任意颠倒。因此，二叉树是有序树。从定义可以看出，二叉树可以有 5 种基本形态，如图 6.2 所示。其中图 6.2(a)表示一棵空二叉树；图 6.2(b)表示一棵只有根结点的二叉树；图 6.2(c)表示一棵左子树非空，而右子树为空的二叉树；图 6.2(d)表示一棵左子树为空，而右子树非空的二叉树；图 6.2(e)表示一棵左、右子树都非空的二叉树。任意一棵二叉树肯定是这 5 种基本形态中的某一种。

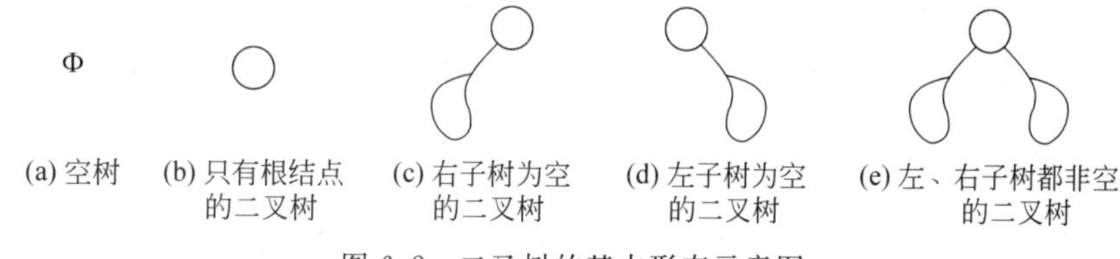

图 6.2 二叉树的基本形态示意图

在实际应用中，二叉树具有如下基本操作。

1. BinTreeNode<ElemType> * GetRoot()const

初始条件：二叉树已存在。

操作结果：返回二叉树的根。

2. bool Empty()const

初始条件：二叉树已存在。

操作结果：如二叉树为空，则返回 true，否则返回 false。

3. bool GetElem(const TreeNode<ElemType> * cur, ElemType &e)const

初始条件：二叉树已存在，cur 为二叉树的一个结点。

操作结果：用 e 返回结点 cur 元素值，如果不存在结点 cur，函数返回 false，否则返回 true。

4．bool SetElem(TreeNode<ElemType> * cur，const ElemType &e)

初始条件：二叉树已存在，cur 为二叉树的一个结点。

操作结果：如果不存在结点 cur，则返回 false，否则返回 true，并将结点 cur 的值设置为 e。

5．void InOrder(void(* visit)(const ElemType &))const

初始条件：二叉树已存在。

操作结果：中序遍历二叉树，对每个结点调用函数(* visit)。

6．void PreOrder(void(* visit)(const ElemType &))const

初始条件：二叉树已存在。

操作结果：先序遍历二叉树，对每个结点调用函数(* visit)。

7．void PostOrder(void(* visit)(const ElemType &))const

初始条件：二叉树已存在。

操作结果：后序遍历二叉树，对每个结点调用函数(* visit)。

8．void LevelOrder(void(* visit)(const ElemType &))const

初始条件：二叉树已存在。

操作结果：层次遍历二叉树，对每个结点调用函数(* visit)。

9．int NodeCount() const

初始条件：二叉树已存在。

操作结果：返回二叉树的结点个数。

10．BinTreeNode<ElemType> * LeftChild(const BinTreeNode<ElemType> * cur) const；

初始条件：二叉树已存在，cur 是二叉树的一个结点。

操作结果：返回二叉树结点 cur 的左孩子。

11．BinTreeNode<ElemType> * RightChild(const BinTreeNode<ElemType> * cur) const

初始条件：二叉树已存在，cur 是二叉树的一个结点。

操作结果：返回二叉树结点 cur 的右孩子。

12．BinTreeNode<ElemType> * Parent(const BinTreeNode<ElemType> * cur)const

初始条件：二叉树已存在，cur 是二叉树的一个结点。

操作结果：返回二叉树结点 cur 的双亲结点。

13．void InsertLeftChild(BinTreeNode<ElemType> * cur，const ElemType &e)

初始条件：二叉树已存在，cur 是二叉树的一个结点，e 为一个数据元素，并且 cur 非空。

操作结果：插入 e 为 cur 的左孩子，如果 cur 的左孩子非空，则 cur 原有左子树成为 e 的左子树。

14. void InsertRightChild(BinTreeNode<ElemType> * cur, const ElemType &e)

初始条件：二叉树已存在，cur 是二叉树的一个结点，e 为一个数据元素，并且 cur 非空。

操作结果：插入 e 为 cur 的右孩子，如果 cur 的右孩子非空，则 cur 原有右子树成为 e 的右子树。

15. void DeleteLeftChild(BinTreeNode<ElemType> * cur)

初始条件：二叉树已存在，cur 是二叉树的一个结点。

操作结果：删除二叉树结点 cur 的左子树。

16. void DeleteRightChild(BinTreeNode<ElemType> * cur)

初始条件：二叉树已存在，cur 是二叉树的一个结点。

操作结果：删除二叉树结点 cur 的右子树。

17. int Height() const

初始条件：二叉树已存在。

操作结果：返回二叉树的高。

6.2.2　二叉树的性质

由于二叉树结构的特殊性，二叉树具有如下一些性质。

性质 1：在二叉树的第 $i(i\geqslant 1)$层上最多有 2^{i-1}个结点。

可以用数学归纳法来证明这个性质。

初始情况：当 $i=1$ 时，二叉树最多只有一个根结点，所以结点数$\leqslant 1=2^0=2^{i-1}=1$，结论成立。

归纳假设：假设对所有的 $j, 1\leqslant j<i$ 时，命题成立。则当 $j=i-1$ 时，第 j 层最多有 $2^{j-1}=2^{i-2}$个结点。

归纳证明：当 $j=i$ 时，由于二叉树上每个结点最多只有两棵子树，则第 i 层的结点数最多是第 $i-1$ 层上结点数的 2 倍，也就是第 i 层的结点数$\leqslant 2\times 2^{i-2}=2^{i-1}$，结论成立。

性质 2：高度为 $k(k\geqslant 1)$的二叉树上至多有 2^k-1 个结点。

此性质的证明可以基于性质 1，高度为 k 的二叉树上的结点数至多为：

$$\sum_{i=1}^{k} \text{第 i 层最大结点数} = \sum_{i=1}^{k} 2^{i-1} = 2^i - 1$$

性质 3：对任何一棵二叉树，若它含有 n_0 个叶子结点，n_2 个度为 2 的结点，则必存在关系式：$n_0=n_2+1$。

下面根据二叉树的定义以及树状结构中结点和边(分支)的关系进行证明。

设二叉树上结点总数为 n，用 n_i 表示二叉树中度为 i 的结点个数($i=1$、2 和 3)。根据二叉树的定义可知：

$$n = n_0 + n_1 + n_2 \tag{6.1}$$

再来分析树状结构中结点数目 n 和边(分支)数目 b 的关系。树状结构中除根结点之外的每个结点,都有且仅有一个双亲结点,从而都有且仅有一条从双亲结点进入的边,所以有 $n-1=b$,这个结论对于二叉树同样成立。在二叉树中,每个度为 0 的结点发出 0 条边,每个度为 1 的结点发出 1 条边,每个度为 2 的结点发出 2 条边,所以二叉树上分支总数 $b=n_1+2n_2$。根据结点数目和分支数目的关系,可知:

$$n - 1 = n_1 + 2n_2 \tag{6.2}$$

由式(6.1)和式(6.2)易得:$n_0=n_2+1$。

下面介绍两种特殊形状的二叉树。

(1) 满二叉树:只含度为 0 和 2 的结点,且度为 0 的结点只出现在最后一层的二叉树。即在满二叉树中,除最后一层外,其他各层上的每个结点的度都为 2。空二叉树及只有一个根结点的二叉树也是满二叉树。在满二叉树中,每一层结点都达到了最大个数,所以高度为 $k(k\geqslant 1)$的满二叉树有个 2^k-1 个结点。

(2) 完全二叉树:对任意一棵满二叉树,从它的最后一层的最右结点起,按从下到上、从右到左的次序,去掉若干个结点后,所得到的二叉树称为完全二叉树。

特殊形态的二叉树如图 6.3 所示,其中图 6.3(a)是满二叉树,图 6.3(b)是完全二叉树,图 6.3(c)和图 6.3(d)是非完全二叉树。

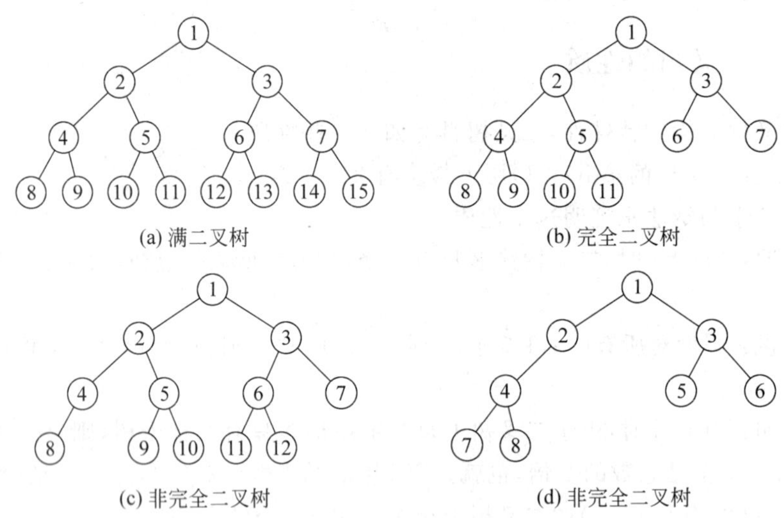

图 6.3 特殊形态二叉树示意图

性质 4 具有 n 个结点的完全二叉树的高度为$\lfloor \log_2 n \rfloor+1$。

设完全二叉树的高度为 k,根据性质 2 和完全二叉树的定义可知:

$$2^{k-1} \leqslant n < 2^k$$

各项取以 2 为底的对数可知:

$$k - 1 \leqslant \log_2 n < k$$

由于 k 为整数,因此,$k=\lfloor \log_2 n \rfloor+1$。

说明:符号$\lfloor x \rfloor$表示不大于 x 的最大整数,一般称为下取整,例如:$\lfloor 2.99 \rfloor=2$;同样

地，符号$\lceil x \rceil$表示不小于 x 的最小整数，一般称为上取整，例如：$\lceil 2.01 \rceil = 3$。

性质 5　若对含 n 个结点的完全二叉树，按照从上到下、从左至右的次序进行 1 至 n 的编号，对完全二叉树中任意一个编号为 i 的结点，简称为结点 i，有以下关系：

(1) 若 $i=1$，则结点 i 是二叉树的根，无双亲结点；若 $i>1$，则结点$\left\lfloor \frac{i}{2} \right\rfloor$为双亲结点；

(2) 若 $2i>n$，则结点 i 无左孩子，否则，结点 2i 为左孩子；

(3) 若 $2i+1>n$，则结点 i 无右孩子，否则结点 $2i+1$ 的为右孩子。

我们先证明(2)和(3)，然后再由(2)和(3)推导(1)。

当 $i=1$ 时，由完全二叉树的定义可知，如果有左孩子，则左孩子的编号为 2；如果有右孩子，则右孩子的编号为 3；如果结点 2 不存在，也就是 $n<2$，这时结点 i 便无左孩子；同样地，如果结点 3 不存在，也就是 $n<3$，这时结点 i 便无右孩子。

当 $i>1$ 时，分两种情况进行讨论：

(1) 结点 i 为某层上的第一个结点，设为第 j 层的第一个结点，由完全二叉树的定义可知第 j 层的第一个结点为 2^{j-1}，也就是 $i=2^{j-1}$，这时结点 i 左孩子为第 $j+1$ 层的第一个结点，编号为 $2^j=2\times 2^{j-1}=2i$，如果 $2i>n$，则无左孩子；结点 i 的右孩子是第 $j+1$ 层的第二个结点，其编号为 $2i+1$，如果 $2i+1>n$，则无右孩子；

(2) 结点 i 为某层上除第一个结点外的其他结点，设为第 j 层的一个结点，假设 $2i+1<n$，结点i 的左孩子为结点 2i，右孩子为结点 $2i+1$，对于结点 $i+1$，如果与结点 i 在同一层上，则结点 i 的左孩子应与结点 i 的右孩子相邻，编号应为 $2i+1+1=2(i+1)$，右孩子应与左孩子相邻，编号应为 $2(i+1)+1$，如图 6.4(a)所示，也就是对于结点 $i+1$ 性质 5(2)与性质 5(3)结论也成立，如果结点 i 与结点 $i+1$ 不在同一层上，则结点 $i+1$ 为第 $j+1$ 层的第一个结点，如图 6.4(b)所示，性质 5(2)与性质 5(3)也成立，由数学归纳法可知性质 5(2)与性质 5(3)成立。

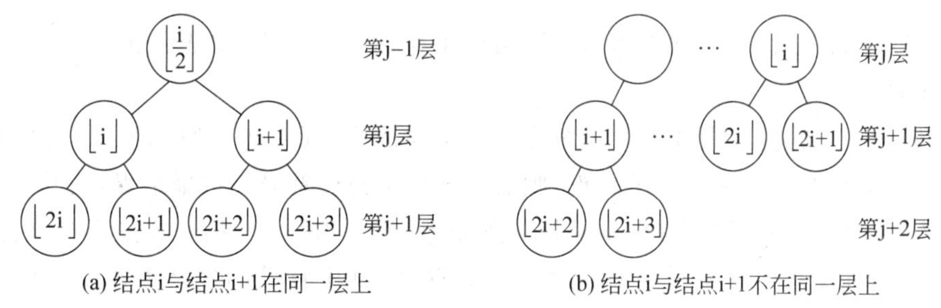

图 6.4　完全二叉树结点 i 与结点 i+1 左、右孩子示意图

下面再来推导性质 5(1)，如果 $i=1$，编号为 1 的结点显然为根结点，根结点无双亲；如果 $i>1$，设结点 i 的双亲为结点 j，如果结点 i 为结点 j 的左孩子，这时 $i=2j$，i 为偶数，可得：

$$j=\frac{i}{2}=\left\lfloor \frac{i}{2} \right\rfloor$$

如果结点 i 为结点 j 的右孩子，这时 $i=2j+1$，i 为奇数，可得：

$$j=\frac{i-1}{2}=\left\lfloor\frac{i}{2}\right\rfloor$$

可知性质 5(1)也成立。

6.2.3 二叉树的存储结构

二叉树的存储结构应能体现二叉树的逻辑关系。在具体的应用中，可能需要从任一结点能直接访问到它的后继(即孩子结点)，或直接访问到它的前驱(即双亲结点)，或同时直接访问它的双亲和孩子结点，在设计二叉树的存储结构时，应考虑不同的访问要求进行存储设计。

1. 顺序存储结构

这是一种按照结点的层次从上到下、从左至右的次序，将完全二叉树结点存储在一片连续存储区域内的存储方法。存储时只保存各结点的值，由二叉树性质 5 可知，对于完全二叉树，若已知结点的编号，则可推算出它的双亲和孩子结点的编号，所以只需将完全二叉树的各结点按照编号的次序 1～n 依次存储到数组的 1～n 位置，就很容易根据结点在数组中的存储位置计算出它的双亲和孩子结点的存储位置。如图 6.5 所示的是这种存储结构的一个示例。

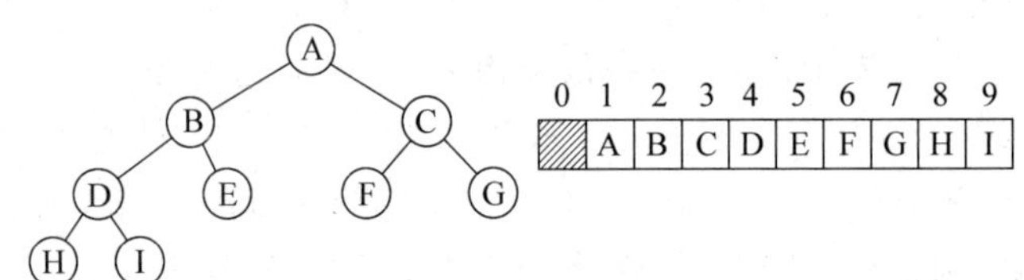

图 6.5 完全二叉树的顺序存储

在这种存储方式中，结点之间的逻辑结构用存储位置体现，对于完全二叉树，这是一种很经济的存储方式。

对于一般二叉树，因为性质 5 只对完全二叉树成立，而对于一般二叉树，若要利用性质 5 找到某个结点的双亲和孩子结点，则需在该二叉树中补设一些虚结点，使其成为一棵完全二叉树，然后对所有结点(包括补设的虚结点)按层次从上到下、从左至右进行编号。这样处理后，再按完全二叉树的顺序存储方式存储，其中补设的虚结点也要对应存储位置，占用存储空间，需设置虚结点标志以便识别。

由于大多数二叉树不是完全二叉树，若虚结点对应的存储位置不能被利用起来，则是一种很大的浪费(因为虚结点数目可能很大)，尤其是当二叉树是单支树时。因此，一般情况下，很少使用顺序存储方式。

如图 6.6 所示的是一般二叉树的顺序存储结构的一个示例，其中 ∧ 表示虚结点。

在实现二叉树的顺序存储结构时，在每个结点处增加一个标志 tag 用于标识此结点是否为空(虚)，同时为了编程实现方便起见，增加一个用于表示根结点的 root，具体类模板声明如下：

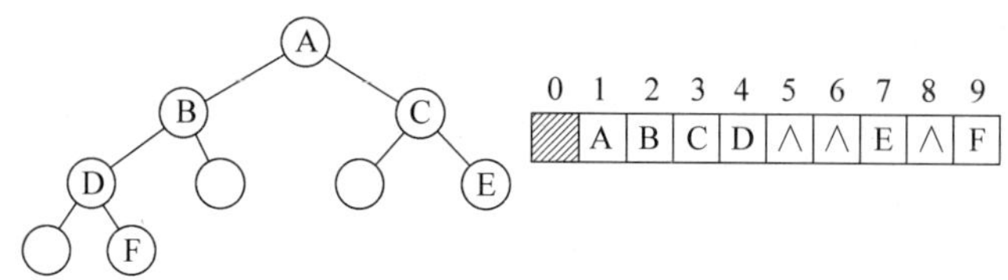

图 6.6 一般二叉树的顺序存储(∧表示虚结点)

```
//顺序存储二叉树结点类模板
template<class ElemType>
struct SqBinTreeNode
{
//数据成员
    ElemType data;                              //数据元素
    SqBinTreeNodeTagType tag;                   //结点使用标志

//构造函数模板
    SqBinTreeNode();                            //无参数的构造函数模板
    SqBinTreeNode(ElemType item, SqBinTreeNodeTagType tg=EMPTY_NODE);
                                                //已知数据元素和使用标志建立结构
};

//顺序存储二叉树类模板
template<class ElemType>
class SqBinaryTree
{
protected:
//二叉树的数据成员
    int maxSize;                                //二叉树的最大结点个数
    SqBinTreeNode<ElemType> * elems;            //结点存储空间
    int root;                                   //二叉树的根

//辅助函数模板
    ⋮

public:
//二叉树方法声明及重载编译系统默认方法声明
    SqBinaryTree();                                         //无参数的构造函数模板
    virtual~SqBinaryTree();                                 //析构函数模板
    int GetRoot()const;                                     //返回二叉树的根
    bool NodeEmpty(int cur)const;                           //判断结点 cur 是否为空
    bool GetItem(int cur, ElemType &e)const;                //返回结点 cur 的元素值
    bool SetElem(int cur, const ElemType &e);               //将结点 cur 的值置为 e
    bool Empty() const;                                     //判断二叉树是否为空
```

```
    void InOrder(void(*visit)(const ElemType &))const;       //二叉树的中序遍历
    void PreOrder(void(*visit)(const ElemType &))const;      //二叉树的先序遍历
    void PostOrder(void(*visit)(const ElemType &))const;     //二叉树的后序遍历
    void LevelOrder(void(*visit)(const ElemType &))const;    //二叉树的层次遍历
    int NodeCount()const;                                    //求二叉树的结点个数
    int LeftChild(const int cur)const;                //返回二叉树结点 cur 的左孩子
    int RightChild(const int cur)const;               //返回二叉树结点 cur 的右孩子
    int Parent(const int cur)const;                   //返回二叉树结点 cur 的双亲
    void InsertLeftChild(int cur, const ElemType &e);     //插入左孩子
    void InsertRightChild(int cur, const ElemType &e);    //插入右孩子
    void DeleteLeftChild(int cur);                        //删除左子树
    void DeleteRightChild(int cur);                       //删除右子树
    int Height()const;                                    //求二叉树的高
    SqBinaryTree(const ElemType &e, int size=DEFAULT_SIZE);
                                                          //建立以 e 为根的二叉树
    SqBinaryTree(const SqBinaryTree<ElemType>&copy);      //复制构造函数模板
    SqBinaryTree(SqBinTreeNode<ElemType>es[], int r, int size=DEFAULT_SIZE);
                                                   //由 es[]、r 与 size 构造二叉树
    SqBinaryTree<ElemType>&operator=(const SqBinaryTree<ElemType>& copy);
                                                   //重载赋值运算符
};
```

2. 链式存储结构

顺序存储方式在存储一般二叉树时会造成很大的空间浪费，链式存储结构则可以解决这些问题。在实际使用中，二叉树一般多采用链式存储结构。

根据二叉树的定义，二叉树的结点由一个数据元素和分别指向左、右子树的两个分支组成，如图 6.7(a)所示，因此表示二叉树的链表中的结点至少包含：左孩子指针、数据元素、右孩子指针，如图 6.7(b)所示，显然，在这种存储方式下，从根结点出发可以访问到所有结点，因此，只需记录根结点的地址，即可访问到树中的各个结点。这种存储结构的缺点是从某个结点出发，要找到其双亲结点，需要从根结点开始搜索，效率较低。

为了便于找到结点的双亲，还可在结点结构中增加一个指向双亲结点的指针，如图 6.7(c)所示。

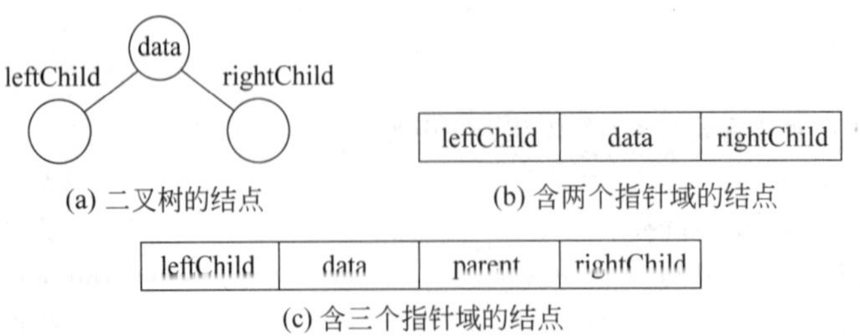

图 6.7 二叉树的链式存储方式的结点及其结点结构

利用上面两种结点结构构成的二叉树分别称为二叉链表和三叉链表，如图 6.8 所示，

链表的头指针指向二叉树的根结点。

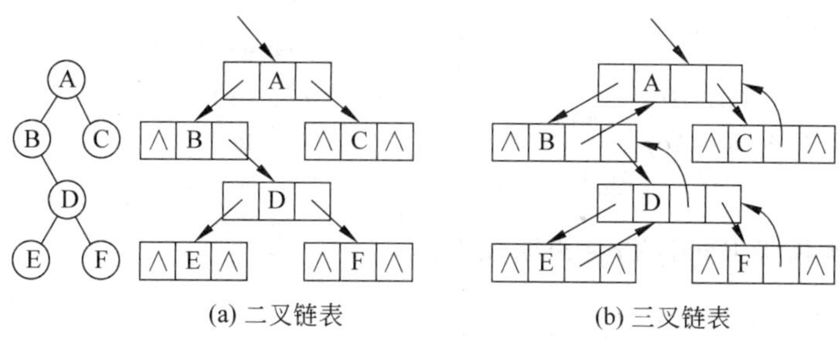

(a) 二叉链表　　(b) 三叉链表

图 6.8　二叉树的链表存储结构

在实际的使用中,经常需要从根结点开始访问二叉树中的各个结点,一般都用二叉链表存储。在后面的讨论中,除非特殊说明,都是基于二叉树的二叉链表存储结构进行描述。

下面给出基于二叉链表存储结构的二叉树的类声明及其实现。二叉链表的结点类模板 BinTreeNode 声明及其实现如下:

```
//二叉树结点类模板
template<class ElemType>
struct BinTreeNode
{
//数据成员
    ElemType data;                            //数据元素
    BinTreeNode<ElemType> * leftChild;        //指向左孩子的指针
    BinTreeNode<ElemType> * rightChild;       //指向右孩子的指针

//构造函数模板
    BinTreeNode();                            //无参数的构造函数模板
    BinTreeNode(const ElemType &val,
                              //已知数据元素值,指向左、右孩子的指针构造一个结点
        BinTreeNode<ElemType> * lChild=NULL,
        BinTreeNode<ElemType> * rChild=NULL);
};
//二叉树结点类模板的实现部分
template <class ElemType>
BinTreeNode<ElemType>::BinTreeNode()
//操作结果:构造一个叶结点
{
    leftChild=rightChild=NULL;                //叶结点左、右孩子为空
}

template <class ElemType>
BinTreeNode<ElemType>::BinTreeNode(const ElemType &val,
    BinTreeNode<ElemType> * lChild, BinTreeNode<ElemType> * rChild)
```

```
//操作结果：构造一个数据元素值为 val,左孩子为 lChild,右孩子为 rChild 的结点
{
    data=val;                                   //数据元素值
    leftChild=lChild;                           //左孩子
    rightChild=rChild;                          //右孩子
}
```

二叉链表类模板 BinaryTree 声明如下：

```
//二叉树类模板
template<class ElemType>
class BinaryTree
{
protected:
//二叉树的数据成员
    BinTreeNode<ElemType> * root;

//辅助函数模板
    BinTreeNode<ElemType> * CopyTreeHelp(const BinTreeNode<ElemType> * r);
                                                        //复制二叉树
    void DestroyHelp(BinTreeNode<ElemType> * &r);       //销毁以 r 为根二叉树
    void PreOrderHelp(const BinTreeNode<ElemType> * r, void( * visit)(const
        ElemType &))const;                              //先序遍历
    void InOrderHelp(const BinTreeNode<ElemType> * r, void( * visit)(const
        ElemType &))const;                              //中序遍历
    void PostOrderHelp(const BinTreeNode<ElemType> * r, void( * visit)(const
        ElemType &))const;                              //后序遍历
    int HeightHelp(const BinTreeNode<ElemType> * r) const;  //返回二叉树的高
    int NodeCountHelp(const BinTreeNode<ElemType> * r) const;
                                                        //返回二叉树的结点个数
    BinTreeNode<ElemType> * ParentHelp(const BinTreeNode<ElemType> * r,
        const BinTreeNode<ElemType> * cur) const;      //返回 cur 的双亲

public:
//二叉树方法声明及重载编译系统默认方法声明
    BinaryTree();                                       //无参数的构造函数模板
    virtual~BinaryTree();                               //析构函数模板
    BinTreeNode<ElemType> * GetRoot() const;            //返回二叉树的根
    bool Empty()const;                                  //判断二叉树是否为空
    bool GetElem(const BinTreeNode<ElemType> * cur, ElemType &e)const;
                                                        //用 e 返回结点元素值
    bool SetElem(BinTreeNode<ElemType> * cur, const ElemType &e);
                                                        //将结点 cur 的值置为 e
    void InOrder(void( * visit)(const ElemType &))const;   //二叉树的中序遍历
    void PreOrder(void( * visit)(const ElemType &))const;  //二叉树的先序遍历
    void PostOrder(void( * visit)(const ElemType &))const; //二叉树的后序遍历
```

```
    void LevelOrder(void( * visit)(const ElemType &))const;  //二叉树的层次遍历
    int NodeCount()const;                                   //求二叉树的结点个数
    BinTreeNode<ElemType> * LeftChild(const BinTreeNode<ElemType> * cur) const;
        //返回二叉树结点 cur 的左孩子
    BinTreeNode<ElemType> * RightChild(const BinTreeNode<ElemType> * cur) const;
        //返回二叉树结点 cur 的右孩子
    BinTreeNode<ElemType> * Parent(const BinTreeNode<ElemType> * cur) const;
        //返回二叉树结点 cur 的双亲
    void InsertLeftChild(BinTreeNode<ElemType> * cur, const ElemType &e);
                                                            //插入左孩子
    void InsertRightChild(BinTreeNode<ElemType> * cur, const ElemType &e);
                                                            //插入右孩子
    void DeleteLeftChild(BinTreeNode<ElemType> * cur);      //删除左子树
    void DeleteRightChild(BinTreeNode<ElemType> * cur);     //删除右子村
    int Height()const;                                      //求二叉树的高
    BinaryTree(const ElemType &e);                         //建立以 e 为根的二叉树
    BinaryTree(const BinaryTree<ElemType>&copy);           //复制构造函数模板
    BinaryTree(BinTreeNode<ElemType> * r);                 //建立以 r 为根的二叉树
    BinaryTree<ElemType>&operator=(const BinaryTree<ElemType>& copy);
                                                           //重载赋值运算符
};
```

说明：三叉链表二叉树只是在结点部分加上指向双亲的指针，其他部分与二叉链表二叉树类似，下面是三叉链表二叉树类模板及其相应结点的声明：

```
//三叉链表二叉树结点类模板
template<class ElemType>
struct TriLkBinTreeNode
{
//数据成员
    ElemType data;                                  //数据元素
    TriLkBinTreeNode<ElemType> * leftChild;         //指向左孩子的指针
    TriLkBinTreeNode<ElemType> * rightChild;        //指向右孩子的指针
    TriLkBinTreeNode<ElemType> * parent;            //指向双亲的指针

//构造函数模板
    TriLkBinTreeNode();                             //无参数的构造函数模板
    TriLkBinTreeNode(const ElemType &val,
                              //由数据元素值,指向左、右孩子及双亲的指针构造结点
        TriLkBinTreeNode<ElemType> * lChild=NULL,
        TriLkBinTreeNode<ElemType> * rChild=NULL,
        TriLkBinTreeNode<ElemType> * pt=NULL);
};

//三叉链表二叉树类模板
template<class ElemType>
```

```
class TriLkBinaryTree
{
protected:
//二叉树的数据成员
    TriLkBinTreeNode<ElemType> * root;

//辅助函数模板
    与二叉链表二叉树的相应部分完全相同

public:
//二叉树方法声明及重载编译系统默认方法声明
    与二叉链表二叉树的相应部分完全相同
};
```

下面只讨论二叉链表二叉树类,首先讨论几个公共成员函数模板的代码实现。函数模板中很多地方调用了在后续章节中介绍的函数模板,比如二叉树的前、中、后序遍历的函数模板 PreOrderHelp()、InOrderHelp()、PostOrderHelp()等,这些函数模板是作为类的私有成员函数模板定义的,其具体实现请参见二叉树的遍历一节。

构造函数模板、析构函数模板、得到二叉树的根结点的实现非常简单,具体实现如下:

```
template<class ElemType>
BinaryTree<ElemType>::BinaryTree()
//操作结果:构造一个空二叉树
{
    root=NULL;
}

template<class ElemType>
BinaryTree<ElemType>::~BinaryTree()
//操作结果:销毁二叉树——析构函数模板
{
    DestroyHelp(root);
}

template<class ElemType>
BinTreeNode<ElemType> * BinaryTree<ElemType>::GetRoot()const
//操作结果:返回二叉树的根
{
    return root;
}
```

由于在二叉链表存储结构中是以指向根结点的指针表示一棵二叉树,因此判断一棵二叉树是否为空树实际上就是检查根指针 root 是否为空,具体实现如下:

```
template<class ElemType>
```

```
bool BinaryTree<ElemType>::Empty() const
//操作结果：判断二叉树是否为空
{
    return root==NULL;
}
```

对当前二叉树进行前、中、后序遍历的实现，都是以根指针 root 为参数，通过调用对应的辅助函数模板来实现的，参数中的函数指针 visit 表示遍历到树中的各个结点时，对各结点值 data 进行处理的函数模板。

```
template<class ElemType>
void BinaryTree<ElemType>::PreOrder(void(*visit)(ElemType &))
//操作结果：先序遍历二叉树
{
    PreOrderHelp(root, visit);
}

template<class ElemType>
void BinaryTree<ElemType>::InOrder(void(*visit)(ElemType &))
//操作结果：中序遍历二叉树
{
    InOrderHelp(root, visit);
}

template<class ElemType>
void BinaryTree<ElemType>::PostOrder(void(*visit)(ElemType &))
//操作结果：后序遍历二叉树
{
    PostOrderHelp(root, visit);
}
```

计算当前二叉树的结点个数、高及析构函数模板的实现也是以根指针 root 为参数，通过调用对应的辅助函数模板来实现。

```
template<class ElemType>
int BinaryTree<ElemType>::NodeCount() const
//操作结果：返回二叉树的结点个数
{
    return NodeCountHelp(root);
}

template<class ElemType>
int BinaryTree<ElemType>::Height() const
//操作结果：返回二叉树的高
{
```

```
    return HeightHelp(root);
}

template<class ElemType>
BinaryTree<ElemType>::~BinaryTree()
//操作结果:销毁二叉树——析构函数
{
    DestroyHelp(root);
}
```

6.3 二叉树遍历

所谓遍历二叉树,就是遵从某种次序,顺着某一条搜索路径访问二叉树中的各个结点,使得每个结点均被访问一次,而且仅被访问一次。"访问"的含义可以很广,如输出结点的信息、修改结点的数据值等,但一般要求这种访问不破坏原来数据之间的逻辑结构。

实际上,"遍历"是任何数据结构均有的操作,二叉树是非线性结构,每个结点最多可以有两个孩子,则存在如何遍历,即按什么样的搜索路径遍历的问题。这样就必须规定遍历的规则,按此规则遍历二叉树,最后得到二叉树中所有结点的一个线性序列。

6.3.1 遍历的定义

根据二叉树的结构特征,可以有三类搜索路径:先上后下的按层次遍历、先左(子树)后右(子树)的遍历、先右(子树)后左(子树)的遍历。设访问根结点记作D,遍历根的左子树记作L,遍历根的右子树记作R,则可能的遍历次序有:DLR、LDR、LRD、DRL、RDL、RLD及层次遍历。若规定先左(子树)后右(子树),则只剩下四种遍历方式:DLR、LDR、LRD及层次遍历,根据根结点被遍历的次序,通常称DLR、LDR和LRD三种遍历为先序遍历、中序遍历和后序遍历。

1. 先序遍历(Preorder Traversal)

二叉树的先序遍历定义如下:

如果二叉树为空,则空操作,否则

(1) 访问根结点(D);

(2) 先序遍历左子树(L);

(3) 先序遍历右子树(R)。

先序遍历也称为前序遍历,就是按照"根—左子树—右子树"的次序遍历二叉树。遍历实例如图6.9所示。

2. 中序遍历(Inorder Traversal)

二叉树的中序遍历定义如下:

如果二叉树为空,则空操作,否则

(1) 中序遍历左子树(L);

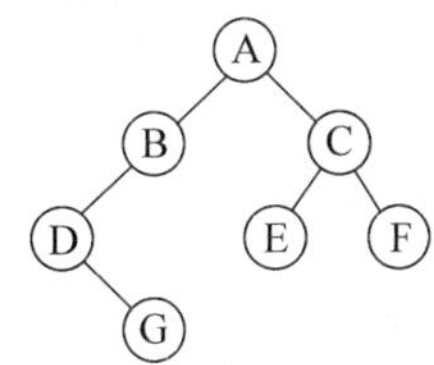

图 6.9 二叉树的遍历

(2) 访问根结点(D)；

(3) 中序遍历右子树(R)。

中序遍历就是按照"左子树—根—右子树"的次序遍历二叉树。遍历实例如图 6.9 所示。

3. 后序遍历(Postorder Traversal)

二叉树的后序遍历定义如下：

如果二叉树为空，则空操作，否则

(1) 后序遍历左子树(L)；

(2) 后序遍历右子树(R)；

(3) 访问根结点(D)。

后序遍历就是按照"左子树—右子树—根"的次序遍历二叉树。遍历实例如图 6.9 所示。

前面三种遍历方式都采用了递归描述方式，这种描述方式简捷而准确，在后面将进行讲解。

4. 层次遍历(Levelorder Traversal)

二叉树的层次遍历就是按照二叉树的层次，从上到下、从左至右的次序访问各结点，层次遍历实例如图 6.9 所示。

6.3.2 遍历算法

1. 递归算法

二叉树的先序、中序和后序遍历定义采用递归方式进行定义，算法实现时最简单直接的方式就是递归方式。先序、中序和后序遍历递归算法如下：

```
template<class ElemType>
void BinaryTree<ElemType>::PreOrderHelp(const BinTreeNode<ElemType> * r,
    void(* visit)(const ElemType &))const
//操作结果：先序遍历以 r 为根的二叉树
{
    if(r!=NULL)
    {
        (* visit)(r->data);                          //访问根结点
        PreOrderHelp(r->leftChild, visit);           //遍历左子树
```

```
        PreOrderHelp(r->rightChild, visit);         //遍历右子树
    }
}

template<class ElemType>
void BinaryTree<ElemType>::InOrderHelp(const BinTreeNode<ElemType> * r,
    void(* visit)(const ElemType &))const
//操作结果: 中序遍历以 r 为根的二叉树
{
    if(r!=NULL)
    {
        InOrderHelp(r->leftChild, visit);           //遍历左子树
        (* visit)(r->data);                         //访问根结点
        InOrderHelp(r->rightChild, visit);          //遍历右子树
    }
}

template<class ElemType>
void BinaryTree<ElemType>::PostOrderHelp(const BinTreeNode<ElemType> * r,
    void(* visit)(const ElemType &))const
//操作结果: 后序遍历以 r 为根的二叉树
{
    if(r!=NULL)
    {
        PostOrderHelp(r->leftChild, visit);         //遍历左子树
        PostOrderHelp(r->rightChild, visit);        //遍历右子树
        (* visit)(r->data);                         //访问根结点
    }
}
```

****2. 非递归算法**

递归算法的效率一般比非递归算法的效率低。对于二叉树的遍历算法,非递归算法更复杂。

对于先序遍历,由前序遍历的定义可知,遍历某二叉树时,是从根开始,沿左子树往下搜索,每搜索到一个结点,就访问它,直到到达没有左子树的结点为止。然后,返回到已搜索过的最近一个有右子树的结点处,按同样的方法沿着它的右子树往下搜索,如此一直进行,直到所有结点均已被访问过。

可以看到,在访问完某结点后,不能立即放弃它,因为遍历完左子树后,要从其右子树起继续遍历,所以在访问完某结点后,应保存它的指针,以便以后能从它找到它的右子树。由于较先访问到的结点较后才重新利用,故应将访问过的结点保存到栈中。先序遍历的非递归算法的具体实现代码如下:

```
//文件路径名:e6_1\alg.h
```

```
template<class ElemType>
void NonRecurPreOrder(const BinaryTree<ElemType> &bt, void(*visit)(const
ElemType &))
//操作结果: 先序遍历二叉树
{
    BinTreeNode<ElemType> *cur=bt.GetRoot();        //当前结点
    LinkStack<BinTreeNode<ElemType> *>s;

    while(cur!=NULL)
    {   //处理当前结点
        (*visit)(cur->data);                       //访问当前结点
        s.Push(cur);                               //当前结点入栈

        if(cur->leftChild!=NULL)
        {   //cur的先序序列后继为cur->leftChild
            cur=cur->leftChild;
        }
        else if(!s.Empty())
        {   //cur的先序序列后继为栈s的栈顶结点的非空右孩子
            while(!s.Empty())
            {
                s.Pop(cur);                        //取出栈顶结点
                cur=cur->rightChild;               //栈顶的右孩子
                if(cur!=NULL) break;               //右孩子非空即为先序序列后继
            }
        }
        else
        {   //栈s为空,无先序序列后继
            cur=NULL;                              //无先序序列后继
        }
    }
}
```

对于中序遍历,首先访问最左下侧的结点,当前结点访问完后,如果右孩子非空,则在中序序列中的后继为右子树的最左侧的结点,如果右孩子为空,则后继为从根到此结点的路径上离该结点最近且是双亲的左孩子的结点的双亲结点,因此在搜索最左侧结点的过程中应将搜索路径上的结点用栈存起来,下面将搜索某结点的最左侧结点的过程用一个函数模板来实现。

```
//文件路径名:e6_2\alg.h
template<class ElemType>
BinTreeNode<ElemType> *GoFarLeft(BinTreeNode<ElemType> *r,
    LinkStack<BinTreeNode<ElemType> *>&s)
//操作结果: 返回以r为根的二叉树的最左侧的结点,并将搜索过程中的结点加入到栈s中
```

```
{
    if(r==NULL)
    {   //空二叉树
        return NULL;
    }
    else
    {   //非空二叉树
        BinTreeNode<ElemType> * cur=r;              //当前结点
        while(cur->leftChild!=NULL)
        {   //cur 存在左孩子,则 cur 移向左孩子
            s.Push(cur);                            //cur 入栈
            cur=cur->leftChild;                     //cur 移向左孩子
        }
        return cur;                                 //cur 为最左侧的结点
    }
}
```

利用上面的函数模板很容易实现中序遍历的非递归算法,具体实现如下:

```
template<class ElemType>
void NonRecurInOrder(const BinaryTree<ElemType> &bt, void(* visit)(const
ElemType &))
//操作结果:中序遍历二叉树
{
    BinTreeNode<ElemType> * cur;                        //当前结点
    LinkStack<BinTreeNode<ElemType> * >s;

    cur=GoFarLeft<ElemType>(bt.GetRoot(), s);           //cur 二叉树的最左侧的结点
    while(cur!=NULL)
    {   //处理当前结点
        (* visit)(cur->data);                           //访问当前结点

        if(cur->rightChild!=NULL)
        {   //cur 的中序序列后继为右子树的最左侧的结点
            cur=GoFarLeft(cur->rightChild, s);
        }
        else if(!s.Empty())
        {   //cur 的中序序列后继为栈 s 的栈顶结点
            s.Pop(cur);                                 //取出栈顶结点
        }
        else
        {   //栈 s 为空,无中序序列后继
            cur=NULL;                                   //无中序序列后继
        }
    }
```

```
}
```

后序遍历的非递归算法要复杂一些。由于后序遍历最后访问根结点,对任一结点,应先沿它的左子树往下搜索,每搜索到一个结点就将其地址存储到栈中,直至搜索到没有左子树的结点为止。此时,若该结点无右子树,则直接访问该结点;否则,从该结点的右子树起,按同样的方法访问右子树中的各结点,访问完右子树中的所有结点后,才访问该结点。

对结点应加一个标志指向右子树是否被访问,被修改后的结点结构如下:

```
//文件路径名:e6_3\alg.h
//修改后的结点结构
template<class ElemType>
struct ModiNode
{
    BinTreeNode<ElemType> * node;                          //指向结点
    bool rightSubTreevisited;                              //是否右子树已被访问
};
```

与中序遍历相似,搜索最左侧的结点用函数模板 GoFarLeft()来完成,只是对于搜索到的结点,将修改后的结点进栈,具体实现如下:

```
template<class ElemType>
ModiNode<ElemType> * GoFarLeft(BinTreeNode<ElemType> * r,
    LinkStack<ModiNode<ElemType> * >&s)
//操作结果:返回以 r 为根的二叉树的最左侧的被修改后的结点,并将搜索过程中
//的被修改后的结点加入到栈 s 中
{
    if(r==NULL)
    {   //空二叉树
        return NULL;
    }
    else
    {   //非空二叉树
        BinTreeNode<ElemType> * cur=r;                     //当前结点
        ModiNode<ElemType> * newPtr;                       //被修改后的结点
        while(cur->leftChild!=NULL)
        {   //cur 存在左孩子,则 cur 移向左孩子
            newPtr=new ModiNode<ElemType>;
            newPtr->node=cur;                              //指向结点
            newPtr->rightSubTreevisited=false;             //表示右子树未被访问
            s.Push(newPtr);                                //nodePtr 入栈
            cur=cur->leftChild;                            //cur 移向左孩子
        }
        newPtr=new ModiNode<ElemType>;
        newPtr->node=cur;                                  //指向结点
        newPtr->rightSubTreevisited=false;                 //表示右子树未被访问
```

```
        return newPtr;                                  //最左侧的被修改后的结点
    }
}

template<class ElemType>
void NonRecurPostOrder(const BinaryTree<ElemType> &bt, void(* Visit)(const
ElemType &))
//操作结果:后序遍历二叉树
{
    ModiNode<ElemType> * cur;                           //当前被搜索结点
    LinkStack<ModiNode<ElemType> * >s;

    cur=GoFarLeft<ElemType>(bt.GetRoot(), s); //cur为二叉树的最左侧的被搜索结点
    while(cur!=NULL)
    {   //处理当前结点
        if(cur->node->rightChild==NULL||cur->rightSubTreeVisited)
        {   //当前结点右子树为空或右子树已被访问
            (* Visit)(cur->node->data);                 //访问当前结点
            delete cur;                                 //释放空间

            if(!s.Empty())
            {   //栈非空,则栈顶将指示下一次要访问的结点
                s.Pop(cur);                             //出栈
            }
            else
            {   //栈空,遍历完毕
                cur=NULL;
            }
        }
        else
        {   //当前结点右子树未被访问
            cur->rightSubTreeVisited=true;  //下一次出现在栈顶时的右子树已被访问
            s.Push(cur);                                //入栈
            cur=GoFarLeft<ElemType>(cur->node->rightChild, s);
                                                        //搜索右子树最左侧的结点
        }
    }
}
```

层次遍历是先访问层次小的所有结点,同一层次从左到右访问,然后再访问下一层次的结点。根据层次遍历的定义,除根结点外,每个结点都处于其双亲结点的下一层次,而每个结点的指针都记录在其双亲结点中,因此为了找到各结点,需将已经访问过的结点的孩子结点保存下来。根据层次遍历的定义,使用一个队列来存储已访问过的结点的孩子结点。初始将根结点入栈,每次要访问的下一个结点都是队列上取出指向结点的指针,每

访问完一个结点后，如果它有左、右孩子结点，则将它的左、右孩子结点入队，如此重复，直到队列为空，则遍历结束，下面是具体实现：

```
template<class ElemType>
void BinaryTree<ElemType>::LevelOrder(void(*visit)(const ElemType &))const
//操作结果：层次遍历二叉树
{
    LinkQueue<BinTreeNode<ElemType>*>q;                //队列
    BinTreeNode<ElemType>*t=root;                      //从根结点开始进行层次遍历

    if(t!=NULL) q.InQueue(t);                          //如果根非空，则入队
    while(!q.Empty())
    {   //q非空，说明还有结点未访问
        q.OutQueue(t);
        (*visit)(t->data);
        if(t->leftChild!=NULL)                         //左孩子非空
            q.InQueue(t->leftChild);                   //左孩子入队
        if(t->rightChild!=NULL)                        //右孩子非空
            q.InQueue(t->rightChild);                  //右孩子入队
    }
}
```

*6.3.3　二叉树遍历应用举例

应用二叉树的遍历可以实现许多关于二叉树的操作，本小节介绍几个例子。

1. 计算结点个数与树的高度

二叉树的结点个数等于左子树的结点数加上右子树的结点数再加上根结点数1，因此求二叉树的结点数的问题可以分解为计算其左、右子树的结点数目问题。对应的递归算法如下：

```
template<class ElemType>
int BinaryTree<ElemType>::NodeCountHelp(const BinTreeNode<ElemType>*r)const
//操作结果：返回以r为根的二叉树的结点个数
{
    if(r==NULL)return 0;        //空二叉树结点个数为0
    else return NodeCountHelp(r->leftChild)+NodeCountHelp(r->rightChild)+1;
                                //非空二叉树结点个数为左、右子树的结点个数之和再加1
}
```

类似地，还可以实现计算二叉树高度的算法。根据对于高度的定义，空树的高度为0，非空树的高度为其左右子树中高度的最大值再加1。算法代码如下：

```
template<class ElemType>
int BinaryTree<ElemType>::HeightHelp(const BinTreeNode<ElemType>*r) const
```

```
//操作结果: 返回以 r 为根的二叉树的高
{
    if(r==NULL)
    {   //空二叉树高为 0
        return 0;
    }
    else
    {   //非空二叉树高为左、右子树的高的最大值再加 1
        int lHeight, rHeight;
        lHeight=HeightHelp(r->leftChild);                  //左子树的高
        rHeight=HeightHelp(r->rightChild);                 //右子树的高
        return (lHeight>rHeight? lHeight: rHeight)+1;
            //高为左、右子树的高的最大值再加 1
    }
}
```

2. 二叉树的销毁

销毁一棵二叉树需要销毁其中的所有结点,因为每个结点的地址都记录在其双亲结点中,所以销毁结点的次序应该按照后序遍历的次序,首先销毁根结点的左右子树结点,最后再销毁根结点。因此,销毁函数模板的实现与二叉树的后序遍历的实现非常类似。

```
template<class ElemType>
void BinaryTree<ElemType>::DestroyHelp(BinTreeNode<ElemType> * &r)
//操作结果: 销毁以 r 的二叉树
{
    if(r!=NULL)
    {   //r 非空,实施销毁
        DestroyHelp(r->leftChild);                  //销毁左子树
        DestroyHelp(r->rightChild);                 //销毁右子树
        delete r;                                   //销毁根结点
        r=NULL;
    }
}
```

3. 二叉树的复制

利用已有二叉树复制得到另外一棵与其完全相同的二叉树,实际上就是二叉树的复制构造函数模板。根据二叉树的特点,复制步骤如下:如果二叉树 s 不空,复制二叉树根结点的左子树和右子树,然后再复制根结点,具体实现如下:

```
template<class ElemType>
BinTreeNode<ElemType> * BinaryTree<ElemType>::CopyTreeHelp (BinTreeNode<ElemType>
 * r)
//操作结果: 将以 r 为根的二叉树复制成新的二叉树,返回新二叉树的根
{
```

```
    if(r==NULL)
    {   //复制空二叉树
        return NULL;                                              //空二叉树根为空
    }
    else
    {                                                             //复制非空二叉树
        BinTreeNode<ElemType> * lChild=CopyTree(r->leftChild);  //复制左子树
        BinTreeNode<ElemType> * rChild=CopyTree(r->rightChild); //复制右子树
        BinTreeNode<ElemType> * r=new BinTreeNode<ElemType>(r->data, lChild,
        rChild);
                                                                  //复制根结点
        return r;
    }
}
```

有了二叉树的复制函数模板 CopyTreeHelp()，就可以很方便地重载二叉树类中赋值操作符=与复制构造函数模板，具体实现如下：

```
template<class ElemType>
BinaryTree<ElemType>::BinaryTree(const BinaryTree<ElemType>&copy)
//操作结果：由已知二叉树构造新二叉树——复制构造函数模板
{
    root=CopyTreeHelp(copy.root);                   //复制二叉树
}
template<class ElemType>
BinaryTree<ElemType>&BinaryTree<ElemType>::operator=(const BinaryTree
<ElemType>&copy)
//操作结果：由已知二叉树 copy 复制到当前二叉树——重载赋值运算符
{
    if(&copy!=this)
    {
        DestroyHelp(root);                          //释放原二叉树所占用空间
        root=CopyTreeHelp(copy.root);               //复制二叉树
    }
    return * this;
}
```

4. 二叉树的显示

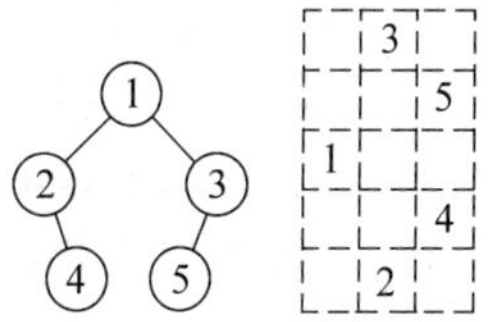

显示二叉树时，最好以树状形式显示，如图 6.10 所示，从图可知从上到下的显示顺序为 35142，这实际上就是先右子树，再根结点，后左子树的中序遍历的顺序，并且二叉树根在显示在第 1 列，根的孩子显示在第 2 列……可知显示的列数为结点的层次数，因此可按照中序遍历的算法编程实现，具体实现如下。

图 6.10 树状显示二叉树

```
template<class ElemType>
void DisplayBTWithTreeShapeHelp(BinTreeNode<ElemType> * r, int level)
//操作结果：按树状形式显示以 r 为根的二叉树，level 为层次数，可设根结点的层次数为 1
{
    if(r!=NULL)
    {   //空树不显示，只显示非空树
        DisplayBTWithTreeShapeHelp<ElemType>(r->rightChild, level+1);
                                                                //显示右子树
        cout<<endl;                             //显示新行
        for(int i=0; i<level -1; i++)
            cout<<" ";                          //确保在第 level 列显示结点
        cout<<r->data;                          //显示结点
        DisplayBTWithTreeShapeHelp<ElemType>(r->leftChild, level+1);
                                                                //显示左子树
    }
}

template<class ElemType>
void DisplayBTWithTreeShape(const BinaryTree<ElemType> &bt)
//操作结果：树状形式显示二叉树
{
    DisplayBTWithTreeShapeHelp<ElemType>(bt.GetRoot(), 1);
        //树状显示以 bt.GetRoot()为根的二叉树
    cout<<endl;
}
```

5. 由先序序列与中序序列构造二叉树

前面讨论了二叉树的先序、中序和后序遍历，并且知道，任意一棵二叉树的前序序列、中序序列和后序序列都是唯一的。反过来，若已知一棵二叉树的先序序列和中序序列，用它们能否确定一棵二叉树呢？又是否唯一呢？

根据前序遍历的定义，二叉树的前序遍历是先访问根结点 D，其次遍历左子树 L，最后遍历右子树 R。即在结点的先序序列中，第一个结点必是根 D，所以可以从先序序列中确定二叉树的根；另一方面，由于中序遍历是先遍历左子树 L，然后访问根 D，最后遍历右子树 R，所以在中序序列中，根结点 D 将中序序列分割成了两部分：在 D 之前的是左子树中的结点，D 之后的是右子树中的结点。这样，根据在中序序列中确定的左、右子树的结点个数，又可反过来将先序序列中除根结点以外的部分分成左、右子树的先序序列。然后根据相同的方法又可以确定左、右子树的根及其下一代左、右子树。依此类推，最终可得到整棵二叉树。

比如，已知一棵二叉树的前序序列为：ABCDEFGHI，中序序列为：DCBAGFHEI，根据它们建立原始二叉树的过程如下。

根据先序遍历的定义，前序序列的第一个字母 A 一定是树的根，又根据中序遍历的定义，字母 A 把中序序列划分为两个子序列：DCB 和 GFHEI，这样可得到对二叉树的第一次近似，如图 6.11(a)所示。然后，根据在中序序列中划分的左、右子树，可以知道，先序序列中的子序列(BCD)是左子树的先序序列，因此，取先序序列的字母 B 作为 A 的左子树的根，它把中序子序列(DCB)划分得到的两个子序列为：DC 和一个空子序列，表明 B 的右子树为空，这样可得到对应二叉树的第二次近似，如图 6.11(b)所示。将这个过程继续下去，最后可以得到如图 6.11(e)所示的二叉树。

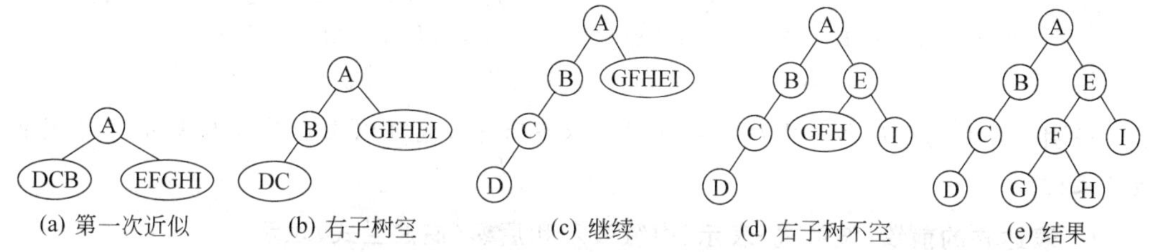

图 6.11 由先序序列和中序序列构造二叉树

可以看出，这个构造过程是一个递归的过程。首先根据给定的先序序列建立二叉树的根结点，根据中序序列确定二叉树的左子树序列和右子树序列，然后再根据左子树的前序序列和中序序列递归地构造左子树，根据右子树的前序序列和中序序列递归地构造右子树。

根据这个构造思想得到的程序实现如下：

```
template<class ElemType>
void CreateBinaryTreeHelp (BinTreeNode<ElemType> * &r, ElemType pre[], ElemType in[],
                          int preLeft, int preRight, int inLeft, int inRight)
//操作结果：已知二叉树的先序序列 pre[preLeft..preRight]和中序序列 in[inLeft..inRight]
//构造以 r 为根的二叉树
{
    if(preLeft>preRight||inLeft>inRight)
    {   //二叉树无结点,空二叉树
        r=NULL;                                          //空二叉树根为空
    }
    else
    {   //二叉树有结点,非空二叉树
        r=new BinTreeNode<ElemType>(pre[preLeft]);       //生成根结点
        int mid=inLeft;
        while(in[mid]!=pre[preLeft])
        {   //查找 pre[preLeft]在 in[]中的位置,也就是中序序列中根的位置
            mid++;
        }
        CreateBinaryTreeHelp(r->leftChild, pre, in, preLeft+1, preLeft+mid -
            inLeft, inLeft, mid -1);                     //生成左子树
        CreateBinaryTreeHelp(r->rightChild, pre, in, preLeft+mid -inLeft+1,
            preRight, mid+1, inRight);                   //生成右子树
    }
}
```

```
template<class ElemType>
BinaryTree<ElemType>CreateBinaryTree(ElemType pre[], ElemType in[], int n)
//操作结果：已知先序和中序序列构造二叉树
{
    BinTreeNode<ElemType> * r;                              //二叉树的根
    CreateBinaryTreeHelp<ElemType>(r, pre, in, 0, n-1, 0, n-1);
                                                   //由先序和中序序列构造以 r 为根的二叉树
    return BinaryTree<ElemType>(r);                //返回以 r 为根的二叉树
}
```

说明：与由先序序列与中序序列构造二叉树类似，也可以由后序序列与中序序列构造二叉树。

6. 表达式的前缀(波兰式)表示、中缀表示和后缀(逆波兰式)表示

可以用二叉树表示表达式，二叉树表示表达式的递归定义如下：

如表达式为数或简单变量，则相应二叉树中只有一个根结点，其数据元素存储此表达式信息；如表达式=(第一操作数)(运算符)(第二操作数)，则相应的二叉树中以左子树表示第一操作数，右子树表示第二操作数，根结点的数据元素存储运算符(如为一元运算符，则左子树或右子树为空)，操作数本身又可以为表达式。

例如，表达式 a－b/(c＋d)＋e＊f 的二叉树表示如图 6.12 所示。

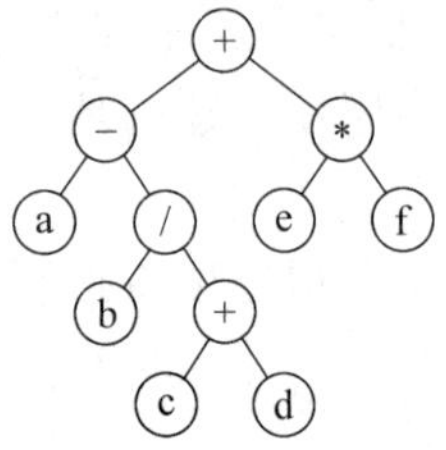

图 6.12　表达式 a－b/(c＋d)＋e＊f 的二叉树表示

如果先序遍历二叉树，按访问结点的先后次序将结点排列起来，可得到先序序列：

$$+-a/b+cd*ef \tag{6.3}$$

中序遍历二叉树，可得到中序序列：

$$a-b/c+d+e*f \tag{6.4}$$

后序遍历二叉树，可得到后序序列：

$$abcd+/-ef*+ \tag{6.5}$$

二叉树的先序序列(6.3)称为表达式的前缀(波兰式)表示，中序序列(6.4)称为表达式的中缀表示，后序序列(6.5)称为表达式的后缀(逆波兰式)表示。

6.4　线索二叉树

6.4.1　线索的概念

二叉树是一种典型的非线性结构，树中各结点(除根结点外)可以有 1 个前驱(双亲结点)，0～2 个后继(孩子结点)。如果按某种方式遍历二叉树，遍历所得的结果序列就变为线性结构，树中所有结点都按照某种次序排列在一个线性有序(前序、中序、后序或层次序)的序列中，每个结点就有了唯一的前驱和后继，当以二叉链表为存储结构时，只能找到结点的左、右孩子信息，而不能直接得到前驱和孩子信息，如何保存这种在遍历过程中得到的前驱和后继信息呢？最直接简单的方法是在每个结点上增加两个指针成员 back 和 next，分别指向结点在遍历过程得到的前驱和后继信息，这样做显然浪费了不少存储空间。而在一棵具有 n 个结点的二叉树中，有 $2n_0+n_1$ 个空指针成员，根据二叉树的性质 3，$n_0=n_2+1$，可知空指针成员个数为 $2n_0+n_1=n_0+n_1+n_2+1=n+1$，大约是总指针成员数目(2n)的一半。为不浪费存储空间，可以考虑利用这些空指针成员来存放结点在某种遍历次序下的前驱或后继指针。对任一结点，如果无左孩子，则用左指针存放指向它的前驱结点的指针；如果无右孩子，则用右指针存放指向它的后继结点的指针；如果存在左孩子，则左指针存储指向左孩子的指针，如果存在右孩子，则右指针存储指向右孩子的指针。这样，既保持了原二叉树的结构，又利用空指针成员表示了部分前驱和后继关系。通常称表示前驱和后继的指针叫做“线索”，而这种使树中结点的空指针成员存放前驱或后继信息的过程叫做“线索化”，加上了线索的二叉树叫做线索二叉树。

由于树的遍历方式有多种，所以对于任意一个结点，都有多种遍历次序下的前驱和后继，在此重点介绍先左后右的三种遍历方式所对应的线索二叉树，即先序线索二叉树、中序线索二叉树和后序线索二叉树。

图 6.13 所示是中序线索二叉树的一个例子。图中的实线表示原来二叉树的结构关系(双亲一孩子关系)，虚线表示线索(指向前驱或后继的指针)。

在线索二叉树中，由于原来的空指针成员被置为指向前驱或后继的指针，为了区别线索和孩子指针，需要为每个结点设两个标志位，分别用来说明它的左指针和右指针指向的是孩子结点还是线索，如图 6.14 所示。

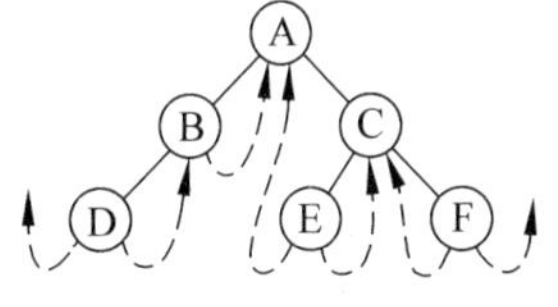

图 6.13　中序线索二叉树

leftChild	leftTag	data	rightTag	rightChild

图 6.14　线索二叉树结点示意图

对图 6.14 中的标志 leftTag 和 rightTag 做如下规定。

$$\text{leftTag}=\begin{cases}0 & \text{leftChild 存储指向左孩子的指针}\\1 & \text{leftChild 存储指向前驱的指针}\end{cases}$$

$$\text{rightTag}=\begin{cases}0 & \text{rightChild 存储指向右孩子的指针}\\1 & \text{rightChild 存储指向后继的指针}\end{cases}$$

图 6.13 所示的线索二叉树的存储表示如图 6.15 所示。

从图 6.15 可以看到，有两个线索处于空状态，一个是中序遍历的第一个结点 D 的前驱线索，一个是中序遍历的最后一个结点 F 的后继线索。为了不让线索为空，可以仿照线性表的存储结构，在二叉树的线索链表上也增加一个头结点，并令头结点的 leftChild 指向原来的线索二叉树的根结点，表头结点的 rightChild 指向中序序列的最后一个结点；令中序序列的第一个结点的 leftChild 指向表头结点，中序序列的最后一个结点的 rightChild 指向表头结点，如图 6.16 所示。

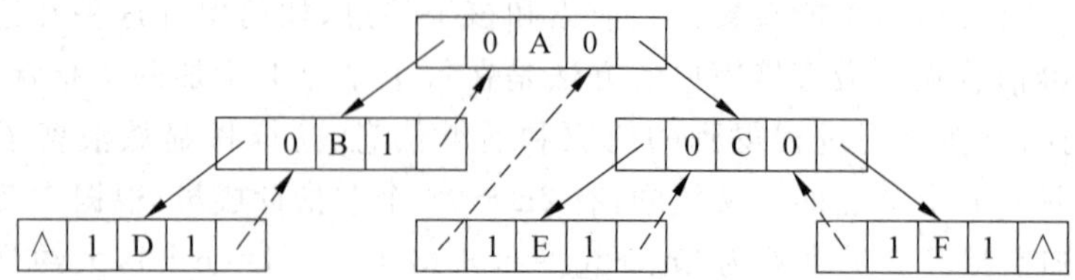

图 6.15 中序线索二叉树的存储示意图

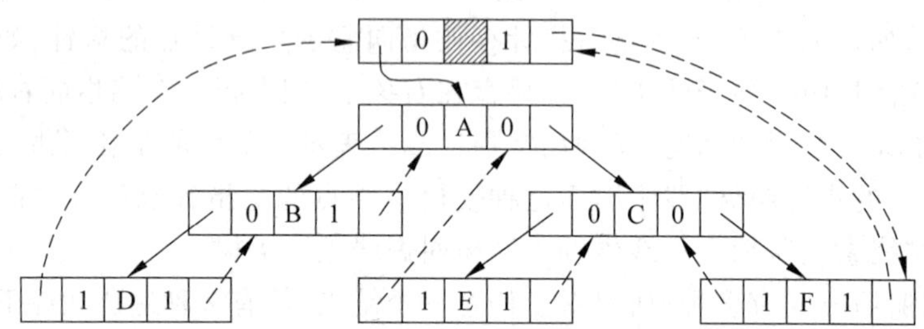

图 6.16 带有头结点的中序线索二叉树的存储示意图

说明：带有头结点的线索二叉树看起来像带头结点的线性链表，但带头结点的线索二叉树编程比不带头结点的线索二叉树更易出错，可读性更差，因此本书线索二叉树不带头结点。

在实际应用中，线性表还包括了如下的基本操作。

1. ThreadBinTreeNode<ElemType> * GetRoot() const

初始条件：线索二叉树已存在。

操作结果：返回线索二叉树的根。

2. void Thread()

初始条件：线索二叉树已存在，但未线索化。

操作结果：线索化二叉树。

3. void Order(void(* visit)(const ElemType &))const

初始条件：线索二叉树已存在。

操作结果：按某种遍历顺序依次对线索二叉树的每个元素调用函数(* visit)。

*6.4.2 线索二叉树的实现

线索二叉树可以由二叉树加线索实现，下面分中序线索二叉树、先序线索二叉树和后序线索二叉树进行讲解。

1. 中序线索二叉树

中序线索二叉树的结点类模板声明如下：

```
enum PointerTagType {CHILD_PTR, THREAD_PTR};
    //指针标志类型,CHILD_PTR(0):指向孩子的指针,THREAD_PTR(1):指向线索的指针
```

```
//线索二叉树结点类模板
template<class ElemType>
struct ThreadBinTreeNode
{
//数据成员
    ElemType data;                                //数据元素
    ThreadBinTreeNode<ElemType> * leftChild;  //指向左孩子的指针
    ThreadBinTreeNode<ElemType> * rightChild;//指向右孩子的指针
    PointerTagType leftTag, rightTag;         //左右标志

//构造函数模板
    ThreadBinTreeNode();                          //无参构造函数模板
    ThreadBinTreeNode(const ElemType &val,      //由数据元素值,指针及标志构造结点
        ThreadBinTreeNode<ElemType> * lChild=NULL,
        ThreadBinTreeNode<ElemType> * rChild=NULL,
        PointerTagType leftTag=CHILD_PTR,
        PointerTagType rightTag=CHILD_PTR);
};
```

上面将指针标志类型声明为一个枚举类型 enum PointerTagType {CHILD_PTR, THREAD_PTR},这样编程时可读性更强,下面是中序线索二叉树类的声明:

```
//中序线索二叉树类模板
template<class ElemType>
class InThreadBinTree
{
protected:
//线索二叉树的数据成员
    ThreadBinTreeNode<ElemType> * root;

//辅助函数模板
    void InThreadHelp(ThreadBinTreeNode<ElemType> * cur, ThreadBinTreeNode
        <ElemType> * &pre);          //中序线索化以 cur 为根的二叉树
    ThreadBinTreeNode<ElemType> * TransformHelp(BinTreeNode<ElemType> * r);
        //bt 为根的二叉树转换成新的未线索化的中序线索二叉树,返回新二叉树的根
    ThreadBinTreeNode<ElemType> * CopyTreeHelp(const ThreadBinTreeNode
        <ElemType> * copy);          //复制线索二叉树
    void DestroyHelp(ThreadBinTreeNode<ElemType> * &r);      //销毁以 r 为根二叉树

public:
//线索二叉树方法声明及重载编译系统默认方法声明
    InThreadBinTree(const BinaryTree<ElemType> &bt);
        //由二叉树构造中序线索二叉树——转换构造函数模板
    virtual~InThreadBinTree();                              //析构函数模板
    ThreadBinTreeNode<ElemType> * GetRoot() const;          //返回线索二叉树的根
```

```
    void InThread();                                                    //中序线索化二叉树
    void InOrder(void(*visit)(const ElemType &))const;                  //二叉树的中序遍历
    InThreadBinTree(const InThreadBinTree<ElemType> &copy);//复制构造函数模板
    InThreadBinTree<ElemType> &operator=(const InThreadBinTree<ElemType>& copy);
                                                                        //重载赋值运算符
};
```

线索化二叉树过程的本质是一种特殊的遍历过程。在线索化过程中,“访问”结点就是检查结点的左、右指针是否为空,若为空,则令其指向当前遍历次序下的前驱或后继。在遍历过程中,访问某结点时,由于它的前驱刚被访问过,所以若左指针为空,则可令其指向它的前驱,但由于它的后继尚未访问到,所以它的右指针不能马上进行线索化,而要等到下一个结点被访问后才能进行线索化,即右指针的线索化要滞后一步进行。因此,为了实现右指针的线索化,需设立一个指针,令其指向上一次访问到的结点。中序线索化二叉树的算法实现如下:

```
template<class ElemType>
void InThreadBinTree<ElemType>::InThreadHelp(ThreadBinTreeNode<ElemType> *cur,
    ThreadBinTreeNode<ElemType> *&pre)
//操作结果:中序线索化以cur为根的二叉树,pre表示cur的前驱
{
    if(cur!=NULL)
    {   //按中序遍历方式进行线索化
        if(cur->leftTag==CHILD_PTR)
            InThreadHelp(cur->leftChild, pre);                  //线索化左子树

        if(cur->leftChild==NULL)
        {   //cur无左孩子,加线索
            cur->leftChild=pre;                                 //cur前驱为pre
            cur->leftTag=THREAD_PTR;                            //线索标志
        }
        else
        {   //cur有左孩子, 修改标志
            cur->leftTag=CHILD_PTR;                             //孩子指针标志
        }

        if(pre!=NULL && pre->rightChild==NULL)
        {   //pre无右孩子, 加线索
            pre->rightChild=cur;                                //pre后继为cur
            pre->rightTag=THREAD_PTR;                           //线索标志
        }
        else if(pre!=NULL)
        {   //cur有右孩子, 修改标志
            pre->rightTag=CHILD_PTR;                            //孩子指针标志
        }
```

```
        pre=cur;                                    //遍历下一结点时,cur为下一结点的前驱

        if(cur->rightTag==CHILD_PTR)
            InThreadHelp(cur->rightChild, pre);          //线索化右子树
    }
}
```

说明：上面的算法实现可读性强，但可将标志赋成孩子指针标志 CHILD_PTR 的相关语句省略，这是因为在线索二叉树的结点类已将标志的默认值设为 CHILD_PTR，也就是在生成线索二叉树的结点时，leftTag 和 rightTag 都默认为 CHILD_PTR，这样优化过的代码如下：

```
template<class ElemType>
void InThreadBinTree<ElemType>::InThreadHelp(ThreadBinTreeNode<ElemType> * cur,
    ThreadBinTreeNode<ElemType> * &pre)
//操作结果：中序线索化以 cur 为根的二叉树,pre 表示 cur 的前驱
{
    if(cur!=NULL)
    {   //按中序遍历方式进行线索化
        if(cur->leftTag==CHILD_PTR)
            InThreadHelp(cur->leftChild, pre);             //线索化左子树

        if(cur->leftChild==NULL)
        {   //cur 无左孩子,加线索
            cur->leftChild=pre;                          //cur 前驱为 pre
            cur->leftTag=THREAD_PTR;                     //线索标志
        }

        if(pre!=NULL && pre->rightChild==NULL)
        {   //pre 无左孩子, 加线索
            pre->rightChild=cur;                         //pre 后继为 cur
            pre->rightTag=THREAD_PTR;                    //线索标志
         }
        pre=cur;                                    //遍历下一结点时,cur为下一结点的前驱

        if(cur->rightTag==CHILD_PTR)
            InThreadHelp(cur->rightChild, pre);          //线索化右子树
    }
}
```

上面的算法是一个递归算法，每次递归都需要知道最近一次访问的结点，所以设置 pre 存储最近一次访问到的结点的指针。pre 的初始值设为 NULL。由于是递归程序，pre 不能作为该程序中的普通临时变量。这里将 pre 作为该函数的参数，这是为了让其对该函数模板具有“全局”变量的作用。由于在参数中设了一个在逻辑上并不需要而只在实

现中需要的参数 pre,使得函数模板调用显得不自然。为解决该问题,再定义一个函数,它可以看成是对上面函数模板的“包装”,但参数中去掉了 pre。该函数模板如下:

```
template<class ElemType>
void InThreadBinTree<ElemType>::InThread()
//操作结果:中序线索化二叉树
{
    ThreadBinTreeNode<ElemType> * pre=NULL;       //开始线索化时前驱为空
    InThreadHelp(root, pre);                      //中序线索化以 root 为根的二叉树
    if(pre->rightChild==NULL)                     //pre 为中序序列中最后一个结点
        pre->rightTag=THREAD_PTR;                 //如无右孩子,则加线索标记
}
```

在中序线索树中,中序序列的第一个访问的结点是二叉树最左侧的结点,对于任一结点 cur,如果 cur 的右指针为线索,则后继为 cur－＞rightChild;如果 cur 的右指针为孩子,则结点 cur 的后继应是遍历其右子树时访问的第一个结点,也就是右子树中最左侧的结点,中序线索二叉树中序遍历的具体实现如下:

```
template<class ElemType>
void InThreadBinTree<ElemType>::InOrder(void(* visit)(const ElemType &))const
//操作结果:二叉树的中序遍历
{
    if(root!=NULL)
    {
        ThreadBinTreeNode<ElemType> * cur=root;  //从根开始遍历
        while(cur->leftTag==CHILD_PTR)          //查找最左侧的结点,此结
            cur=cur->leftChild;                 //点为中序序列的第一个结点
        while(cur!=NULL)
        {
            (* visit)(cur->data);               //访问当前结点

            if(cur->rightTag==THREAD_PTR)
            {   //右链为线索,后继为 cur->rightChild
                cur=cur->rightChild;
            }
            else
            {   //右链为孩子,cur 右子树最左侧的结点为后继
                cur=cur->rightChild;            //cur 指向右孩子
                while(cur->leftTag==CHILD_PTR)
                    cur=cur->leftChild;         //查找原 cur 右子树最左侧的结点
            }
        }
    }
}
```

2. 先序线索二叉树

先序线索二叉树与中序线索二叉树的结点实现完全相同，它们的线索二叉树类结点声明也相似，具体先序线索二叉树类模板声明形式如下：

```
//先序线索二叉树类
template<class ElemType>
class PreThreadBinTree
{
protected:
//线索二叉树的数据成员
    ThreadBinTreeNode<ElemType> * root;

//辅助函数
    与中序线索二叉树类的辅助函数模板类似

public:
//线索二叉树方法声明及重载编译系统默认方法声明
    与中序线索二叉树类的公有函数模板类似
};
```

在先序线索二叉树的先序遍历中，第一个访问的结点为二叉树的根结点，对于任一结点 cur，如果 cur 的右指针为线索，则后继为 cur－＞rightChild；如果 cur 的右指针为孩子，这时若存在左孩子，则后继为左孩子 cur－＞leftChild，若无左孩子，则 cur 的后继应是遍历其右子树时访问的第一个结点，也就是右子树的根结点 cur－＞rightChild，先序线索二叉树中序遍历的具体实现如下：

```
template<class ElemType>
void PreThreadBinTree<ElemType>::PreOrder(void( * visit)(const ElemType &))const
//操作结果：二叉树的先序遍历
{
    if(root!=NULL)
    {
        ThreadBinTreeNode<ElemType> * cur=root;
            //从根开始遍历,根结点为中先序序列的第一个结点

        while(cur!=NULL)
        {
            ( * visit)(cur->data);                    //访问当前结点

            if(cur->rightTag==THREAD_PTR)
            {   //右链为线索,后继为 cur->rightChild
                cur=cur->rightChild;
            }
            else
            {   //右链为孩子
```

```
                if(cur->rightTag==CHILD_PTR)
                    cur=cur->leftChild;          //cur 有左孩子,则左孩子为后继
                else
                    cur=cur->rightChild;         //cur 无左孩子,则右孩子为后继
            }
        }
    }
}
```

3. 后序线索二叉树

在后序线索二叉树中的后序遍历要复杂些。后序序列的第一个访问的结点是二叉树最左下的结点,对于任一结点 cur,如果 cur 的右指针为线索,则后继为 cur－＞rightChild,否则确定其后继要考虑如下几种情况:

(1) 若结点 cur 是二叉树的根,则其后继为空;

(2) 若结点 cur 是其双亲的右孩子或是双亲的左孩子并且双亲没有右孩子,则后继即为双亲结点;

(3) 若结点 cur 是其双亲的左孩子,并且双亲有右孩子,则后继为双亲的右子树中按后序遍历列出的第一个结点,即双亲的右子树中最左下的结点。可见,在后序线索二叉树中找结点后继时需要能够找到结点的双亲,因此,在实现时需要利用前面讲过的三叉链表实现二叉树的存储。具体结点类模板声明如下:

```
//三叉链表二叉树结点类模板
template<class ElemType>
struct TriLkBinTreeNode
{
//数据成员
    ElemType data;                                  //数据元素
    TriLkBinTreeNode<ElemType> * leftChild;         //指向左孩子的指针
    TriLkBinTreeNode<ElemType> * rightChild;        //指向右孩子的指针
    TriLkBinTreeNode<ElemType> * parent;            //指向双亲的指针

//构造函数模板
    TriLkBinTreeNode();                             //无参数的构造函数模板
    TriLkBinTreeNode(const ElemType &val,
                          //由数据元素值,指向左、右孩子及双亲的指针构造结点
        TriLkBinTreeNode<ElemType> * lChild=NULL,
        TriLkBinTreeNode<ElemType> * rChild=NULL,
        TriLkBinTreeNode<ElemType> * pt=NULL);
};
```

后序线索二叉树类的声明与中序和先序线索二叉树类模板的声明完全相似,具体后序线索二叉树类模板声明形式如下:

```
//后序线索二叉树类模板
```

```
template<class ElemType>
class PostThreadBinTree
{
protected:
//线索二叉树的数据成员
    PostThreadBinTreeNode<ElemType> * root;

//辅助函数模板
    与先序线索二叉树类和中序线索二叉树类的辅助函数模板类似。

public:
//线索二叉树方法声明及重载编译系统默认方法声明
    与先序线索二叉树类和中序线索二叉树类的公有函数模板类似。

};
```

根据前面关于后序线索二叉树的后序遍历的分析,容易得到后序遍历算法实现如下:

```
template<class ElemType>
void PostThreadBinTree<ElemType>::PostOrder(void( * visit)(const ElemType &))const
//操作结果:二叉树的后序遍历
{
    if(root!=NULL)
    {
        PostThreadBinTreeNode<ElemType> * cur=root;            //从根开始遍历
        while(cur->leftTag==CHILD_PTR||cur->rightTag==CHILD_PTR)
        {   //查找最左下的结点,此结点为后序序列第一个结点
            if(cur->leftTag==CHILD_PTR)cur=cur->leftChild;     //移向左孩子
            else cur=cur->rightChild;                          //无左孩子,则移向右孩子
        }

        while(cur!=NULL)
        {
            (* visit)(cur->data);                               //访问当前结点

            PostThreadBinTreeNode<ElemType> * pt=cur->parent;  //当前结点的双亲
            if(cur->rightTag==THREAD_PTR)
            {   //右指针为线索,后继为 cur->rightChild
                cur=cur->rightChild;
            }
            else if(cur==root)
            {   //结点 cur 是二叉树的根,其后继为空
                cur=NULL;
            }
            else if(pt->rightChild==cur||pt->leftChild==cur && pt->rightTag==
```

```
                    THREAD_PTR)
                {   //结点 cur 是其双亲的右孩子或是其双亲的左孩子且其双亲没有右子树,则
                    //其后继即为双亲结点
                    cur=pt;
                }
                else
                {   //结点 cur 是其双亲的左孩子,且其双亲有右子树,则其后继为双亲的右
                    //子树中按后续遍历列出的第一个结点,即其双亲的右子树中最左下的结点
                    cur=pt->rightChild;                        //cur 指向双亲的右孩子
                    while(cur->leftTag==CHILD_PTR||cur->rightTag==CHILD_PTR)
                    {   //查找最左下的结点,此结点为后序序列第一个结点
                        if(cur->leftTag==CHILD_PTR) cur=cur->leftChild;
                                                                      //移向左孩子
                        else cur=cur->rightChild;               //无左孩子,则移向右孩子
                    }
                }
            }
        }
    }
```

6.5 树和森林

本节讨论树和森林的存储表示及其遍历操作,并介绍树和森林与二叉树的对应关系。

6.5.1 树的存储表示

树的存储表示可以有多种方法,分别适合于不同的应用需求。在这里只介绍常用的几种方法。

1. 基本操作

在实际应用中,树一般包括如下基本操作。

1) TreeNode<ElemType> * GetRoot() const

初始条件:树已存在。

操作结果:返回树的根。

2) bool Empty()const

初始条件:树已存在。

操作结果:如果树为空,返回 true,否则返回 false。

3) StatusCode GetElem(const TreeNode<ElemType> * cur, ElemType &e)const

初始条件:树已存在,cur 为树的一个结点。

操作结果:用 e 返回结点 cur 的元素值,如果不存在结点 cur,函数返回 NOT_PRESENT,否则返回 ENTRY_FOUND。

4) StatusCode SetElem(TreeNode<ElemType> * cur, const ElemType &e)

初始条件：树已存在，cur 为树的一个结点。

操作结果：如果不存在结点 cur，则返回 FAIL，否则返回 SUCCESS，并将结点 cur 的值设置为 e。

5) void PreRootOrder(void(* visit)(const ElemType &))const

初始条件：树已存在。

操作结果：按先根序依次对树的每个元素调用函数(* visit)。

6) void PostRootOrder(void(* visit)(const ElemType &))const

初始条件：树已存在。

操作结果：按后根序依次对树的每个元素调用函数(* visit)。

7) void LevelOrder(void(* visit)(const ElemType &))const;

初始条件：树已存在。

操作结果：按层次依次对树的每个元素调用函数(* visit)。

8) int NodeCount()const

初始条件：树已存在。

操作结果：返回树的结点个数。

9) int NodeDegree(const TreeNode<ElemType> * cur) const

初始条件：树已存在，cur 为树的一结点。

操作结果：返回树的结点 cur 的度。

10) int Degree() const

初始条件：树已存在。

操作结果：返回树的度。

11) TreeNode < ElemType > * FirstChild (const TreeNode < ElemType > * cur) const

初始条件：树已存在，cur 为树的一结点。

操作结果：返回树结点 cur 的第一个孩子。

12) TreeNode<ElemType> * RightSibling(const TreeNode<ElemType> * cur) const

初始条件：树已存在，cur 为树的一个结点。

操作结果：返回树结点 cur 的右兄弟。

13) TreeNode<ElemType> * Parent(const TreeNode<ElemType> * cur) const

初始条件：树已存在，cur 为树的一个结点。

操作结果：返回树结点 cur 的双亲。

14) StatusCode InsertChild(TreeNode<ElemType> * cur, int i, const ElemType &e)

初始条件：树已存在，cur 为树的一个结点。

操作结果：将数据元素 e 插入为 cur 的第 i 个孩子，如果插入成功，则返回 SUCCESS，否则返回 FAIL。

15) StatusCode DeleteChild(TreeNode<ElemType> * cur, int i)

初始条件：树已存在，cur 为树的一结点。

操作结果：删除 cur 的第 i 棵子树，如果删除成功，则返回 SUCCESS，否则返回 FAIL。

16) int Height() const

初始条件：树已存在。

操作结果：返回树的高。

2. 双亲表示法

对于树中的每个结点，只存放其双亲结点的位置，这样每个结点就有两个成员：data 和 parent，其中 data 用来存储结点本身的信息，parent 用来存储表示双亲结点位置。将树中的所有结点用一组连续的存储单元来存放，如图 6.17 所示。

这种存储结构利用了树中每个结点(根结点除外)只有一个双亲的性质。在这种表示方式下，查找每个结点的双亲结点非常容易，但要找到某个结点的孩子结点时需要遍历整棵树，效率较低。双亲表示法结点及双亲表示法树类模板的声明如下：

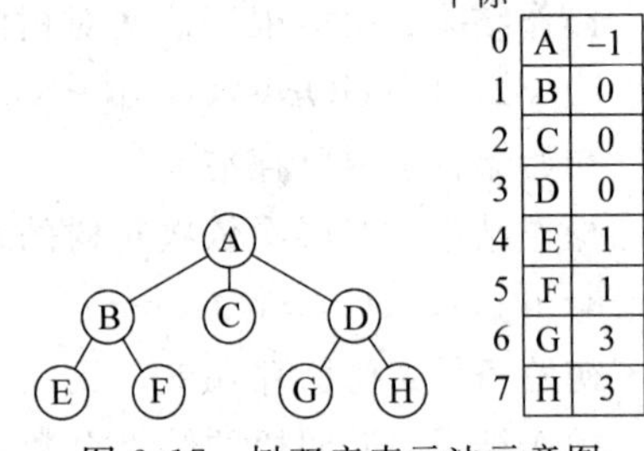

图 6.17　树双亲表示法示意图

```
//双亲法表示树结点类模板
template<class ElemType>
struct ParentTreeNode
{
//数据成员
    ElemType data;                                //数据元素
    int parent;                                   //双亲位置

//构造函数模板
    ParentTreeNode();                             //无参数的构造函数模板
    ParentTreeNode(ElemType item, int pt=-1);    //已知数据元素值和双亲位置建立结构
};

//双亲法表示树类模板
template<class ElemType>
class ParentTree
{
protected:
//树的数据成员
    ParentTreeNode<ElemType> *nodes;              //存储树结点
    int maxSize;                                  //树结点最大个数
    int root, num;                                //根的位置及结点数

//辅助函数模板
```

```
    void PreRootOrderHelp(int r, void(* visit)(const ElemType &))const;
                                                              //先根序遍历
    void PostRootOrderHelp(int r, void(* visit)(const ElemType &))const;
                                                              //后根序遍历
    int HeightHelp(int r)const;                     //返回以 r 为根的树的高
    int DegreeHelp(int r)const;                     //返回以 r 为根的树的度
    void MoveHelp(int from, int to);                //将结点从 from 移到结点 to
    void DeleteHelp(int r);                         //删除以 r 为根的树

public:
//树方法声明及重载编译系统默认方法声明
    ParentTree();                                           //构造函数模板
    virtual~ParentTree();                                   //析构函数模板
    int GetRoot() const;                                    //返回树的根
    bool Empty()const;                                      //判断树是否为空
    StatusCode GetElem(int cur, ElemType &e) const;         //用 e 返回结点元素值
    StatusCode SetElem(int cur, const ElemType &e);         //将结点 cur 的值置为 e
    void PreRootOrder(void(* visit)(const ElemType &))const;  //树的先序遍历
    void PostRootOrder(void(* visit)(const ElemType &))const; //树的后序遍历
    void LevelOrder(void(* visit)(const ElemType &))const;    //树的层次遍历
    int NodeCount() const;                                    //返回树的结点个数
    int NodeDegree(int cur) const;                            //返回结点 cur 的度
    int Degree() const;                                       //返回树的度
    int FirstChild(int cur) const;                          //返回结点 cur 的第一个孩子
    int RightSibling(int cur) const;                        //返回结点 cur 的右兄弟
    int Parent(int cur) const;                              //返回结点 cur 的双亲
    bool InsertChild(int cur, int i, const ElemType &e);
        //将数据元素插入为 cur 的第 i 个孩子
    bool DeleteChild(int cur, int i);                       //删除 cur 的第 i 棵子树
    int Height() const;                                     //返回树的高
    ParentTree(const ElemType &e, int size=DEFAULT_SIZE);
        //建立以数据元素 e 为根的树
    ParentTree(const ParentTree<ElemType> &copy);       //复制构造函数模板
    ParentTree(ElemType items[], int parents[], int r, int n, int size=DEFAULT_SIZE);
  //建立数据元素为 items[],对应结点双亲为 parents[],根结点位置为 r,结点个数为 n 的树
    ParentTree<ElemType> &operator= (const ParentTree<ElemType>& copy);
        //重载赋值运算符
};
```

3. 孩子双亲表示法

如果把每个结点的孩子结点排列起来,看成是一个线性表,且以单链表加以存储,则 n 个结点的树就有 n 个孩子链表(叶子结点的孩子链表为空表)。将这 n 个单链表的头指针又组织成一个线性表,存储在一个数组中,并在数组中同时存储数据元素的值及双亲位置,这样就得到了树的孩子双亲表示法,如图 6.18 所示。

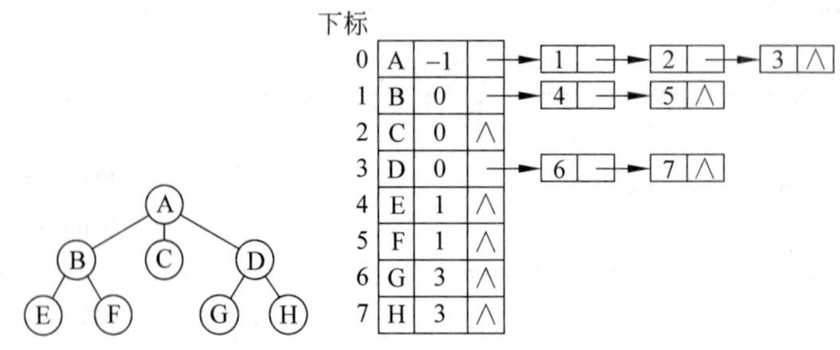

图 6.18 树的孩子双亲表示法示意图

孩子双亲表示法不但便于实现查找某个结点的孩子的操作，也适合于查找双亲结点的操作。孩子双亲表示法结点类及双亲表示法树类模板的声明如下：

```
//孩子双亲法表示树结点类模板
template<class ElemType>
struct ChildParentTreeNode
{
//数据成员
    ElemType data;                              //数据元素
    LinkList<int>childLkList;                   //孩子链表
    int parent;                                 //双亲位置

//构造函数模板
    ChildParentTreeNode();                      //无参数的构造函数模板
    ChildParentTreeNode(ElemType item, int pt=-1);
                                                //已知数据元素值和双亲位置建立结构
};

//孩子双亲表示法树类模板
template<class ElemType>
class ChildParentTree
{
protected:
//树的数据成员
    ChildParentTreeNode<ElemType> * nodes;      //存储树结点
    int maxSize;                                //树结点最大个数
    int root, num;                              //根的位置及结点数

//辅助函数模板
    与双亲表示树相同

public:
//树方法声明及重载编译系统默认方法声明
    与双亲表示树相同
};
```

4. 孩子兄弟表示法

在一般的树中，每个结点具有的孩子数目不完全相同，如果用指针指示孩子结点地址，每个结点所需的指针成员数各不相同。如果根据树的度为每个结点设置相同数目的指针成员，即为每个结点都设置最大的指针成员数目，由于树中有许多结点的度小于树的度，这样将有许多指针成员为空指针，会造成很大的空间浪费。如果采用变长结点的方式，为各个结点设置不同数目的指针成员，又会给存储管理和操作带来很多麻烦。

但每个结点的首孩子与右兄弟却是唯一的，因此可采用二叉链表表示法——孩子兄弟表示法，结点的结构如图 6.19 所示。

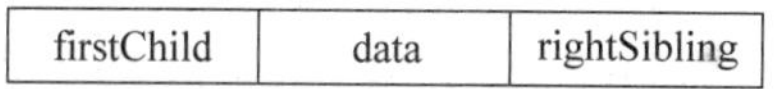

图 6.19 孩子兄弟表示树的结点结构示意图

图 6.20 为树的孩子兄弟表示法示意图。

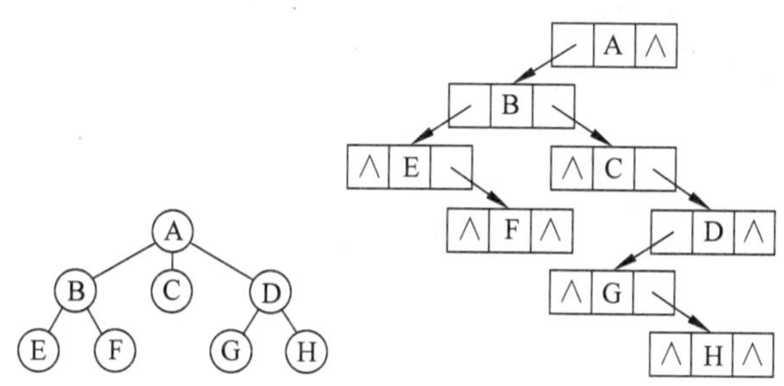

图 6.20 树的孩子兄弟表示法示意图

由于根结点只有一个，没有兄弟，所以它的右兄弟指针始终为空。图 6.18 所示树中根结点 A 有 3 个孩子，在此根据图中的次序，将最左边的孩子结点 B 作为它的第一个孩子，因此首孩子指针中存放的是 B 的结点地址。结点 B 有孩子也有兄弟，所以它的右兄弟指针中存储图中紧跟在它右边的兄弟 C 的结点地址，它的第一个孩子指针中存储的是它的第一个孩子 E 的结点地址。结点 F 既没有兄弟也没有孩子，所以它的两个指针都为空。

在树的孩子兄弟表示法中，要找到某一结点的所有孩子，只需先通过它的第一个孩子指针找到第一个孩子结点，然后再根据第一个孩子结点的右兄弟指针找到第二个孩子结点，再根据第二个孩子结点的右兄弟指针找到第三个孩子结点……如此进行，直到某个结点的右兄弟指针为空为止，就完成了对此结点的所有孩子结点的一次访问。但要找到某个结点 p 的双亲，需要从根开始遍历整棵树。

孩子兄弟表示法结点类及孩子兄弟表示法树类模板的声明如下：

```
//孩子兄弟表示树结点类模板
template<class ElemType>
struct ChildSiblingTreeNode
{
//数据成员
```

```
    ElemType data;                                           //数据元素
    ChildSiblingTreeNode<ElemType> * firstChild;             //指向首孩子的指针
    ChildSiblingTreeNode<ElemType> * rightSibling;           //指向右兄弟的指针

//构造函数模板
    ChildSiblingTreeNode();                                  //无参数的构造函数模板
    ChildSiblingTreeNode(ElemType item,
                               //已知数据元素值、指向首孩子与右兄弟指针建立结点
        ChildSiblingTreeNode<ElemType> * fChild=NULL,
        ChildSiblingTreeNode<ElemType> * rSibling=NULL);

};

//孩子兄弟表示树类模板
template<class ElemType>
class ChildSiblingTree
{
protected:
//树的数据成员
    ChildSiblingTreeNode<ElemType> * root;                          //根

//辅助函数模板
    void DestroyHelp(ChildSiblingTreeNode<ElemType> * &r);     //销毁以 r 为根的树
    void PreRootOrderHelp(ChildSibling const TreeNode<ElemType> * r,
        void(* visit)(const ElemType &))const;                 //先根序遍历
    void PostRootOrderHelp(ChildSibling const TreeNode<ElemType> * r,
        void(* visit)(const ElemType &))const;                 //后根序遍历
    int NodeCountHelp(const ChildSiblingTreeNode<ElemType> * r) const;
        //返回以 r 为根的树的结点个数
    int HeightHelp(const ChildSiblingTreeNode<ElemType> * r) const;
                                                            //返回以 r 为根的树的高
    int DegreeHelp(const ChildSiblingTreeNode<ElemType> * r) const;
                                                            //返回以 r 为根的树的度
    void DeleteHelp(ChildSiblingTreeNode<ElemType> * r);       //删除以 r 为根的树
    ChildSiblingTreeNode<ElemType> * ParentHelp(ChildSiblingTreeNode<ElemType> * r,
        const ChildSiblingTreeNode<ElemType> * cur)const;      //返回 cur 的双亲
    ChildSiblingTreeNode<ElemType> * CopyTreeHelp(const ChildSiblingTreeNode
        <ElemType> * r);                                       //复制树
    ChildSiblingTreeNode<ElemType> * CreateTreeGhelp(ElemType items[], int parents[],
        int r, int n);
    //建立数据元素为 items[],对应结点双亲为 parents[],根结点位置为 r,结点个数为 n 的
    //树,并返回树的根
```

```
public:
//树方法声明及重载编译系统默认方法声明
    ChildSiblingTree();                                      //无参数的构造函数模板
    virtual~ChildSiblingTree();                              //析构函数模板
    ChildSiblingTreeNode<ElemType> * GetRoot() const;        //返回树的根
    bool Empty()const;                                       //判断树是否为空
    bool GetElem(const ChildSiblingTreeNode<ElemType> * cur, ElemType &e) const;
        //用e返回结点元素值
    bool SetElem(ChildSiblingTreeNode<ElemType> * cur, const ElemType &e);
        //将结点cur的值置为e
    void PreRootOrder(void(* visit)(const ElemType &))const;  //树的先根序遍历
    void PostRootOrder(void(* visit)(const ElemType &))const; //树的后根序遍历
    void LevelOrder(void(* visit)(const ElemType &))const;    //树的层次遍历
    int NodeCount()const;                                     //返回树的结点个数
    int NodeDegree(ChildSiblingTreeNode<ElemType> * cur) const;
                                                              //返回结点cur的度
    int Degree()const;                                        //返回树的度
    ChildSiblingTreeNode<ElemType> * FirstChild(const ChildSiblingTreeNode
        <ElemType> * cur)const;                          //返回树结点cur的第一个孩子
    ChildSiblingTreeNode<ElemType> * RightSibling(const ChildSiblingTreeNode
        <ElemType> * cur)const;                          //返回树结点cur的右兄弟
    ChildSiblingTreeNode<ElemType> * Parent(const ChildSiblingTreeNode
        <ElemType> * cur) const;                         //返回树结点cur的双亲
    bool InsertChild(ChildSiblingTreeNode<ElemType> * cur, int i, const
    ElemType &e);
                                                  //将数据元素插入为cur的第i个孩子
    bool DeleteChild(ChildSiblingTreeNode<ElemType> * cur, int i);
                                                         //删除cur的第i棵子树
    int Height() const;                                  //返回树的高
    ChildSiblingTree(const ElemType &e);                 //建立以数据元素e为根的树
    ChildSiblingTree(const ChildSiblingTree<ElemType> &copy);
                                                              //复制构造函数模板
    ChildSiblingTree(ElemType items[], int parents[], int r, int n);
    //建立数据元素为items[],对应结点双亲为parents[],根结点位置为r,结点个数为
    //n的树
    ChildSiblingTree(ChildSiblingTreeNode<ElemType> * r);     //建立以r为根的树
    ChildSiblingTree<ElemType> &operator= (const ChildSiblingTree<ElemType>
    &copy);
                                                              //重载赋值运算符
};
```

说明：在实际应用中，通常使用树的孩子兄弟表示法作为存储结构，因此后面的例题在不加以特别声明的情况下，都采用树的孩子兄弟表示法存储结构。

*6.5.2 树的显示

通常采用凹入表示法显示树,如图 6.21 所示,从图 6.21 可知从上到下的显示顺序为 ABEFCDGH,实际上就是最先显示根,然后再依次显示各棵子树,并且树根显示在第 1 列,根的孩子显示在第 2 列……可知显示的列数为结点的层次数,因此可仿照显示二叉树的算法编程实现,具体实现如下。

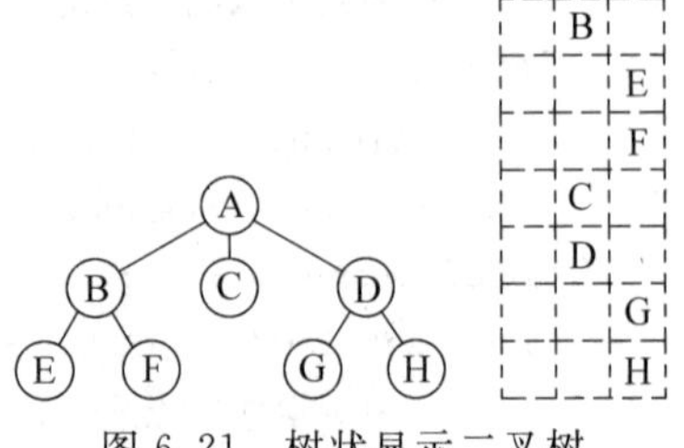

图 6.21 树状显示二叉树

```
template<class ElemType>
void DisplayTWithConcaveShapeHelp(const ChildSiblingTree<ElemType> &t,
    ChildSiblingTreeNode<ElemType> * r, int level)
//操作结果:按凹入表示法显示树,level 为层次数,可设根结点的层次数为 1
{
    if(r!=NULL)
    {   //非空根 r
        cout<<endl;                                        //显示新行
        for(int i=0; i<level-1; i++)
            cout<<" ";                                     //确保在第 level 列显示结点
        ElemType e;
        t.GetElem(r, e);                                   //取出结点 r 的元素值
        cout<<e;                                           //显示结点元素值
        for(ChildSiblingTreeNode<ElemType> * child=t.FirstChild(r); child!=NULL;
            child=t.RightSibling(child))
        {   //依次显示各棵子树
            DisplayTWithConcaveShapeHelp(t, child, level+1);
        }
    }
}

template<class ElemType>
void DisplayTWithConcaveShape(const ChildSiblingTree<ElemType> &t)
//操作结果:按凹入表示法显示树
{
    DisplayTWithConcaveShapeHelp(t, t.GetRoot(), 1);
                                              //调用辅助函数模板实现按凹入表方式显示树
    cout<<endl;                                            //换行
}
```

6.5.3 森林的存储表示

可以采用树的存储表示法来表示森林,只是树只有一个根结点,而森林可以有多个根

结点。森林与树一样，常用存储结点有 3 种，下面将分别加以讨论。

1. 基本操作

在实际应用中森林一般包括如下基本操作。

1) TreeNode<ElemType> * GetFirstRoot() const

初始条件：森林已存在。

操作结果：返回森林的第一棵树的根。

2) bool Empty() const

初始条件：森林已存在。

操作结果：如果森林为空，返回 true，否则返回 false。

3) bool GetElem(const TreeNode<ElemType> * cur, ElemType &e) const

初始条件：森林已存在，cur 为森林的一个结点。

操作结果：用 e 返回结点 cur 的元素值，如果不存在结点 cur，函数返回 false，否则返回 true。

4) bool SetElem(TreeNode<ElemType> * cur, const ElemType &e)

初始条件：森林已存在，cur 为森林的一个结点。

操作结果：如果不存在结点 cur，则返回 false，否则返回 true，并将结点 cur 的值设置为 e。

5) void PreOrder(void(* visit)(const ElemType &))const

初始条件：森林已存在。

操作结果：按先序遍历依次对森林的每个元素调用函数(* visit)。

6) void InOrder(void(* visit)(const ElemType &))const

初始条件：森林已存在。

操作结果：按中序遍历依次对森林的每个元素调用函数(* visit)。

7) void LevelOrder(void(* visit)(const ElemType &))const

初始条件：森林已存在。

操作结果：按层次遍历依次对森林的每个元素调用函数(* visit)。

8) int NodeCount()const

初始条件：森林已存在。

操作结果：返回森林的结点个数。

9) int NodeDegree(TreeNode<ElemType> * cur)const

初始条件：森林已存在，cur 为森林的一结点。

操作结果：返回森林的结点 cur 的度。

10) TreeNode < ElemType > * FirstChild (const TreeNode < ElemType > * cur)const

初始条件：森林已存在，cur 为森林的一结点。

操作结果：返回森林结点 cur 的第一个孩子。

11) TreeNode<ElemType> * RightSibling(const TreeNode<ElemType> * cur)const

初始条件：森林已存在，cur 为森林的一结点。

操作结果：返回森林结点 cur 的右兄弟。

12）TreeNode<ElemType> * Parent(TreeNode<ElemType> * cur)const

初始条件：森林已存在，cur 为森林的一结点。

操作结果：返回森林结点 cur 的双亲。

13）bool InsertChild(TreeNode<ElemType> * cur, int i, const ElemType &e)

初始条件：森林已存在，cur 为森林的一个结点。

操作结果：将数据元素 e 插入为 cur 的第 i 个孩子，如果插入成功，则返回 true，否则返回 false。

14）bool DeleteChild(TreeNode<ElemType> * cur, int i)

初始条件：森林已存在，cur 为森林的一结点。

操作结果：删除 cur 的第 i 棵子树，如果删除成功，则返回 true，否则返回 false。

2. 双亲表示法

森林的双亲表示法与树的双亲表示法类似，假定树排列顺序为根在数组的排列顺序，在需要时通过扫描数组进行查找可得到树的根，因此可不存储根的位置，具体类模板声明如下。

```
//双亲表示森林类模板
template<class ElemType>
class ParentForest
{
protected:
//森林的数据成员
    ParentTreeNode<ElemType> * nodes;                   //存储森林结点
    int maxSize;                                        //森林结点最大个数
    int num;                                            //结点数

//辅助函数模板
    ⋮

public:
//森林方法声明及重载编译系统默认方法声明
    ParentForest();                                     //无参数的构造函数模板
    virtual~ParentForest();                             //析构函数模板
    int GetFirstRoot() const;                           //返回森林的第一棵树的根
    bool Empty() const;                                 //判断森林是否为空
    bool GetElem(int cur, ElemType &e)const;            //用 e 返回结点元素值
    bool SetElem(int cur, const ElemType &e);           //将结点 cur 的值置为 e
    void PreOrder(void(* visit)(const ElemType &))const;        //森林的先序遍历
    void InOrder(void(* visit)(const ElemType &))const;         //森林的中序遍历
    void LevelOrder(void(* visit)(const ElemType &))const;      //森林的层次遍历
```

```
    int NodeCount()const;                        //求森林的结点个数
    int NodeDegree(int cur)const;                //求结点 cur 的度
    int FirstChild(int cur)const;                //返回结点 cur 的第一个孩子
    int RightSibling(int cur) const;             //返回结点 cur 的右兄弟
    int Parent(int cur) const;                   //返回结点 cur 的双亲
    bool InsertChild(int cur, int i, const ElemType &e);
                                             //将数据元素插入为 cur 的第 i 个孩子
    bool DeleteChild(int cur, int i);        //删除 cur 的第 i 棵子树
    ParentForest(const ElemType &e, int size=DEFAULT_SIZE);
        //建立以数据元素 e 为根的树所构成的只有一棵树的森林
    ParentForest(const ParentForest<ElemType>&copy);     //复制构造函数模板
    ParentForest(ElemType items[], int parents[], int n, int size=DEFAULT_SIZE);
        //建立数据元素为 items[],对应结点双亲为 parents[],结点个数为 n 的森林
    ParentForest<ElemType>&operator=(const ParentForest<ElemType>& copy);
        //重载赋值运算符
};
```

3. 孩子双亲表示法

森林的孩子双亲表示法与树的孩子双亲表示法类似,假定树排列顺序为根在数组的排列顺序,在需要时通过扫描数组可得到树的根,因此不必存储根的位置,具体类模板声明如下。

```
//孩子双亲表示森林类模板
template<class ElemType>
class ChildParentForest
{
protected:
//森林的数据成员
    ChildParentTreeNode<ElemType>nodes[MAX_FOREST_SIZE];     //存储森林结点
    int num;                                                 //根的位置及结点数

//辅助函数模板
    ⋮

public:
//森林方法声明及重载编译系统默认方法声明
    与森林的双亲表示法相同
};
```

4. 孩子兄弟表示法

森林通常采用孩子兄弟表示法作为存储结构,并且还将森林中树的根看成是兄弟,这样就只需要知道第一棵树的根,从它的 rightSibling 可得到第二棵树的根,再从第二棵树根的 rightSibling 进一步可知第三棵树的根……具体类模板声明如下。

```
//孩子兄弟表示森林类模板
template<class ElemType>
class ChildSiblingForest
{
protected:
//森林的数据成员
    ChildSiblingTreeNode<ElemType> * root;                  //森林第一棵树的根

//辅助函数模板
    void DestroyHelp(ChildSiblingTreeNode<ElemType> * &r);
                                                    //销毁以 r 为第一棵树根的森林
    void PreOrderHelp(const ChildSiblingTreeNode<ElemType> * r,
        void(* visit)(const ElemType &))const; //先序遍历以 r 为第一棵树的根的森林
    void InOrderHelp(const ChildSiblingTreeNode<ElemType> * r,
        void(* visit)(const ElemType &))const; //中序遍历以 r 为第一棵树的根的森林
    int NodeCountHelp(const ChildSiblingTreeNode<ElemType> * r) const;
                                                                    //返回结点个数
    void DeleteHelp(ChildSiblingTreeNode<ElemType> * r);
                                                //删除以 r 为第一棵树的根的森林
    ChildSiblingTreeNode<ElemType> * ParentHelp(ChildSiblingTreeNode<ElemType> * r,
        const ChildSiblingTreeNode<ElemType> * cur) const;     //返回 cur 的双亲
    ChildSiblingTreeNode<ElemType> * CopyTreeHelp(const ChildSiblingTreeNode
    <ElemType> * r);                                            //复制森林
    ChildSiblingTreeNode<ElemType> * CreateForestHelp(ElemType items[],
    int parents[], int r, int n);
    //建立数据元素为 items[],对应结点双亲为 parents[],第一棵树根结点位置为 r,
    //结点个数为 n 的森林,并返回森林的根

public:
//森林方法声明及重载编译系统默认方法声明
    ChildSiblingForest();                                   //无参数的构造函数模板
    virtual~ChildSiblingForest();                           //析构函数模板
    ChildSiblingTreeNode<ElemType> * GetFirstRoot() const;
                                                        //返回森林的第一棵树的根
    bool Empty()const;                                      //判断森林是否为空
    bool GetElem(const ChildSiblingTreeNode<ElemType> * cur, ElemType &e) const;
        //用 e 返回结点元素值
    bool SetElem(ChildSiblingTreeNode<ElemType> * cur, const ElemType &e);
        //将结点 cur 的值置为 e
    void PreOrder(void(* visit)(const ElemType &))const;        //森林的先序遍历
    void InOrder(void(* visit)(const ElemType &))const;         //森林的中序遍历
    void LevelOrder(void(* visit)(const ElemType &))const;      //森林的层次遍历
    int NodeCount()const;                                       //求森林的结点个数
    int NodeDegree(const ChildSiblingTreeNode<ElemType> * cur) const;
```

```
                                                    //求结点 cur 的度
    ChildSiblingTreeNode<ElemType> * FirstChild(const ChildSiblingTreeNode
        <ElemType> * cur)const;                     //返回森林结点 cur 的第一个孩子
    ChildSiblingTreeNode<ElemType> * RightSibling(const ChildSiblingTreeNode
        <ElemType> * cur)const;                     //返回森林结点 cur 的右兄弟
    ChildSiblingTreeNode<ElemType> * Parent(const ChildSiblingTreeNode
        <ElemType> * cur) const;                    //返回森林结点 cur 的双亲
    bool InsertChild(ChildSiblingTreeNode<ElemType> * cur, int i, const
    ElemType &e);
                                                //将数据元素插入为 cur 的第 i 个孩子
    bool DeleteChild(ChildSiblingTreeNode<ElemType> * cur, int i);
                                                //删除 cur 的第 i 个棵子森林
    ChildSiblingForest(const ElemType &e);
                                    //建立以数据元素 e 为根的树所构成的只有一棵树的森林
    ChildSiblingForest(const ChildSiblingForest<ElemType> &copy);
                                                //复制构造函数模板
    ChildSiblingForest(ElemType items[], int parents[], int n);
        //建立数据元素为 items[],对应结点双亲为 parents[],结点个数为 n 的森林
    ChildSiblingForest(ChildSiblingTreeNode<ElemType> * r);
                                                //建立以 r 为第一棵树的根的森林
    ChildSiblingForest<ElemType> &operator= (const ChildSiblingForest<ElemType>
    &copy);                                     //重载赋值运算符
};
```

6.5.4 树和森林的遍历

1. 树的遍历

由于树不像二叉树那样,根位于两棵子树的中间,故树的遍历一般无“中序”一说。树一般只有先根遍历、后根遍历及层次遍历 3 种方法。其中,层次遍历方法的规则与二叉树的层次遍历规则相同,在此不再介绍。

1) 树的先根遍历

若树为空,则空操作,结束;否则按如下规则遍历:

(1) 访问根结点;

(2) 分别先根遍历根的各棵子树。

2) 树的后根遍历

若树为空,则空操作,结束;否则按如下规则遍历:

(1) 分别后根遍历根的各棵子树;

(2) 访问根结点。

如图 6.22 所示的是一棵树及其先根遍历和后根遍历的结果。

树遍历的实现与二叉树的遍历类似,最简单的方法是采用递归方法,下面以先根遍历为例,具体实现如下。

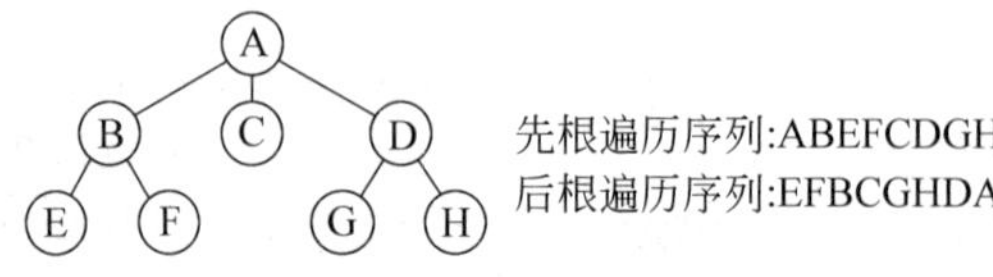

图 6.22 树的先根和后根遍历

```
template<class ElemType>
void ChildSiblingTree<ElemType>::PreRootOrderHelp(const ChildSiblingTreeNode
<ElemType> * r,void(* visit)(const ElemType &))const
//操作结果：按先根序依次对以 r 为根的树的每个元素调用函数(* visit)
{
    if(r!=NULL)
    {   //r 非空
        (* visit)(r->data);                    //访问根结点
        for(ChildSiblingTreeNode<ElemType> * child=FirstChild(r); child!=NULL;
            child=RightSibling(child))
        {   //依次先根序遍历每棵子树
            PreRootOrderHelp(child, visit);
        }
    }
}

template<class ElemType>
void ChildSiblingTree<ElemType>::PreRootOrder(void(* visit)(const ElemType
&))const
//操作结果：按先根序依次对树的每个元素调用函数(* visit)
{
    PreRootOrderHelp(GetRoot(), visit);     //调用辅助函数模板实现树的先根遍历
}
```

2. 森林的遍历

与树的遍历类似，森林也有 3 种遍历方式：先序遍历、中序遍历和层次遍历。其中，层次遍历方法的规则与二叉树的层次遍历规则相同，在此不再介绍。

1）森林的先序遍历

若森林为空，则空操作，结束；否则森林的先序遍历规则为：

（1）先访问森林中第一棵树的根结点；

（2）先序遍历第一棵树的子树森林；

（3）先序遍历除去第一棵树后剩余的树构成的森林。

2）森林的中序遍历

若森林为空，则空操作，结束；否则森林的中序遍历规则为：

（1）中序遍历第一棵树的子树森林；

（2）访问第一棵树的根结点；

(3) 中序遍历除去第一棵树后剩余的树构成的森林。

如图 6.23 所示的是由 3 棵树构成的森林及其先序遍历和中序遍历的结果。

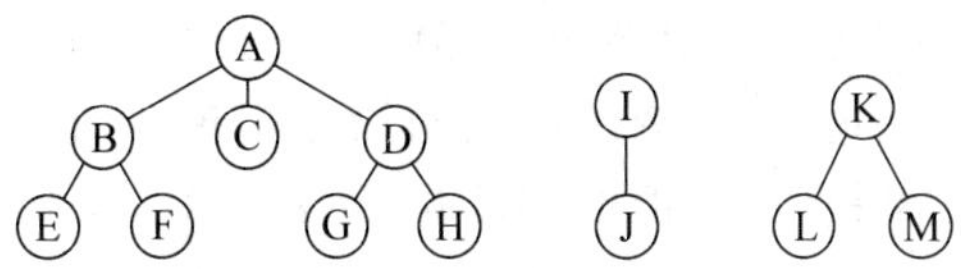

图 6.23 森林的先序和中序遍历

森林遍历时,将森林分成 3 部分:

(1) 第一棵树的根结点;

(2) 第一棵树的子树森林;

(3) 除去第一棵树后剩余的树构成的森林。

对于森林的孩子兄弟表示法,root 为第一棵树的根,root－＞firstChild 为第一棵树的根的子树森林中的第一棵树的根,root－＞rightSibling 为除去第一棵树后剩余的树构成的森林中的第一棵树的根,由于用森林的第一棵树的根来标识森林,因此与二叉树的遍历相同,可得到森林的遍历算法,下面以森林中序遍历为例,具体算法实现如下。

```
template<class ElemType>
void ChildSiblingForest<ElemType>::InOrderHelp(const ChildSiblingTreeNode
<ElemType> * r,
    void(* visit)(const ElemType &))const
//初始条件: r 为森林中第一棵树的根
//操作结果: 按森林中序遍历依次对每个元素调用函数(* visit)
{
    if(r!=NULL)
    {   //r 非空
        InOrderHelp(FirstChild(r), visit);  //中序遍历第一棵树的子树森林
        (* visit)(r->data);                 //访问第一棵树的根结点
        InOrderHelp(RightSibling(r), visit);
                                            //中序遍历除去第一棵树后剩余的树构成的森林
    }
}

template<class ElemType>
void ChildSiblingForest<ElemType>::InOrder(void(* visit)(const ElemType
&))const
//操作结果: 按中序依次对森林的每个元素调用函数(* visit)
{
    InOrderHelp(GetFirstRoot(), visit);        //GetFirstRoot()为第一棵树的根
}
```

6.5.5 树和森林与二叉树的转换

由于树和森林的逻辑结构较为复杂，在计算机内的存储和操作的实现相对也比二叉树复杂得多。与树和森林相比，二叉树的存储与操作实现要简捷一些。如果能将一棵树或一个森林转化为一棵二叉树，并且能够将转化后得到的二叉树确定地还原为原来的树和森林，则对树和森林的处理就可以转化为对相应二叉树处理了。

从前面介绍的树的存储结构可以看出，树的孩子兄弟法存储方式实质上是一种二叉链表存储，回想前面的二叉树也可以用二叉链表存储，所以以二叉链表作为媒介可以导出树和二叉树之间的对应关系。也就是说，给定一棵树，可以找到唯一的一棵二叉树与之对应，从物理结构来看，它们的二叉链表是相同的，只是指针成员的含义不同。森林是树的有限集合，它也可以用二叉链表表示，与树的二叉链表表示不同的是，这里将森林中各棵树的根互相作为兄弟进行存储，这样就可以容易得到森林的二叉链表(孩子兄弟法)表示了，如图 6.24 所示。

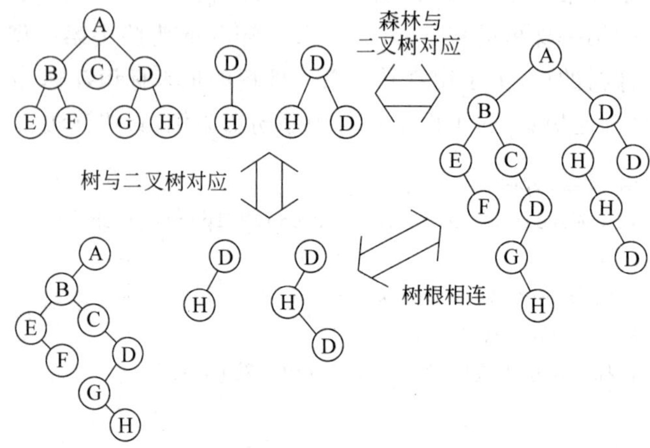

图 6.24 树和森林与二叉树的转化示意图

下面给出森林和二叉树之间的转化方法的严格描述。由于树是森林的特例，所以实际上也包含了树的情况。

1. 森林转化为二叉树

如果 F={T_1, T_2, …, T_m}是由 n 棵树 T_1, T_2, …, T_m 组成的森林，转换得到的二叉树为 B=(root, LB, RB)，则转化规则为：

若 F 为空，即 m=0，则对应的二叉树 B 为空二叉树，否则按如下方式进行转换：

(1) 将 F 中第一棵树 T_1 的根作为二叉树 B 的根 root；

(2) T_1 子树森林 F_1={T_{11}, T_{12}, …, T_{1m1}}构成的森林转化为二叉树后作为二叉树 B 的左子树 LB；

(3) 森林 F 中剩下的 n−1 棵树 F_2={T_2, T_3, …, T_m}构成的森林转化为 B 的右子树 RB。

上面的转化规则实际上是一个递归算法，转化的步骤可直观描述如下：

首先将森林中的每一棵树转化为二叉树，其基本方法是对树中的每一个结点，都转化为一个二叉树结点，各树结点的第一个孩子作为它在二叉树中的左孩子，而将树结点的右兄弟转化为在二叉树中的右孩子，其余结点依此类推。将森林中的各棵树都转化为对应的二叉树表示后，取第一棵树的根作为最终二叉树的根，第二棵树对应的二叉树作为最终二叉树的右子树，对森林中剩下的树实行同样的操作，即可得到对应的二叉树。

按上述递归定义容易实现递归算法如下：

```
//文件路径名:e6_4\alg.h
template<class ElemType>
BinTreeNode<ElemType> * TransformHelp(const ChildSiblingTreeNode<ElemType>
  * forestRoot)
//操作结果：将以 forestRoot 为森林中第一棵树的根的森林转换成二叉树,并返回二叉树的根
{
    if(forestRoot==NULL)
    {   //空森林转换为空二叉树
        return NULL;
    }
    else
    {   //按先序遍历方式进行转换
        BinTreeNode<ElemType> * r=new BinTreeNode<ElemType>(forestRoot->data);
            //将森林中第一棵树的根转换为二叉树的根
        r->leftChild=TransformHelp(forestRoot->firstChild);
            //将森林中第一棵树的子树森林转换为二叉树的左子树
        r->rightChild=TransformHelp(forestRoot->rightSibling);
            //将森林中剩下的树构成的森林转换为二叉树的右子树
        return r;
    }
}

template<class ElemType>
BinaryTree<ElemType>Transform(const ChildSiblingForest<ElemType>&forest)
//操作结果：将森林 forest 转换为二叉树,并返回二叉树
{
    return TransformHelp(forest.GetFirstRoot());
        //调用辅助函数模板完成将森林 forest 转化为二叉树
}
```

2. 二叉树转化为森林

设二叉树为 B=(root, LB, RB)，转化得到的森林为 $F=\{T_1, T_2, \cdots, T_n\}$，则转化规则为：

如果 B 为空，则对应的森林 F 也为空；否则按如下方式进行转换。

(1) 将二叉树的根 root 作为 F 中第一棵树 T_1 的根；

(2) 由 B 的左子树 LB 转化得到的森林作为第一棵树 T_1 的子树森林 F_1；

(3) 由 B 的右子树 RB 转化得到的森林作为 F 中除了 T_1 之外其余的树 $T_2, \cdots, T_n$

组成的森林 F_2。

这个转化规则也是一个递归算法,转化的步骤可直观描述如下:

对二叉树中的任一结点,将它的左孩子作为森林中相应结点的第一个孩子,而将沿左孩子的右孩子分支一直往下的所有右孩子结点依次作为森林中相应结点第二、第三、…、第 k 个孩子。

上面递归定义采用递归程序实现如下:

```
//文件路径名:e6_5\alg.h
template<class ElemType>
ChildSiblingTreeNode<ElemType> * TransformHelp(const BinTreeNode<ElemType>
* binTreeRoot)
//操作结果: 将以 binTreeRoot 根的二叉树转换为森林,并返回森林中第一棵树的根
{
    if(binTreeRoot==NULL)
    {   //空森林转换为空二叉树
        return NULL;
    }
    else
    {   //按先序遍历方式进行转换
        ChildSiblingTreeNode<ElemType> * r;
        r=new ChildSiblingTreeNode<ElemType> (binTreeRoot->data)
            //将二叉树的根转换为森林中第一棵树的根
        r->firstChild=TransformHelp(binTreeRoot->leftChild);
            //将二叉树的左子树转换为森林中第一棵树的子树森林
        r->rightSibling=TransformHelp(binTreeRoot->rightChild);
            //将二叉树的右子树转换为森林中剩下的树构成的森林
        return r;
    }
}

template<class ElemType>
ChildSiblingForest<ElemType>Transform(const BinaryTree<ElemType>&bt)
//操作结果: 将二叉树转换为森林,并返回森林
{
    return TransformHelp(bt.GetRoot());
        //调用辅助函数完成将二叉树转换为森林
}
```

6.6 哈夫曼树与哈夫曼编码

在一些特定的应用中,树具有一些特殊特点,利用这些特点可以帮助我们解决很多工程问题。本节以介绍一种应用很广的树——哈夫曼树为例,说明二叉树的一个具体应用。

哈夫曼(Huffman)树,也称为最优树,是一类带权路径长度最短的树,在实际中有广

泛的用途。

6.6.1 哈夫曼树的基本概念

在哈夫曼树的定义中，要涉及路径、路径长度、权等概念，下面先给出这些概念的定义，然后再介绍哈夫曼树的定义。

路径：从树的一个结点到另一个结点的分支构成这两个结点之间的路径，对于哈夫曼树特指从根结点到某结点的路径。

路径长度：路径上的分支数目叫做路径长度。

树的路径长度：从树根到每一结点的路径长度之和。

权：赋予某个事物的一个量，是对事物的某个或某些属性的数值化描述。在数据结构中，包括结点和边两大类，所以对应有结点权和边权。结点权或边权具体代表什么意义，由具体情况决定。

结点的带权路径长度：从树根到结点之间的路径长度与结点上权的乘积。

树的带权路径长度：树中所有叶子结点的带权路径长度之和。设树中有 n 个叶子结点，它们的权值分别为 w_1，w_2，…，w_n，从根到各叶子结点的路径长度分别为 l_1，l_2，…，l_n，则该树的带权路径长度(Weighted Path Length) 通常记做 $WPL = \sum_{i=1}^{n} w_i l_i$。

哈夫曼树：根据给定的 n 个值 w_1，w_2，…，w_n，可以构造出多棵具有 n 个叶子且叶子结点权值分别为这 n 个给定值的二叉树，其中带权路径长度 WPL 最小的二叉树叫做最优树，即哈夫曼树。

例如，图 6.25 中的 3 棵二叉树，都具有 4 个权值为 9、8、1、6 的叶子结点 a、b、c、d，它们的带权路径长度分别为：

(a) $WPL=9\times2+8\times2+1\times2+6\times2=48$

(b) $WPL=8\times1+1\times3+6\times3+9\times2=47$

(c) $WPL=9\times1+8\times2+1\times3+6\times3=46$

在学习了后面关于哈夫曼树的构造介绍之后，读者可以看到图 6.25(c)恰好是哈夫曼树，也就是具有 4 个叶子结点的权值为 9、8、1、6 的二叉树中带权路径长度最小的二叉树。

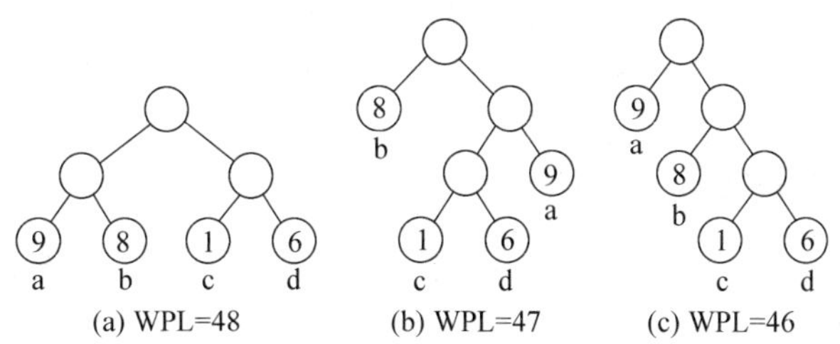

图 6.25 具有不同带权路径长度的二叉树

从上面的例子中，可以直观地发现，在哈夫曼树中，权值越大的结点离根结点越近。

6.6.2 哈夫曼树构造算法

给定 n 个权值{w_1, w_2, …, w_n},如何构造对应的哈夫曼树呢?已经由哈夫曼最早发现了一个带有一般规律的算法,称为哈夫曼算法。算法的具体步骤如下:

(1) 根据给定的 n 个权值{w_1, w_2, …, w_n},构造由 n 棵二叉树构成的森林 F={T_1, T_2, …, T_n},其中每棵二叉树 T_i 分别都是只含有一个带权值为 w_i 的根结点,其左、右子树为空(i=1, 2, …, n);

(2) 在森林 F 中选取其根结点的权值为最小的两棵二叉树(若这样的二叉树不止两棵时,则任选其中两棵),分别作为左、右子树构造一棵新的二叉树,并置这棵新的二叉树根结点的权值为其左、右子树根结点的权值之和;

(3) 从森林 F 中删去这两棵二叉树,同时将刚生成的新二叉树加入到森林 F 中;

(4) 重复(2)和(3)两步骤,直至森林 F 中只含一棵二叉树为止。

最后得到的那棵二叉树就是哈夫曼树。

下面以一个例子说明这个构造算法。图 6.26 展示了构造图 6.25(c)的哈夫曼树的过程,其中结点中标注的数字表示权值。

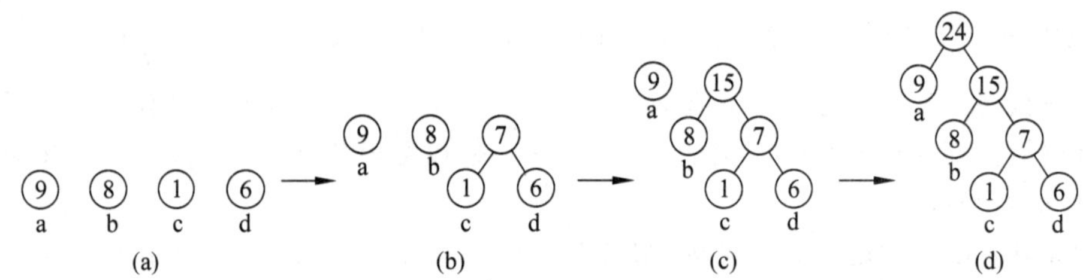

图 6.26 哈夫曼树的构造过程

6.6.3 哈夫曼编码

在不同的应用中,权值的含义各不相同。下面介绍哈夫曼树在数据编码中的应用。

由于电子设备最适合表示 0、1 两种状态,因此用电子方式处理符号时,一般需要先对符号进行二进制编码。例如,在计算机中使用的 ASCII 码就是对计算机中常用的符号给出的 8 位二进制编码。在实际中,也可以根据情况对字符进行特定的编码。比如,在报文传送中,假设已知传输的报文中只包括{A, B, C, D}这 4 个字符,则可以对每个字符以最短的等长编码,比如 A、B、C、D 四个字符的编码分别为:00、01、10、11。对于报文 ABDCCDCDCDDB,它的编码为 000111101011101110111101,各个字符出现的频度(次数)分别是 1、2、4、5,可知总编码长度为(1+2+4+5)×2=24。接收到报文后,可按 2 位一组进行译码即可。

在已知传输的字符集合及其出现频度的情况下,是否可得到更有效的编码,使得传输的总编码长度达到最短呢?为了缩短编码总长度,可采用不定长编码。比如,按各个字符出现的频度不同而给予不等长编码,则可望减少总编码长度。比如,对前面的字符编码为:

A：110
B：111
C：10
D：0

则此时的总编码长度为 $1\times3+2\times3+4\times2+5\times1=22$，比等长编码时的总编码长度更短。

怎样得到最短的编码呢？使用哈夫曼树可以解决这个问题。这里首先介绍前缀码的概念。

前缀码：如果在一个编码系统中，任一个编码都不是其他任何编码的前缀（最左子串），则称此编码系统中的编码是前缀码。前面的不定长编码（A：110、B：111、C：10、D：0）就是前缀码。但若将这些字符的编码改为：

A：110
B：11
C：00
D：0

就不是前缀码，因为 0 是 00 的前缀，11 是 110 的前缀。如果不定长编码不是前缀码，则在译码时会产生二义性。比如根据后者得到串 DC 的编码为 000，此时可译码为 DC、CD、CCC。因此，对于不定长编码，要求一定为前缀码。

可以利用哈夫曼树来设计最优的前缀编码，也就是报文编码总长度最短的二进制前缀编码，通常称这种编码为哈夫曼编码。

假设有 n 个字符 $\{c_1, c_2, \cdots, c_n\}$，它们在报文中出现的频率分别为 $\{w_1, w_2, \cdots, w_n\}$，构造哈夫曼编码的步骤很简单。首先以这 n 个频率作为权值，设计一棵哈夫曼树。然后对树中的每个左分支赋予 0，右分支赋予 1，则从根到每个叶子的路径上，各分支的赋值分别构成一个二进制串，该二进制串即为对应字符的前缀编码，这些前缀编码就是哈夫曼编码，如图 6.27 所示。

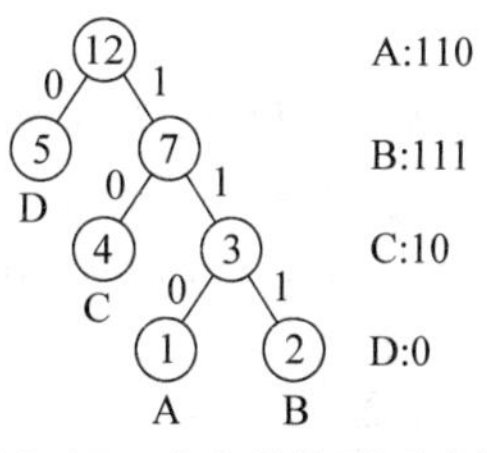

图 6.27　哈夫曼编码示意图

从哈夫曼编码的构造过程可以看出，每个字符的编码长度 l_i 刚好是从根到叶子的路径长度，所以具有 n 个字符的报文的总编码长度为 $\sum_{i=1}^{n} w_i l_i$。在对应的哈夫曼树中，$\sum_{i=1}^{n} w_i l_i$ 就是哈夫曼树的带权路径长度。所以，这样得到的不定长编码就是最优的前缀编码。

一个任意长的哈夫曼编码序列可以被唯一地翻译为一个字符序列。根据哈夫曼编码方法，解码方法是依次取出编码序列中的各个二进制码，从哈夫曼编码树的根结点开始寻找一条到某一叶子结点的路径。如果取出的编码为 0，则沿左分支向下走；如果取出的编码为 1，则沿右分支向下走。当到达一个叶子结点时，就翻译出一个相应的字符。然后再回到哈夫曼树的根结点，依次取出剩余的编码，按照同样的方法翻译出其他字符。

*6.6.4 哈夫曼树的实现

在关于哈夫曼树实际应用中,通常需要对字符进行编码以及对编码进行解码,因此哈夫曼树应包含如下基本操作。

1. String EnCode(CharType ch)

初始条件:哈夫曼树已存在。

操作结果:返回字符 ch 的编码。

2. LinkList<CharType>UnCode(String strCode)

初始条件:哈夫曼树已存在。

操作结果:对编码串 strCode 进行译码,返回编码前的字符序列。

根据哈夫曼算法可以看出,在具有 n 个叶结点权值的哈夫曼树的构造过程中,每趟都是从 F 中删除两棵树,增加一棵树,即每趟结束后减少一棵树,经过 n−1 趟处理后,F 中就只剩一棵树了。另外,每次合并都要产生一个新的结点,合并 n−1 趟后共产生了 n−1 个新结点,并且这 n−1 个新结点都是有左、右子树的分支结点。从而可以知道,最终得到的哈夫曼树中共有 2n−1 个结点,并且这其中没有度为 1 的分支结点,最后一次合并产生的新结点就是哈夫曼树的根结点。

在构造哈夫曼树后,要求字符编码,需从叶子结点出发走一条从叶子结点到根结点的路径,而为译码则需要从根结点出发走一条到叶子结点的路径,因此对每个结点来讲,既需要双亲信息,也需要孩子的信息,哈夫曼树结点中应包含双亲与孩子信息,具体声明如下。

```
//哈夫曼树结点类模板
template<class WeightType>
struct HuffmanTreeNode
{
//数据成员
    WeightType weight;                                  //权数据元素
    unsigned int parent, leftChild, rightChild;         //双亲,左、右孩子

//构造函数模板
    HuffmanTreeNode();                                  //无参数的构造函数
    HuffmanTreeNode(WeightType w, int p=0, int lChild=0, int rChild=0);
        //已知权,双亲及左、右孩子构造结构
};
```

在哈夫曼树中,不但应包含结点信息,还应包含叶结点字符信息以及叶结点字符编码信息等内容,下面是哈夫曼树类模板的声明。

```
//哈夫曼树类模板
template<class CharType, class WeightType>
class HuffmanTree
```

```
{
protected:
//哈夫曼树的数据成员
    HuffmanTreeNode<WeightType> * nodes;  //存储结点信息,nodes[0]未用
    CharType * LeafChars;                  //叶结点字符信息,LeafChars[0]未用
    String * LeafCharCodes;              //叶结点字符编码信息,LeafCharCodes[0]未用
    int curPos;                            //译码时从根结点到叶结点路径的当前结点
    int num;                               //叶结点个数

//辅助函数模板
    void Select(int cur, int &r1, int &r2);
                        //nodes[1~cur]中选择双亲为 0,权值最小的两个结点 r1,r2
    void CreatHuffmanTree(CharType ch[], WeightType w[], int n);
        //由字符,权值和字符个数构造哈夫曼树

public:
//哈夫曼树方法声明及重载编译系统默认方法声明
    HuffmanTree(CharType ch[], WeightType w[], int n);
                                           //由字符,权值和字符个数构造哈夫曼树
    virtual~HuffmanTree();                 //析构函数模板
    String Encode(CharType ch);            //编码
    LinkList<CharType>Decode(String strCode);    //译码
    HuffmanTree(const HuffmanTree<CharType, WeightType>&copy);
                                                                  //复制构造函数模板
    HuffmanTree<CharType, WeightType>&operator=(const HuffmanTree<CharType,
        WeightType>& copy);                                      //重载赋值运算符
};
```

根据哈夫曼算法,容易实现构造哈夫曼类模板的函数模板以及构造函数模板,具体实现如下。

```
template<class CharType, class WeightType>
void HuffmanTree<CharType, WeightType>::CreatHuffmanTree(CharType ch[],
    WeightType w[], int n)
//操作结果:由字符,权值和字符个数构造哈夫曼树
{
    num=n;                                                //叶结点个数
    int m=2 * n -1;                                       //结点个数

    nodes=new HuffmanTreeNode<WeightType>[m+1];           //nodes[0]未用
    LeafChars=new CharType[n+1];                          //LeafChars[0]未用
    LeafCharCodes=new String[n+1];                        //LeafCharCodes[0]未用

    for(int pos=1; pos<=n; pos++)
    {   //存储叶结点信息
```

```
        nodes[pos].weight=w[pos -1];                    //权值
        LeafChars[pos]=ch[pos -1];                      //字符
    }

    for(pos=n+1; pos<=m; pos++)
    {   //建立哈夫曼树
        int r1, r2;
        Select(pos -1, r1, r2);
                        //nodes[1~pos -1]中选择双亲为 0,权值最小的两个结点 r1,r2

        //合并以 r1,r2 为根的树
        nodes[r1].parent=nodes[r2].parent=pos;         //r1,r2 双亲为 pos
        nodes[pos].leftChild=r1;                        //r1 为 pos 的左孩子
        nodes[pos].rightChild=r2;                       //r2 为 pos 的右孩子
        nodes[pos].weight=nodes[r1].weight+nodes[r2].weight;
                                                       //pos 的权为 r1,r2 的权值之和
    }

    for(pos=1; pos<=n; pos++)
    {   //求 n 个叶结点字符的编码
        LinkList<char>charCode;                        //暂存叶结点字符编码信息
        for(unsigned int child=pos, parent=nodes[child].parent; parent!=0;
            child=parent, parent=nodes[child].parent)
        {   //从叶结点到根结点逆向求编码
            if(nodes[parent].leftChild==child) charCode.Insert(1, '0');
                                                       //左分支编码为'0'
            else charCode.Insert(1, '1');              //右分支编码为'1'
        }
        LeafCharCodes[pos]=charCode;                   //charCode 中存储字符编码
    }

    curPos=m;
}


template<class CharType, class WeightType>
HuffmanTree<CharType, WeightType>::HuffmanTree(CharType ch[], WeightType w[],
int n)
//操作结果:由字符,权值和字符个数构造哈夫曼树
{
    CreatHuffmanTree(ch, w, n);                  //由字符,权值和字符个数构造哈夫曼树
}
```

在上面求叶结点字符的编码时,需从叶结点出发走一条从叶结点到根结点的路径,而

编码却是从根到叶结点路径顺序，由左分支为编码 0，右分支为编码 1，得到的编码，因此从叶结点出发走一条从叶结点到根结点的路径得到的编码是实现编码的逆序，并且编码长度不固定，又由于可以线性链表构造串，因此将编码信息存储在一个线性链表中，每得到一位编码，都将其插入在线性链表的最前面。

在具体求某个字符的编码时，由于已将叶结点字符的编码信息存储在一个数组中，因此需先查找字符的位置，然后再取出编码即可，具体实现如下。

```
template<class CharType, class WeightType>
String HuffmanTree<CharType, WeightType>::Encode(CharType ch)
//操作结果：返回字符编码
{
    for(int pos=1; pos<=num; pos++)
    {   //查找字符的位置
        if(LeafChars[pos]==ch) return LeafCharCodes[pos];    //找到字符，得到编码
    }
    throw Error("非法字符，无法编码！");                          //抛出异常
}
```

说明：方法 EnCode 是通过顺序查找确定字符的位置，效率较低，如将查找通过指向函数的指针作为方法的参数来实现，则在具体应用时可进行优化，进而提高算法效率。

在进行译码时，由于不知道具体字符的类型(比如是单字节字符，还是双字节字符)，因此没有采用字符串存储编码前的字符信息，而是用一个线性链表存储字符序列，具体实现如下。

```
template<class CharType, class WeightType>
LinkList<CharType>HuffmanTree<CharType, WeightType>::Decode(String strCode)
//操作结果：对编码串 strCode 进行译码，返回编码前的字符序列
{
    LinkList<CharType>charList;                              //编码前的字符序列

    for(int pos=0; pos<strCode.Length(); pos++)
    {   //处理每位编码
        if(strCode[pos]=='0')curPos=nodes[curPos].leftChild; //0 表示左分支
        else curPos=nodes[curPos].rightChild;                //1 表示右分支

        if(nodes[curPos].leftChild==0 && nodes[curPos].rightChild==0)
        {   //译码时从根结点到叶结点路径的当前结点为叶结点
            charList.Insert(charList.Length()+1, LeafChars[curPos]);
            curPos=2 * num -1;                       //curPos 回归根结点
        }
    }
    return charList;                                 //返回编码前的字符序列
}
```

**6.7 树的计数

树的计数问题是指：具有 n 个结点的不同形态的树有多少棵？下面先讨论二叉树的情况，然后可将结果推广到树与森林的情况。

在讨论之前，先说明两个不同的概念。

称二叉树 T_1 和 T_2 相似是指：二者都为空树或者二者均不为空树，且它们的左右子树分别相似。

称二叉树 T_1 和 T_2 等价是指：二者不仅相似，而且所有对应结点上的数据元素均相同。

本节中讨论二叉树的计数问题就是讨论具有 n 个结点、互不相似的二叉树的数目 b_n。当 n 很小时，b_n 可直接求得。比如，$b_0=1$，表示空树只有一种形态，$b_1=1$，表示只有一个根结点的二叉树只有一种形态，$b_2=2$，表示有 2 个结点的二叉树有 2 种不同的形态，$b_3=5$，表示有 3 个结点的二叉树有 5 种不同的形态，如图 6.28 所示的为有 2 个结点与 3 个结点不同形态二叉树的不种情况。

实际上，当 n 值增大时，可以通过递推公式求 b_n 的值。我们知道，一棵具有 n(n>1) 个结点的二叉树可以视为由三部分组成：一个根结点，一棵有 i 个结点的左子树和一棵有 n−i−1 个结点的右子树，如图 6.29 所示。

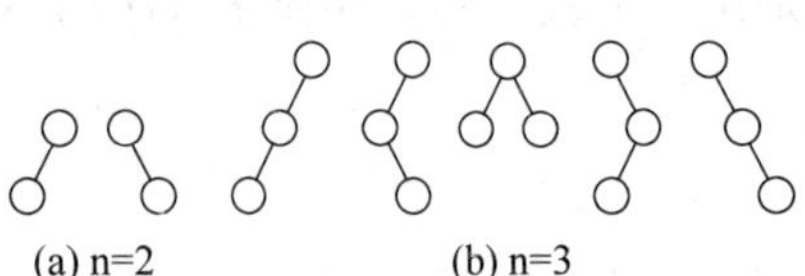

图 6.28 有 3 个结点的不同形态的二叉树

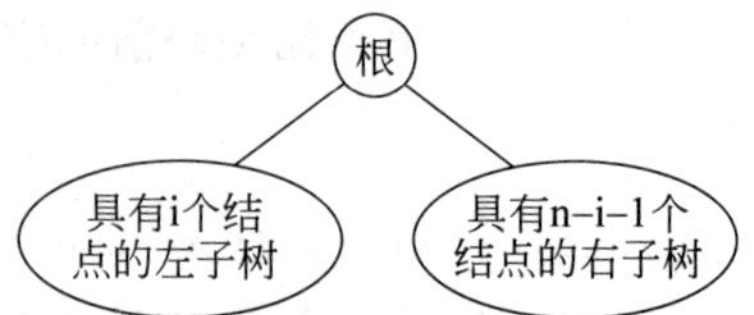

图 6.29 有 n 个结点的不同二叉树

从上面分析可以得到下面的递推公式：

$$\begin{cases} b_0 = 1 \\ b_n = \sum_{i=0}^{n-1} b_i b_{n-i-1} \quad n \geqslant 1 \end{cases} \tag{6.6}$$

其中，$b_i * b_{n-i-1}$ 表示一棵二叉树可以由根结点、有 i 个结点的左子树和有 n−i−1 个结点的右子树组成，这种情况下，它的不同形态二叉树棵数等于左子树上不同形态二叉树棵数与右子树上不同形态二叉树棵数的乘积。

对于序列 $\{b_0, b_1, b_2, \cdots, b_n, \cdots\}$ 定义如下的生成函数：

$$B(x) = b_0 + b_1 x + b_2 x^2 + \cdots + b_n x^n + \cdots = \sum_{n=0}^{\infty} b_n x^n \tag{6.7}$$

由于

$$\begin{aligned} B^2(x) &= b_0 b_0 + (b_0 b_1 + b_1 b_0) x + (b_0 b_2 + b_1 b_1 + b_2 b_0) x^2 + \cdots \\ &= \sum_{n=0}^{\infty} \left(\sum_{i=0}^{n} b_i b_{n-i} \right) x^n \end{aligned}$$

根据式(6.6)可得

$$B^2(x) = \sum_{n=0}^{\infty} b_{n+1} x^n \tag{6.8}$$

由式(6.8)可得 $xB^2(x)=B(x)-1$，也就是

$$xB^2(x) - B(x) + 1 = 0$$

解上面关于以 B(x)为未知数的一元二次方程得

$$B(x) = \frac{1 \pm \sqrt{1-4x}}{2x}$$

由于 $b_0=1$，而 $\lim\limits_{x\to 0} B(x)=1=b_0$，所以有

$$B(x) = \frac{1-\sqrt{1-4x}}{2x} \tag{6.9}$$

利用牛顿二项式定理可得

$$\sqrt{1-4x} = \sum_{n=0}^{\infty} \begin{pmatrix} \frac{1}{2} \\ n \end{pmatrix} (-4x)^n \tag{6.10}$$

其中符号 $\begin{pmatrix} \alpha \\ n \end{pmatrix}$ 表示 $\frac{\alpha(\alpha-1)\cdots(\alpha-n+1)}{n!}$，由式(6.9)可得

$$B(x) = \frac{1}{2}\sum_{n=1}^{\infty} \begin{pmatrix} \frac{1}{2} \\ n \end{pmatrix} (-1)^{n-1} 2^{2n} x^{n-1} = \sum_{n=0}^{\infty} \begin{pmatrix} \frac{1}{2} \\ n+1 \end{pmatrix} (-1)^n 2^{2n+1} x^n \tag{6.11}$$

由式(6.7)与式(6.11)可得

$$b_n = \begin{pmatrix} \frac{1}{2} \\ n+1 \end{pmatrix} (-1)^n 2^{2n+1} = \frac{\frac{1}{2}\left(\frac{1}{2}-1\right)\left(\frac{1}{2}-2\right)\cdots\left(\frac{1}{2}-n\right)}{(n+1)!}(-1)^n 2^{n+1}$$

$$= \frac{1}{n+1} \cdot \frac{(2n)!}{n!n!} = \frac{1}{n+1} C_{2n}^{n}$$

也就是

$$b_n = \frac{1}{n+1} C_{2n}^{n} \tag{6.12}$$

公式(6.12)称为 Catalan 公式，也就是含有 n 个结点的不相似的二叉树有 $\frac{1}{n+1}C_{2n}^{n}$ 棵。

由二叉树的计数可推得树的计数。由“树和森林与二叉树的转换”一节可知，若将一棵树中各子树按照其出现的次序依次被认为是其双亲结点的第 1 棵子树、第 2 棵子树、……第 m 棵子树，可将这棵树转化成唯一的一棵没有右子树的二叉树，反之亦然。根据这个关系，可以看到，具有 n 个结点的不相似的树的数目 t_n 应该和具有 n－1 个结点的不相似二叉树的数目相同，也就是 $t_n = b_{n-1} = \frac{1}{n}C_{2n-2}^{n-1}$。图 6.30 所

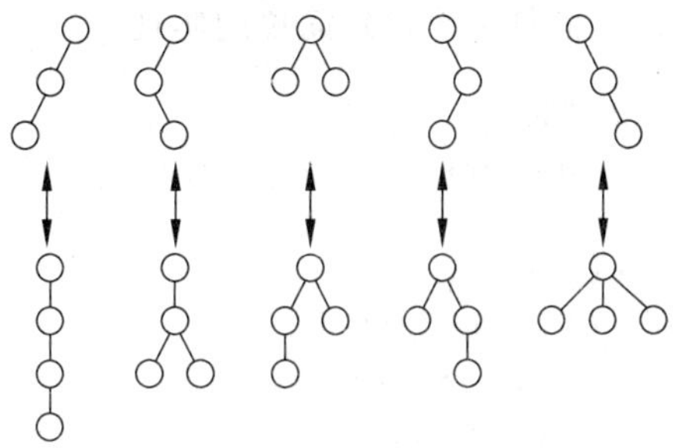

图 6.30　具有不相似的树与二叉树

示的是具有 4 个结点的不相似的树和具有 3 个结点的不相似的二叉树的对应关系。

同样地,由森林与二叉树的转换可知,任意一森林可转换为一棵二叉树,反之亦然,所以具有 n 个结点的不相似的森林数目 f_n 应该和具有 n 个结点的不相似二叉树的数目相同,也就是 $f_n=b_n=\frac{1}{n+1}C_{2n}^{n}$。

**6.8 实例研究:树与等价关系

在离散数学中,对等价关系和等价类的定义如下:

如果集合 A 中的关系 $R\subseteq A\times A$ 是自反的、对称的和传递的,则称 R 为 A 的一个等价关系。

设 R 为 A 的一个等价关系。对任何 $x\in A$,令 $[x]_R=\{y|y\in A\wedge xRy\}$,则称 $[x]_R$ 为 x 关于关系 R 的一个等价类,简称为等价类。

若 R 是集合 A 上的一个等价关系,则由这个等价关系可产生这个集合的唯一划分,也就是可以按 R 将 A 划分为若干不相交的子集 $A_1,A_2,\cdots$,它们的并即为 A,这些子集 A_i 为 A 的 R 等价类($i=1, 2, \cdots, n$)。

许多应用问题可以归结为按给定的等价关系划分某集合为等价类,通常称这类问题为等价问题。假设集合 A 有 n 个元素,m 个形如(x,y)($x,y\in A$)的等价偶对确定了等价关系 R,确定等价类的算法如下所述。

(1) 令 A 中每个元素各自形成一个只含单个成员的子集,记作 $A_1,A_2,\cdots,A_n$。

(2) 重复读入 m 个偶对,对每个偶对(x,y),判定 x 和 y 所属子集。设 $x\in A_i,y\in A_j$,如果 $A_i\neq A_j$,则将 A_i 并入 A_j,并置 A_i 为空(或将 A_j 并入 A_i,并置 A_j 为空)。处理完 m 个偶对后,$A_1,A_2,\cdots,A_n$ 中所有非空子集即为 A 的 R 等价类。

上述确定等价类的算法主要对集合进行的操作有两个:其一是判定两个元素是否在同一子集中;其二是归并两个互不相交的集合为一个集合。

使用树的双亲表示法能方便地实现上面的两种操作,用树表示子集,如图 6.31 所示,判断两个元素是否在同一子集就是查看这两个元素所在的树的根是否相同;归并两个互不相交的集合就是将一个树的根作为另一个树的根的孩子即可。

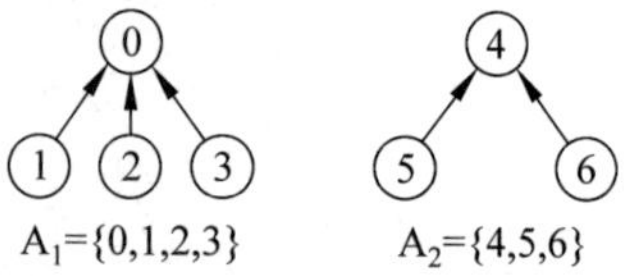

图 6.31 集合的一种表示法

下面是一个比较简单的实现。

```
//等价类
class SimpleEquivalence
{
protected:
//等价类的数据成员
    int *parent;                                 //存储结点的双亲
    int size;                                    //结点个数
```

```
//辅助函数
int Find(int cur) const;                    //查找结点 cur 所在树的根
public:
//抽象数据类型方法声明及重载编译系统默认方法声明
    SimpleEquivalence(int sz);              //构造 sz 个单结点树(等价类)
    virtual~SimpleEquivalence();            //析构函数
    void Union(int a, int b);               //合并 a 与 b 所在的等价类
    bool Differ(int a, int b);
                                  //如果 a 与 b 不在同一棵树上,返回 true,否则返回 false
    SimpleEquivalence(const SimpleEquivalence &copy);          //复制构造函数
    SimpleEquivalence &operator=(const SimpleEquivalence &copy);
                                                               //重载赋值运算符
};

//等价类的实现部分
SimpleEquivalence::SimpleEquivalence(int sz)
//操作结果:构造 sz 个单结点树(等价类)
{
    size=sz;                                        //容量
    parent=new int[size];                           //分配空间
    for(int i=0; i<size; i++)
        parent[i]=-1;                               //每个结点构成单结点树形成的等价类
}

int SimpleEquivalence::Find(int cur) const
//操作结果:查找结点 cur 所在树的根
{
    if(cur<0||cur>=size) throw "范围错!";          //抛出异常
    while(parent[cur]!=-1) cur=parent[cur];        //查找根
    return cur;                                     //返回根
}

SimpleEquivalence::~SimpleEquivalence()
//操作结果:释放对象占用的空间——析构函数
{
    delete []parent;                                //释放数组 parent
}

void SimpleEquivalence::Union(int a, int b)
//操作结果:合并 a 与 b 所在的等价类
{
    if(a<0||a>=size||b<0||b>=size) throw "范围错!";     //抛出异常
    int root1=Find(a);                                  //查找 a 所在树(等价类)的根
    int root2=Find(b);                                  //查找 b 所在树(等价类)的根
```

```
    if(root1!=root2) parent[root2]=root1;                //合并树(等价类)
}

bool SimpleEquivalence::Differ(int a, int b)
//操作结果:如果 a 与 b 不在同一棵树上,返回 true,否则返回 false
{
    if(a<0||a>=size||b<0||b>=size) throw "范围错!";     //抛出异常
    int root1=Find(a);                                  //查找 a 所在树(等价类)的根
    int root2=Find(b);                                  //查找 b 所在树(等价类)的根
    return root1!=root2;                                //比较树(等价类)的根
}

SimpleEquivalence::SimpleEquivalence(const SimpleEquivalence &copy)
//操作结果:由 copy 构造新对象——复制构造函数
{
    size=copy.size;                                     //容量
    parent=new int[size];                               //分配空间
    for(int i=0; i<size; i++)
        parent[i]=copy.parent[i];                       //复制 parent 的每个元素

}

SimpleEquivalence &SimpleEquivalence::operator=(const SimpleEquivalence &copy)
//操作结果:将 copy 赋值给当前对象——重载赋值运算符
{
    if(&copy!=this)
    {
        size=copy.size;                     //容量
        delete []parent;                    //释放空间
        parent=new int[size];               //分配空间
        for(int i=0; i<size; i++)
            parent[i]=copy.parent[i];       //复制 parent 的每个元素
    }
    return *this;
}
```

上面的操作 Find 和 Union 虽然简单,但性能不太好,例如 $A_i=\{i\}$,$0\leqslant i<n$,由表示这些集的树构成森林,执行如下操作:

Union(1,0),Union(2,1),Union(3,2),…,Union(n−1,n−2)

这时形成的树如图 6.32 所示,操作 Find(0)从 0 查找根,共需循环 n−1 次,也就是时间复杂度为 O(n)。

图 6.32 单支树

改进的方法是在作 Union 操作之前先判断子集所含的成员数,然后将成员数少的子集树的根结点作为成员数多的子集树的根的孩子,为此，令根结点 root 的 parent[root]存储子集的成员数的相反数，修改后的 Union 操作如下：

```
void Equivalence::Union(int a, int b)
//操作结果：合并 a 与 b 所在的等价类
{
    if(a<0||a>=size||b<0||b>=size) throw "范围错!";  //抛出异常
    int root1=Find(a);                               //查找 a 所在树(等价类)的根
    int root2=Find(b);                               //查找 b 所在树(等价类)的根
    if(parent[root1]<parent[root2])
    {   //root1 所含结点数较多,将 root2 合并到 root1
        parent[root1]=parent[root1]+parent[root2];
            //root1 的结点个数为原 root1 与 root2 结点个数之和
        parent[root2]=root1;                         //将 root2 合并到 root1
    }
    else
    {   //root2 所含结点数较多,将 root1 合并到 root2
        parent[root2]=parent[root1]+parent[root2];
            //root2 的结点个数为原 root1 与 root2 结点个数之和
        parent[root1]=root2;                         //将 root1 合并到 root2
    }
}
```

用数学归纳法可以证明，按照上面的算法进行 Union 操作得到的集合树的深度不超过$\lfloor \log_2 n \rfloor+1$，具体证明如下：

当 $i=1$ 时，只有一个结点的树深度为 1，又$\lfloor \log_2 1 \rfloor+1=1$，所以结论成立。

设当 $i \leqslant n-1$ 时结论也成立，则当 $i=n$ 时，不失一般性，可假设此树是由含有 $m(1 \leqslant m \leqslant n/2)$个元素，根为 j 的树 A_j 和含有 $n-m$ 个元素与根为 k 的树 A_k 合并而成，由上面的算法，根 j 的双亲为 k，也就是 k 为合并后的根结点。

如果合并前子树 A_j 的深度<子树 A_k 的深度，则合并后的树的深度和 A_k 的深度相同，不超过$\lfloor \log_2 (n-m) \rfloor+1 \leqslant \lfloor \log_2 n \rfloor+1$，所以这时结论也成立。

如果合并前子树 A_j 的深度≥子树 A_k 的深度，则合并后的树的深度为 A_j 的深度+1，不超过$(\lfloor \log_2 m \rfloor+1)+1=\lfloor \log_2 (2m) \rfloor+1 \leqslant \lfloor \log_2 n \rfloor+1$，所以这时结论也成立。

显然，随着子集树的逐对合并，树的深度也越来越大，为了进一步减少确定元素所在集合的时间，我们还可进一步将 Find 算法进行改进，当所查元素 cur 不在树的第二层时，在算法中增加一个“压缩路径”的功能，即将所有从根到元素 i 路径上的元素都变成树根的孩子，这便可使树的深度进一步减少，提高了查找的效率。具体实现如下：

```
int Equivalence::Find(int cur) const
//操作结果：查找结点 cur 所在树的根
{
    if(cur<0||cur>=size)
```

```
        throw Error("范围错!");                        //抛出异常
    int root=cur;                                      //根
    while(parent[root]>0) root=parent[root];           //查找根
    for(int p, i=cur; i!=root; i=p)
    {   //将从 cur 到根路径上的所有结点都变成根的孩子结点
        p=parent[i];                                   //用 p 暂存 i 的双亲
        parent[i]=root;                                //将 i 变为 root 的孩子
    }
    return root;                                       //返回根
}
```

6.9 深入学习导读

本章中的哈夫曼树类的实现思想来源于严蔚敏，吴伟民编著的《数据结构(C语言版)》[12]；其他哈夫曼树类，算法实现简单明了，但用这种算法对文件进行压缩时，需要对文件扫描两遍，效率较低，为只扫描一遍文件就能实现压缩文件的目的，需对哈夫曼树类进行改造，产生了自适应形式的哈夫曼树类，读者可参考 Adam Drozdek 著，郑岩、战晓苏译的《数据结构与算法——C ++版(第 3 版)》[3]。

树的计数公式及指导方法主要参考了严蔚敏、吴伟民编著的《数据结构(C语言版)》[12]。

生成函数与牛顿二项式定理主要参考了耿素云，屈婉玲，王捍贫编著的《离散数学教程》[25]。

树与等价关系的思想来源于严蔚敏、吴伟民编著的《数据结构(C语言版)》[12]与 Cliford A. Shaffer 所著的 Practical Introduction to Data Structures and Algorithm Analysis. Second Edition[2]。

本章中的 Huffman 压缩算法中的字符缓存器由作者独立完成，读者可从效率方面对 Huffman 压缩算法加以改进。

6.10 习题 6

6-1 把如图 6.33 所示的树转变为二叉树。

6-2 已知一棵二叉树的先序序列与中序序列分别如下，试画出此二叉树。

先序序列：ABCDEFGHIJ

中序序列：CBEDAGHFJI

6-3 已知权值序列 w={7,5,2,4}，试画出它对应的哈夫曼树。

*6-4 简述在后序线索树中找指定结点 x 的后继结点的方法。

6-5 图示出表达式(a－b＊c)＊(d＋e/f)的二叉树表示。

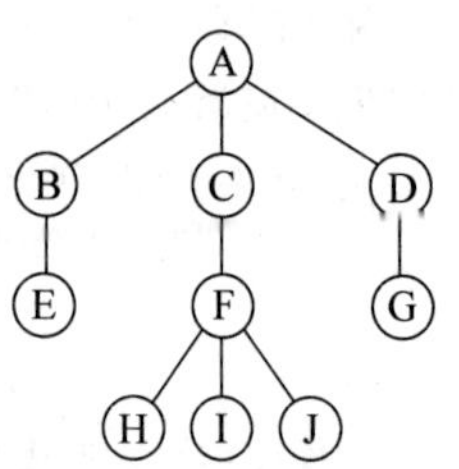

图 6.33 题 6-1 用图

6-6　设用于通信的电文仅由 8 个字母组成，它们在电文中出现的频率分别为 0.30、0.07、0.10、0.03、0.20、0.06、0.22、0.02，试设计哈夫曼树及其编码。使用 0～7 的二进制表示形式是另一种编码方案。给出两种编码的对照表、带权路径长度 WPL 值。

*6-7　若一个具有 N 个顶点，K 条边的无向图是一个森林(N>K)，则此森林中含有多少棵树？

**6-8　假设二叉树中所有非叶子结点都有左、右子树，试证明：$\sum_{i=1}^{n} 2^{-(L_i-1)} = 1$。

其中 n 为叶子结点的个数，L_i 表示第 i 个叶子结点所在的层次数(设根结点所在的层次数为 1)。

*6-9　以二叉链表作为二叉树的存储结构，试编写算法判断是否为完全二叉树。

*6-10　试编写交换二叉树的所有结点的左、右孩子的算法。

第 7 章　图

图(graph)是最重要的一种数据结构,图在化学、地理和电子工程等领域都有各种各样的应用,本章将学习图的数据结构及表示方法,并讨论几种处理图的重要算法。

7.1　图的定义和术语

图由顶点(vertex)和边(edge)两个有限集合组成,形式化定义如下:

$$\text{Graph} = (V, R)$$

其中 $V=\{v \mid v \in \text{dataobject}\}$

$$R = \{E\}$$

$$E = \{<u,v> \mid P(u,v) \land (u,v \in V)\}$$

V 称为顶点集,V 中元素称为顶点,E 为边集,E 中的顶点对$<u,v>$称为边。

如果图的边$<u,v>$限定为从顶点 u 指向另一个顶点 v,u 称为起点,v 称为终点,这样的图称为有向图(directed graph),如图 7.1(a)所示;如果$<u,v>\in E$,则必有$<v,u>\in E$,也就是 E 是对称的,则以无序对(u,v)代替这两个有序对,并称这样的图为无向图(undirected graph),如图 7.1(b)所示;如果有向图的边上都有一个正数值——权值(weight),这样的图称为有向网(directed network),如图 7.1(c)所示;如果无向图的边上都有一个正数值——权值时,这样的图称为无向网(undirected network),如图 7.1(d)所示。

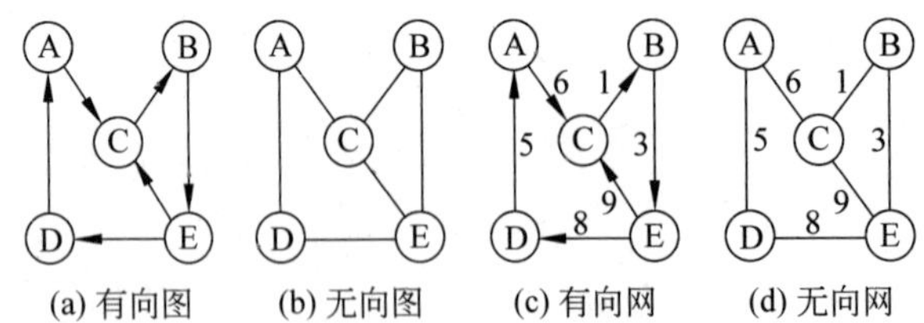

图 7.1　各种类型图示意图

用 n 表示图中顶点数目,用 e 表示图中边的数目,不考虑顶点到自身的边,对于无向图,$0 \leqslant e \leqslant \frac{n(n+1)}{2}$,有$\frac{n(n+1)}{2}$条边的无向图称为完全图(completed graph),对于有向图,$0 \leqslant e \leqslant n(n-1)$,有 $n(n-1)$条边的有向图称为有向完全图。有较少条边的图称为稀疏图(sparse graph),有较多条边的图称为稠密图(dense graph)。

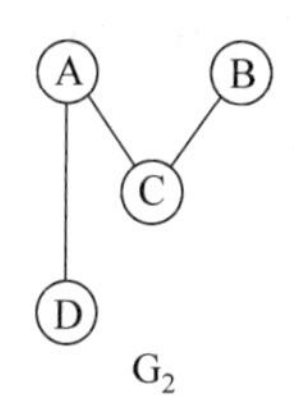

图 7.2 子图示意图

设有两个图,$G_1=(V_1,\{E_1\})$与$G_2=(V_2,\{E_2\})$,如$V_2 \subseteq V_1$,$E_2 \subseteq E_1$,则称图G_2是图G_1的子图(subgraph),如图 7.2 所示。

对于无向图 G=(V,{E}),如边(u,v)∈E,则称 u 与 v 互为邻接点(adjacent),边(u,v)依附(incident)于顶点 u 与 v,或称为(u,v)与顶点 u 与 v 相关联,顶点的度是(degree)是与 v 相关联的边的数目,记为 D(v)。

对于有向图 G=(V,{E}),如边<u,v>∈E,则称顶点 u 邻接到顶点 v,顶点 v 邻接自顶点 u,边<u,v>与顶点 u,v 相关联,邻接到 v 的边的数目称为 v 的入度(indegree),记为 ID(v),邻接自顶点 v 的边的数目称为 v 的出度(outdegree),记为 OD(v),顶点 v 的度为 D(v)=ID(v)+OD(v)。一般地,如顶点v_i的度记为$D(v_i)$,则一个有 n 个顶点,e 条边的图满足如下关系。

$$e=\frac{1}{2}\sum_{i=0}^{n-1}D(v_i)$$

如果图的顶点序列$v_1,v_2,\cdots,v_n$边$<v_i,v_{i+1}>$(有向图)或(v_i,v_{i+1})(无向图)都存在(i=1,2,…,n-1),则称顶点序列$v_1,v_2,\cdots,v_n$构成一条长度为 n-1 的路径(path),如果路径上各个顶点都不同,则称这个路径为简单路径(simple path),路径长度(lenght)是指路径包含的边的条数,如果路径$v_1,v_2,\cdots,v_n$中$v_1=v_n$,则称这样的路径为回路(cycle),也可称为环,如果图的一条回路除了起点与终点相同外,其他顶点都不相同,这样的路径为简单回路(simple cycle),也可称为简单环。

如果一个无向图中任意两个不同的顶点都存在从一个顶点到另一个顶点的路径,则称此无向图是连通的(connected),无向图的极大连通子图称为连通分量(connected component),图 7.3 给出了有 3 个连通分量的无向图示例。

对于一个有向图,如果一个有向图中任意两个不同的顶点 u 和 v,都存在从顶点 u 到顶点 v 的路径,则称此有向图是强连通的(strongly connected),有向图的极大强连通子图称为强连通分量(strongly connected component),图 7.4 给出了有 2 个强连通分量的有向图示例(顶点 A 构成一个强连通分量,顶点 C、B、E、D 构成另一个强连通分量)。

连通图的极小连通子图称为连通图的生成树,生成树包含图中全部 n 个顶点,只有n-1 条边,并且任加一条新边,必将构成回路,图 7.2 中图G_1的一棵生成树如图 7.5 所示。

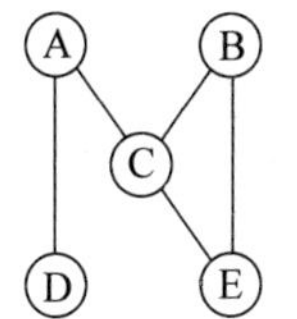

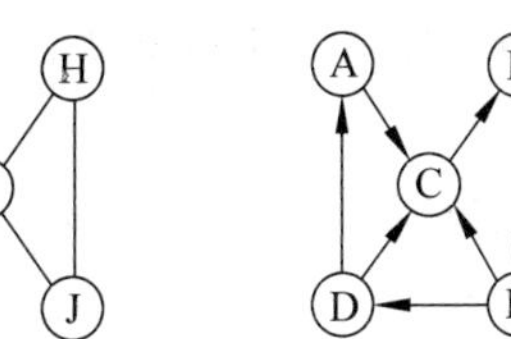

图 7.3 连通分量示意图

图 7.4 具有 2 个强连通分量的图

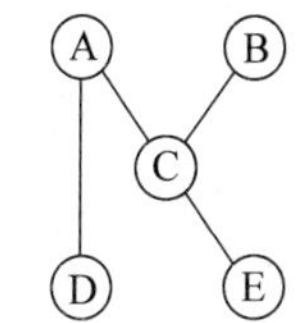

图 7.5 G_1的一棵生成树

为方便起见,对图做如下的限制:

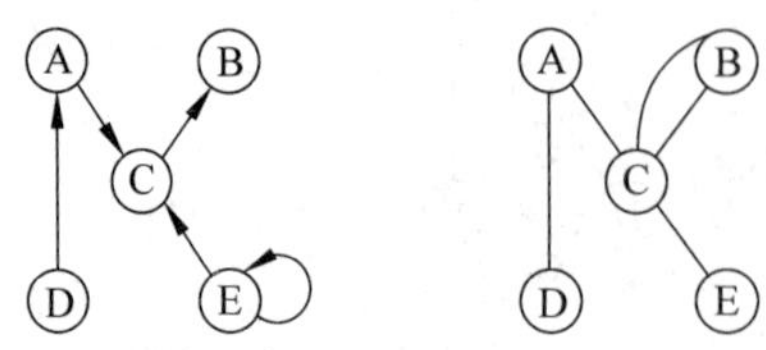

(a) 含从自身到自身的边 (b) 连接B与B的边有两条

图 7.6 本书加以限制的图

(1) 图中不含从自身到自身的边,也就是不存在<v,v>这样的边,如图 7.6(a)所示。

(2) 连接两个特定边最多只有一条,也就是说边<u,v>要么存在,要么只有一条,如图 7.6(b)所示。

在图或网的实现中,对每个顶点加一个标志,主要用于在遍历操作中标识顶点是否被访问,利于遍历操作的实现。

在实际应用中,图包含如下基本操作。

1. 图的基本操作

1) bool GetElem(int v, ElemType &e) const

初始条件:图已存在。

操作结果:求顶点的元素。

2) bool SetElem(int v, const ElemType &e)

初始条件:图已存在。

操作结果:设置顶点的元素值。

3) ElemType GetVexData(int v) const

初始条件:图已存在。

操作结果:返回顶点数据。

4) int GetVexNum() const

初始条件:图已存在。

操作结果:返回顶点个数。

5) int GetEdgeNum() const

初始条件:图已存在。

操作结果:返回边数。

6) int FirstAdjVex(int v) const

初始条件:图已存在,v 是图顶点。

操作结果:返回顶点 v 的第一个邻接点。

7) int NextAdjVex(int v1, int v2) const

初始条件:图已存在,v1 和 v2 是图顶点,v2 是 v1 的一个邻接点。

操作结果:返回顶点 v1 的相对于 v2 的下 1 个邻接点。

8) void InsertEdge(int v1, int v2)

初始条件:图已存在,v1 和 v2 是图顶点。

操作结果:插入顶点为 v1 和 v2 的边。

9) void DeleteEdge(int v1, int v2)

初始条件:图已存在,v1 和 v2 是图顶点。

操作结果:删除顶点为 v1 和 v2 的边。

10) bool GetTag(int v) const

初始条件：图已存在，v 是图顶点。

操作结果：返回顶点 v 的标志。

11) bool SetTag(int v, StatusCode val)

初始条件：图已存在，v 是图顶点。

操作结果：设置顶点 v 的标志为 val。

12) void DFSTraverse(void (* visit)(const ElemType &e)) const

初始条件：存在图。

操作结果：对图进行深度优先遍历。

13) void BFSTraverse(void (* visit)(const ElemType &)) const

初始条件：存在图。

操作结果：对图进行广度优先遍历。

2. 网的基本操作

网一般包含如下的基本操作。

1) bool GetElem(int v, ElemType &e) const

初始条件：图已存在。

操作结果：求顶点的元素。

2) bool SetElem(int v, const ElemType &e)

初始条件：图已存在。

操作结果：设置顶点的元素值。

3) ElemType GetVexData(int v) const

初始条件：网已存在。

操作结果：返回顶点数据。

4) ElemType GetInfinity() const

初始条件：网已存在。

操作结果：返回无穷大。

5) int GetVexNum() const

初始条件：网已存在。

操作结果：返回顶点个数。

6) int GetEdgeNum() const

初始条件：网已存在。

操作结果：返回边数。

7) int FirstAdjVex(int v) const

初始条件：网已存在，v 是网顶点。

操作结果：返回顶点 v 的第一个邻接点。

8) int NextAdjVex(int v1, int v2) const

初始条件：网已存在，v1 和 v2 是网顶点。

操作结果：返回顶点 v1 的相对于 v2 的下一个邻接点。

9) void InsertEdge(int v1, int v2, int w)

初始条件:网已存在,v1 和 v2 是网顶点,w 为权值。

操作结果:插入顶点为 v1 和 v2,权为 w 的边。

10) void DeleteEdge(int v1, int v2)

初始条件:网已存在,v1 和 v2 是网顶点。

操作结果:删除顶点为 v1 和 v2 的边。

11) WeightType GetWeight(int v1, int v2) const

初始条件:网已存在,v1 和 v2 是网顶点。

操作结果:返回顶点为 v1 和 v2 的边的权值。

12) void SetWeight(int v1, int v2, WeightType w)

初始条件:网已存在,v1 和 v2 是网顶点,w 为权值。

操作结果:设置顶点为 v1 和 v2 的边的权值。

13) bool GetTag(int v) const

初始条件:网已存在,v 是网顶点。

操作结果:返回顶点 v 的标志。

14) void SetTag(int v, StatusCode val) const

初始条件:网已存在,v 是网顶点。

操作结果:设置顶点 v 的标志为 val。

15) void DFSTraverse(void (*visit)(const ElemType &e)) const

初始条件:存在网。

操作结果:对网进行深度优先遍历。

16) void BFSTraverse(void (*visit)(const ElemType &)) const

初始条件:存在网。

操作结果:对网进行广度优先遍历。

在上面介绍的基本操作中,没有考虑图的遍历操作,本书将遍历定义为一般函数,在7.3节进行详细的讨论,图顶点的标志可用来表示在遍历的过程某个顶点是否被访问过,为编写遍历算法打下良好的基础。

7.2 图的存储表示

图有多种存储表示,但最常用的只有2种:邻接矩阵和邻接表,下面分别加以讨论。

7.2.1 邻接矩阵

设图的顶点个数为n,各个顶点依次记为:$v_0, v_1, \cdots, v_{n-1}$,则邻接矩阵 Matrix 是一个 $n \times n$ 的数组,它的第i行包含所有以 v_i 为起点的边,而第j列包含所有以 v_j 为终点的边,对于图,邻接矩阵元素的定义:

$$\text{Matrix}[i][j] = \begin{cases} 1 & \text{存在边} < v_i, v_j > \\ 0 & \text{不存在边} < v_i, v_j > \end{cases}$$

对于网，邻接矩阵元素的定义：

$$Matrix[i][j]=\begin{cases} w_{ij} & 存在边<v_i,v_j> \\ \infty & 不存在边<v_i,v_j> \end{cases}$$

其中的∞是比任何权值都还更大的一个数值。

邻接矩阵的每个元素都要占用存储空间，可知空间复杂度为 $O(n^2)$。

图 7.1 中各个图的邻接矩阵如下。

图 7.1(a)的邻接矩阵：$\begin{bmatrix} 0 & 0 & 1 & 0 & 0 \\ 0 & 0 & 0 & 0 & 1 \\ 0 & 1 & 0 & 0 & 0 \\ 1 & 0 & 0 & 0 & 0 \\ 0 & 0 & 1 & 1 & 0 \end{bmatrix}$

图 7.1(b)的邻接矩阵：$\begin{bmatrix} 0 & 0 & 1 & 1 & 0 \\ 0 & 0 & 1 & 0 & 1 \\ 1 & 1 & 0 & 0 & 1 \\ 1 & 0 & 0 & 0 & 1 \\ 0 & 1 & 1 & 1 & 0 \end{bmatrix}$

图 7.1(c)的邻接矩阵：$\begin{bmatrix} \infty & \infty & 6 & \infty & \infty \\ \infty & \infty & \infty & \infty & 3 \\ \infty & 1 & \infty & \infty & \infty \\ 5 & \infty & \infty & \infty & \infty \\ \infty & \infty & 9 & 8 & \infty \end{bmatrix}$

图 7.1(d)的邻接矩阵：$\begin{bmatrix} \infty & \infty & 6 & 5 & \infty \\ \infty & \infty & 1 & \infty & 3 \\ 6 & 1 & \infty & \infty & 9 \\ 5 & \infty & \infty & \infty & 8 \\ \infty & 3 & 9 & 8 & \infty \end{bmatrix}$

在图的实现中，生成图一般用 InsertEdge 方法插入边来实现，读者可参看本书提供的测试程序。下面分别讨论图与网的邻接矩阵存储结构。

1. 图的邻接矩阵存储结构

对于有向图，第 i 行的元素之和为顶点 v_i 的出度 $OD(v_i)$，第 j 列的元素之和为顶点 v_j 的入度 $ID(v_j)$，即可：

$$OD(v_i)=\sum_{j=0}^{n-1}Matrix[i][j]$$

$$ID(v_j)=\sum_{i=0}^{n-1}Matrix[i][j]$$

有向图的邻接矩阵表示法类模板声明如下：

```
//有向图的邻接矩阵类模板
```

```
template<class ElemType>
class AdjMatrixDirGraph
{
protected:
//邻接矩阵的数据成员模板
    int vexNum, edgeNum;                          //顶点个数和边数
    int**Matrix;                                  //邻接矩阵
    ElemType * elems;                             //顶点元素
    mutable bool * tag;                           //指向标志数组的指针

//辅助函数模板
    void DestroyHelp();                           //销毁有向图,释放有向图占用的空间
    void DFS(int v, void (* visit)(const ElemType &e)) const;
                                                  //从顶点 v 出发进行深度优先搜索图
    void BFS(int v, void (* visit)(const ElemType &)) const;
                                                  //从第顶点 v 出发进行广度优先搜索图
public:
//抽象数据类型方法声明及重载编译系统默认方法声明
    AdjMatrixDirGraph(ElemType es[], int vertexNum=DEFAULT_SIZE);
        //构造数据元素 es[],顶点个数为 vertexNum,边数为 0 的有向图
    AdjMatrixDirGraph(int vertexNum=DEFAULT_SIZE);
        //构造顶点个数为 vertexNum,边数为 0 的有向图
    ~AdjMatrixDirGraph();                                     //析构函数模板
    void DFSTraverse(void (* visit)(const ElemType &e)) const;
                                                              //对图进行深度优先遍历
    void BFSTraverse(void (* visit)(const ElemType &)) const;
                                                              //对图进行广度优先遍历
    bool GetElem(int v, ElemType &e) const;                   //求顶点的元素
    bool SetElem(int v, const ElemType &e);                   //设置顶点的元素值
    int GetVexNum() const;                                    //返回顶点个数
    int GetEdgeNum() const;                                   //返回边数
    int FirstAdjVex(int v) const;                 //返回顶点 v 的第一个邻接点
    int NextAdjVex(int v1, int v2) const;         //返回顶点 v1 的相对于 v2 的下一个邻接点
    void InsertEdge(int v1, int v2);                      //插入顶点为 v1 和 v2 的边
    void DeleteEdge(int v1, int v2);                      //删除顶点为 v1 和 v2 的边
    bool GetTag(int v) const;                             //返回顶点 v 的标志
    void SetTag(int v, bool val) const;                   //设置顶点 v 的标志为 val
    AdjMatrixDirGraph(const AdjMatrixDirGraph<ElemType> &copy);
                                                          //复制构造函数模板
    AdjMatrixDirGraph<ElemType> &operator= (const AdjMatrixDirGraph<ElemType>
        &copy);             //重载赋值运算符
};
```

在释放邻接矩阵有向图对象时,应释放 vexsData,tag 数组,对于二维数组 Matrix,应

先释放 Matrix 的行，再释放 Matrix，具体实现如下：

```
template<class ElemType>
void AdjMatrixDirGraph<ElemType>::DestroyHelp()
//操作结果：销毁有向图，释放有向图占用的空间
{
    delete []vexsData;                                  //释放顶点数据
    delete []tag;                                       //释放标志

    for (int iPos=0; iPos<vexNum; iPos++)
    {    //释放邻接矩阵的行
        delete []Matrix[iPos];
    }
    delete []Matrix;                                    //释放邻接矩阵
}
```

对于无向图，邻接矩阵是一个对称矩阵，也就是 Matrix[i][j]=Matrix[j][i]，顶点 v_i 的度 $D(v_i)$ 是邻接矩阵中第 i 行的元素(或第 i 列)之和，即：

$$D(v_i) = \sum_{i=0}^{n-1} \text{Matrix}[i][j] = \sum_{i=0}^{n-1} \text{Matrix}[j][i]$$

下面是无向图的邻接矩阵表示法的具体类模板声明及实现：

```
//无向图的邻接矩阵类模板
template<class ElemType>
class AdjMatrixUndirGraph
{
protected:
//邻接矩阵的数据成员
    int vexNum, edgeNum;                                //顶点个数和边数
    int **Matrix;                                       //邻接矩阵
    ElemType * elems;                                   //顶点数据
    mutable bool * tag;                                 //指向标志数组的指针

//辅助函数
    与邻接矩阵有向图类相同

public:
//抽象数据类型方法声明及重载编译系统默认方法声明
    与邻接矩阵有向图类相同
};
```

在作插入边<v1, v2>操作时，不但要修改 Matrix[v1][v2]的值，也应修改 Matrix[v2][v1]的值，具体实现如下：

```
template<class ElemType>
void AdjMatrixUndirGraph<ElemType>::InsertEdge(int v1, int v2)
```

```
//操作结果：插入顶点为 v1 和 v2,权为 w 的边
{
    if (v1<0||v1>=vexNum) throw "v1 不合法!";       //抛出异常
    if (v2<0||v2>=vexNum) throw "v2 不合法!";       //抛出异常
    if (v1==v2) throw "v1 不能等于 v2!";            //抛出异常

    if (Matrix[v1][v2]==0 && Matrix[v2][v1]==0)
    {   //原无向图无边(v1, v2),插入后边数自增 1
        edgeNum++;
    }
    Matrix[v1][v2]=1;                    //修改<v1, v2> 对应的邻接矩阵元素值
    Matrix[v2][v1]=1;                    //修改<v2, v1> 对应的邻接矩阵元素值
}
```

2. 网的邻接矩阵存储结构

在网的邻接矩阵定义中的∞对于不同类型及不同应用的具体值是不相同的,因此将它作为构造函数的一个参数,下面是邻接矩阵有向网类模板的声明:

```
//有向网的邻接矩阵类模板
template<class ElemType, class WeightType>
class AdjMatrixDirNetwork
{
protected:
//邻接矩阵的数据成员
    int vexNum, edgeNum;                          //顶点个数和边数
    WeightType **Matrix;                          //邻接矩阵
    ElemType * elems;                             //顶点数据
    mutable bool * tag;                           //指向标志数组的指针
    WeightType infinity;                          //无穷大

//辅助函数模板
    void DestroyHelp();                           //销毁有向网,释放有向网占用的空间
    void DFS(int v, void (* visit)(const ElemType &e)) const;
                                                  //从顶点 v 出发进行深度优先搜索网
    void BFS(int v, void (* visit)(const ElemType &)) const;
                                                  //从第顶点 v 出发进行广度优先搜索网

public:
//抽象数据类型方法声明及重载编译系统默认方法声明
    AdjMatrixDirNetwork(ElemType es[], int vertexNum=DEFAULT_SIZE,
        WeightType infinit=(WeightType)DEFAULT_INFINITY);
        //构造顶点数据为 es[],顶点个数为 vertexNum,infinit 表示无穷大,边数为 0 的有向网
    AdjMatrixDirNetwork(int vertexNum=DEFAULT_SIZE,
        WeightType infinit=DEFAULT_INFINITY);
```

```
        //构造顶点个数为 vertexNum,infinit 表示无穷大,边数为 0 的有向网
    ~AdjMatrixDirNetwork();                                   //析构函数模板
    void DFSTraverse(void (*visit)(const ElemType &e)) const;
                                                              //对网进行深度优先遍历
    void BFSTraverse(void (*visit)(const ElemType &)) const;
                                                              //对网进行广度优先遍历
    bool GetElem(int v, ElemType &e) const;                   //求顶点的元素
    bool SetElem(int v, const ElemType &e);                   //设置顶点的元素值
    WeightType GetInfinity() const;                           //返回无穷大
    int GetVexNum() const;                                    //返回顶点个数
    int GetEdgeNum() const;                                   //返回边数
    int FirstAdjVex(int v) const;                     //返回顶点 v 的第一个邻接点
    int NextAdjVex(int v1, int v2) const;  //返回顶点 v1 的相对于 v2 的下一个邻接点
    void InsertEdge(int v1, int v2, int w);
                                                      //插入顶点为 v1 和 v2,权为 w 的边
    void DeleteEdge(int v1, int v2);                  //删除顶点为 v1 和 v2 的边
    WeightType GetWeight(int v1, int v2) const;       //返回顶点为 v1 和 v2 的边的权值
    void SetWeight(int v1, int v2, WeightType w);     //设置顶点为 v1 和 v2 的边的权值
    bool GetTag(int v) const;                         //返回顶点 v 的标志
    void SetTag(int v, bool val) const;               //设置顶点 v 的标志为 val
    AdjMatrixDirNetwork(const AdjMatrixDirNetwork<ElemType, WeightType> &copy);
                                                      //复制构造函数模板
    AdjMatrixDirNetwork<ElemType, WeightType> &operator=
        (const AdjMatrixDirNetwork<ElemType, WeightType> &copy);
                                                      //重载赋值运算符
};
```

邻接矩阵无向网类模板的声明:

```
//无向图的邻接矩阵类模板
template<class ElemType>
class AdjMatrixUndirGraph
{
protected:
//邻接矩阵的数据成员
    int vexNum, edgeNum;                              //顶点个数和边数
    int **Matrix;                                     //邻接矩阵
    ElemType *elems;                                  //顶点数据
    mutable bool *tag;                                //指向标志数组的指针

//辅助函数模板
    与邻接矩阵有向网类相同

public:
//抽象数据类型方法声明及重载编译系统默认方法声明
```

```
    与邻接矩阵有向网类模板相同
};
```

设置标志的函数 SetTag()用于对顶点的访问标志进行设置,比如当顶点被访问到时,可设置顶点标志为 true,下面是具体实现:

```
template<class ElemType, class WeightType>
void AdjMatrixDirNetwork<ElemType, WeightType>::SetTag(int v, bool val) const
//操作结果: 设置顶点 v 的标志为 val
{
    if (v<0||v>=vexNum) throw "v 不合法!";                //抛出异常

    tag[v]=val;
}
```

7.2.2 邻接表

邻接表(adjacency list)是图的另一种常用存储结构,在邻接表中每个顶点都建立一个单链表,第 i 个顶点的单链表由图中与顶点 v_i 相关联的边构成(对于有向图,v_i 是起点),由于已知一个顶点为 v_i,为表示边,只需再存储另一个顶点——邻接点即可。各边在链表中的顺序是任意的,视边的输入次序而定,在画图时通常按邻接点的编号大小排序。

邻接表是图的链式存储结构,在邻接矩阵中,当边数较少时,邻接矩阵中有大量的 0 元素,将耗费大量的存储空间,本质上邻接表就是将矩阵中的行用链表来存储,并且只存储非 0 元素,设图中有 e 条边,n 个顶点,用邻接表表示无向图(网)时,需要存储 n 个顶点和 2e 条边,对于有向图(网),则需要存储存储 n 个顶点和 e 条边,当 $e \ll n^2$ 时,邻接表比邻接矩阵更节约存储空间。

data	adjLink
数据元素	指向边链表指针

图 7.7　图邻接表顶点结构示意图

1. 图的邻接表存储结构

对于图的邻接表存储结构,顶点结构如图 7.7 所示,其中 data 存储顶点的数据元素值,adjLink 存储指向由顶点相关联的边组成的链表,图 7.8 为图的邻接表存储结构示意图。

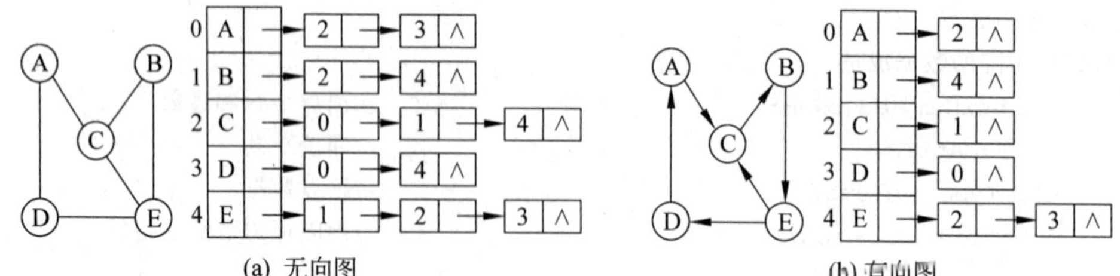

(a) 无向图　　(b) 有向图

图 7.8　图的邻接表示意图

邻接表顶点类模板声明如下:

```
//邻接表图顶点结点类模板
```

```
template<class ElemType>
class AdjListGraphVexNode
{
public:
//数据成员
    ElemType data;                          //数据元素值
    LinkList<int> * adjLink;                //指向邻接链表的指针

//构造函数模板
    AdjListGraphVexNode();                  //无参数的构造函数模板
    AdjListGraphVexNode(ElemType item, LinkList<int> * adj=NULL);
        //构造顶点数据为 item,指向邻接链表的指针为 adj 的结构
};
```

在邻接边链表实现中一般含有头结点，当然也可不含头结点，在图示时为简便直观，没有图出头结点，如图 7.8 所示。

邻接表有向图类模板声明如下：

```
//有向图的邻接表类模板
template<class ElemType>
class AdjListDirGraph
{
protected:
//邻接表的数据成员
    int vexNum, edgeNum;                        //顶点个数和边数
    AdjListGraphVexNode<ElemType> * adjList;
        //由顶点数组组成的邻接表
    mutable bool  * tag;                        //指向标志数组的指针

//辅助函数模板
    void DestroyHelp();                         //销毁有向图,释放有向图点用的空间
    int IndexHelp(const LinkList<int> * la, int v) const;
        //定位顶点 v 在邻接链表中的位置
    void DFS(int v, void (* visit)(const ElemType &e)) const;
                                                //从顶点 v 出发进行深度优先搜索图
    void BFS(int v, void (* visit)(const ElemType &)) const;
                                                //从第顶点 v 出发进行广度优先搜索图
public:
//抽象数据类型方法声明及重载编译系统默认方法声明
    AdjListDirGraph(ElemType es[], int vertexNum=DEFAULT_SIZE);
        //构造顶点数据为 es[],顶点个数为 vertexNum,边数为 0 的有向图
    AdjListDirGraph(int vertexNum=DEFAULT_SIZE);
        //构造顶点个数为 vertexNum,边数为 0 的有向图
    ~AdjListDirGraph();                                 //析构函数模板
    void DFSTraverse(void (* visit)(const ElemType &e)) const;
```

```
                                                         //对图进行深度优先遍历
    void BFSTraverse(void (* visit)(const ElemType &)) const;
                                                         //对图进行广度优先遍历
    bool GetElem(int v, ElemType &e) const;              //求顶点的元素
    bool SetElem(int v, const ElemType &e);              //设置顶点的元素值
    ElemType GetInfinity() const;                        //返回无穷大
    int GetVexNum() const;                               //返回顶点个数
    int GetEdgeNum() const;                              //返回边数
    int FirstAdjVex(int v) const;                        //返回顶点 v 的第一个邻接点
    int NextAdjVex(int v1, int v2) const;    //返回顶点 v1 的相对于 v2 的下一个邻接点
    void InsertEdge(int v1, int v2);                     //插入顶点为 v1 和 v2 的边
    void DeleteEdge(int v1, int v2);                     //删除顶点为 v1 和 v2 的边
    bool GetTag(int v) const;                            //返回顶点 v 的标志
    void SetTag(int v, bool val) const;                  //设置顶点 v 的标志为 val
    AdjListDirGraph(const AdjListDirGraph<ElemType> &copy);     //复制构造函数
    AdjListDirGraph<ElemType> &operator=(const AdjListDirGraph
        <ElemType> &copy);            //重载赋值运算符

};
```

邻接表无向图类模板声明如下：

```
//无向图的邻接表类模板
template<class ElemType>
class AdjListUndirGraph
{
protected:
//邻接表的数据成员
    int vexNum, edgeNum;                                  //顶点个数和边数
    AdjListGraphVexNode<ElemType> * vexTable;             //顶点数组
    mutable bool * tag;                                   //指向标志数组的指针

//辅助函数模板
    与邻接表有向图相同

public:
//抽象数据类型方法声明及重载编译系统默认方法声明
    与邻接表有向图相同
};
```

由于边链表由线性链表表示，因此可使用线性链表的各种操作，使程序代码更简单，由于经常在邻接链表中定位顶点在链表中的位置，因此专门用一个辅助函数模板 IndexHelp()来实现。

```
template<class ElemType>
int AdjListDirGraph<ElemType>::IndexHelp(const LinkList<int> * la,
```

```
int v) const
//操作结果：定位顶点 v 在邻接链表中的位置
{
    int curPos, adjVex;
    curPos=la->GetCurPosition();

    la->GetElem(curPos, adjVex);          //取得邻接点信息
    if (adjVex==v) return curPos;         //v 为线性链表的当前位置处

    curPos=1;
    for (curPos=1; curPos<=la->Length(); curPos++)
    {    //循环定位
        la->GetElem(curPos, adjVex);      //取得边信息
        if (adjVex==v) break;             //定位成功
    }

    return curPos;                        //curPos=la.Length()+ 1 表示定位失败
}
```

在上面的函数中，如果顶点 v 在链表中的位置是链表的当前位置(由 curPos=la－>GetCurPosition()取出链表的当前位置)，则直接返回当前位置即可，否则在链表中查找顶点的位置。

操作 FirstAdjVex()用于取出顶点的第一个邻接点，很容易使用线性链表的操作实现，具体实现如下：

```
template<class ElemType>
int AdjListDirGraph<ElemType>::FirstAdjVex(int v) const
//操作结果：返回顶点 v 的第一个邻接点
{
    if (v<0||v>=vexNum) throw Error("v 不合法!");    //抛出异常

    if (vexTable[v].adjLink==NULL)
    {    //空邻接链表，无邻接点
         return -1;
    }
    else
    {    //非空邻接链表，存在邻接点
         int adjVex;
         vexTable[v].adjLink-> GetElem(1, adjVex);
         return adjVex;
    }
}
```

操作 NextAdjVex()用于找出下一个邻接点，实现时应先找出上一个邻接点在链表中的位置，然后再取出下一个邻接点，具体实现如下：

```
template<class ElemType>
int AdjListDirGraph<ElemType>::NextAdjVex(int v1, int v2) const
//操作结果：返回顶点 v1 的相对于 v2 的下一个邻接点
{
    if (v1<0||v1>=vexNum) throw "v1 不合法!";          //抛出异常
    if (v2<0||v2>=vexNum) throw "v2 不合法!";          //抛出异常
    if (v1==v2) throw "v1 不能等于 v2!";
                                                        //抛出异常

    if (vexTable[v1].adjLink==NULL) return -1;
                                    //邻接链表 vexTable[v1].adjLink 为空,返回-1

    int curPos=IndexHelp(vexTable[v1].adjLink, v2); //取出 v2 在邻接链表中的位置
    if (curPos<vexTable[v1].adjLink->Length())
    {   //存在下 1 个邻接点
        int adjVex;
        vexTable[v1].adjLink-> GetElem(curPos+1, adjVex);    //取出后继
        return adjVex;
    }
    else
    {   //不存在下一个邻接点
        return -1;
    }
}
```

图的常见操作是找出一个顶点的所有邻接点，可用操作 FirstAdjVex()找出第一个邻接点，用 NextAdjVex()不断找出下一个邻点，直到没有下一个邻接点为止，代码如下：

```
for (u=g1.FirstAdjVex(v); u !=-1; u=g1.NextAdjVex(v, u))
```

每次调用 NextAdjVex(v, u)时，都需要定位 u 在邻接链表中的位置：

```
IndexHelp(vexTable[v].adjLink, u)
```

如果 u 在链表中的位置都是链表的当前位置，在 IndexHelp()的实现中不用循环，只需直接返回当前链表的当前位置即可，这样可提高效率，这就是在线性链表的实现中增加的返回当前链表位置操作 GetCurPosition()在算法效率中的作用。

2. 网的邻接表存储结构

对于网，由于每条边还包括含有权值，因此在表示边的邻接链表中，表示边的数据信息如图 7.9 所示。

adjVex	weight
邻接点	权

图 7.9 网邻接表边数据示意图

网的边数据类模板声明如下：

```
//邻接表网的边数据类模板
template<class WeightType>
class AdjListNetworkEdge
```

```
{
public:
//数据成员
    int adjVex;                                    //邻接点
    WeightType weight;                             //权值

//构造函数模板
    AdjListNetworkEdge();                          //无参数的构造函数模板
    AdjListNetworkEdge(int v, WeightType w);       //构造邻接点为 v,权为 w 的邻接边
};
```

网的顶点结构与图的顶点结构相同,如图 7.7 所示,具体类模板声明如下:

```
//邻接表网顶点结构类模板
template<class ElemType, class WeightType>
class AdjListNetWorkVexNode
{
public:
//数据成员
    ElemType data;                                 //数据元素值
    LinkList<AdjListNetworkEdge<WeightType>> * adjLink;
        //指向邻接链表的指针

//构造函数模板
    AdjListNetWorkVexNode();                       //无参数的构造函数模板
    AdjListNetWorkVexNode(ElemType item,
        LinkList<AdjListNetworkEdge<WeightType>> * adj=NULL);
        //构造顶点数据为 item,指向邻接链表的指针为 adj 的结构
};
```

网邻接表如图 7.10 所示。

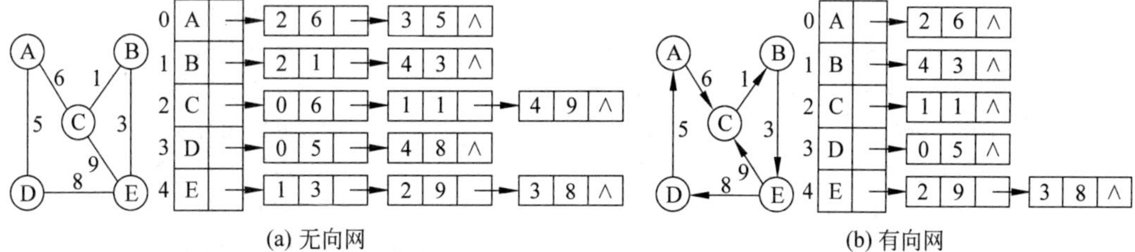

图 7.10 网的邻接表示意图

有向网邻接表类模板声明如下:

```
//有向网的邻接表类模板
template<class ElemType, class WeightType>
class AdjListDirNetwork
```

```
{
protected:
//邻接表的数据成员
    int vexNum, edgeNum;                            //顶点个数和边数
    AdjListNetWorkVexNode<ElemType, WeightType> * adjList;
        //由顶点数组组成的邻接表
    mutable bool * tag;                             //指向标志数组的指针
    WeightType infinity;                            //无穷大

//辅助函数模板
    void DestroyHelp();                             //销毁有向网,释放有向网点用的空间
    int IndexHelp(const LinkList<AdjListNetworkEdge<WeightType> >* la, int v)
        const;          //定位顶点 v 在邻接链表中的位置
    void DFS(int v, void (* visit)(const ElemType &e)) const;
                                                    //从顶点 v 出发进行深度优先搜索网
    void BFS(int v, void (* visit)(const ElemType &)) const;
                                                    //从第顶点 v 出发进行广度优先搜索网
public:
//抽象数据类型方法声明及重载编译系统默认方法声明
    AdjListDirNetwork(ElemType es[], int vertexNum=DEFAULT_SIZE,
        WeightType infinit=(WeightType)DEFAULT_INFINITY);
        //构造顶点数据为 es[],顶点个数为 vertexNum,infinit 表示无穷大,边数为 0 的有
        //向网
    AdjListDirNetwork(int vertexNum=DEFAULT_SIZE,
        WeightType infinit=(WeightType)DEFAULT_INFINITY);
        //构造顶点个数为 vertexNum,infinit 表示无穷大,边数为 0 的有向网
    ~AdjListDirNetwork();                                     //析构函数模板
    void DFSTraverse(void (* visit)(const ElemType &e)) const;
                                                              //对网进行深度优先遍历
    void BFSTraverse(void (* visit)(const ElemType &)) const;
                                                              //对网进行广度优先遍历
    bool GetElem(int v, ElemType &e) const;                   //求顶点的元素
    bool SetElem(int v, const ElemType &e);                   //设置顶点的元素值
    WeightType GetInfinity() const;                           //返回无穷大
    int GetVexNum() const;                                    //返回顶点个数
    int GetEdgeNum() const;                                   //返回边数
    int FirstAdjVex(int v) const;                   //返回顶点 v 的第一个邻接点
    int NextAdjVex(int v1, int v2) const;           //返回顶点 v1 的相对于 v2 的下一个邻接点
    void InsertEdge(int v1, int v2, int w);         //插入顶点为 v1 和 v2,权为 w 的边
    void DeleteEdge(int v1, int v2);                //删除顶点为 v1 和 v2 的边
    WeightType GetWeight(int v1, int v2) const;           //返回顶点为 v1 和 v2 的边的权值
    void SetWeight(int v1, int v2, WeightType w);         //设置顶点为 v1 和 v2 的边的权值
    bool GetTag(int v) const;                             //返回顶点 v 的标志
    void SetTag(int v, bool val) const;                   //设置顶点 v 的标志为 val
```

```
    AdjListDirNetwork(const AdjListDirNetwork<ElemType, WeightType>&copy);
        //复制构造函数模板
    AdjListDirNetwork<ElemType, WeightType>&operator=
        (const AdjListDirNetwork<ElemType, WeightType>&copy);
                                                    //重载赋值运算符
};
```

无向网邻接表类模板声明如下：

```
//无向网的邻接表类模板
template<class ElemType, class WeightType>
class AdjListUndirNetwork
{
protected:
//邻接表的数据成员
    int vexNum, edgeNum;                            //顶点个数和边数
    AdjListNetWorkVexNode<ElemType, WeightType>* adjList;
        //由顶点数组组成的邻接表
    mutable StatusCode * tag;                       //指向标志数组的指针
    ElemType infinity;                              //无穷大

//辅助函数模板
    与邻接表有向网相同

public:
//抽象数据类型方法声明及重载编译系统默认方法声明
    与邻接表有向网相同
};
```

在修改邻接表无向网的边(v1, v2)的权操作 SetWeight(v1, v2, w)中，既要修改<v1, v2>的权，同时也应修改<v2, v1>的权，具体实现如下：

```
template<class ElemType, class WeightType>
void AdjListUndirNetwork < ElemType, WeightType >:: SetWeight (int v1, int v2,
WeightType w)
//操作结果：设置顶点为 v1 和 v2 的边的权值
{
    if (v1<0||v1>=vexNum) throw "v1 不合法!";          //抛出异常
    if (v2<0||v2>=vexNum) throw "v2 不合法!";          //抛出异常
    if (v1==v2) throw "v1 不能等于 v2!";               //抛出异常
    if (w==infinity) throw "w 不能为无空大!";          //抛出异常

    AdjListNetworkEdge<WeightType>tmpEdgeNode;

    int curPos=IndexHelp(adjList[v1].adjLink, v2);    //取出 v2 在邻接链表中的位置
```

```
    if (curPos<=adjList[v1].adjLink->Length())
    {   //存在边<v1, v2>
        adjList[v1].adjLink-> GetElem(curPos, tmpEdgeNode);  //取出边
        tmpEdgeNode.weight=w;                                 //修改<v1, v2> 权值
        adjList[v1].adjLink-> SetElem(curPos, tmpEdgeNode);    //设置边
    }

    curPos=IndexHelp(adjList[v2].adjLink, v1);      //取出 v1 在邻接链表中的位置
    if (curPos<=adjList[v2].adjLink->Length())
    {   //存在边<v2, v1>
        adjList[v2].adjLink->GetElem(curPos, tmpEdgeNode);    //取出边
        tmpEdgeNode.weight=w;                                 //修改<v2, v1> 权值
        adjList[v2].adjLink->SetElem(curPos, tmpEdgeNode); //设置边
    }
}
```

7.3 图的遍历

图的搜索有广泛的应用，例如有许多国家，有些国家两两相互连接，要求从某个指定的起始国出发，通过国家之间的连接，从一国到另一国，最后到达另一指定的终点国，通常情况下起始国和终点国之间并不直接相连，这时必须按照某种组织方式搜索图中的顶点。

图的遍历算法一般是从一个起始顶点出发，试图访问全部顶点，必须解决如下 2 个问题：

(1) 从起点出发可能到达不了所有其他顶点(如非连接图)。

(2) 有些图存在回路，必须确定算法不会因回路而陷入死循环。

为解决上面的问题，图的遍历算法一般为图的每个顶点保留一个标志(tag)，在算法开始时，所有顶点的标志设置为 false，在遍历过程中，如某个顶点被访问到，将标志置为 true，如果在遍历时遇到标志为 true 的顶点，就不访问它，这样便避免了遇到回路时陷入死循环的问题。

如果图是不连通的，则还有未被访问到的顶点，这些顶点的标志值为 false，这时可从某个未被访问到的顶点开始继续进行搜索，下面介绍两种常用的图遍历算法。

7.3.1 深度优先搜索

深度优先搜索(depth first search，DFS)在搜索过程中，每当访问某个顶点 v 后，DFS 将递归地访问它的所有未被访问到的相邻的顶点，实际结果是沿着图的某一分支进行搜索，直至末端为止，然后再进行回溯，沿另一分支进行搜索，依此类推，深度优先搜索的搜索过程将产生一棵深度优先搜索树(depth first search tree)，此树由图遍历过程中所有连接某一新(未被访问的)顶点边所组成，并不包括那些连接已访问顶点的边，DFS 算法适合于所有类型的图，下面是算法实现。

```
template<class ElemType>
void AdjListUndirGraph<ElemType>::DFS(int v, void (*visit)(const ElemType &e))
const
//初始条件：存在图
//操作结果：从顶点 v 出发进行深度优先搜索图
{
    SetTag(v, true);                          //作访问标志
    ElemType e;                               //临时变量
    GetElem(v, e);                            //顶点 v 的数据元素
    (*visit)(e);                              //访问顶点 v 的数据元素
    for (int w=FirstAdjVex(v); w>=0; w=NextAdjVex(v, w))
    {   //对 v 的尚未访问过的邻接顶点 w 递归调用 DFS
        if(!GetTag(w))  DFS(w, visit);
    }
}

template<class ElemType>
void AdjListUndirGraph<ElemType>::DFSTraverse(void (*visit)(const ElemType
&e)) const
//初始条件：存在图
//操作结果：对图进行深度优先遍历
{
    int v;
    for(v=0; v<GetVexNum(); v++)
    {   //对每个顶点作访问标志
        SetTag(v, false);
    }

    for(v=0; v<GetVexNum(); v++)
    {   //对尚未访问的顶点按 DFS 进行深度优先搜索
        if(!GetTag(v))  DFS(v, visit);
    }
}
```

提示：上面的算法采用了无向图的邻接表存储结构，由于图的所有存储结构都采用了相同的接口函数，所以其他存储结构的相应算法与采用图的邻接矩阵存储结构时的算法完相同。

图的深度优先搜索算法示例如图 7.11 所示，从 v_0 出发进行搜索，在访问了 v_0 后选择邻接点 v_1，由于 v_1 未被访问，接着从 v_1 出发进行搜索，依此类推，接着从 v_2，v_5 出发进行搜索，在访问了 v_5 之后，由于 v_5 的邻接点都已被访问，回溯到 v_2，由于 v_2 的所有邻接点也被访问，再回溯到 v_1，再搜索 v_1 的未被访问的邻接点 v_4，从 v_4 出发进行搜索，再继续下去，由此可得到顶点的访问序列如下：

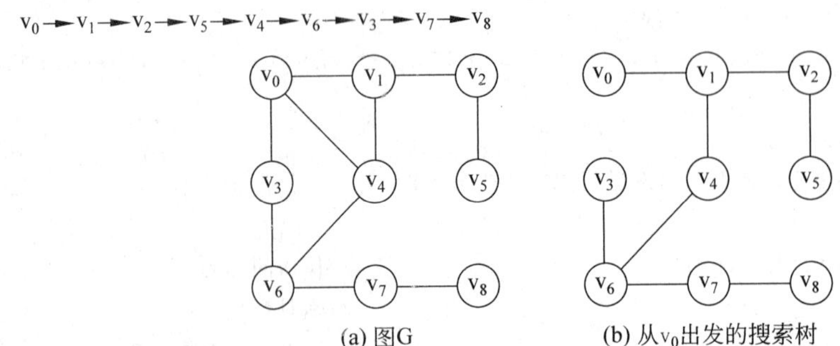

图 7.11 图 G 从顶点 v_0 进行深度优先搜索的搜索树

设图的顶点数为 n，边数为 e，对图的每个顶点至多调用一次 DFS 函数，当某个顶点被置访问标志 true 后将不再从此出发进行搜索，遍历的实质是对每个顶点查找邻接点的过程，时间复杂度与所采用的存储结构有关，当用邻接矩阵作存储结构时，查找所有顶点的邻接点的时间为 $O(n^2)$，可知深度优先搜索遍历图的时间复杂度为 $O(n^2+n)=O(n^2)$；当用邻接表作存储结构时，查找所有顶点的邻接点的时间为 O(e)，可知深度优先搜索遍历图的时间复杂度为 O(e+n)。

7.3.2 广度优先搜索

广度优先搜索(breadth first search，BFS)类似于树的层将遍历，如从顶点 v 出发进行搜索，在访问了 v 之后依次访问 v 的未被访问的邻接点，然后再从这些邻接点出发依次访问它们的邻接点，直至图中所有被访问的顶点的邻接点都已被访问完为止，如果这时图中还有未被访问的顶点，将选择一个未被访问的顶点作起始点继续进行搜索，直到图中所有顶点都被访问到为止。实际上广度优先搜索是以顶点 v 为起始点，由近至远依次访问和 v 有路径相通且路径长度为 1，2，…的顶点，如图 7.12 所示，从顶点 v_0 出发进行搜索，首先访问 v_0，然后再访问 v_0 的未被访问过的邻接点 v_1、v_3 和 v_4，然后依次访问 v_1 的未被访问过的邻接点 v_2，v_3 的未被访问过的邻接点 v_6，依此类推，直到所有顶点都被访问到为止，由此完成图的遍历，得到的顶点序列如下所示：

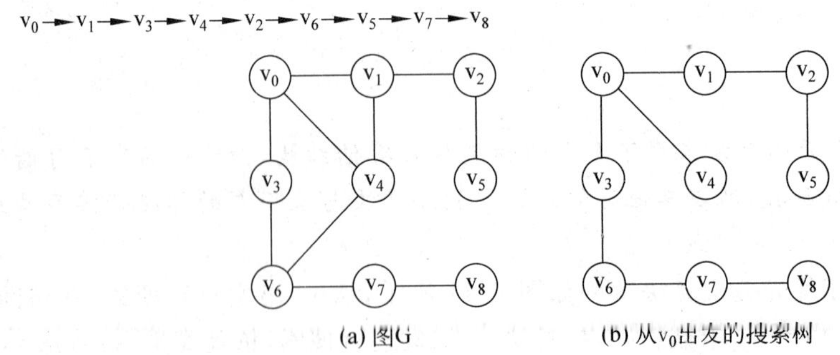

图 7.12 图 G 从顶点 v_0 进行广度优先搜索的搜索树

BFS 算法适合于所有类型的图，下面是算法实现：

```
template<class ElemType>
void AdjListDirGraph < ElemType >:: BFS (int v, void (* visit) (const ElemType
&)) const
//初始条件：存在图
//操作结果：从第顶点 v 出发进行广度优先搜索图
{
    SetTag(v, true);                                //作访问标志
    ElemType e;                                     //临时变量
    GetElem(v, e);                                  //顶点 v 的数据元素
    (* visit)(e);                                   //记问顶点 v 的数据元素
    LinkQueue<int>q;                                //定义队列
    q.InQueue(v);                                   //v 入队
    while (!q.Empty())
    {   //队列 q 非空，进行循环
        int u, w;                                   //临时顶点
        q.OutQueue(u);                              //出队
        for(w=FirstAdjVex(u); w>=0; w=NextAdjVex(u, w))
        {   //对 u 尚未访问过的邻接顶点 w 进行访问
            if (!GetTag(w))
            {   //对 w 进行访问
                SetTag(w, true);                    //作访问标志
                GetElem(w, e);                      //顶点 w 的数据元素
                (* visit)(e);                       //记问顶点 w 的数据元素
                q.InQueue(w);                       //w 入队
            }
        }
    }
}

template<class ElemType>
void AdjListDirGraph < ElemType >:: BFSTraverse (void (* visit) (const ElemType
&)) const
//初始条件：存在图
//操作结果：对图进行广度优先遍历
{
    int v;
    for(v=0; v<GetVexNum(); v++)
    {   //对每个顶点作访问标志
        SetTag(v, false);
    }

    for(v=0; v<GetVexNum(); v++)
```

```
    {   //对尚未访问的顶点按 BFS 进行广度优先搜索
        if(!GetTag(v)) BFS(v, visit);
    }
}
```

对于广度优先搜索，每个顶点进一次且仅进一次队列，遍历的本质是找邻接点，时间复杂度与深度优先搜索的时间复杂度相同，两者的不同体现在对顶点的访问顺序不同。

7.4 连通无向网的最小代价生成树

本节介绍求最小代价生成树(minimum cost spanning tree，MST)的两种常用算法，最小代价生成树简称为最小生成树，对于给定一个连通网 Net，最小代价生成树是一个包括 Net 中所有顶点和部分边，满足下列条件。

(1) 最小代价生成树边的条数是顶点个数减 1 的差，并且能保证最小代价生成树是连通的。

(2) 最小代价生成树边上的权值之和最小。

由离散数学中图论的理论可知最小代价生成树是自由树结构，最小代价生成树可用于解决如下问题：

(1) 在几个城市之间建立电话网，使所需费用最少。

(2) 连接电路板上的一系列接头，使所需焊接的线路最短。

构造最小代价生成树的算法一般都要用到如下的定理。

定理：设 Net=(V, {E})是一个连通无向网，U 是顶点集 V 的非空子集，如(u, v)是连接 U 与 V−U 具有最小权值的边(其中 u ∈ U 和 v ∈ V−U)，则存在一棵包含边(u, v)的最小代价生成树。

证明：采用反证法进行证明，设网 Net 的任何一棵最小代价生成树都不包含边(u, v)，设 T 是 Net 的一棵最小代价生成树，由假设可知 T 不包含边(u, v)，将(u, v)加入到 T 中时，由树的性质可知这时 T 中必存在一条包含(u, v)的长度大于 2 的简单回路，这条回路必定存在另一条边(u', v')，其中 u' ∈ U，v' ∈ V− U，在 T 中删除边(u', v')，便可去掉此回路，同时也不影响连通性，这样便可得到另一棵生成树 T'，由于(u, v)的权值不大于(u', v')的权值，可知 T'的权值之和不大于 T 的权值之和，T'是最小代价生成树，而 T'包含边(u, v)，这与假设矛看。

7.4.1 Prim 算法

设 Net=(V, {E})是连通无向网，TE 是最小代价生成树的边的集合，算法步骤简述如下：

(1) TE={}，U={u_0}。

(2) 在所有(u, v)>∈ E，u ∈ U，v ∈ V−U 的边中选择权值最小的边(u', v')。

(3) 将(u', v')并入 TE 中，v'并入 U 中。

(4) 重复步骤(2)和步骤(3)直到 TE 有 n−1 条边(n 为 Net 的顶点个数),这时 T=(V,{TE})便是最小代价生成树。

Prim 算法生成最小代价生成树示例如图 7.13 所示。

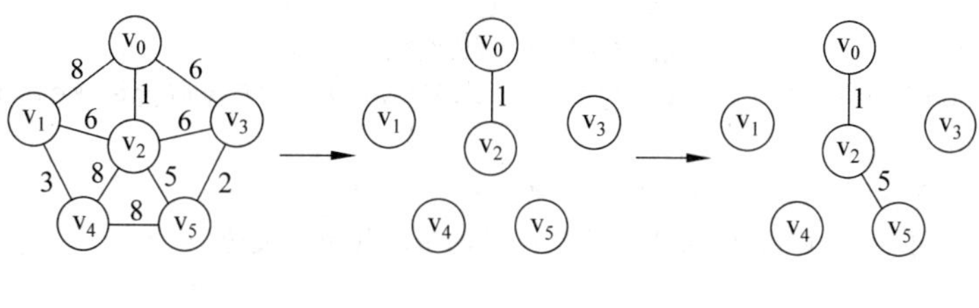

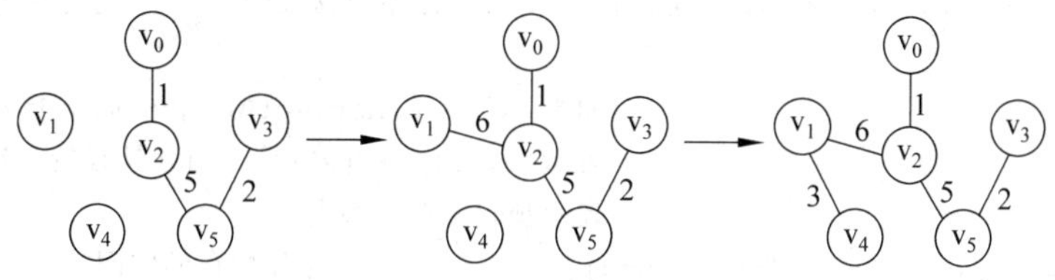

图 7.13 Prim 算法构造最小代价生成树的过程

为实现 Prim 算法,附设一个辅助数组 adjVex[],用于存储 V−U 中的顶点到 U 最小权值的边,也就是当 v ∈ V−U 时,adjVex[v] ∈ U,且(v, adjVex[v])是 v 到 U 的所有边中权值最小的边,这样连接 U 到 V−U 权值最小的边便是 adjVex[]中具有权值最小的边,将 U 中顶点的标志设置为 true,V−U 中顶点标志设置为 false,具体算法如下:

```
template<class ElemType, class WeightType>
int MinVertex(const AdjMatrixUndirNetwork<ElemType, WeightType> &net,
    int * adjVex)
//操作结果:返回 w,使得边(w, adjVex[w])为连接 V- U 到 U 的具有最小权值的边
{
    int w=-1;                                       //初始化最小顶点
    int v;                                          //临时顶点
    for (v=0; v<net.GetVexNum(); v++)
    {     //查找第一个满足条件的 V- U 中顶点 v
        if (!net.GetTag(v)                          //表示 v 为 V- U 中的顶点
            && net.GetWeight(v, adjVex[v])>0)       //存在从 v 到 U 的边(v, adjVex[v])
        {
            w=v;
            break;
        }
    }
    for (v++; v<net.GetVexNum(); v++)
        //查找连接 V- U 到 U 的具有最小权值的边(w, adjVex[w])
        if (!net.GetTag(v) && net.GetWeight(v, adjVex[v])>0 &&
            net.GetWeight(v, adjVex[v])<net.GetWeight(w, adjVex[w]))
```

```
            w=v;
        return w;
}

template<class ElemType, class WeightType>
void MiniSpanTreePrim(const AdjMatrixUndirNetwork<ElemType, WeightType>&net,
      int u0)
//初始条件：存在网 net,u0 为 g 的一个顶点
//操作结果：用 Prim 算法从 u0 出发构造网 g 的最小代价生成树
{
    if (u0<0||u0>=net.GetVexNum()) throw "u0 不合法 1!";        //抛出异常

    int * adjVex;                   //如果 v∈V- U,net.GetWeight(v, adjVex[v])> 0
                                    //表示(v, adjVex[v])是 v 到 U 具有最小权值边的邻接点
    int u, v, w;                    //表示顶点的临时变量
    adjVex=new int[net.GetVexNum()];              //分配存储空间
    for (v=0; v<net.GetVexNum(); v++)
    {    //初始化辅助数组 adjVex,并对顶点作标志,此时 U={v0}
         if (v!=u0)
        {    //对于 v∈V- U
             adjVex[v]=u0;
             net.SetTag(v, false);
        }
        else
        {    //对于 v∈U
             net.SetTag(v, true);
             adjVex[v]=u0;
        }
    }
    for (u=1; u<net.GetVexNum(); u++)
    {    //选择生成树的其余 net.GetVexNum()-1 个顶点
         w=MinVertex(net, adjVex);
           //选择使得边(w, adjVex[w])为连接 V-U 到 U 的具有最小权值的边
        if (w==-1)
        {    //表示 U 与 V-U 已无边相连
             return;
        }
        cout<<"edge:("<<adjVex[w]<<","<<w<<") weight:"
            <<net.GetWeight(w, adjVex[w])<<endl ;          //输出边及权值
        net.SetTag(w, true);                                 //将 w 并入 U
        for (int v=net.FirstAdjVex(w); v>=0 ; v=net.NextAdjVex(w, v))
        {    //新顶点并入 U 后重新选择最小边
             if (!net.GetTag(v) &&                           //v∈V-U
                (net.GetWeight(v, w)<net.GetWeight(v, adjVex[v])||
```

```
                                                    //边(v,w)的权值更小
                net.GetWeight(v, adjVex[v])==0))       //不存在边(v, adjVex[v])
            {   //<v, w> 为新的最小边
                adjVex[v]=w;
            }
        }
    }
    delete []adjVex;                                    //释放存储空间
}
```

上面的算法中算 1 个 for 循环语句的执行频度为 n，而第 2 个 for 循环语句的执行频度也为 n，其内部的 MinVerTex()函数用循环语句实现时每次 for 循环语句的执行频度也为 n，第 3 个 for 循环语句执行频度最多为 n－1，可知 Prim 算法的时间复杂度为 $O(n^2)$。

7.4.2 Kruskal 算法

Kruskal 算法从另一途径构造最小代价生成树，算法的初态为只有 n 个顶点而无边的非连通图 T＝(V, {TE})，此处 TE＝{}，这时每个顶点自成一个自由树，在 E 中选择权值最小的边(u, v)，如果此边所依附的顶点分别落在两个不同的自由树中，便将(u, v)并入 TE 中，也就是将 u 和 v 所在的自由树合并为一棵新的自由树，否则舍去此边选择下一条权值最小的边，依次类推直到 T 中所有顶点都在同一棵自由树上为止。

如图 7.14 所示为 Kruskal 算法生成最小代价生成树的示例。

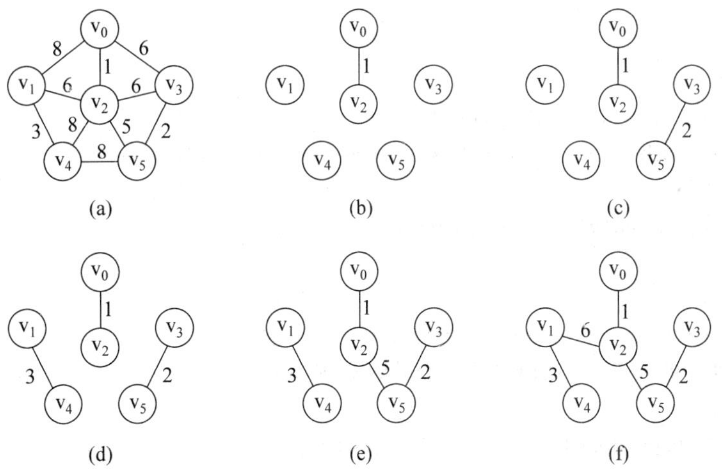

图 7.14 Kruskal 算法构造最小代价生成树的过程

按照边的权值的顺序处理边可通过对边按权值大小进行排序的办法来进行，算法中还有一个技巧是怎样确定两个顶点是否属于同一个自由树，可对自由树进行编号，用数组 TreeNo 存储每个顶点所在自由树的编号，也就是 TreeNo[v]表示顶点 v 所在的自由树的编号，顶点 v1 和 v2 是否在同一棵自由树中的条件是 TreeNo[v1]==TreeNo[v2]，合并自由树就是将一棵自由树所有顶点的编号改为另一棵自由树的编号即可，具体算法如下：

```
//Kruskal 森林类
class KruskalForest
{
private:
    int * treeNo;              //顶点所在的树编号
    int vexNum;                //顶点数
public:
    KruskalForest(int num=DEFAULT_SIZE); //构造函数
    ~KruskalForest(){delete []TreeNo;};   //析构函数
    bool IsSameTree(int v1, int v2);      //判断 v1 和 v2 是否在同一棵树上
    void Union(int v1, int v2);           //将 v2 所在树的所有顶点合并到 v1 所在树上
};

//Kruskal 森林类实现
KruskalForest::KruskalForest(int num)
//操作结果：构造顶点数为 num 的 Kruskal 森林
{
    vexNum=num;                           //顶点数
    TreeNo=new int[vexNum];               //分配存储空间
    for (int v=0; v<vexNum; v++)
    {    //初始时，每棵树只有一个顶点，树的个数与顶点个数相同
         TreeNo[v]=v;
    }
}

bool KruskalForest::IsSameTree(int v1, int v2)
//操作结果：如果 v1 和 v2 在同一棵树上，则返回 true，否则返回 false
{
    return treeNo[v1]==treeNo[v2];
}

void KruskalForest::Union(int v1, int v2)
//操作结果：将 v2 所在树的所有顶点合并到 v1 所在树上
{
    int v1TNo=treeNo[v1], v2TNo=treeNo[v2];
    for (int v=0; v<vexNum; v++)
    {    //查找 v2 所在树的顶点
         if (TreeNo[v]==v2TNo)
         {    //将 v2 所在树上的顶点所在树编号改为 v1 所在树的编号
              TreeNo[v]=v1TNo;
         }
    }
```

```
}

//Kruskal 边类
template<class WeightType>
class KruskalEdge
{
public:
    int vertex1, vertex2;                           //边的顶点
    WeightType weight;                              //边的权值
    KruskalEdge(int v1=-1, int v2=-1, int w=0);    //构造函数模板
};

template<class WeightType>
KruskalEdge<WeightType>::KruskalEdge(int v1, int v2, int w)
//操作结果:由顶点 v1、v2 和权 w 构造边——构造函数模板
{    //构造函数
     vertex1=v1;                                    //顶点 vertex1
     vertex2=v2;                                    //顶点 vertex2
     weight=w;                                      //权 weight
}

template<class WeightType>
void Sort(KruskalEdge<WeightType>* a, int n)
//操作结果:按权值对边进行升序排序
{
    for (int i=n-1; i>0; i--)
        for (int j=0; j<i; j++)
            if (a[j].weight>a[j+1].weight)
            {    //出现逆序,则交换 a[j]与 a[j+1]
                KruskalEdge<WeightType> tmpEdge;    //临时边
                tmpEdge=a[j];
                a[j]=a[j+1];
                a[j+1]=tmpEdge;
            }
}

template<class ElemType, class WeightType>
void MiniSpanTreeKruskal(const AdjListUndirNetwork<ElemType, WeightType>&net)
//初始条件:存在网 net
//操作结果:用 Kruskal 算法构造网 net 的最小代价生成树
{
    int count;                                      //计数器
    KruskalForest kForest(net.GetVexNum());         //定义 Kruskal 森林
    KruskalEdge<WeightType>* kEdge;
```

```
    kEdge=new KruskalEdge<WeightType> [net.GetEdgeNum()];
                                            //定义边数组,只存储 v>u 的边(v,u)

    count=0;                                    //表示当前已存入 kEdge 的边数
    for (int v=0; v<net.GetVexNum(); v++)
    {
        for (int u=net.FirstAdjVex(v); u>=0; u=net.NextAdjVex(v, u))
        {   //将边(v, u)存入 kEdge 中
            if (v>u)
            {   //只存储 v>u 的边(v,u)
                KruskalEdge<WeightType>tmpKEdge(v, u, net.GetWeight(v, u));
                kEdge[count++ ]=tmpKEdge;
            }
        }
    }

    Sort(kEdge, count);                         //对边按权值进行排序

    for (int i=0; i<count; i++)
    {   //对 kEdge 中的边进行搜索
        int v1=kEdge[i].vertex1, v2=kEdge[i].vertex2;
        if (!kForest.IsSameTree(v1, v2))
        {   //边的两端不在同一棵树上,则为最小代价生成树上的边
            cout<<"edge:("<<v1<<","<<v2<<") weight:"
                <<net.GetWeight(v1, v2)<<endl ;   //输出边及权值
            kForest.Union(v1, v2);    //将 v2 所在树的所有顶点合并到 v1 所在树上
        }
    }
    delete []kEdge;                             //释放存储空间
}
```

上面的算法可进行优化,对于按照边的权值排序可采用快速排序(参考 9.3.2 节),则排序的代价为 O(eloge),图的每条边只扫描一次,确定两个顶点是否属于同一棵自由树及合并自由树可用等价关系来实现(参考 6.8.1 节),当采用适当的路径压缩算法后可使 Union 算法接近于常数,上面算法中的第 1 个 for 循环是构造边组成的数组,一般情况下运行时间为 O(n+e),可知 Kruskal 算法的时间复杂度为 O(n+eloge),通常可假设 eloge>n,所以时间复杂度为 O (eloge)。

从上面的分析可知对于稠密网,比较适合用 Prim 算法构造最小生成树;对于稀疏网,比较适合用 Kruskal 算法构造最小生成树。

7.5 有向无环图及应用

有向无环图(Directed Acyclic Graph,DAG)是一个无环的有向图,有向无环图是一种比有向树更一般的特殊有向图,图 7.15 是有向树、有向无环图和有向图的示例。

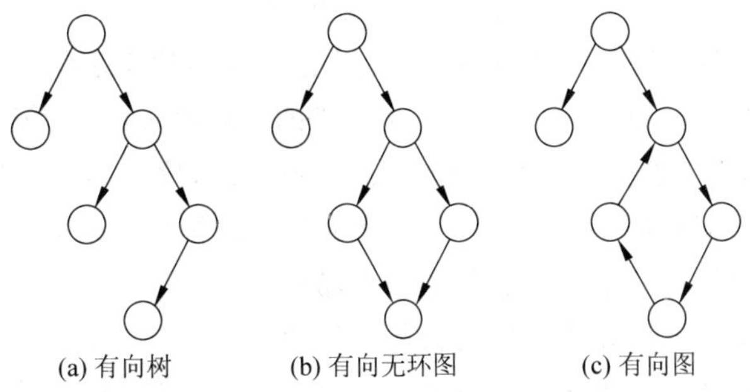

图 7.15 有向树、有向无环图和有向图的示例

判断一个有向图是否是有向无环图的简单方法是拓扑排序，也可采用深度优先搜索法进行判断，如果从有向图上某顶点 v 出发进行深度优先搜索 DFS(v)，在 DFS(v)结束之前出现一条从顶点 u 到顶点 v 的回边，这时必定存在包含顶点 v 和 u 的回路。

有向无环图是描述一项工程进行过程的有效工具，一般工程(project)可分解为若干被称为活动(activity)的子工程，人们通常关心整个工程是否能顺利完成，计算工程的最短完成时间，对于有向图可用拓扑排序和求关键路径加以求解，下面分别加以讨论。

7.5.1 拓扑排序

对一个有向无环图 G=(V,{E})进行拓扑排序，就是将 G 中所有顶点排成一个线性序列，使得图中任意一对顶点 u 和 v，若 $<u,v>\in E$，则 u 在线性序列中出现在 v 之前，这样的线性序列称为拓扑有序(Topological Order)的序列，简称拓扑序列。

将大学现有课程看作是有向图的顶点，如果第一门课程是第二门课程的先修课，则就从第一门课到第二门课画一条有向边，拓扑排序就是将所有课程进行一种排列，使其一门课程的所有先修课程都在它之前出现。

说明：

(1) 如果图中存在有向环，则不可能满足拓扑有序，例如图 7.16 中存在有环，由于 $<v_0,v_1>\in E$，所以 v_0 应排在 v_1 的前面，而 $<v_1,v_2>\in E$，$<v_2,v_0>\in E$，可知 v_1 应排在 v_2 的前面，v_2 应排在 v_0 的前面，这样就会出现 v_1 应排在 v_0 的前面，出现矛盾，也就是不存在拓扑序列。

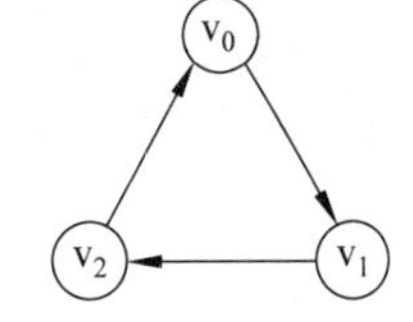

图 7.16 存在环的有向图

(2) 一个 DAG 的拓扑序列通常表示某种方案切实可行，例如一本书的作者将书本中的各章节作为顶点，各章节的先学后修关系作为边，构成一个有向图。按有向图的拓扑次序安排章节，才能保证读者在学习某章节时，其预备知识已在前面的章节里介绍过。

拓扑排序可解决这样的问题，用顶点表示活动，有向边表示活动间的优先关系，这样的有向图称为顶点表示活动的图(Activity On Vertex Network)，简称为 AOV 图。

在 AOV 图中，如从 u 到 v 存在一条路径，表示 u 是 v 的前驱，v 是 u 的后继，如果存在边<u,v>,就表示 u 是 v 的直接前驱,v 是 u 的直接后继。

在 AOV 图中不会出现有向环,如果出现了这样的环就表示某项活动以自己为先决条件,这显然是不可能的,这样的工程是无法开工的。对给定的 AOV 图应先判断图中是否存在有向环,其判断方法是对有向图构造顶点的拓扑有序序列,如图的所有顶点都落在一个拓扑序列列中,则 AOV 图就不存在环,下面是构造拓扑序列的步骤。

(1) 在有向图中任选一个没有前驱的顶点输出。

(2) 从图中删除该顶点和所有以它为起点的边。

(3) 重复上述步骤(1)和步骤(2),直到全部顶点都已输出,此时,其顶点输出序列即为一个拓扑有序序列;或者直到图中所有顶点都没有前驱为止,此情形表明有向图中存在环。

在图 7.17 所示的有向图中,图 7.17(a)中 v_0 没有前驱,可输出 v_0,如图 7.16(b)所示,这时 v_1 没有前驱,可输出 v_1,如图 7.17(c)所示,这样继续下去,可依次输出 v_4、v_5 和 v_2,得到的拓扑序列如下:

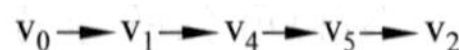

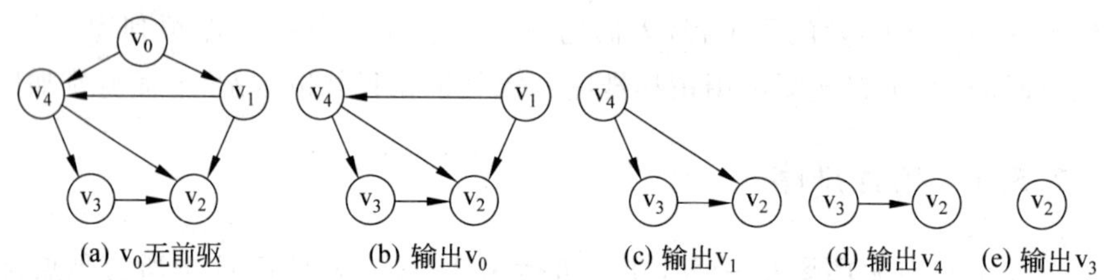

图 7.17 AOV 图及其拓扑排序的过程

说明:如果在拓扑排序过程中出现了多个顶点没有前驱,这时可任选一个顶点输出,所以拓扑排序的结果可能不唯一。

在拓扑排序算法实现中,用数组 indegree[]存储顶点的入度,没有前驱的顶点就是入度为零的顶点,删除顶点及从它出发的边可用边的终点的入度减 1 实现。同时可用一个队列暂存所有入度为零的顶点,具体算法实现如下:

```
template<class ElemType>
void StatIndegree(const AdjMatrixDirGraph<ElemType> &g, int * indegree)
//操作结果:统计图 g 各顶点的入度
{
    for (int v=0; v<g.GetVexNum(); v++)
    {   //初始化入度为 0
        indegree[v]=0;
    }

    for (int v1=0; v1<g.GetVexNum(); v1++)
    {   //遍历图的顶点
        for (int v2=g.FirstAdjVex(v1); v2!=-1; v2=g.NextAdjVex(v1, v2))
        {   //v2 为 v1 的一个邻接点
```

```
            indegree[v2]++;
        }
    }
}

template<class ElemType>
bool TopSort(const AdjMatrixDirGraph<ElemType> &g)
//初始条件：存在有向图 g
//操作结果：如 g 无回路，则输出 g 的顶点的一个拓扑序列，并返回 true，否则返回 false
{
    int * indegree=new int[g.GetVexNum()];                 //顶点入度数组
    LinkQueue<int>q;                                       //队列
    int count=0;
    StatIndegree(g, indegree);                             //统计顶点的入度

    for (int v=0; v<g.GetVexNum(); v++)
    {   //遍历顶点
        if (indegree[v]==0)
        {   //建立入度为 0 的顶点队列
            q.InQueue(v);
        }
    }

    while (!q.Empty())
    {   //队列非空
        int v1;
        q.OutQueue(v1);                                    //取出一个入度为 0 的顶点
        cout<<v1<<" ";
        count++;                                           //对输出顶点进行记数
        for (int v2=g.FirstAdjVex(v1); v2!=-1; v2=g.NextAdjVex(v1, v2))
        {   //v2 为 v1 的一个邻接点，对 v1 的每个邻接点入度减 1
            if (-- indegree[v2]==0)
            {   //v2 入度为 0，将 v2 入队
                q.InQueue(v2);
            }
        }
    }
    delete []indegree;                           //释放 indegree 所占用的存储空间

    if (count<g.GetVexNum()) return false;       //图 g 有回路
    else return true;                            //拓扑排序成功
}
```

在上面的算法实现中，对于有 n 个顶点和 e 条边的有向图，建立各顶点的入度的队列

的时间复杂度为 O(n+e),建立入度为零的队列的时间复杂度为 O(n),在拓扑排序过程中,如没有环,则每个顶点入度减 1 的操作在 while 的循环体中共循环了 e 次,每个顶点进一次队列,出一次出列,可知 while 循环共循环了 n 次,总的时间复杂度为 O(n+e)。

7.5.2 关键路径

与 AOV 图相对应的是 AOE 网(Activity On Edge)——以边表示活动的网,AOE 网是一种边带有权值的有向无环图,用顶点来表示事件(Event),边表示活动,边上的权值表示活动的持续时间,AOE 网通常用来计算工程的最短完成时间。

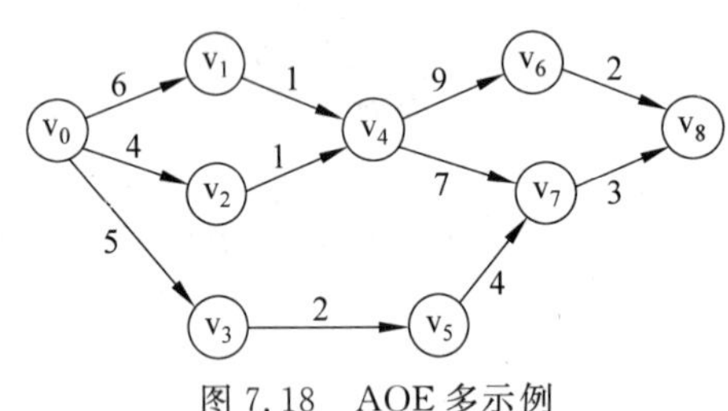

图 7.18 AOE 多示例

图 7.18 所示的 AOE 网有 11 个活动,9 个事件 v_0,v_1,v_2,v_3,v_4,v_5,v_6,v_7,v_8,事件 v_0 表示整个工程的开始,事件 v_8 表示整个工程的结束,其他事件 v_i($0<i<8$)表示在它之前的活动已结束,在它之后的活动可以开始,比如 v_1 表示在它之前的活动 $<v_0,v_1>$ 已结束,在它之后的活动 $<v_1,v_4>$ 可以开始。v_4 表示在它这前的活动 $<v_1,v_4>$ 和 $<v_2,v_4>$ 已结束,在它之后的活动 $<v_4,v_6>$ 和 $<v_4,v_7>$ 可以开始,与每个活动联系的权值表示一个活动需要持续的时间,例如活动 $<v_0,v_1>$ 需要 6 天,活动 $<v_4,v_7>$ 需要 7 天。

AOE 网表示的工程只有一个开始点和一个完成点,所以通常一个 AOE 网只有一个入度为 0 的顶点(称为源点)和一个出度为 0 的顶点(称为汇点)。

AOE 网主要研究如下问题。

(1) 确定整个工程的最少完成时间。

(2) 为缩短工程的完成时间,哪些活动起作关键的作用?也就是加快这些活动的完工时间,能缩短整个工程的工期。

在 AOE 网中,有些活动可以并行地进行,最短完成时间应是从源点到汇点的最长路径长度(指路径上所有权值之和)。称这样的路径为关键路径(Critical Path),为了设计求关键路径的算法,下面介绍几种相关的量,设源点为 v_0,汇点为 v_{n-1}:

(1) 事件 v_i 的最早发生时刻 ve(i)是从源点到顶点 v_i 的最长路径长度,例如只有 $<v_1,v_4>$、和 $<v_2,v_4>$ 这两个活动都完成了,事件 v_4 才能发生,虽然路径(v_0,v_2,v_4)的完成需要 5 天,但在第 5 天时,路径(v_0,v_1,v_4)还未完成,只有当路径(v_0,v_1,v_4)都完成了,事件 v_4 才能发生,也就是第 7 天才能发生,所以事件 v_4 的最早发生时刻是 7,也就是从 v_0 到 v_4 的最长路径长度。

计算 ve(i)是按拓扑排序的次序,从 ve(0)=0 开始递推如下:

$$ve(j) = \max\{ve(i) + net.GetWeight(i,j) \mid <v_i,v_j> \in E\}$$

(2) 事件 v_i 的最迟发生时该 vl(i)是在不影响整个工程工期的情况下,事情的最迟发生时刻,计算 vl(i)是按逆拓扑排序的次序,从 vl(n−1)=ve(n−1)开始递推如下:

$$vl(i) = \max\{vl(j) - net.GetWeight(i,j) \mid <v_i,v_j> \in E\}$$

(3) 活动$<v_i,v_j>$的最早开始时间 ee(i,j)本质是从 v_0 到 v_i 的最长路径长度，计算公式如下：

$$ee(i,j) = ve(i)$$

(4) 活动$<v_i,v_j>$的最迟开始时间 el(i,j)是在不影整个工程的延期的情况下，活动的最迟开始时间，计算公式如下：

$$el(i,j) = vl(j) - net.GetWeight(i,j)$$

el(i,j)－ ee(i,j)为活动$<v_i,v_j>$的时间余量，将 el(i,j)＝ee(i,j)的活动称为关键活动，关键路径上的活动都为关键活动。

求关键路径的算法思路如下：

(1) 以拓扑排序的次序按 $ve(j)=\max\{ve(i)+net.GetWeight(i,j)\mid<v_i,v_j>\in E\}$ 计算各顶点(事件)的最早发生时刻。

(2) 以逆拓扑排序的次序按 $vl(i)=\max\{vl(j)-net.GetWeight(i,j)\mid<v_i,v_j>\in E\}$ 计算各顶点(事件)的最迟发生时刻。

(3) 计算每个活动$<v_i,v_j>$的最早开始时间 ee(i,j)和最迟开始时间 el(i,j)，如满足 ee(i,j)＝el(i,j)，则为关键活动，输出关键活动。

具体算法如下：

```
template<class ElemType, class WeightType>
void StatIndegree(const AdjMatrixDirNetwork<ElemType, WeightType> &net, int *
    indegree)
//操作结果：统计网 net 各顶点的入度
{
    for (int v=0; v<net.GetVexNum(); v++)
    {   //初始化入度为 0
        indegree[v]=0;
    }

    for (int v1=0; v1<net.GetVexNum(); v1++)
    {   //遍历网的顶点
        for (int v2=net.FirstAdjVex(v1); v2!=-1; v2=net.NextAdjVex(v1, v2))
        {   //v2 为 v1 的一个邻接点
            indegree[v2]++;
        }
    }
}

template<class ElemType, class WeightType>
bool CriticalPath(const AdjMatrixDirNetwork<ElemType, WeightType> &net)
//初始条件：存在有向网 net
//操作结果：如 net 无回路，则输出 net 的关键活动，并返回 true，否则返回 false
{
    int * indegree=new int[net.GetVexNum()];      //顶点入度数组
```

```
int * ve=new int[net.GetVexNum()];                    //事件最早发生时刻数组
LinkQueue<WeightType>q;                               //用于存储入度为 0 的顶点
LinkStack<WeightType>s;                               //用于实现逆扑序序列的栈
int ee, el, u, v, count=0;

for (v=0; v<net.GetVexNum(); v++)
{    //初始化事件最早发生时刻
     ve[v]=0;
}

StatIndegree(net, indegree);                          //统计顶点的入度

for (v=0; v<net.GetVexNum(); v++)
{    //遍历顶点
     if (indegree[v]==0)
     {    //建立入度为 0 的顶点队列
          q.InQueue(v);
     }
}

while (!q.Empty())
{    //队列非空
     q.OutQueue(u);                                   //取出一个入度为 0 的顶点
     s.Push(u);                                       //顶点 u 入栈,以便得逆拓扑排序序列
     count++;                                         //对顶点进行记数
     for (v=net.FirstAdjVex(u); v!=-1; v=net.NextAdjVex(u, v))
     {    //v2 为 v1 的一个邻接点,对 v1 的每个邻接点入度减 1
          if (--indegree[v]==0)
          {    //v 入度为 0,将 v 入队
               q.InQueue(v);
          };
          if (ve[u]+net.GetWeight(u, v)>ve[v])
          {    //修改 ve[v]
               ve[v]=ve[u]+net.GetWeight(u, v);
          }
     }
}
delete []indegree;                                    //释放 indegree 所占用的存储空间

if (count<net.GetVexNum())
{
    delete []ve;                                      //释放 ve 所占用的存储空间
    return false;                                     //网 g 有回路
}
```

```
	int * vl=new int[net.GetVexNum()];           //事件最迟发生时刻数组
	s.Top(u);                                    //取出栈顶,栈顶为汇点
	for (v=0; v<net.GetVexNum(); v++)
	{	//初始化事件最迟发生时刻
		vl[v]=ve[u];
	}

	while (!s.Empty())
	{	//s 非空
		s.Pop(u);
		for (v=net.FirstAdjVex(u); v!=-1; v=net.NextAdjVex(u, v))
		{	//v 为 u 的一个邻接点
			if (vl[v]-net.GetWeight(u, v)<vl[u])
			{	//修改 vl[u]
				vl[u]=vl[v]-net.GetWeight(u, v);
			}
		}
	}

	for (u=0; u<net.GetVexNum(); u++)
	{	//求 ee, el 和关键路径
		for (v=net.FirstAdjVex(u); v!=-1; v=net.NextAdjVex(u, v))
		{	//v 为 u 的一个邻接点
			ee=ve[u]; el=vl[v]-net.GetWeight(u, v);
			if (ee==el)
			{	//<u, v>为关键活动
				cout<<"<"<<u<<","<<v<<">";
			}
		}
	}

	delete []ve;                                 //释放 ve 所占用的存储空间
	delete []vl;                                 //释放 vl 所占用的存储空间
	return true;                                 //操作成功
}
```

拓扑排序过程中计算 ve(i)时每条边只参与计算一次;而利用栈得到逆拓扑排序计算 vl(i)时每条边也只计算一次,在求每条边的最早开始时间 ee 和最迟开始时间 el 时每条边也只参与计算一次,可知总的时间复杂度为 O(n+e)。

对于图 7.18 所示的 AOE 网的计算如表 7.1 及表 7.2 所示。

满足 el=ee 的关键活动为＜v_0,v_1＞,＜v_1,v_4＞,＜v_4,v_6＞和＜v_6,v_8＞,它们组成的关键路径如图 7.19 所示。

表 7.1 计算 ve 和 vl

顶点	ve	vl	顶点	ve	vl	顶点	ve	vl
v_0	0	0	v_3	5	9	v_6	16	16
v_1	6	6	v_4	7	7	v_7	14	15
v_2	4	6	v_5	7	11	v_8	18	18

表 7.2 计算 ee 和 el

边	ee	el	el-ee	边	ee	el	el-ee	边	ee	el	el-ee
$<v_0,v_1>$	0	0	0	$<v_2,v_4>$	4	6	2	$<v_5,v_7>$	7	11	4
$<v_0,v_2>$	0	2	2	$<v_3,v_5>$	5	9	4	$<v_6,v_8>$	16	16	0
$<v_0,v_3>$	0	4	4	$<v_4,v_6>$	7	7	0	$<v_7,v_8>$	14	15	1
$<v_1,v_4>$	6	6	0	$<v_4,v_7>$	7	8	1				

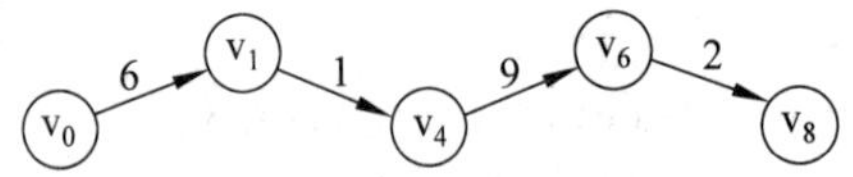

图 7.19 图 7.18 的关键路径

7.6 最短路径

假设要用一个网来表示交通运输网络,可用顶点来表示城市,边表示城市之间的交通运输路线,边上的权值表示路线运输所花的时间,最短路径问题是指从网中某个顶点 u 到另一个顶点 v 的路径如果不止一条,寻找一条路径使其在此路径上各边的权值之和最小。一般称路径的起始点为源点(Sourse),路径的终止点为终点(Destination)。下面介绍两种最常见的最短路径问题。

7.6.1 单源点最短路径问题

单源点最短路径问题是指给定一个带权有向网 net 的源点 v,求从 v 到 net 中其他顶点的最短路径。

例如图 7.20 所示的有向网 net 中,从 v_0 到其余顶点之间的最短路径如图 7.21 所示。

从图 7.20 易知,如果(v_0,…,v_k,v_j)是最短路径,则(v_0,…,v_k)也是最短路径,要存储从 v_0 到 v_j 的最短路径 path[j],只需要存储此路径上 v_j 的前一个顶点 v_k 即可,也就是可表示为 path[j]=k,现实中现在路由器中的路由算法就采用这种方法存储从一个网络结点到另一个网络结点的路由路径的。

为了求得最短路径,迪杰斯特拉(Dijkstra)提出了一种按最短路径长度递增的次序逐次生成最短路径的算法,其特点是首先求出最短的一条最短路径,然后再求长度次短的一条路径,依此类推求出其他最短路径。

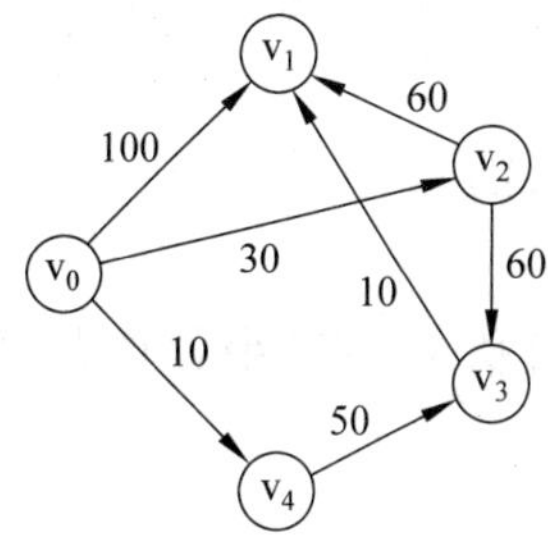

图 7.20 有向网

始点	终点	最短路径	路径长度
v_0	v_1	$(v_0, v_4, v_3, v_1,)$	70
	v_2	(v_0, v_2)	30
	v_3	(v_0, v_4, v_3)	60
	v_4	(v_0, v_4)	10

图 7.21 图 7.20 的有向网的最短路径

设集合 U 存放已求得最短路径的端点，设源点为 v_s，在初始状态下 $U=\{v_s\}$，然后每求得一条最短路径，就将路径上的端点加入到 U 中，直到 U=V 时为止。

用数组 dist[]存储当前找到的从源点 v_s 到其他各顶点的最短路径的长度，其初始状态是如果存在边 $<v_s, v_i>$，则 dist[i]=g. GetWeight(s,j)，否则除非 $v_i=v_s$，dist[s]=0，其他情况下 dist[i]=net. GetInfinity()，这里 net. GetInfinity()表示一个比实际权值更大的一个数。

设第 1 条最短路径是 (v_s, v_j)，也就是：

$$\text{dist}[j] = \max_i\{\text{dist}[i] \mid v_i \in V-U\}$$

设刚求得的一条长度次短的最短路径的终点为 v_j，则此路径 $(v_s, \cdots, v_j)$ 的中间点都在 U 中，v_j 满足：

$$\text{dist}[j] = \max_i\{\text{dist}[i] \mid v_i \in V-U\}$$

将 v_j 加入到 U 中，下一条最短路径有两种形式：

(1) $(v_s, \cdots, v_k)$，此路径的中间点不含 v_j，长度为 dist[k]。

(2) $(v_s, \cdots, v_j, v_k)$，其中包含的路径 $(v_s, \cdots, v_j)$ 的中间点不含 v_j，整个路径长度为 dist[j]+net. GetWeight(j,k)。

下面是 Dijkstra 算法的步骤。

(1) 构造 dist 的初始值

$$\text{dist}[i] = \begin{cases} 0 & v_i = v_s \\ \infty & <v_s, v_i> \notin E \\ \text{net. GetWeight}(s,i) & <v_s, v_i> \in E \end{cases}$$

路径 path 的初始值如下：

$$\text{path}[i] = \begin{cases} s & <v_s, v_i> \in E \\ -1 & <v_s, v_i> \notin E \end{cases}$$

此处 path[i]=−1 表示还没有求出最短路径，path[i]=s 表示路径上的上一顶点。

(2) 选择 v_j

$$\text{dist}[j] = \min_i\{\text{dist}[i] \mid v_i \in V-U\}$$

将 v_j 加入到 U 中。

(3) 修改从 v_s 到 V−U 中的任一顶点 v_k 当前求得的最短路径，如果

$$\text{dist}[j] + \text{net. GetWeight}(j,k) < \text{dist}[k]$$

则新的从 v_s 到顶点 v_k 当前求得的最短路径为(v_s,…,v_j,v_k),修改 dist[k]及 path[k]如下:

$$dist[k] = dist[j] + g.GetWeight(j,k)$$
$$path[k] = j$$

(4) 重复步骤(3)和步骤(4)共 n－1 次,此时将求出所有从 v_s 到其余各顶点的最短路径。

具体算法如下:

```
template<class ElemType, class WeightType>
void ShortestPathDIJ(const AdjMatrixDirNetwork<ElemType, WeightType>&net,
    int v0, int *path, WeightType *dist)
//操作结果:用 Dijkstra 算法求有向网 net 从顶点 v0 到其余顶点 v 的最短路径 path 和路径
//长度 dist[v],path[v]存储最短路径上至此顶点的前一顶点的顶点号
{
    for (int v=0; v<net.GetVexNum(); v++)
    {    //初始化 path 和 dist 及顶点标志
        dist[v]=(v0!=v && net.GetWeight(v0, v)==0)? net.GetInfinity() : net.
            GetWeight(v0, v);
        if (v0!=v && dist[v]<net.GetInfinity()) path[v]=v0;
        else path[v]=-1;                            //路径存放数组初始化
        net.SetTag(v, false);                       //置顶点标志
    }
    net.SetTag(v0, true);                           //U={v0}

    for (int u=1; u<net.GetVexNum(); u++)
    {    //除 v0 外的其余 net.GetVexNum()-1 个顶点
        WeightType minVal=net.GetInfinity(); int v1=v0;
        for (int w=0; w<net.GetVexNum(); w++)
        {    //disk[v1]=min{dist[w]|w ∈V-U
            if (!net.GetTag(w) && dist[w]<minVal)
            {    //!net.GetTag(w)表示 w∈V-U
                v1=w;
                minVal=dist[w];
            }
        }
        net.SetTag(v1, true);                       //将 v1 并入 U

        for (int v2=net.FirstAdjVex(v1); v2!=-1; v2=net.NextAdjVex(v1, v2))
        {    //更新当前最短路径及距离
            if (!net.GetTag(v2) && minVal+ net.GetWeight(v1, v2)<dist[v2])
            { //如 v2∈V-U 且 minVal+ net.GetWeight(v1, v2)<dist[v2],则修改 dist[v2]
              //及 path[v2]
                dist[v2]=minVal+ net.GetWeight(v1, v2);
```

```
                path[v2]=v1;
            }
        }
    }
}
```

对于图 7.20,实行迪杰斯特拉算法求从 v_0 到其余各个顶点的最短路径过程示意如表 7.3 所示。

表 7.3 迪杰斯特拉算法求从 v_0 到其余各个顶点的最短路径过程示意

终点	i=1	i=2	i=3	i=4
v_1	dist[1]=100 path[1]=0	dist[1]=100 path[1]=0	dist[1]=90 path[1]=2	dist[1]=70 path[1]=3
v_2	dist[2]=30 path[2]=0	dist[2]=30 path[2]=0		
v_3	dist[3]=∞ path[3]=−1	dist[3]=60 path[3]=4	dist[3]=60 path[3]=4	
v_4	dist[4]=10 path[4]=0			
v_j	v_4	v_2	v_3	v_1
U	$\{v_0, v_4\}$	$\{v_0, v_2, v_4\}$	$\{v_0, v_2, v_3, v_4\}$	$\{v_0, v_1, v_2, v_3, v_4\}$

迪杰斯特拉算法的第 1 个 for 循环语句的时间复杂度为 O(n),第 2 个 for 循环语句循环了 n−1 次,每次循环的执行时间为 O(n),可知总时间复杂度为 $O(n^2)$。

7.6.2 所有顶点之间的最短路径

求每一对顶点间的最短路径的一条可行方法是以每个顶点为源点,重复执行迪杰斯特拉算法 n 次,时间复杂度为 $O(n^3)$。

求每对顶点间的最短路径的另一个方法是弗洛伊德(Floyd)算法,虽然时间复杂度仍是 $O(n^3)$,但思路更简单明了。

弗洛伊德算法基本思想如下:

设路径上可能含的中间点集合为 U,用 dist[i][j]表示求得的从 v_i 到 v_j 的最短路径的长度。

初始时 U={},要求中间点在 U 中的从 v_i 到 v_j 的最短路径,如果 $<v_i, v_j> \in E$,则所求的最短路径为 (v_j, v_j),dist[i][j]=net.GetWeight(i,j),否则不存在路径,dist[i][j]=INFINITY,这里 INFINITY 表示一个比实际权值更大的一个数。

将 v_0 加入到 U 中,即 $U=\{v_0\}$,从 v_i 到 v_j 的中间顶点在 U 中的最短路径有如下两种情况:

① 以 v_0 为中间点,这时路径为 (v_i, v_0, v_j),路径长度为 dist[i][0]+dist[0][j]。

② 不以 v_0 为中间点,这时路径为 (v_i, v_j),路径长度为 dist[i][j]。

可知 dist[i][j]=min{dist[i][j],dist[i][0]+dist[0][j]}。

一般地假设 $U=\{v_0,v_1,\cdots,v_{k-1}\}$,向 U 中加入 v_k,现要求中间点都落在 U 中(即中间点序列号不大于 k)从 v_i 到 v_j 的最短路径,这样的路径也可分为如下两种情况:

① 以 v_k 为中间点,并且其他中间点的序号小于 k,此时路径为 $(v_i,\cdots,v_k,\cdots,v_j)$,路径长度为 dist[i][k]+dist[k][j]。

② 不以 v_k 为中间点,这时中间点的序号小于 k,此时路径为 $(v_i,\cdots,v_j)$,路径长度为 dist[i][j]。

经过上面的步骤 n 次后,可得从 v_i 到 v_j 中间点的序号不大于 n−1 的最短路径,也就是所求的最短路径。

为了分析方便起见,定义 n 阶方阵序列如下:

$D^{(-1)},D^{(0)},D^{(1)},\cdots,D^{(n-1)}$

$$D^{(-1)}[i][j]=\begin{cases}0 & i=j\\ \infty & i\neq j \text{ 且 } <v_i,v_j>\notin E\\ \text{net.GetWeight}(i,j) & <v_i,v_j>\in E\end{cases}$$

$$D^{(k)}[i][j]=\text{Min}\{D^{(k-1)}[i][k]+D^{(k-1)}[k][j],D^{(k-1)}[i][j]\}\quad(0\leqslant k\leqslant n-1)$$

从上面分析可知 $D^{(1)}[i][j]$ 是计算从 v_i 到 v_j 中间点序号不大于 1 的最短路径,$D^{(k)}[i][j]$ 是计算从 v_i 到 v_j 中间点序号不大于 k 的最短路径,$D^{(n-1)}[i][j]$ 是计算从 v_i 到 v_j 中间点序号不大于 n−1 的最短路径,也就是计算从 v_i 到 v_j 的最短路径。

具体算法如下:

```
template<class ElemType, class WeightType>
void ShortestPathFloyd(const AdjListDirNetwork<ElemType, WeightType> &net,
int **path,
    WeightType **dist)
//操作结果:用 Floyd 算法求有向网 net 中各对顶点 u 和 v 之间的最短路径 path[u][v]和路径长度
//dist[u][v],path[u][v]存储从 u 到 v 的最短路径上至此顶点的前一顶点的顶点号,
//dist[u][v]存储从 u 到 v 的最短路径的长度
{
    for (int u=0; u<net.GetVexNum(); u++)
         for (int v=0; v<net.GetVexNum(); v++)
        {   //初始化 path 和 dist
            dist[u][v]=(u!=v)? net.GetWeight(u, v) : 0;
            if (u!=v && dist[u][v]<net.GetInfinity()) path[u][v]=u; //存在边<u,v>
            else path[u][v]=-1;                                     //不存在边<u,v>
        }

    for (int k=0; k<net.GetVexNum(); k++)
        for (int i=0; i<net.GetVexNum(); i++)
             for (int j=0; j<net.GetVexNum(); j++)
                 if (dist[i][k]+ dist[k][j]<dist[i][j])
                {     //从 i 到 k 再到 j 的路径长度更短
```

```
                dist[i][j]=dist[i][k]+ dist[k][j];
                path[i][j]=path[k][j];
            }
    }
```

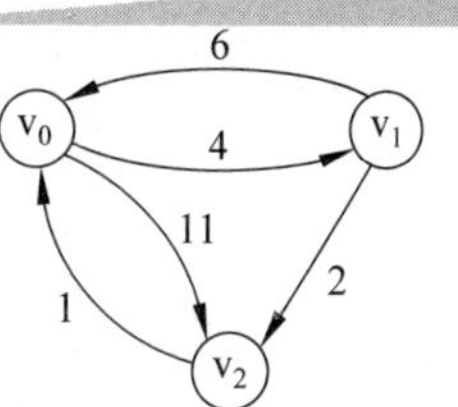

图 7.22 有向网示意图

对于如图 7.22 所示的有向网,利用上面的算法求每对顶点的最短路径及路径长度时所涉及的矩阵的值如下:

$$\text{dist}^{(-1)} = \begin{bmatrix} 0 & 4 & 11 \\ 6 & 0 & 2 \\ 1 & \infty & 0 \end{bmatrix} \quad \text{path}^{(-1)} = \begin{bmatrix} -1 & 0 & 0 \\ 1 & -1 & 1 \\ 2 & -1 & -1 \end{bmatrix}$$

$$\text{dist}^{(0)} = \begin{bmatrix} 0 & 4 & 11 \\ 6 & 0 & 2 \\ 1 & 5 & 0 \end{bmatrix} \quad \text{path}^{(0)} = \begin{bmatrix} -1 & 0 & 0 \\ 1 & -1 & 1 \\ 2 & 0 & -1 \end{bmatrix}$$

$$\text{dist}^{(1)} = \begin{bmatrix} 0 & 4 & 6 \\ 6 & 0 & 2 \\ 1 & 5 & 0 \end{bmatrix} \quad \text{path}^{(1)} = \begin{bmatrix} -1 & 0 & 1 \\ 1 & -1 & 1 \\ 2 & 0 & -1 \end{bmatrix}$$

$$\text{dist}^{(2)} = \begin{bmatrix} 0 & 4 & 6 \\ 3 & 0 & 2 \\ 1 & 5 & 0 \end{bmatrix} \quad \text{path}^{(2)} = \begin{bmatrix} -1 & 0 & 1 \\ 2 & -1 & 1 \\ 2 & 0 & -1 \end{bmatrix}$$

7.7 深入学习导读

本书实现了求最小代价生成树的 Kruskal 算法,其他 Kruskal 算法实现方法可参考 Cliford A. Shaffer 所著的"A Practical Introduction to Data Structures and Algorithm Analysis. Second Edition"[2]。

7.8 习 题 7

7-1 什么是无向图的连通分量与生成树?

7-2 给出下列图的所有拓扑有序序列。

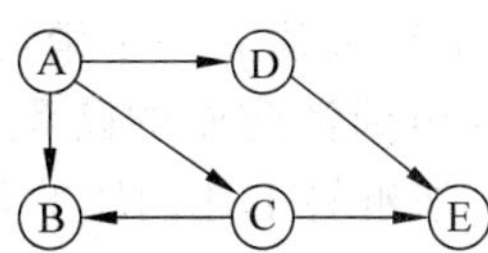

7-3 有向图中顶点的度是怎样确定的?

7-4 对于下图从顶点 d 出发分别按深度优先搜索与广度优先搜索方法进行遍历,写出相应的顶点序列。

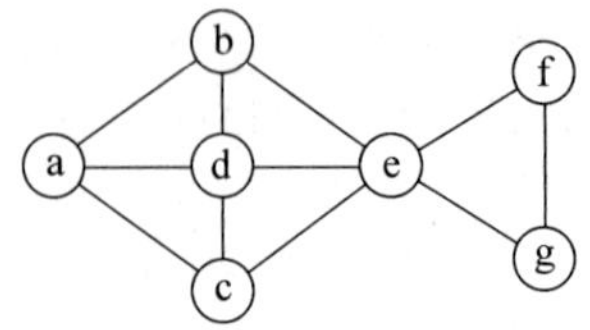

7-5 对于下图，分别用 Prim 算法(要求从顶点 v_1 出发)与 Kruskal 算法构造出一棵最小生成树，要求图示出构造过程中每一步的变化情况。

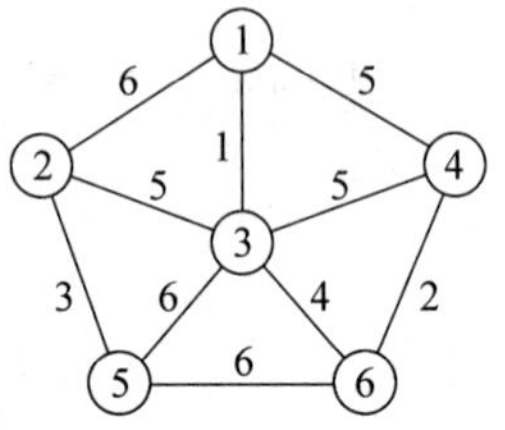

7-6 已知下面所示无向图 G，试求：

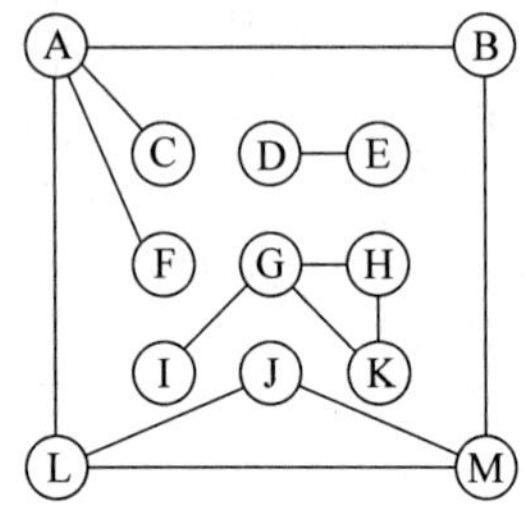

(1) G 有几个连通分量?

(2) 深度优先搜索所产生的森林是什么?

(3) 深度优先搜索的顶点序列是什么?

7-7 设 G 为有 n 个顶点(n>1)的无向连通图，证明 G 至少有 n−1 条边。

7-8 对于如下图所示的事件结点网络，求出各事件可能的最早发生时刻与最迟发生时刻，各活动可能的最早开始时间和允许的最晚完成时间，并问哪些活动是关键活动。

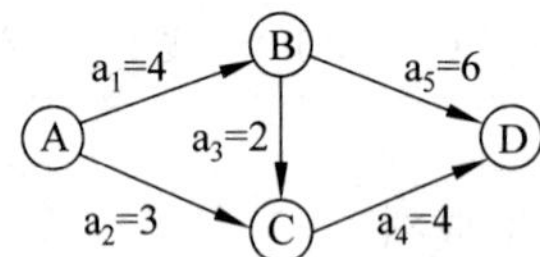

*7-9 如下图所示为 5 个乡镇之间的交通图，乡镇之间道路的长度如图中边上所注。现在要在这 5 个乡镇中选择一个乡镇建立一个消防站，问这个消防站应建在哪个乡镇，才能使离消防站最远的乡镇到消防站的路程最短。试回答解决上述问题应采用什么算法，并写出应用该算法解答上述问题的每一步计算结果。

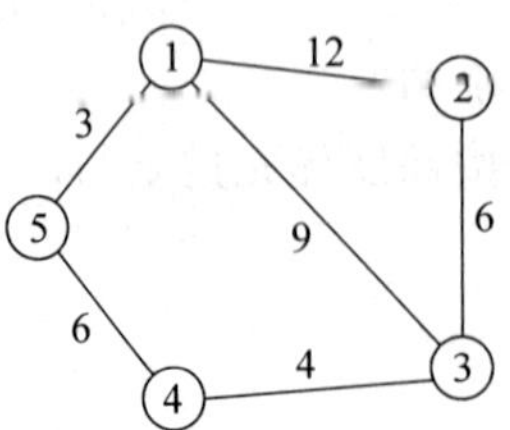

第 8 章　查　　找

8.1　查找的基本概念

查找表(Search Table)是由同一类型的数据元素(或记录)所组成的集合。

对查找表通常有如下 4 种操作：

(1) 查询某个“特定的”数据元素是否在查找表中。

(2) 检索某个“特定的”数据元素的各种属性。

(3) 在查找表中插入一个数据元素。

(4) 从查找表中删除某个元素。

前两种操作统称为“查找”的操作，如果只对查找表进行前两种“查找”的操作，也就是查找表的元素不发生变化，这样的查找表称为静态查找表(Static Search Table)；如在查找过程中同时还要插入查找表中不存在的数据元素或从查找表中删除已存在的某个数据元素，也就是查找表的数据元素要发生变化，这样的查找表称为动态查找表(Dynamic Search Table)。

关键字是数据元素(或记录)中某个数据项的值，用它可标识(识别)一个数据元素(或记录)。例如对于学生记录可用学号作关键字，为了实现查找功能，关键字是可作比较操作，需要时可重载关系运算符(＜,＜＝,＞,＞＝,＝＝,!＝)，根据给定的某个值，在查找表中确定一关键字等于给定值的记录或数据元素，如查找表中存在这样的记录，则称查找是成功的，此时查找结果将给出整个记录的信息，或指示此记录在查找表中的位置，如查找表中不存在关键字等于给定值的记录，则称为查找不成功，此时查找结果可给出一个“空”记录或“空”指针。

对于查找表，假设每个数据元素都与一个关键字相关，并且记录都可按关键字进行比较，可以使用类型转换函数自动将数据元素类型转换为关键字类型，从而实现将数据元素的比较自动转换为关键字的比较。

类类型转换函数专门用来将类类型转换为基本数据类型。为类声明一个类类型转换函数的语法为：

```
operator<基类型名>()
{
    ⋮
```

```
    return<基本类型值>;
}
```

类类型转换函数没有返回值类型，因为<类型名>就代表了它的返回类型，而且也没有任何参数。在调用过程中要带一个对象实参。

下面是具体实例：

```
//文件路径名:e8_1\main.cpp

//数据元素类型声明
template<class KeyType, class OtherInfoType>
class ElemType
{
private:
//数据成员
    KeyType key;                                        //关键字
    OtherInfoType OtherInfo;                            //元素的其他信息

public:
//公共操作
    ElemType(KeyType k);                                //构造函数
    ElemType(KeyType k, OtherInfoType oInfo);           //构造函数
    KeyType GetKey();                                   //返回关键字信息
    OtherInfoType GetOtherInfo();                       //返回其他信息
    operator KeyType() const;                           //类类型转换函数
};

//数据元素类型的实现部分
template<class KeyType, class OtherInfoType>
ElemType<KeyType, OtherInfoType>::ElemType(KeyType k)
//操作结果：构造关键字为k的数据元素——构造函数
{
    key=k;                                              //关键字
}

template<class KeyType, class OtherInfoType>
ElemType<KeyType, OtherInfoType>::ElemType(KeyType k, OtherInfoType oInfo)
//操作结果：构造关键字为k,其他信息为oInfo的数据元素——构造函数
{
    key=k;                                              //关键字
    OtherInfo=oInfo;                                    //其他信息
}

template<class KeyType, class OtherInfoType>
```

```
KeyType ElemType<KeyType, OtherInfoType>::GetKey()
//操作结果：返回关键字信息
{
    return key;
}

template<class KeyType, class OtherInfoType>
OtherInfoType ElemType<KeyType, OtherInfoType>::GetOtherInfo()
//操作结果：返回其他信息
{
    return OtherInfo;
}

template<class KeyType, class OtherInfoType>
ElemType<KeyType, OtherInfoType>::operator KeyType() const
//操作结果：将数据元素类型转换为关键字类型——类类型转换函数
{
    return key;
}

int main(void)
{

    ElemType<int, void * >elem1(18), elem2(168);        //定义数据元素 elem1, elem2
    int key=198;                                        //关键字

    if (elem1>elem2) cout<<"elem1>elem2"<<endl;                 //>关系运算
    else if (elem1>=elem2) cout<<"elem1>=elem2"<<endl;          //>=关系运算
    else if (elem1<elem2) cout<<"elem1<elem2"<<endl;            //<关系运算
    else if (elem1<=elem2) cout<<"elem1<=elem2"<<endl;          //<=关系运算
    else if (elem1==elem2) cout<<"elem1==elem2"<<endl;          //==关系运算
    else if (elem1!=elem2) cout<<"elem1!=elem2"<<endl;          //!=关系运算

    if (elem1>key) cout<<"elem1>key"<<endl;                     //>关系运算
    else if (elem1>=key) cout<<"elem1>=key"<<endl;              //>=关系运算
    else if (elem1<key) cout<<"elem1<key"<<endl;                //<关系运算
    else if (elem1<=key) cout<<"elem1<=key"<<endl;              //<=关系运算
    else if (elem1==key) cout<<"elem1==key"<<endl;              //==关系运算
    else if (elem1!=key) cout<<"elem1!=v"<<endl;                //!=关系运算

    if (key>elem2) cout<<"key>elem2"<<endl;                     //>关系运算
    else if (key>=elem2) cout<<"key>=elem2"<<endl;              //>=关系运算
    else if (key<elem2) cout<<"key<elem2"<<endl;                //<关系运算
```

```
    else if (key<=elem2) cout<<"key<=elem2"<<endl;              //<=关系运算
    else if (key==elem2) cout<<"key==elem2"<<endl;              //==关系运算
    else if (key!=elem2) cout<<"key!=elem2"<<endl;              //!=关系运算

    system("PAUSE");                                            //调用库函数 system()
    return 0;                                                   //返回值 0, 返回操作系统
}
```

说明：数据元素的类型可以与关键字类型相同，这时任何数据元素都自动是关键字，当然不必进行转换了，比如本章后面的测试程序都假定数据元素与关键字类型都为 int。

8.2 静态表的查找

8.2.1 顺序查找

下面采用数组表示静态表，其查找过程是从第 1 个记录开始逐个地对记录的关键字的值进行比较，如某个记录的关键字的值和给定值相等，则查找成功，返回此记录的序号；如果直到最后一个记录的关键字的值都和给定值不相等，则表示查找表中没有所查的记录，查找失败，返回－1，具体算法如下：

```
template<class ElemType, class KeyType>
int SqSerach(ElemType elem[], int n, KeyType key)
//操作结果：在顺序表中查找关键字的值等于 key 的记录,如查找成功,则返回此记录的序号,
//否则返回-1
{
    int i;                                      //临时变量
    for (i=0; i<n && elem[i]!=key; i++);
    if (i<n)
    {    //查找成功
         return i;
    }
    else
    {    //查找失败
         return -1;
    }
}
```

对于查找表的效率，一般通过平均查找长度 ASL 来行进衡量，此处的平均查找长度 ASL 是指为确定元素在查找表中的位置进行执行关键字比较次数，对于有 n 个元素的查找表，查找成功的平均比较次数为：

$$ASLsucc = \sum_{i=0}^{n-1} p_i c_i$$

其中 p_i 为查找表中的查找第 i 个对象的概率，满足条件 $\sum_{i=0}^{n-1} p_i = 1$，c_i 是查找到第 i 个对象所需关键字的比较次数。对于前面的顺序查找，查找第 i 个元素要比较 i+1 次，所以 $c_i = i+1$，这时：

$$ASLsucc = \sum_{i=0}^{n-1} p_i \cdot (i+1)$$

如果是等概率查找，也就是 $p_i = \frac{1}{n}$，这时有：

$$ASLsucc = \sum_{i=0}^{n-1} \frac{i+1}{n} = \frac{n \cdot (n+1)}{2} \cdot \frac{1}{n} = \frac{n+1}{2}$$

也就是对于顺序查找，在等概率的情况下平均查找长度为 $\frac{n+1}{2}$。

查找不成功时，比较次数都为 n。

顺序查找与其他查找方法相比，查找成功的平均查找长度较长，但对表没有什么特别的要求，并且线性链表只能进行顺序查找。

8.2.2 有序表的查找

有序表是指查找表的元素按关键字有序，也就是满足：

$$elem[0] \leqslant elem[1] \leqslant \cdots \leqslant elem[n-1]$$

有序表一般采用折半查找(Binary Search)来实现，折半查找的本质是首先确定待查元素所在的范围，然后再逐步缩小范围(区间)，直到查找到元素或查找失败为止。

例如，对于如下的 7 个元素的有序表：

(1,3,4,5,7,8,9)

现在要查找关键字 key=4 的元素，设 low 和 high 分别指示查找范围(区间)的下界和上界，mid 指示查找范围的中间位置，取 mid=(low+high)/2，low 和 high 的初值分别是 0 和 6，这时的查找区间为[0,6]。

下面分析查找过程。

```
1   3  4   5   7  8   9
↑          ↑          ↑
low       mid        high
```

由于 key<elem[mid]，所以待查的元素在 mid 的左侧，这样查找区间为[low,mid-1]，也就是令 high=mid-1，mid=(low+high)/2=1，如下所示：

```
1    3    4    5  7  8  9
↑    ↑    ↑
low  mid  high
```

这时 key>elem[mid]，所以查找区间为[mid+1,high]也就是 low=mid+1，这时查找区间为[4,4]，mid=4，如下所示：

```
1    3    4    5    7    8    9
        ↗ ↑ ↖
     low mid high
```

这时 key==elem[mid],查找成功。

折半查找过程是用查找区间的中间位置元素的关键字与给定值进行比较,如相等,则查找成功,如不相等,将缩小范围,直到新的区间中间位置的关键字等于给定值或 low>high(表示找查失败)时为止。

下面是具体算法:

```
template<class ElemType, class KeyType>
int BinSerach(ElemType elem[], int n, KeyType key)
//操作结果:在有序表中查找其关键字的值等于 key 的记录,如查找成功,则返回此记录的序号,
//否则返回-1
{
    int low=0, high=n-1;                    //查找区间初值

    while (low<=high)
    {
        int mid=(low+ high)/2;              //查找区间中间位置
        if (key==elem[mid])
        {   //查找成功
            return mid;
        }
        else if (key<elem[mid])
        {   //继续在左半区间进行查找
            high=mid-1;
        }
        else
        {   //继续在右半区间进行查找
            low=mid+1;
        }
    }

    return -1;                              //查找失败
}
```

下面通过折半查找判定树进行分析,设待查区间为[low, high],则折半查找判定树递归定义如下:

(1) 如果 low>high,则折半查找判定树为空。

(2) 如果 low<=high,则折半查找判定树的根为 mid=(low+high)/2,左子树为查找区间为[low, mid-1]所构成的折半查找判定树,右子树为查找区间为[mid+1, high]所构成的折半查找判定树。

查找区间为[0, 9]的折半查找判定树如图 8.1 所示。

在查找第 5 个元素时,先和第 4 个元素进行比较,再和第 7 个元素进行比较,最后再和第 5 个元素进行比较,这时查找成功,如图 8.2 所示。

如果从根结点比较到第 2 个元素时,给定值小于第 2 个元素的关键字。由于第 2 个元素在折半查找判定树中无左孩子,这时查找失败;如从根结点比较到第 6 个元素时,给

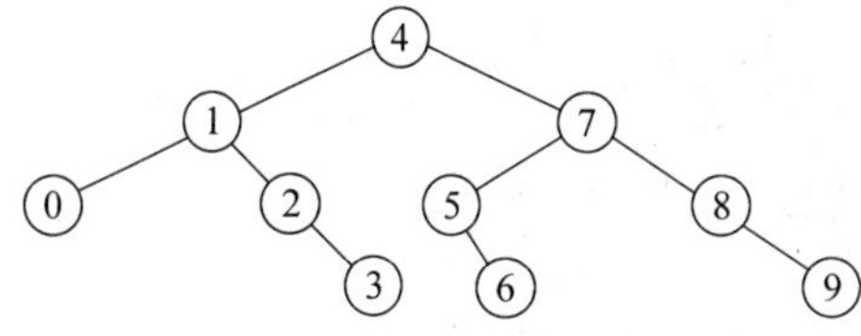

图 8.1 折半查找判定树

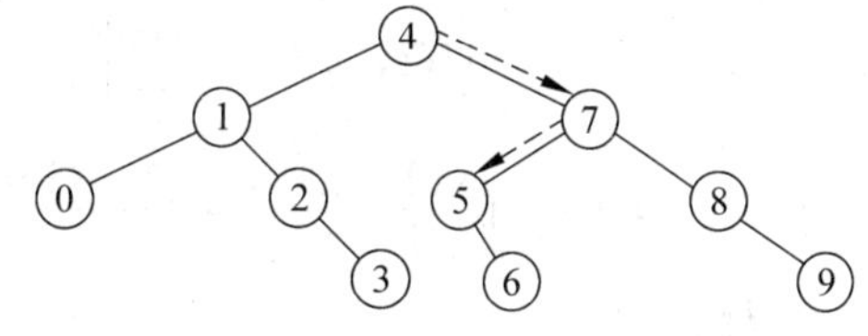

图 8.2 查找第 5 个元素的过程

定值与第 6 个元素的关键字值不相等，由于第 6 个元素在折半查找判定树中无孩子，也查找失败，可知查找失败将导致从根结点到叶结点或度为 1 的结点的一条路径，其比较次数不超过折半查找判定树的高度。

设结点个数为 n 的判定树深度为 H(n)，用数学归纳容易证明 H(n)是关于 n 的不减函数。设

$$2^{h-1} \leqslant n < 2^h \tag{8.1}$$

取以 2 为底的对数可得：

$$h-1 \leqslant \log_2 n < h$$

所以 $h-1=\lfloor \log_2 n \rfloor$，进而可得：$h=\lfloor \log_2 n \rfloor+1$。

取 $n_1=2^{h-1}-1$，则结点个数为 n_1 的判定树是深度 h－1 的满二叉树，所以 $H(n_1)=h-1$。

类似地，取 $n_2=2^h-1$，则结点个数为 n_2 的判定树是深度 h 的满二叉树，所以 $H(n_2)=h$。

由式(8.1)可知：

$$2^{h-1}-1 < n \leqslant 2^h-1$$

所以 $n_1 < n \leqslant n_2$，进一步可得：$H(n_1)$

$$h-1 \leqslant H(n) \leqslant h$$

进而可得：

$$\lfloor \log_2 n \rfloor \leqslant H(n) \leqslant \lfloor \log_2 n \rfloor + 1 \tag{8.2}$$

可知查找失败的比较次数不超过$\lfloor \log_2 n \rfloor+1$。

为了讨论查找成功的平均比较次数，设结点个数为 n 的判定树的查找所有结点的总比较次数为 C(n)，用数学归纳容易证明 C(n)是关于 n 的不减函数。与上面类似地，设 $2^{h-1} \leqslant n < 2^h$，则有 $h=\lfloor \log_2 n \rfloor+1$。

取 $n_1=2^{h-1}-1$，则结点个数为 n_1 的判定树为深度 h－1 的满二叉树，所以 $C(n_1)=\sum_{i=1}^{h-1} i \cdot 2^{i-1}$。

取 $n_2=2^h-1$，则结点个数为 n_2 的判定树为深度 h 的满二叉树，所以 $C(n_2)=\sum_{i=1}^{h} i \cdot 2^{i-1}$。

设 $f(x,h)=\sum_{i=1}^{h} i \cdot x^{i-1}$，则有

$$\int_0^x f(t,h)dt = \sum_{i=1}^{h}\int_0^x i \cdot t^{i-1}dt = \sum_{i=1}^{h} x^i = \frac{x(1-x^h)}{1-x}$$

所以 $f(x,h)=\left(\frac{x(1-x^h)}{1-x}\right)=\frac{[1-(h+1)x^h](1-x)+(x-x^{h+1})}{(1-x)^2}$

可得：

$$C(n_1) = \sum_{i=1}^{h-1} i \cdot 2^{i-1} = f(2,h-1) = (h-2) \cdot 2^{h-1} + 1 = (\lfloor \log_2 n \rfloor - 1) \cdot 2^{\lfloor \log_2 n \rfloor} + 1$$

$$C(n_2) = \sum_{i=1}^{h-1} i \cdot 2^{i-1} = f(2,h) = (h-1) \cdot 2^h + 1 = \lfloor \log_2 n \rfloor \cdot 2^{\lfloor \log_2 n \rfloor + 1} + 1$$

由 $2^{h-1} \leqslant n < 2^h$ 可得 $2^{h-1}-1 < n \leqslant 2^h - 1$，也就是 $n_1 < n \leqslant n_2$，所以：

$$(\lfloor \log_2 n \rfloor - 1) \cdot 2^{\lfloor \log_2 n \rfloor} + 1 \leqslant C(n) \leqslant \lfloor \log_2 n \rfloor \cdot 2^{\lfloor \log_2 n \rfloor + 1} + 1 \tag{8.3}$$

可得查找成功的平均比较次数为 $ASL_{succ}(n)=\frac{C(n)}{n}$，由式(8.3)可得

$$\frac{(\lfloor \log_2 n \rfloor - 1) \cdot 2^{\lfloor \log_2 n \rfloor} + 1}{n} \leqslant ASL_{succ}(n) \leqslant \frac{\lfloor \log_2 n \rfloor \cdot 2^{\lfloor \log_2 n \rfloor + 1} + 1}{n} \tag{8.4}$$

由 $\lfloor \log_2 n \rfloor$ 的含义可得

$$\log_2 n - 1 < \lfloor \log_2 n \rfloor \leqslant \log_2 n \tag{8.5}$$

由式(8.4)与式(8.5)可得

$$\frac{(\log_2 n - 2) \cdot n/2 + 1}{n} < ASL_{succ}(n) \leqslant \frac{2n\log_2 n + 1}{n} \tag{8.6}$$

由上面的分析可知折半查找的效率较高，但要求查找表为有序表，也就是对查找表的要求较高。

8.3 动态查找表

动态查找表是在查找过程中动态生成的，也就是对于给定元素 e，如果查找表中存在等于 e 的元素，则查找成功，否则在查找表中插入 e。动态查找表有不同的实现方法，下面介绍常用的 3 种实现方法。

8.3.1 二叉排序树

1. 二叉排序树的定义

二叉排序树是一种较为特别的二叉树，下是它的具体定义。

定义：二叉排序树或者是一棵空树，或者是具有下列性质的二叉树。

(1) 若它的左子树不空，则左子树上所有结点的关键字值均大于它的根结点的关键字值；

(2) 若它的右子树不空，则右子树上所有结点的关键字值均大于它的根结点的关键字值；

(3) 它的左、右子树也分别为二叉排序树。

由定义可知二叉排序树作中序遍历将得到所有元素值的一个从小至大序列。

下面介绍二叉排序树的基本操作。

1) BinTreeNode<ElemType> * GetRoot() const

初始条件：二叉排序树已存在。

操作结果：返回二叉排序树的根。

2) bool Empty() const

初始条件：二叉排序树已存在。

操作结果：如二叉排序树为空，则返回 true，否则返回 false。

3) bool GetElem(const TreeNode<ElemType> * cur, ElemType &e) const

初始条件：二叉排序树已存在，cur 为二叉排序树的一个结点。

操作结果：用 e 返回结点 cur 元素值，如果不存在结点 cur，函数返回 false，否则返回 true。

4) bool SetElem(TreeNode<ElemType> * cur, const ElemType &e)

初始条件：二叉排序树已存在，cur 为二叉排序树的一个结点。

操作结果：如果不存在结点 cur，则返回 false，否则返回 true，并将结点 cur 的值设置为 e。

5) void InOrder(void (* visit)(const ElemType &)) const

初始条件：二叉排序树已存在。

操作结果：中序遍历二叉排序树，对每个结点调用函数(* visit)。

6) void PreOrder(void (* visit)(const ElemType &)) const

初始条件：二叉排序树已存在。

操作结果：先序遍历二叉排序树，对每个结点调用函数(* visit)。

7) void PostOrder(void (* visit)(const ElemType &)) const

初始条件：二叉排序已存在。

操作结果：后序遍历二叉排序树，对每个结点调用函数(* visit)。

8) void LevelOrder(void (* visit)(const ElemType &)) const

初始条件：二叉排序树已存在。

操作结果：层次遍历二叉排序树，对每个结点调用函数(* visit)。

9) int NodeCount() const

初始条件：二叉排序树已存在。

操作结果：返回二叉排序树的结点个数。

10) BinTreeNode<ElemType> * Search(const KeyType &key) const

初始条件：二叉排序树已存在。

操作结果：查找关键字为 key 的数据元素。

11) bool Insert(const ElemType &e)

初始条件：二叉排序树已存在。

操作结果：插入数据元素 e。

12) bool Delete(const KeyType &key)

初始条件:二叉排序树已存在。

操作结果:删除关键字为 key 的数据元素。

13) BinTreeNode<ElemType> * LeftChild(const BinTreeNode<ElemType> * cur) const

初始条件:二叉排序树已存在,cur 是二叉树的一个结点。

操作结果:返回二叉排序树结点 cur 的左孩子。

14) BinTreeNode<ElemType> * RightChild(const BinTreeNode<ElemType> * cur) const

初始条件:二叉排序树已存在,cur 是二叉排序树的一个结点。

操作结果:返回二叉排序树结点 cur 的右孩子。

15) BinTreeNode<ElemType> * Parent(const BinTreeNode<ElemType> * cur) const

初始条件:二叉排序树已存在,cur 是二叉树的一个结点。

操作结果:返回二叉排序树结点 cur 的双亲结点。

16) int Height() const

初始条件:二叉排序树已存在。

操作结果:返回二叉排序树的高。

显然,二叉排序树的大部分操作与二叉树的操作相同,在下面二叉排序树类模板声明中,对二叉排序树新增加的操作用阴影加以标识。

```
//二叉排序树类模板
template<class ElemType, class KeyType>
class BinarySortTree
{
protected:
//二叉排序树的数据成员
    BinTreeNode<ElemType>* root;

//辅助函数模板
    BinTreeNode<ElemType>* CopyTreeHelp(const BinTreeNode<ElemType>* r);
        //复制二叉排序树
    void DestroyHelp(BinTreeNode<ElemType>* &r);  //销毁以 r 为根二叉排序树
    void PreOrderHelp(const BinTreeNode<ElemType>* r, void (*visit)(const
    ElemType &)) const;
        //先序遍历
    void InOrderHelp(const BinTreeNode<ElemType>* r, void (*visit)(const
    ElemType &)) const;
        //中序遍历
    void PostOrderHelp(const BinTreeNode<ElemType>* r, void (*visit)(const
    ElemType &)) const;
        //后序遍历
```

```
    int HeightHelp(const BinTreeNode<ElemType>* r) const;   //返回二叉排序树的高
    int NodeCountHelp(const BinTreeNode<ElemType>* r) const;
                                                     //返回二叉排序树的结点个数
    BinTreeNode<ElemType>* ParentHelp(const BinTreeNode<ElemType>* r,
        const BinTreeNode<ElemType>* cur) const;     //返回 cur 的双亲
    BinTreeNode<ElemType>* SearchHelp(const KeyType &key, BinTreeNode
    <ElemType>* &f) const;                           //查找关键字为 key 的数据元素
    void DeleteHelp(BinTreeNode<ElemType>* &p);      //删除 p 指向的结点

public:
// 二叉排序树方法声明及重载编译系统默认方法声明
    BinarySortTree();                                //无参数的构造函数模板
    virtual ~ BinarySortTree();                      //析构函数模板
    BinTreeNode<ElemType>* GetRoot() const;          //返回二叉排序树的根
    bool Empty() const;                              //判断二叉排序树是否为空
    bool GetElem(const BinTreeNode<ElemType>* cur, ElemType &e) const;
                                                     //用 e 返回结点数据元素值
    bool SetElem(BinTreeNode<ElemType>* cur, const ElemType &e);
                                                     //将结 cur 的值置为 e
    void InOrder(void (* visit)(const ElemType &)) const;  //二叉排序树的中序遍历
    void PreOrder(void (* visit)(const ElemType &)) const;  //二叉排序树的先序遍历
    void PostOrder(void (* visit)(const ElemType &)) const; //二叉排序树的后序遍历
    void LevelOrder(void (* visit)(const ElemType &)) const;
                                                    //二叉排序树的层次遍历
    int NodeCount() const;                          //求二叉排序树的结点个数
    BinTreeNode<ElemType>* Search(const KeyType &key) const;
                                                   //查找关键字为 key 的数据元素
    bool Insert(const ElemType &e);                //插入数据元素 e
    bool Delete(const KeyType &key);               //删除关键字为 key 的数据元素
    BinTreeNode<ElemType>* LeftChild(const BinTreeNode<ElemType>* cur) const;
        //返回二叉排序树结点 cur 的左孩子
    BinTreeNode<ElemType>* RightChild(const BinTreeNode<ElemType>* cur)
        const;          //返回二叉排序树结点 cur 的右孩子
    BinTreeNode<ElemType>* Parent(const BinTreeNode<ElemType>* cur) const;
        //返回二叉排序树结点 cur 的双亲
    int Height() const;                             //求二叉排序树的高
    BinarySortTree(const ElemType &e);              //建立以 e 为根的二叉排序树
    BinarySortTree(const BinarySortTree<ElemType, KeyType> &copy);
                                                    //复制构造函数模板
    BinarySortTree(BinTreeNode<ElemType>* r);       //建立以 r 为根的二叉排序树
    BinarySortTree<ElemType, KeyType> &operator=
        (const BinarySortTree<ElemType, KeyType> & copy);    //重载赋值运算符
};
```

例如,如图 8.3 所示的就是一棵二叉排序树。

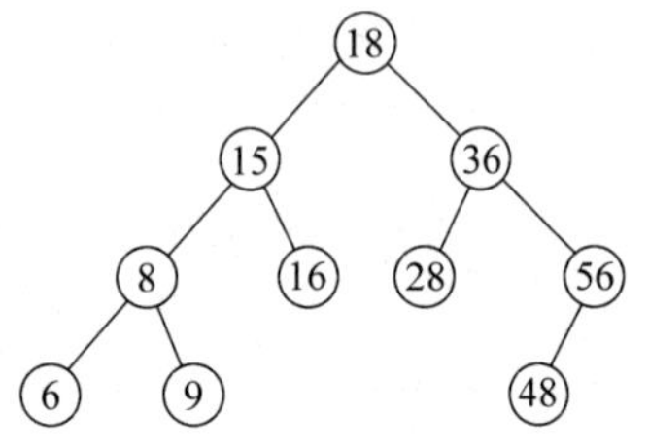

图 8.3 二叉排序树示意图

2. 二叉排序树的查找 Search

二叉排序树的查找方法比较简单,当二叉排序树非空时,首先将给定值与根结点的关键字的值进行比较,如相等,则查找成功,否则如果给定值小于根结点关键字的值,则沿 leftChild 前进至左子树,否则沿 rightChild 前进至右子树,在下一结点中重复此过程,直到查找成功,或前进至一空子树时为止,表明查找失败。查找成功时返回指向关键字值等于给定值的结点的指针,查找失败时返回 NULL,由于在二叉排序的插入和删除算法中要用到当前结点的双亲信息,因此下面先构造一辅助函数,不但能返回指向要查找的结点的指针,也能返回它的双亲,具体 C++ 函数实现如下:

```
template<class ElemType, class KeyType>
BinTreeNode<ElemType>* BinarySortTree<ElemType, KeyType>::SearchHelp(const
    KeyType &key, BinTreeNode<ElemType>* &f) const
//操作结果:返回指向关键字为 key 的数据元素的指针,用 f 返回其双亲
{
    BinTreeNode<ElemType>* p=GetRoot();          //指向当前结点
    f=NULL;                                      //指向 p 的双亲

    while (p!=NULL && p->data!=key)
    {   //查找关键字为 key 的结点
        if (key<p->data)
        {   //key 更小,在左子树上进行查找
            f=p;
            p=p->leftChild;
        }
        else
        {   //key 更大,在右子树上进行查找
            f=p;
            p=p->rightChild;
        }
    }

    return p;
}
```

查找算法具体实现如下:

```
template<class ElemType, class KeyType>
BinTreeNode<ElemType>* BinarySortTree<ElemType, KeyType>::Search(const
KeyType &key) const
```

```
//操作结果：返回指向关键字为 key 的数据元素的指针
{
    BinTreeNode<ElemType>* f;                          //指向被查找结点的双亲
    return SearchHelp(key, f);
}
```

例如，在图 8.3 所示的二叉排序树中查找关键字等于 16 的结点，首先以 key=16 与根结点 18 进行比较，由于 key<18，所以沿 leftChild 指针前进到左孩子 15，由于 key>15，则继续沿 rightChild 前进到结点 16，由于 key==16，查找成功；又如查找关键字的值为 40 的结点，以前面类似，分别与结点 18，36，56 和 48 进行比较关键字后，沿 48 的 leftChild 前进到了空子树，表示查找失败。

***3. 二叉排序树的插入 Insert**

函数 Insert 的作用是将一个新元素插入到二叉排序树中。在二叉排序树中插入一个新结点后，形成的二叉树仍然是二叉排序树。为了在二叉排序树中插入新结点，首先需要做的是查找二叉排序树，由于根据二叉排序树的定义，二叉排序树的结点的数据元素的关键字之值都不相同，因此只有查找失败时才能完成插入操作；可用 SearchHelp 函数来实现查找操作，如查找失败，新结点为 f 的孩子，根据插入元素的关键字之值决定新结点是 f 的左孩子还是右孩子。

具体 C++ 实现如下：

```
template<class ElemType, class KeyType>
bool BinarySortTree<ElemType, KeyType>::Insert(const ElemType &e)
//操作结果：插入数据元素 e
{
    BinTreeNode<ElemType>* f;                          //指向被查找结点的双亲
    if (SearchHelp(e, f)==NULL)
    {   //查找失败，插入成功
        BinTreeNode<ElemType>* p;                      //插入的新结点
        p=new BinTreeNode<ElemType>(e);
        if (Empty())
        {   //空二叉树，新结点为根结点
            root=p;
        }
        else if (e<f->data)
        {   //e 更小，插入结点为 f 的左孩子
            f->leftChild=p;
        }
        else
        {   //e 更大，插入结点为 f 的右孩子
            f->rightChild=p;
        }
```

```
            return true;
        }
        else
        {    //查找成功，插入失败
             return false;
        }
}
```

从空树出发，经过不断地进行插入操作后便可生成一查找二叉排序树，设关键字序列为：{16，8，28，6，18，10}，生成二叉排序树的过程如图 8.4 所示。

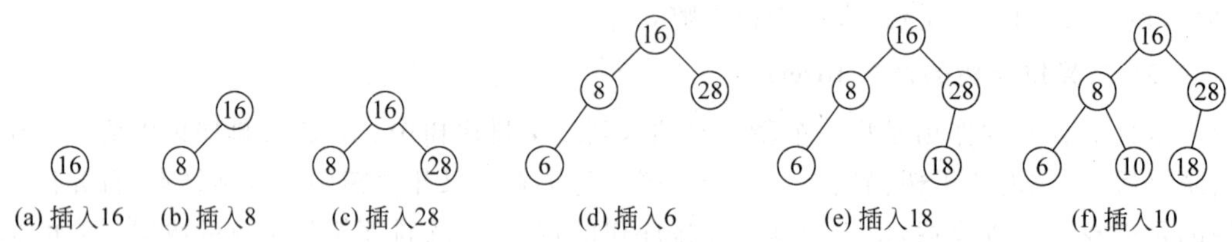

图 8.4 二叉树的生成过程

**4. 二叉排序树的删除 Delete

从二叉排序树删除结点后，得到的二叉树仍然是二叉排序树。首先必须查找二叉排序树并找到需要删除的结点。在删除过程中，假设二叉排序树上指针 p 指向被删除结点，指针 f 指向被删除结点的双亲，不失一般性，设 * p 是 * f 的左孩子，下面分 4 种情况讨论：

(1) * p 结点无左子树和右子树，即为一个叶子结点。由于删除叶子结点后不会破坏整棵二叉排序树的特性，所以这种情况可只需改双亲 * f 的指针即可，也就是 f－>leftChild＝NULL。

(2) * p 结点无左子树，即左子树为空，但 * p 它有一非空右子树 P_R，这时只要将 P_R 接成为双亲 * f 的左子树即可，也就是 f－>leftChild＝p－>rightChild，这样修改后不会破坏二叉排序树的特性。

(3) * p 结点无右子树，但 * p 它有一非空左子树 P_L，这时只要将 P_L 接成为双亲 * f 的左子树即可，也就是 f－>leftChild＝p－>leftChild，这样修改后不会破坏二叉排序树的特性。

(4) * p 结点有非空左子树 P_L 和右子树 P_R。如图 8.5(a)所示，这种情况可转化为前面的情况即可，从图 8.5(b)可知，中序遍历序列为：

$$\cdots\ C_L\ C\ \cdots\ D_L\ D\ E_L\ E\cdots$$

可将 tmpPtr－>data 赋值给 p－>data，然后再删除 * tmpPtr，如图 8.5(c)所示。这时 * tmpPtr 最多只有一个非空子树，也就是转化为前面三种情况之一了，图 8.5(d)为删除 * tmpPtr 后的情形，从图中可知仍保持二叉排序树的特性。

下面是用 C++ 实现的删除 * p 的具体算法。

```
template<class ElemType, class KeyType>
```

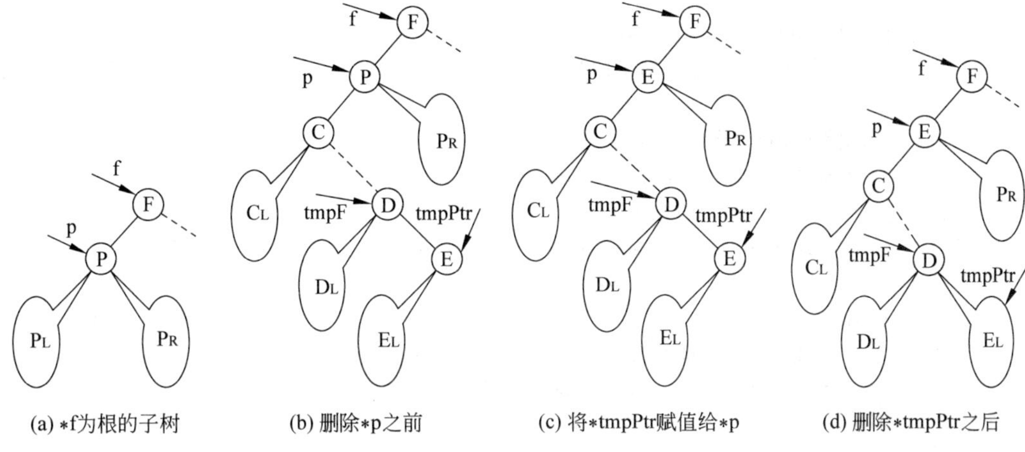

图 8.5 删除 * p 示意图

```
void BinarySortTree<ElemType, KeyType>::DeleteHelp(BinTreeNode<ElemType>* &p)
//操作结果：删除 p 指向的结点
{
    BinTreeNode<ElemType>* tmpPtr, * tmpF;
    if (p->leftChild==NULL && p->rightChild==NULL)
    {     //p 为叶子结点
          delete p;
          p=NULL;
    }
    else if (p->leftChild==NULL)
    {     //p 只有左子树为空
          tmpPtr=p;
          p=p->rightChild;
          delete tmpPtr;
    }
    else if (p->rightChild==NULL)
    {     //p 只有右子树非空
          tmpPtr=p;
          p=p->leftChild;
          delete tmpPtr;
    }
    else
    {     //p 左、右子树非空
          tmpF=p;
          tmpPtr=p->leftChild;
          while (tmpPtr->rightChild!=NULL)
          {     //查找 p 在中序序列中直接前驱 tmpPtr 及其双亲 tmpF,直到 tmpPtr 右子树为空
                tmpF=tmpPtr;
                tmpPtr=tmpPtr->rightChild;
```

```
            }
            p->data=tmpPtr->data;
                //将 tmpPtr 指向结点的数据元素值赋值给 tmpF 指向结点的数据元素值

            //删除 tmpPtr 指向的结点
            if (tmpF->rightChild==tmpPtr)
            {    //删除 tmpF 的右孩子
                DeleteHelp(tmpF->rightChild);
            }
            else
            {    //删除 tmpF 的左孩子
                DeleteHelp(tmpF->leftChild);
            }
        }
    }
```

下面讨论算法 Delete。首先查找二叉排序树中待删除项所在的结点，再调用 DeleteHelp()删除该结点。用 C++ 实算的具体算法如下：

```
template<class ElemType, class KeyType>
bool BinarySortTree<ElemType, KeyType>::Delete(const KeyType &key)
//操作结果：删除关键字为 key 的数据元素
{
    BinTreeNode<ElemType> * p, * f;
    p=SearchHelp(key, f);
    if (p==NULL)
    {    //查找失败，删除失败
         return false;
    }
    else
    {   //查找成功，插入失败
        if (f==NULL)
        {    //被删除结点为根结点
             DeleteHelp(root);
        }
        else if (key<f->data)
        {    //elem.key 更小,删除 f 的左孩子
             DeleteHelp(f->leftChild);
        }
        else
        {    //elem.key 更大，删除 f 的右孩子
             DeleteHelp(f->rightChild);
        }
        return true;
    }
}
```

**5. 二叉排序树查找分析

在二叉排序树上找查一个结点的过程就是从根结点到此结点不断地和给定值比较关键字的过程，并且和给定值进行比较关键字的结点的个数等于从根结点到此结点路径的长度加 1，也就是此结点的层次数，可知与给定值比较关键字个数不超过树的深度，对于元素个数为 n 的二叉排序树的深度可能相差很大，如图 8.6 所示，图 8.6(a)所示的树的深度为 7，而图 8.6(b)所示的树的深度为 3，它们的关键字是相同的。

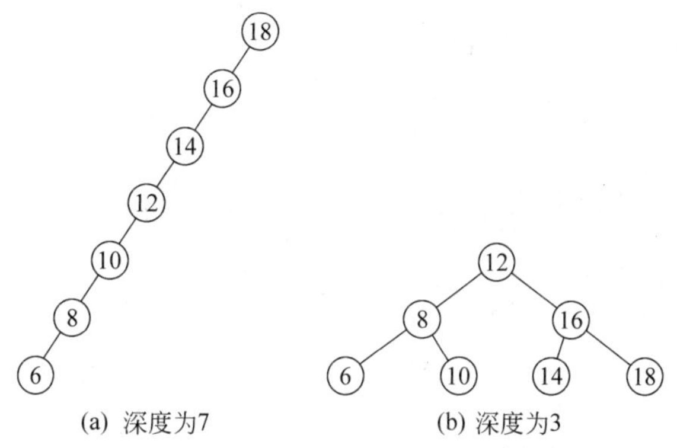

图 8.6 不同形态二叉排序树示例

下面分析平均查找时间性能。设有 n 个元素的序列中，比根结点的关键字小的结点个数为 i，则比根结点的关键字大的结点个数为 n−i−1，这种情况下的平均查找长度为：

$$ASL(n,i)=\frac{1+i*(ASL(i)+1)+(n-i-1)(ASL(n-i-1)+1)}{n}$$

其中 ASL(i)为含 i 个元素的二叉排序树的平均查找长度，其中 ASL(n−i−1)为含 n−i−1 个元素的二叉排序树的平均查找长度，(ASL(i)+1)为查找左子树中每个元素的关键字比较次数平均值，而(ASL(n−i−1)+1)为查找右子树中每个元素的平均比较次数，假设关键字的排列是完全随机的，不访记 P(n,i)=ASL(n,i)，P(n)=ASL(n)，当 $n\geqslant 1$ 时，可得如下结论：

$$\begin{aligned}P(n)&=\frac{1}{n}\sum_{i=0}^{n-1}P(n,i)\\&=1+\frac{1}{n^2}\sum_{i=0}^{n-1}[iP(i)+(n-i-1)P(n-i-1)]\\&=1+\frac{2}{n^2}\sum_{i=1}^{n-1}iP(i)\end{aligned}$$

显示 P(0)=0，P(1)=1，由上式可得：$\sum_{i=1}^{n-1}iP(i)=\frac{n^2}{2}[P(n)-1]$，这样进一步可得：

$$\frac{n^2}{2}[P(n)-1]=(n-1)P(n-1)+\frac{(n-1)^2}{2}[P(n-1)-1]$$

可得如下结论：

$$
\begin{aligned}
P(n) &= \left(1-\frac{1}{n^2}\right)P(n-1)+\frac{2}{n}-\frac{1}{n^2} \\
&= \left(1-\frac{1}{n^2}\right)\left[\left(1-\frac{1}{(n-1)^2}\right)P(n-2)+\frac{2}{n-1}-\frac{1}{(n-1)^2}\right]+\frac{2}{n}-\frac{1}{n^2} \\
&\vdots \\
&= \left(1-\frac{1}{n^2}\right)\left(1-\frac{1}{(n-1)^2}\right)\cdots\left(1-\frac{1}{2^2}\right)\left(\frac{2}{1}-\frac{1}{1^2}\right)+ \\
&\quad \left(1-\frac{1}{n^2}\right)\left(1-\frac{1}{(n-1)^2}\right)\cdots\left(1-\frac{1}{3^2}\right)\left(\frac{2}{2}-\frac{1}{2^2}\right)+ \\
&\quad \cdots+\left(1-\frac{1}{n^2}\right)\left(\frac{2}{n-1}-\frac{1}{(n-1)^2}\right)+\frac{2}{n}-\frac{1}{n^2} \\
&= \frac{(n+1)(n-1)}{n^2}\,\frac{n(n-2)}{(n-1)^2}\cdots\frac{3\times 1}{2^2}\left(\frac{2}{1}-\frac{1}{1^2}\right)+ \\
&\quad \frac{(n+1)(n-1)}{n^2}\,\frac{n(n-2)}{(n-1)^2}\cdots\frac{4\times 2}{3^2}\left(\frac{2}{2}-\frac{1}{2^2}\right)+ \\
&\quad \cdots+ \\
&\quad \frac{(n+1)(n-1)}{n^2}\left(\frac{2}{n-1}-\frac{1}{(n-1)^2}\right)+\frac{(n+1)}{n}\times\frac{n}{n+1}\left(\frac{2}{n}-\frac{1}{n^2}\right) \\
&= \frac{n+1}{n}\sum_{k=2}^{n+1}\frac{k-1}{k}\left(\frac{2}{k-1}-\frac{1}{(k-1)^2}\right) \\
&= \frac{n+1}{n}\sum_{k=2}^{n+1}\left(\frac{3}{k}-\frac{1}{k-1}\right) \\
&= \frac{n+1}{n}\left(\frac{1}{n+1}-1+\sum_{k=2}^{n+1}\frac{2}{k}\right) \\
&= \frac{n+1}{n}\left(\frac{3}{n+1}-3+2H(n)\right) \\
&= \frac{2(n+1)}{n}H(n)-3
\end{aligned}
$$

其中 H(n)是调和级数：

$$H(n)=\sum_{i=1}^{n}\frac{1}{i}$$

由于调和级数具有的性质(参见附录 A)：

$$\ln(n) < H(n) < 1+\ln(n)$$

可知：

$$2\left(1+\frac{1}{n}\right)\ln n-3 < P(n) < 2\left(1+\frac{1}{n}\right)(1+\ln n)-3$$

从而可知 P(n)=O(lbn)。

二叉排序树在随机情况下,二叉排序树的查找时间复杂度为 O(lbn),然而在某些情况下,为保证查找效率较高,还需作“平衡化”处理,下节将要讨论化的二叉平衡树就是这种情况。

*8.3.2　二叉平衡树

1. 二叉平衡树的定义

二叉排序树查找算法的性能取决于二叉树的结构。而二叉排序树的形状则取决于其数据集。如果数据呈现有序排列,则二叉排序树是线性的,查找算法效率不高。反之,如果二叉排序树的结构合理,则查找速度较快。事实上,树的高度越小,查找速度越快。因此希望二叉树的高度尽可能小。本节讨论一种特殊类型的二叉搜索树,称作 AVL 树(也称作二叉平衡树),在这种类型的树中,二叉树结构近乎平衡。AVL 树由数学家 Adelson-Velskii 和 Landis 于 1962 年提出,并以他们的名字命名。

首先介绍 AVL 树的定义。

AVL 树是具有如下特征的二叉排序树:

(1) 根的左子树和右子树的高度差的绝对值的最大值为 1;

(2) 根的左子树和右子树都是 AVL 树。

如果将二叉树上结点的平衡因子 BF(Balance Factor)定义为此结点的左子树与右子树的高度之差,则二叉平衡树上所有结点的平衡因子的绝对值小于等于 1,也就是只能为 1、0 和 −1,图 8.7(a)是二叉平衡树的实例,图 8.7(b)为二叉不平衡树示例。图中结点中的值为结点的平衡因子。

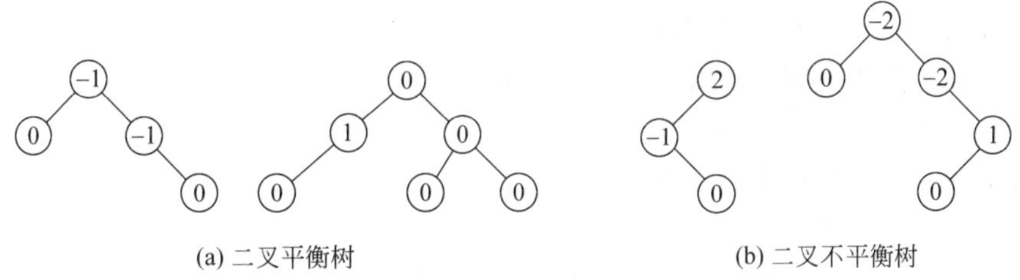

图 8.7　二叉平衡树与二叉不平衡树示例

下面介绍二叉平衡树的基本操作。

1) BinAVLTreeNode<ElemType> * GetRoot() const

初始条件:二叉平衡树已存在。

操作结果:返回二叉平衡树的根。

2) bool Empty() const

初始条件:二叉平衡树已存在。

操作结果:如二叉平衡树为空,则返回 true,否则返回 false。

3) bool GetElem(const TreeNode<ElemType> * cur, ElemType &e) const

初始条件:二叉平衡树已存在,cur 为二叉平衡树的一个结点。

操作结果:用 e 返回结点 cur 元素值,如果不存在结点 cur,函数返回 false,否则返回 true。

4) bool SetElem(TreeNode<ElemType> * cur, const ElemType &e)

初始条件:二叉平衡树已存在,cur 为二叉平衡树的一个结点。

操作结果：如果不存在结点 cur，则返回 false，否则返回 true，并将结点 cur 的值设置为 e。

5）void InOrder(void (* visit)(const ElemType &)) const

初始条件：二叉平衡树已存在。

操作结果：中序遍历二叉平衡树，对每个结点调用函数(* visit)。

6）void PreOrder(void (* visit)(const ElemType &)) const

初始条件：二叉平衡树已存在。

操作结果：先序遍历二叉平衡树，对每个结点调用函数(* visit)。

7）void PostOrder(void (* visit)(const ElemType &)) const

初始条件：二叉平衡已存在。

操作结果：后序遍历二叉平衡树，对每个结点调用函数(* visit)。

8）void LevelOrder(void (* visit)(const ElemType &)) const

初始条件：二叉平衡树已存在。

操作结果：层次遍历二叉平衡树，对每个结点调用函数(* visit)。

9）int NodeCount() const

初始条件：二叉平衡树已存在。

操作结果：返回二叉平衡树的结点个数。

10）BinAVLTreeNode <ElemType> * Search(const KeyType &key) const

初始条件：二叉平衡树已存在。

操作结果：查找关键字为 key 的数据元素。

11）bool Insert(const ElemType &e)

初始条件：二叉平衡树已存在。

操作结果：插入数据元素 e。

12）bool Delete(const KeyType &key)

初始条件：二叉平衡树已存在。

操作结果：删除关键字为 key 的数据元素。

13）BinAVLTreeNode < ElemType > * LeftChild (const BinAVLTreeNode <ElemType> * cur) const

初始条件：二叉平衡树已存在，cur 是二叉树的一个结点。

操作结果：返回二叉平衡树结点 cur 的左孩子。

14）BinAVLTreeNode < ElemType > * RightChild (const BinAVLTreeNode <ElemType> * cur) const

初始条件：二叉平衡树已存在，cur 是二叉平衡树的一个结点。

操作结果：返回二叉平衡树结点 cur 的右孩了。

15）BinAVLTreeNode < ElemType > * Parent (const BinAVLTreeNode <ElemType> * cur) const

初始条件：二叉平衡树已存在，cur 是二叉树的一个结点。

操作结果：返回二叉平衡树结点 cur 的双亲结点。

16) int Height() const

初始条件：二叉平衡树已存在。

操作结果：返回二叉平衡树的高。

对于二叉平衡树，平衡因子与每个结点相关，每个结点必须存储平衡因子的值。下面是二叉平衡树的数据元素类定义：

```
#define LH 1                                    //左高
#define EH 0                                    //等高
#define RH -1                                   //右高

//二叉平衡树结点类模板
template<class ElemType>
struct BinAVLTreeNode
{
//数据成员
    ElemType data;                              //数据元素
    int bf;                                     //结点的平衡因子
    BinAVLTreeNode<ElemType>* leftChild;        //指向左孩子的指针
    BinAVLTreeNode<ElemType>* rightChild;       //指向右孩子的指针

//构造函数模板
    BinAVLTreeNode();                           //无参数的构造函数模板
    BinAVLTreeNode(const ElemType &val,
        int bFactor=0,
        BinAVLTreeNode<ElemType>* lChild=NULL,
        BinAVLTreeNode<ElemType>* rChild=NULL);
        //已知数据元素值,平衡因子和指向左、右孩子的指针构造一个结点
};
```

二叉平衡树类模板声明如下：

```
//二叉平衡树类模板
template<class ElemType, class KeyType>
class BinaryAVLTree
{
protected:
//二叉平衡树的数据成员
    BinAVLTreeNode<ElemType>* root;

//辅助函数模板
    BinAVLTreeNode<ElemType>* CopyTreeHelp(const BinAVLTreeNode<ElemType>* r);
//复制二叉平衡树
    void DestroyHelp(BinAVLTreeNode<ElemType>* &r);  //销毁以r为根二叉平衡树
```

```
    void PreOrderHelp(const BinAVLTreeNode<ElemType>* r, void (* visit)(const
        ElemType &)) const;            //先序遍历
    void InOrderHelp(const BinAVLTreeNode<ElemType>* r, void (* visit)(const
        ElemType &)) const;            //中序遍历
    void PostOrderHelp(const BinAVLTreeNode<ElemType>* r, void (* visit)(const
        ElemType &)) const;            //后序遍历
        int HeightHelp(const BinAVLTreeNode<ElemType>* r) const;
                                                  //返回二叉平衡树的高
    int NodeCountHelp(const BinAVLTreeNode<ElemType>* r) const;
                                                  //返回二叉平衡树的结点个数
    BinAVLTreeNode<ElemType>* ParentHelp(BinAVLTreeNode<ElemType>* r,
        const BinAVLTreeNode<ElemType>* cur) const;    //返回 cur 的双亲
    BinAVLTreeNode<ElemType>* SearchHelp(const KeyType &key,
        BinAVLTreeNode<ElemType>* &f) const;          //查找关键字为 key 的数据元素
    BinAVLTreeNode<ElemType>* SearchHelp(const KeyType &key, BinAVLTreeNode
    <ElemType>* &f, LinkStack<BinAVLTreeNode<ElemType>* >&s);
        //返回指向关键字为 key 的元素的指针,用 f 返回其双亲
    void LeftRotate(BinAVLTreeNode<ElemType>* &subRoot);
        //对以 subRoot 为根的二叉树作左旋处理,处理之后 subRoot 指向新的树根结点,也
        //就是旋转处理前的右子树的根结点
    void RightRotate(BinAVLTreeNode<ElemType>* &subRoot);
        //对以 subRoot 为根的二叉树作右旋处理,处理之后 subRoot 指向新的树根结点,也
        //就是旋转处理前的左子树的根结点
    void InsertLeftBalance(BinAVLTreeNode<ElemType>* &subRoot);
        //对以 subRoot 为根的二叉树插入时作左平衡处理,处理后 subRoot 指向新的树根结点
    void InsertRightBalance(BinAVLTreeNode<ElemType>* &subRoot);
        //对以 subRoot 为根的二叉树插入时作右平衡处理,处理后 subRoot 指向新的树根结点
    void InsertBalance(const ElemType &elem, LinkStack<BinAVLTreeNode
    <ElemType>* >&s);
        //从插入结点 elem 根据查找路径进行回溯,并作平衡处理
    void DeleteLeftBalance(BinAVLTreeNode <ElemType>* &subRoot, bool &isShorter);
        //对以 subRoot 为根的二叉树删除时作左平衡处理,处理后 subRoot 指向新的树根结点
    void DeleteRightBalance(BinAVLTreeNode <ElemType>* &subRoot, bool &isShorter);
        //对以 subRoot 为根的二叉树删除时作右平衡处理,处理后 subRoot 指向新的树根结点
    void DeleteBalance(const KeyType &key,LinkStack<BinAVLTreeNode <ElemType>* >&s);
        //从删除结点根据查找路径进行回溯,并作平衡处理
    void DeleteHelp(const KeyType &key, BinAVLTreeNode<ElemType>* &p,
        LinkStack<BinAVLTreeNode<ElemType>* >&s);     //删除 p 指向的结点
public:
// 二叉平衡树方法声明及重载编译系统默认方法声明
    BinaryAVLTree();                                  //无参数的构造函数模板
    virtual ~BinaryAVLTree();                         //析构函数模板
```

```
    BinAVLTreeNode<ElemType> * GetRoot() const;          //返回二叉平衡树的根
    bool Empty() const;                                  //判断二叉平衡树是否为空
    bool GetElem(const BinAVLTreeNode<ElemType> * cur, ElemType &e) const;
        //用 e 返回结点数据元素值
    bool SetElem(BinAVLTreeNode<ElemType> * cur, const ElemType &e);
        //将结 cur 的值置为 e
    void InOrder(void (* visit)(const ElemType &)) const;   //二叉平衡树的中序遍历
    void PreOrder(void (* visit)(const ElemType &)) const;  //二叉平衡树的先序遍历
    void PostOrder(void (* visit)(const ElemType &)) const; //二叉平衡树的后序遍历
    void LevelOrder(void (* visit)(const ElemType &)) const;
                                                     //二叉平衡树的层次遍历
    int NodeCount() const;                           //求二叉平衡树的结点个数
    BinAVLTreeNode<ElemType> * Search(const KeyType &key) const;
                                                     //查找关键字为 key 的数据元素
    bool Insert(const ElemType &e);                  //插入数据元素 e
    bool Delete(const KeyType &key);                 //删除关键字为 key 的数据元素
    BinAVLTreeNode<ElemType> * LeftChild(const BinAVLTreeNode<ElemType> * cur)
        const;                                       //返回二叉平衡树结点 cur 的左孩子
    BinAVLTreeNode<ElemType> * RightChild(const BinAVLTreeNode<ElemType> * cur)
        const;                                       //返回二叉平衡树结点 cur 的右孩子
    BinAVLTreeNode<ElemType> * Parent(const BinAVLTreeNode<ElemType> * cur)
        const;                                       //返回二叉平衡树结点 cur 的双亲
    int    Height() const;                           //求二叉平衡树的高
    BinaryAVLTree(const ElemType &e);                //建立以 e 为根的二叉平衡树
    BinaryAVLTree(const BinaryAVLTree<ElemType, KeyType>&copy);
                                                           //复制构造函数模板
    BinaryAVLTree(BinAVLTreeNode<ElemType> * r);           //建立以 r 为根的二叉平衡树
    BinaryAVLTree<ElemType, KeyType>&operator=
        (const BinaryAVLTree<ElemType, KeyType> & copy);   //重载赋值运算符
};
```

因为二叉平衡树也是二叉排序树,所以 AVL 树的查找算法与二叉排序树的查找算法相同。二叉平衡树的其他操作,如计算结点的数目、判断二叉树是否为空及树的遍历等等都与二叉树的算法相同。然而,二叉平衡树的插入和删除操作与二叉排序树不同。在 AVL 树上插入或删除一个结点后,要求得到的二叉树必须仍为 AVL 树。下面将专门进行讨论。

2. 二叉平衡树的插入 Insert

要在一棵二叉平衡树中插入一元素,首先需要查找二叉树并找到结点的插入位置。因为二叉平衡树为二叉排序树,要为新元素查找插入位置,可以使用为二叉排序树设计的查找算法来查找二叉树。如果要插入的结点已经存在于二叉平衡树中,则查找到达某一非空子树处结束。因为在一棵二叉排序树中不允许有相同结点出现,在这种情况下,假设要插入的结点不在二叉平衡树中,则查找到达某一空子树处结束,并把结点插入该子树

中。在树中插入新项后,所得的二叉树可能不再是二叉平衡树,需要调整二叉树达到平衡标准,可以通过回溯插入新元素时所经过的路径来实现。这条路径上所有的结点均被访问过,并且平衡因子可能已被改变,或者需要重新构建二叉平衡树的这一部分。由于需要回溯插入新项时所经过的路径,因此重定义查找辅助算法,在查找过程中存储所经过的路径,为便于回溯路径方便,使用栈存储路径,具体算法实现如下:

```
template<class ElemType, class KeyType>
BinAVLTreeNode<ElemType>* BinaryAVLTree<ElemType, KeyType>::SearchHelp(
    const KeyType &key,     BinAVLTreeNode<ElemType>* &f,
    LinkStack<BinAVLTreeNode<ElemType>* >&s)
//操作结果: 返回指向关键字为 key 的元素的指针,用 f 返回其双亲,栈 s 存储查找路径
{
    BinAVLTreeNode<ElemType>* p=GetRoot();      //指向当前结点
    f=NULL;                                     //指向 p 的双亲
    while (p!=NULL && p->data!=key)
    {    //查寻关键字为 key 的结点
        if (key<p->data)
        {    //key 更小,在左子树上进行查找
            f=p;
            s.Push(p);
            p=p->leftChild;
        }
        else
        {    //key 更大,在右子树上进行查找
            f=p;
            s.Push(p);
            p=p->rightChild;
        }
    }
    return p;
}
```

下面通过示例说明插入结点后失去平衡的调整方法。在图中同时标出数据元素值及其结点的平衡因子,将平衡因子标注在数据元素值的上面。

对于如图 8.8(a)所示的二叉平衡树,将 90 插入后如图 8.8(b)所示,这时已失去平衡了,从插入结点 90 向根结点进行搜索,第 1 个失去平衡的结点是 68,这时调整以 68 为根的二叉树,调整后 68 为新根 80 的左孩子,这种调整称为左旋平衡处理,如图 8.8(c)所示。

现在考虑在图 8.9(a)中插入 76 的情况,插入后如图 8.9(b)所示,从结点 76 向根结点进行搜索。第 1 个失去平衡的结点是 68,这种情况要作两次旋转,首先以 80 为根作一次右旋平衡处理,如图 8.9(c)所示,然后再作一次以 68 为根作一次的左旋平衡处理,如图 8.9(d)所示。

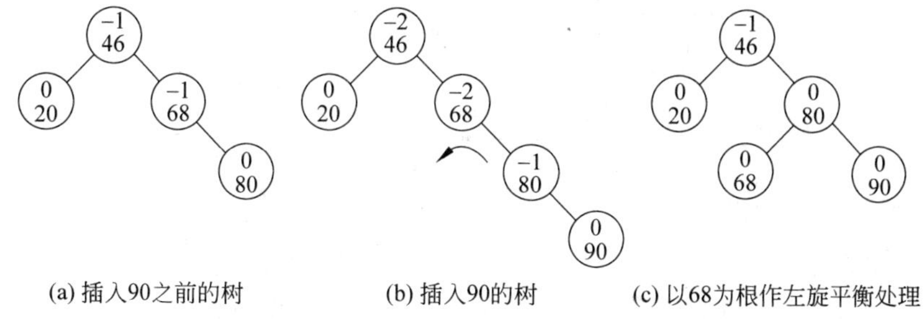

(a) 插入90之前的树 (b) 插入90的树 (c) 以68为根作左旋平衡处理

图 8.8 插入 90 并作作旋转平衡处理示意图

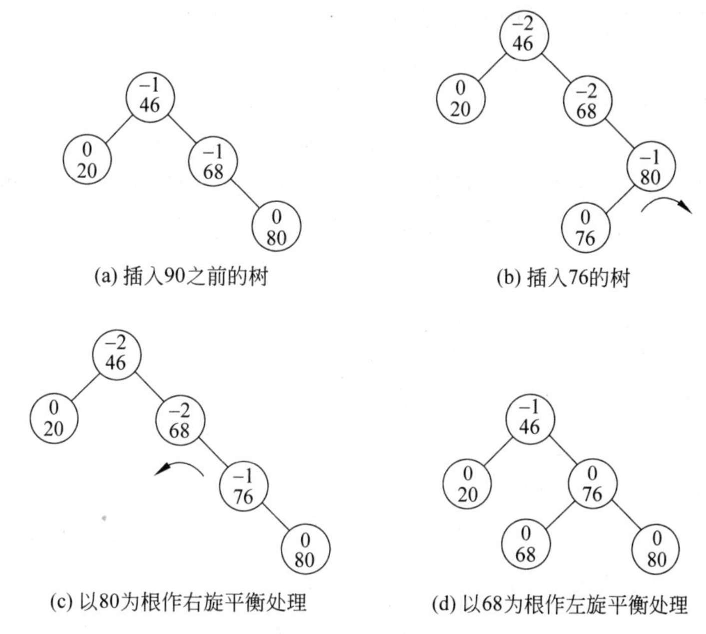

(a) 插入90之前的树 (b) 插入76的树

(c) 以80为根作右旋平衡处理 (d) 以68为根作左旋平衡处理

图 8.9 插入 76 并作旋转平衡处理示意图

从上面的讨论可知对于插入结点后失去平衡的调整都是作适当的旋转平衡处理，下面分 4 种情况加以讨论。

1) 单右旋转平衡处理

如图 8.10(a)所示，插入结点在 A 的左孩子的左子树上，图中子树 B_L，B_R，A_R 有相同的高度 h，带×号的矩形表示有一元素插入在 B_L 中，使子树 B_L 的高度增加 1，以结点 B 为根结点的子树仍为二叉平衡树，但是结点 A 的平衡标准已被破坏。由于这是一棵二叉排序树，可知：

(1) B_L 中所有结点的关键字的值均小于结点 B 的关键字的值。

(2) B_R 中所有结点的关键字的值均大于结点 B 的关键字的值。

(3) A_R 中所有结点的关键字的值均大于结点 A 的关键字的值。

可按以下步骤作如图 8.10(b)所示的左旋平衡处理：

(1) 使 B_R（原为结点 B 的右子树）成为结点 A 的左子树。

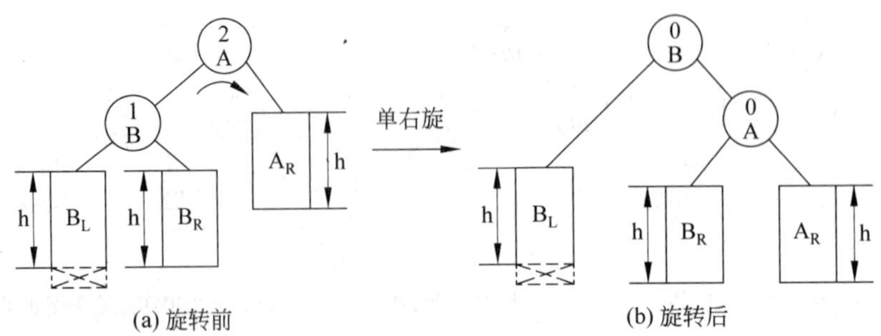

图 8.10 结点 A 的单右旋平衡处理

(2) 使结点 A 成为结点 B 的右孩子。

(3) 结点 B 变为重构树的根结点。

2) 单左旋转平衡处理

如图 8.11(a)所示,插入结点在 A 的右孩子的右子树上,图中子树 A_L,B_R,A_R 有相同的高度 h,带×号的矩形表示有一元素插入在 B_R 中,使子树 B_R 的高度增加 1,以结点 B 为根结点的子树仍为二叉平衡树,但是结点 A 的平衡标准已被破坏。由于这是一棵二叉排序树,可知:

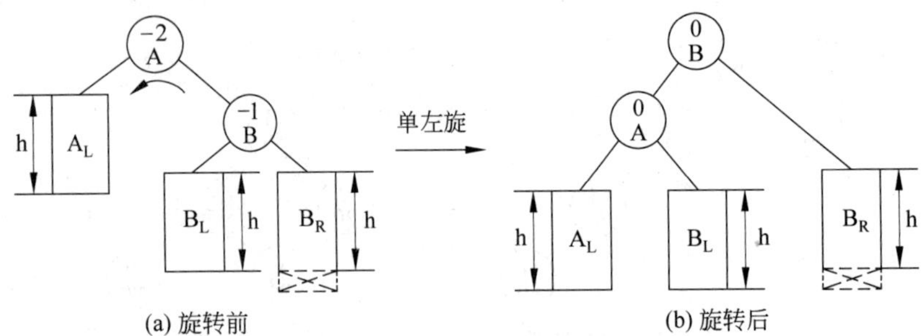

图 8.11 结点 A 的单左旋平衡处理

(1) B_L 中所有结点的关键字的值均小于结点 B 的关键字的值。

(2) B_R 中所有结点的关键字的值均大于结点 B 的关键字的值。

(3) A_L 中所有结点的关键字的值均小于结点 A 的关键字的值。

可按下列步骤作如图 8.10(b)所示的左旋平衡处理:

(1) 使 B_L(原为结点 B 的左子树)成为结点 A 的右子树。

(2) 使结点 A 成为结点 B 的左孩子。

(3) 结点 B 变为重构树的根结点。

3) 先左旋转后右旋转平衡处理

如图 8.12 所示,插入结点在 A 的左孩子的右子树上,子树的高度如图所示。带×号的矩形表示有一项插入在 C_L 或 C_R 子树中,使子树高度增加。注意到此树有以下特点(作旋转平衡处理前的树):

(1) C_R 中所有结点的关键字的值均小于结 A 的关键字的值。

(2) C_R 中所有结点的关键字的值均大于结点 C 的关键字的值。

(3) C_L 中所有结点的关键字的值均小于结点 C 的关键字的值。

(4) C_L 中所有的关键字的值均大于结点 B 的关键字的值。

(5) 插入后,以结点 B 和结点 C 为根结点的子树仍为二叉平衡树。

(6) 平衡标准在树的根结点 A 处被破坏。

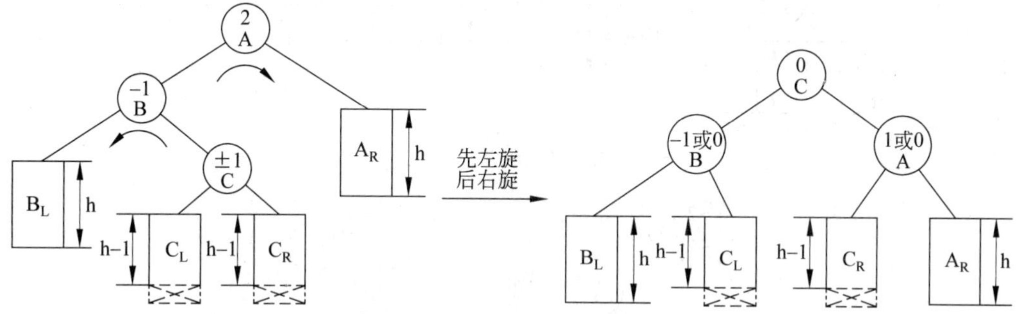

(a) 插入结点在C的子树上

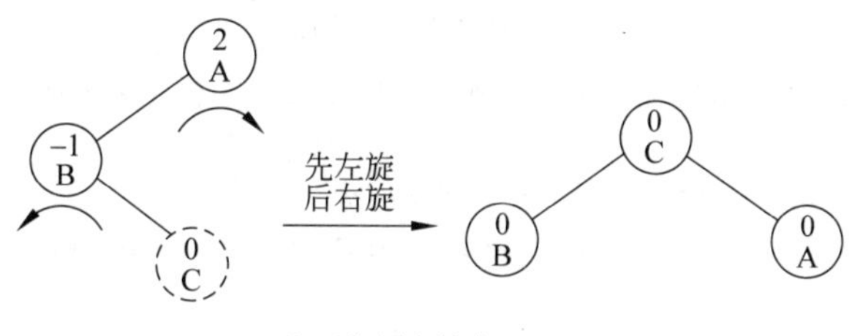

(b) C为插入结点

图 8.12 先在结点 B 作左旋后在结点 A 作右旋平衡处理

这是一个双旋转的示例。在结点 B 先做一次左旋转平衡,在结点 A 再作一次右旋转平衡处理。

4) 先右旋转后左旋转平衡处理

如图 8.13 所示,插入结点在 A 的右孩子的左子树上,子树的高度如图所示。带×号的矩形表示有一项插入在 C_L 或 C_R 子树中,使子树高度增加。树有以下特点(作旋转平衡处理前的树):

(1) C_L 中所有结点的关键字的值均大于结点 A 的关键字的值。

(2) C_L 中所有结点的关键字的值均小于结点 C 的关键字的值。

(3) C_R 中所有结点的关键字的值均大于结点 C 的关键字的值。

(4) C_R 中所有结点的关键字的值均小于结点 B 的关键字的值。

(5) 插入后,以结点 B 和结点 C 为根结点的子树仍为二叉平衡树。

(6) 平衡标准在树的根结点 A 处被破坏。

这也是一个双旋转的示例。在结点 B 先做一次右旋转平衡,在结点 A 再作一次左旋转平衡处理。

下列 C++ 函数实现对一个结点的左旋转和右旋转,待旋转结点的指针被视为参数传递给函数。

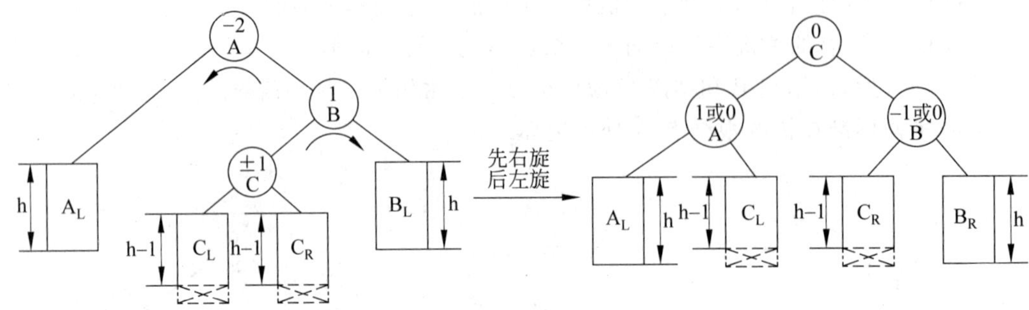

(a) 插入结点在C的子树上

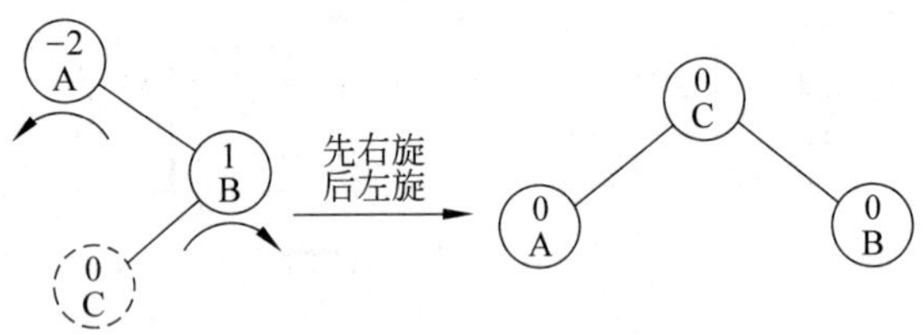

(b) C为插入结点

图 8.13　先在结点 B 作右旋后在结点 A 作左旋平衡处理

```
template<class ElemType, class KeyType>
void BinaryAVLTree<ElemType, KeyType>::LeftRotate(BinAVLTreeNode<ElemType>*
    &subRoot)
//操作结果:对以 subRoot 为根的二叉树作左旋处理,处理之后 subRoot 指向新的树根结点
//也就是旋转处理前的右子树的根结点
{
    BinAVLTreeNode<ElemType>* ptrRChild;
    ptrRChild=subRoot->rightChild;      //ptrRChild 指向 subRoot 右孩子
    subRoot->rightChild=ptrRChild->leftChild;
                                        //ptrRChild 的左子树链接为 subRoot 的右子树
    ptrRChild->leftChild=subRoot;       //subRoot 链接为 ptrRChild 的左孩子
    subRoot=ptrRChild;                  //subRoot 指向新的根结点
}

template<class ElemType, class KeyType>
void BinaryAVLTree<ElemType, KeyType>::RightRotate(BinAVLTreeNode<ElemType>*
&subRoot)
//操作结果:对以 subRoot 为根的二叉树作右旋处理,处理之后 subRoot 指向新的树根结点
//也就是旋转处理前的左子树的根结点
{
    BinAVLTreeNode<ElemType>* pLChild;
    pLChild=subRoot->leftChild;         //pLChild 指向 subRoot 左孩子
    subRoot->leftChild=pLChild->rightChild;
                                        //pLChild 的右子树链接为 subRoot 的左子树
```

```
    pLChild->rightChild=subRoot;      //subRoot 链接为 pLChild 的右子树
    subRoot=pLChild;                  //subRoot 指向新的根结点
}
```

现在已经了解怎样实现双旋转，接下来写出 C++ 函数 InsertLeftBalance 和 InsertRightBalance，InsertLeftBalance 函数模板处理插入结点在旋转结点的左子树上，InsertRightBalance 函数处理插入结点在旋转结点的右子树上，以指向要旋转结点的的指针作为参数传递给函数模板。这两个函数使用函数模板 LeftRotate 和 RightRotate 来作旋转平衡处理，同时调整由于重构而变化的结点平衡因子。具体 C++ 实现如下：

```
template<class ElemType, class KeyType>
void BinaryAVLTree<ElemType, KeyType>::InsertLeftBalance(BinAVLTreeNode
<ElemType> * &subRoot)
//操作结果：对以 subRoot 为根的二叉树插入时作左平衡处理，插入结点在 subRoot 左子树上，
//处理后 subRoot 指向新的树根结点
{
    BinAVLTreeNode<ElemType> * ptrLChild, * ptrLRChild;
    ptrLChild=subRoot->leftChild;              //ptrLChild 指向 subRoot 左孩子
    switch (ptrLChild->bf)
    {   //根据 subRoot 的左子树的平衡因子作相应的平衡处理
    case LH:            //插入结点在 subRoot 的左孩子的左子树上，作单右旋处理
        subRoot->bf=ptrLChild->bf=EH;          //平衡因子都为 0
        RightRotate(subRoot);                  //右旋
        break;
    case RH:            //插入结点在 subRoot 的左孩子的右子树上，作先左旋后右旋处理
        ptrLRChild=ptrLChild->rightChild;
                                  //ptrLRChild 指向 subRoot 的左孩子的右子树的根
        switch (ptrLRChild->bf)
        {   //修改 subRoot 及左孩子的平衡因子
        case LH:        //插入结点在 ptrLRChild 的左子树上
            subRoot->bf=RH;
            ptrLChild->bf=EH;
            break;
        case EH:        //插入前 ptrLRChild 为空，ptrLRChild 指向插入结点
            subRoot->bf=ptrLChild->bf=EH;
            break;
        case RH:        //插入结点在 ptrLRChild 的左子树上
            subRoot->bf=EH;
            ptrLChild->bf=LH;
            break;
        }
        ptrLRChild->bf=0;
        LeftRotate(subRoot->leftChild);        //对 subRoot 左子树作左旋处理
```

```
            RightRotate(subRoot);                    //对 subRoot 作右旋处理
        }
    }

template<class ElemType, class KeyType>
void BinaryAVLTree<ElemType, KeyType>::InsertRightBalance(BinAVLTreeNode
<ElemType>* &subRoot)
//操作结果:对以 subRoot 为根的二叉树插入时作右平衡处理,插入结点在 subRoot 左子树上,
//处理后 subRoot 指向新的树根结点
{
    BinAVLTreeNode<ElemType>* ptrRChild, * ptrRLChild;
    ptrRChild=subRoot->rightChild;                   //ptrRChild 指向 subRoot 右孩子
    switch (ptrRChild->bf)
    {   //根据 subRoot 的右子树的平衡因子作相应的平衡处理
    case RH:                //插入结点在 subRoot 的右孩子的右子树上,作单左旋处理
        subRoot->bf=ptrRChild->bf=EH;                //平衡因子都为 0
        LeftRotate(subRoot);                         //左旋
        break;
    case LH:            //插入结点在 subRoot 的右孩子的左子树上,作先右旋后左旋处理
        ptrRLChild=ptrRChild->leftChild;
                                  //ptrRLChild 指向 subRoot 的右孩子的左子树的根
        switch (ptrRLChild->bf)
        {   //修改 subRoot 及右孩子的平衡因子
        case RH:                          //插入结点在 ptrRLChild 的右子树上
            subRoot->bf=LH;
            ptrRChild->bf=EH;
            break;
        case EH:                        //插入前 ptrRLChild 为空,ptrRLChild 指向插入结点
            subRoot->bf=ptrRChild->bf=EH;
            break;
        case LH:                                     //插入结点在 ptrRLChild 的左子树上
            subRoot->bf=EH;
            ptrRChild->bf=RH;
            break;
        }
        ptrRLChild->bf=0;
        RightRotate(subRoot->rightChild);   //对 subRoot 右子树作右旋处理
        LeftRotate(subRoot);                //对 subRoot 作左旋处理
    }
}
```

在二叉平衡树中插入数据元素 elem 的实现步骤如下:

(1) 用待插入数据元素创建一个结点。

(2) 查找树,找到新结点应在树中的位置。

(3) 将新结点插入树中。

(4) 从插入结点回溯至根结点的路径,该路径是为查找新结点在树中的位置而建立的。如有必要,调整结点的平衡因子,或者重构路径上的某一结点。

用函数模板 InsertBalance 实现第(4)步的操作,第(4)步要求我们回溯路径至根结点,而在二叉树中只有从双亲结点指向孩子结点的指针,故需要存储查找插入位置的路径,为回溯方便起见,在查找插入位置的过程中用栈存储路径。函数模板 InsertBalance 还用到一个布尔型参数 isTaller 向双亲结点表明子树的高度是否有增长。下面是具体实现:

```
template<class ElemType, class KeyType>
void BinaryAVLTree<ElemType, KeyType>::InsertBalance(const ElemType &e,
    LinkStack<BinAVLTreeNode<ElemType> * >&s)
//操作结果: 从插入元素 e 根据查找路径进行回溯,并作平衡处理
{
    bool isTaller=true;
    while (!s.Empty() && isTaller)
    {
        BinAVLTreeNode<ElemType> * ptrCurNode, * ptrParent;
        s.Pop(ptrCurNode);                  //取出待平衡的结点
        if (s.Empty())
        {   //ptrCurNode 已为根结点,ptrParent 为空
            ptrParent=NULL;
        }
        else
        {   //ptrCurNode 不为根结点,取出双亲 ptrParent
            s.Top(ptrParent);
        }

        if (e<ptrCurNode->data)
        {   //e 插入在 ptrCurNode 的左子树上
            switch (ptrCurNode->bf)
            {   //检查 ptrCurNode 的平衡度
            case LH:                        //插入后 ptrCurNode->bf=2, 作左平衡处理
                if (ptrParent==NULL)
                {   //已回溯到根结点
                    InsertLeftBalance(ptrCurNode);
                    root=ptrCurNode;    //转换后 ptrCurNode 为新根
                }
                else if (ptrParent->leftChild==ptrCurNode)
                {   //ptrParent 左子树作平衡处理
                    InsertLeftBalance(ptrParent->leftChild);
                }
```

```
            else
            {   //ptrParent 右子树作平衡处理
                InsertLeftBalance(ptrParent->rightChild);
            }
            isTaller=false;
            break;
        case EH:                        //插入后 ptrCurNode->bf=LH
            ptrCurNode->bf=LH;
            break;
        case RH:                        //插入后 ptrCurNode->bf=EH
            ptrCurNode->bf=EH;
            isTaller=false;
            break;
        }
    }
    else
    {   //e 插入在 ptrCurNode 的右子树上
        switch (ptrCurNode->bf)
        {   //检查 ptrCurNode 的平衡度
        case RH:                        //插入后 ptrCurNode->bf=-2,作右平衡处理
            if (ptrParent==NULL)
            {   //已回溯到根结点
                InsertRightBalance(ptrCurNode);
                root=ptrCurNode;            //转换后 ptrCurNode 为新根
            }
            else if (ptrParent->leftChild==ptrCurNode)
            {   //ptrParent 左子树作平衡处理
                InsertRightBalance(ptrParent->leftChild);
            }
            else
            {   //ptrParent 右子树作平衡处理
                InsertRightBalance(ptrParent->rightChild);
            }
            isTaller=false;
            break;
        case EH:                              //插入后 ptrCurNode->bf=RH
            ptrCurNode->bf=RH;
            break;
        case LH:                              //插入后 ptrCurNode->bf=EH
            ptrCurNode->bf=EH;
            isTaller=false;
            break;
        }
    }
```

```
        }
    }
```

下面的函数模板 Insert 创建了一个结点，存储结点中的 elem，并且调用函数模板 InsertBalance 将新的元素插入二叉平衡树。

```
template<class ElemType, class KeyType>
bool BinaryAVLTree<ElemType, KeyType>::Insert(const ElemType &e)
//操作结果：插入数据元素 e
{
    BinAVLTreeNode<ElemType>* f;
    LinkStack<BinAVLTreeNode<ElemType>* >s;
    if (SearchHelp(e, f, s)==NULL)
    {   //查找失败，插入成功
        BinAVLTreeNode<ElemType>* p;                    //插入的新结点
        p=new BinAVLTreeNode<ElemType> (e);             //生成插入结点
        p->bf=0;
        if (Empty())
        {   //空二叉树,新结点为根结点
            root=p;
        }
        else if (e<f->data)
        {   //e 更小,插入结点为 f 的左孩子
            f->leftChild=p;
        }
        else
        {   //e 更大,插入结点为 f 的右孩子
            f->rightChild=p;
        }

        InsertBalance(e, s);                            //插入结点后作平衡处理
        return true;
    }
    else
    {   //查找成功，插入失败
        return false;
    }
}
```

**3. 二叉平衡树的删除 Delete

二叉平衡树的删除操作与插入操作类似，也需要作旋转平衡处理，下面只作简单分析，对于详细的旋转细节，读者可仿照插入操作的旋转过程进行分析。

要删除二叉平衡树的某一元素，首先需查找到包含该元素的结点，这时将遇到下面的四种情况之一：

① 要删除的结点为叶子结点。

② 要删除的结点拥有一个左孩子,但没有右孩子,即其右子树为空。

③ 要删除的结点拥有一个右孩子,但没有左孩子,即其左子树为空。

④ 要删除的结点拥有一个左孩子和一个右孩子。

前三种情况比第四种情况好处理。下面首先讨论第四种情况。

假设要删除的结点为 a,它有一个左孩子和一个右孩子。类似于二叉排序树中的删除操作,我们可以先将第四种情况简化为前面三种情况。找出 a 在中序遍历中的直接前驱 b,然后将 b 的数据复制给 a,则现在要删除的结点为 b,显然 b 没有右子树。

要删除结点,我们需调整其双亲结点的一个指针。结点删除后,得到的树可能不再是一个二叉平衡树。这里需要从删除结点的双亲结点回溯至根结点。对于该路径上的每一结点,有可能只需要改变其平衡因子,也有可能需要在某一特定结点作旋转平衡处理。下面的步骤描述了在回溯至根结点的路径上对结点的操作,类似于插入操作,我们使用一个布尔型变量 isShorter 来指示于树的高度是否减小。设 p 为回溯至根结点的路径上的某一结点。我们来观察 p 的当前平衡因子。

(1) 如果 p 的当前平衡因子为 EH(等高),则根据其左子树或右子树是否被减短将 p 的当前平衡因子做相应的改变。变量 isShorter 被设置为 false,如图 8.14 所示。

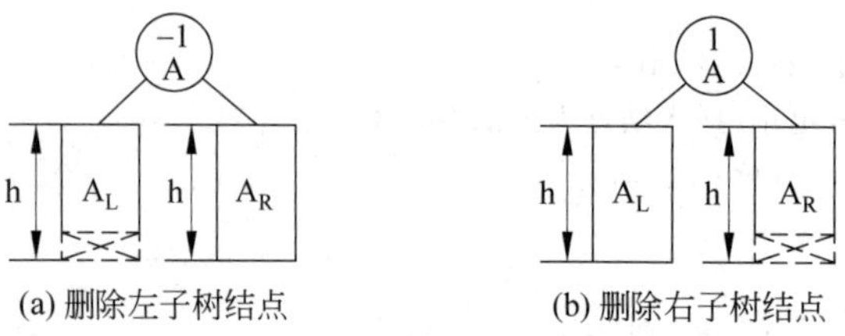

(a) 删除左子树结点 (b) 删除右子树结点

图 8.14 A 平衡因子为 EH(等高),删除子树的结点

(2) 假设 p 的当前平衡因子不为 EH(不等高),且 p 的较高的子树被减短,则 p 的当前平衡因子被改变成 EH(等高),变量 isShorter 被设置为 true,如图 8.15 所示。

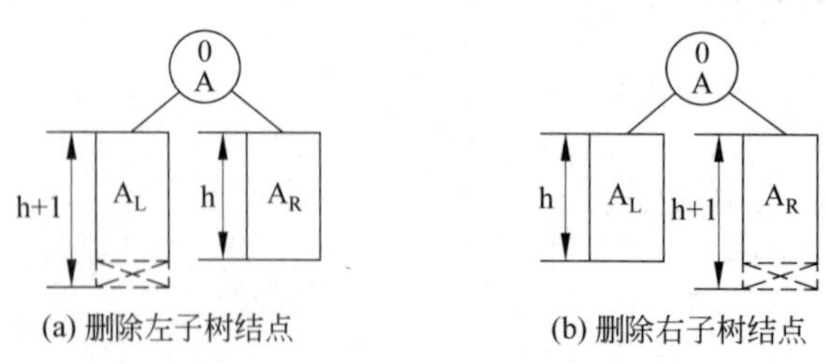

(a) 删除左子树结点 (b) 删除右子树结点

图 8.15 A 平衡因子不为 EH(不等高),删除较高子树的结点

(3) 假设 p 的当前平衡因子不为 EH(不等高),且 p 的较短的子树被减短,再进一步假设 q 指向 p 的较高的子树的根结点。

a. 如果 q 的平衡因子为 EH(等高),则需要在 p 处进行一次单旋转,isShorter 被设置为 false,如图 8.16 所示。

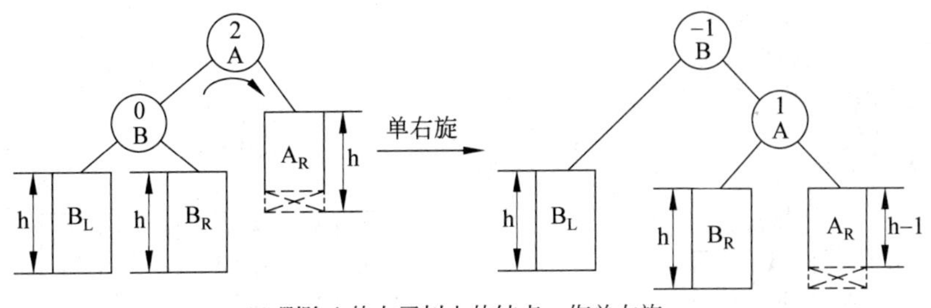

(a) 删除A的右子树上的结点，作单右旋

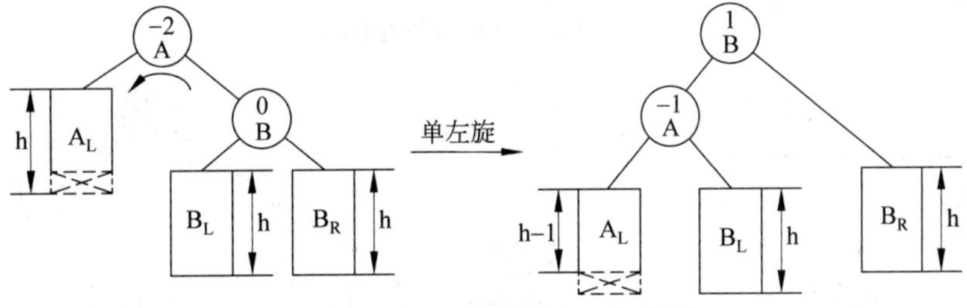

(b) 删除A的左子树上的结点，作单左旋

图 8.16 B 平衡因子为 EH(等高),删除 A 的较低子树的结点

b. 如果 q 的平衡因子等于 p 的平衡因子,则需要在 p 处进行一次单旋转,isShorter 被设置为 true,如图 8.17 所示。

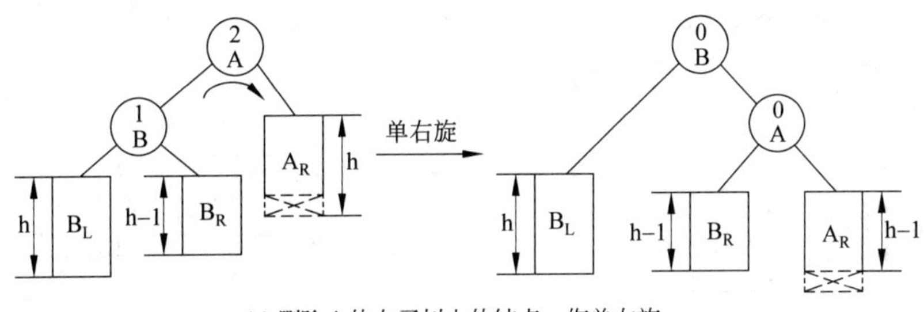

(a) 删除A的右子树上的结点，作单右旋

(b) 删除A的左子树上的结点，作单左旋

图 8.17 A 与 B 的平衡因子相同,删除 A 的较低子树的结点

c. 假设 p 和 q 的平衡因子互为相反数,则需要在 p 处进行一次双旋转,也就是在 q 处进行一次单旋转,再在 p 处进行一次单旋转。调整其平衡因子,并将 isShorter 设置为 true。删除 p 的右子树上的结点的情况如图 8.18 所示,删除 p 的左子树上的结点的情况如图 8.19 所示。

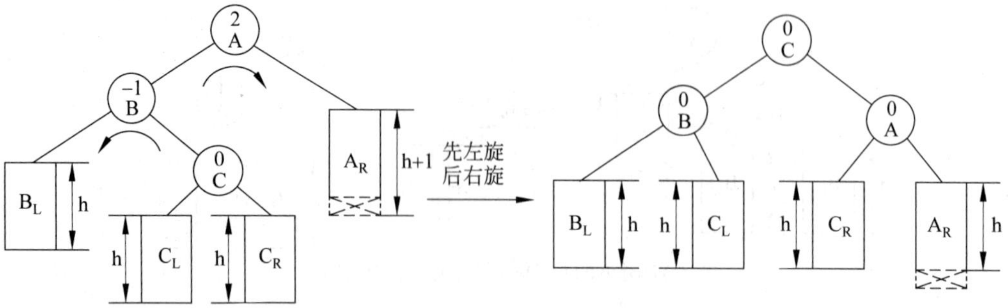

(a) C的平衡因子为EH(等高)

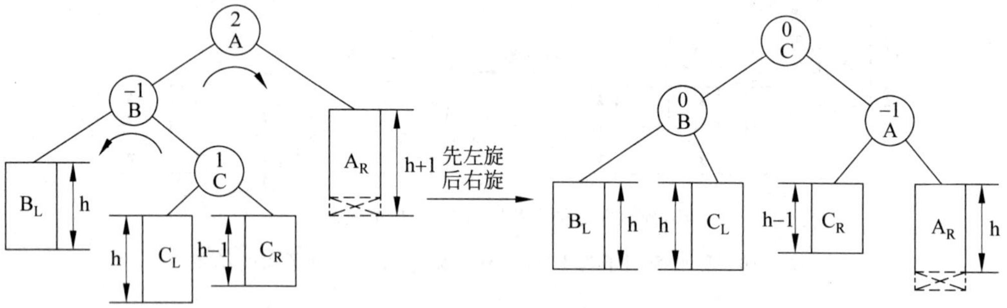

(b) C的平衡因子为LH(左高)

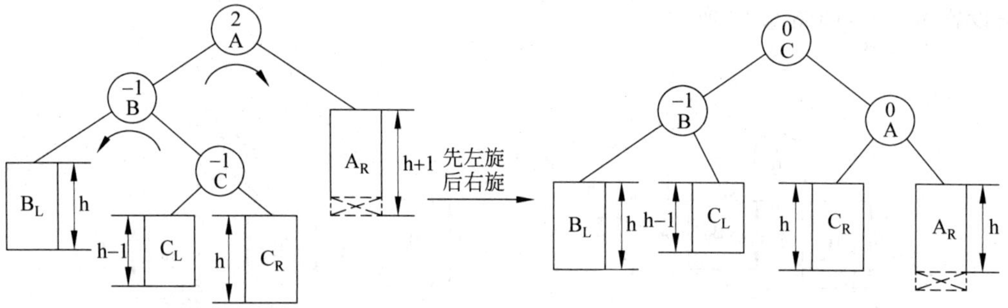

(c) C的平衡因子为RH(右高)

图 8.18 A 与 B 的平衡因子是相反数,删除 A 的右子树的结点

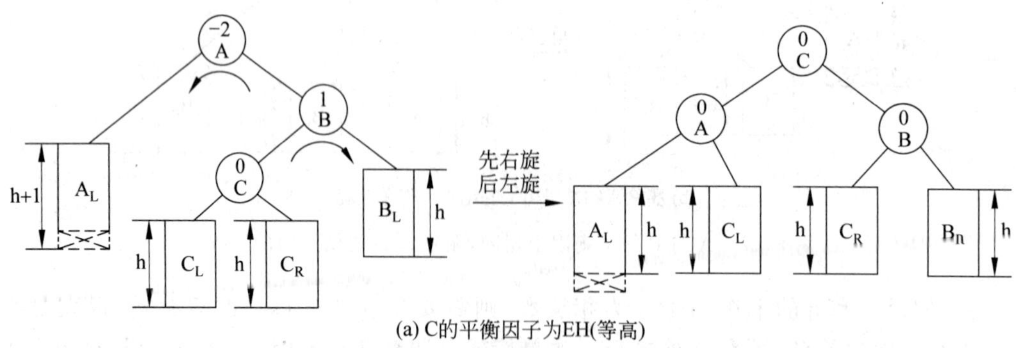

(a) C的平衡因子为EH(等高)

图 8.19 A 与 B 的平衡因子是相反数,删除 A 的左子树的结点

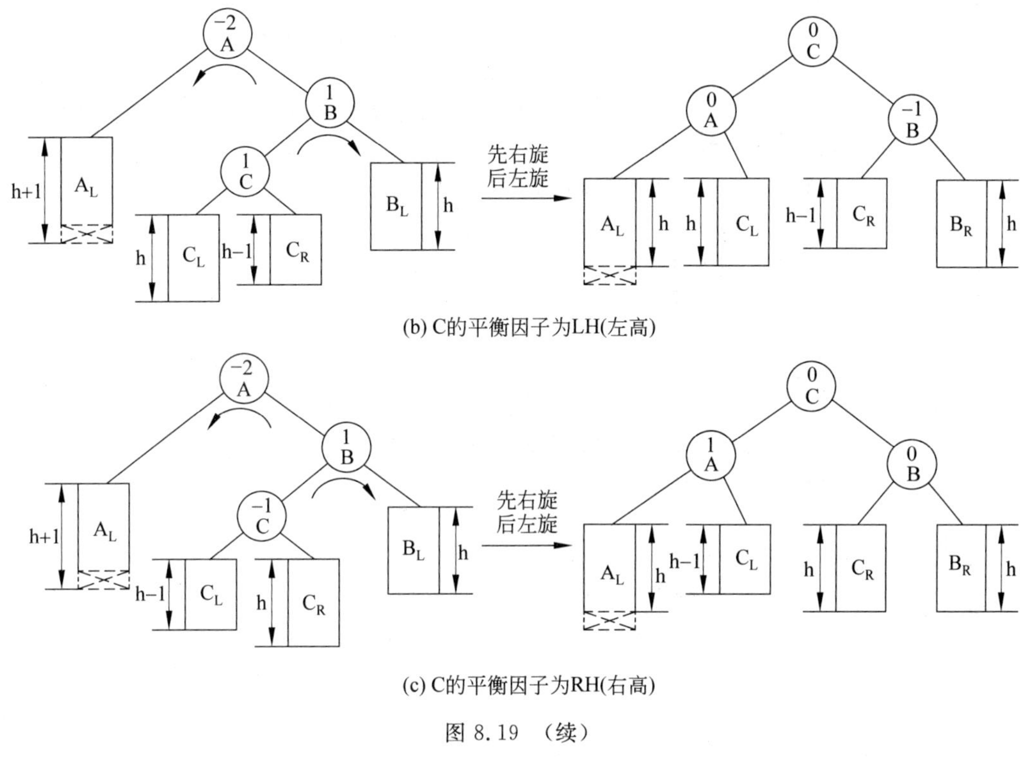

(b) C的平衡因子为LH(左高)

(c) C的平衡因子为RH(右高)

图 8.19 (续)

下面是用 C++ 实现的删除操作及相关辅助函数模板：

```
template<class ElemType, class KeyType>
void BinaryAVLTree<ElemType, KeyType>::DeleteLeftBalance(BinAVLTreeNod
e<ElemType> * &subRoot, bool &isShorter)
//操作结果：对以 subRoot 为根的二叉树删除时作左平衡处理，删除 subRoot 的左子树上的结
//点，处理后 subRoot 指向新的树根结点
{
    BinAVLTreeNode<ElemType> * ptrRChild, * ptrRLChild;
    ptrRChild=subRoot->rightChild;              //ptrRChild 指向 subRoot 右孩子
    switch (ptrRChild->bf)
    {   //根据 subRoot 的右子树的平衡因子作相应的平衡处理
    case RH:                                    //右高，作单左旋转
        subRoot->bf=ptrRChild->bf=EH;           //平衡因子都为 0
        LeftRotate(subRoot);                    //左旋
        isShorter=true;
        break;
    case EH:                                    //等高，作单左旋转
        subRoot->bf=RH;
        ptrRChild->bf=LH;
        LeftRotate(subRoot);                    //左旋
        isShorter=false;
```

```
            break;
        case LH:                                    //左高,先右旋后左旋
            ptrRLChild=ptrRChild->leftChild;
                                  //ptrRLChild 指向 subRoot 的右孩子的左子树的根
            switch (ptrRLChild->bf)
            {   //修改 subRoot 及右孩子的平衡因子
            case LH:
                subRoot->bf=EH;
                ptrRChild->bf=RH;
                isShorter=true;
                break;
            case EH:
                subRoot->bf=ptrRChild->bf=EH;
                isShorter=false;
                break;
            case RH:
                subRoot->bf=LH;
                ptrRChild->bf=EH;
                isShorter=true;
                break;
            }
            ptrRLChild->bf=0;
            RightRotate(subRoot->rightChild);     //对 subRoot 右子树作右旋处理
            LeftRotate(subRoot);                  //对 subRoot 作左旋处理
        }
}

template<class ElemType, class KeyType>
void BinaryAVLTree<ElemType, KeyType>::DeleteRightBalance(BinAVLTreeNode
<ElemType>* &subRoot, bool &isShorter)
//操作结果: 对以 subRoot 为根的二叉树删除时作右平衡处理, 删除 subRoot 的右子树上的
//结点,处理后 subRoot 指向新的树根结点
{
    BinAVLTreeNode<ElemType>* ptrLChild, * ptrLRChild;
    ptrLChild=subRoot->leftChild;             //ptrLChild 指向 subRoot 左孩子
    switch (ptrLChild->bf)
    {   //根据 subRoot 的左子树的平衡因子作相应的平衡处理
    case LH:                                  //右高,作单右旋转
        subRoot->bf=ptrLChild->bf=EH;         //平衡因子都为 0
        RightRotate(subRoot);                 //右旋
        isShorter=true;
        break;
    case EH:                                  //等高,作单右旋转
```

```
            subRoot->bf=LH;
            ptrLChild->bf=RH;                    //平衡因子都为 0
            RightRotate(subRoot);                //右旋
            isShorter=false;
            break;
        case RH:                                 //左高,先左旋后右旋
            ptrLRChild=ptrLChild->rightChild;
                                    //ptrLRChild 指向 subRoot 的左孩子的右子树的根
            switch (ptrLRChild->bf)
            {   //修改 subRoot 及左孩子的平衡因子
            case LH:
                subRoot->bf=RH;
                ptrLChild->bf=EH;
                isShorter=true;
                break;
            case EH:
                subRoot->bf=ptrLChild->bf=EH;
                isShorter=false;
                break;
            case RH:
                subRoot->bf=EH;
                ptrLChild->bf=LH;
                isShorter=true;
                break;
            }
            ptrLRChild->bf=0;
            LeftRotate(subRoot->leftChild);      //对 subRoot 左子树作左旋处理
            RightRotate(subRoot);                //对 subRoot 作右旋处理
        }
}

template<class ElemType, class KeyType>
void BinaryAVLTree<ElemType, KeyType>::DeleteBalance(const KeyType &key,
    LinkStack<BinAVLTreeNode<ElemType>* >&s)
//操作结果:从删除结点根据查找路径进行回溯,并作平衡处理
{
    bool isShorter=true;
    while (!s.Empty() && isShorter)
    {
        BinAVLTreeNode<ElemType>* ptrCurNode, * ptrParent;
        s.Pop(ptrCurNode);                       //取出待平衡的结点
        if (s.Empty())
        {   //ptrCurNode 已为根结点,ptrParent 为空
```

```
        ptrParent=NULL;
    }
    else
    {   //ptrCurNode 不为根结点,取出双亲 ptrParent
        s.Top(ptrParent);
    }

    if (key<ptrCurNode->data)
    {   //删除 ptrCurNode 的左子树上的结点
        switch (ptrCurNode->bf)
        {   //检查 ptrCurNode 的平衡度
        case LH:                                        //左高
            ptrCurNode->bf=EH;
            break;
        case EH:                                        //等高
            ptrCurNode->bf=RH;
            isShorter=false;
            break;
        case RH:                                        //右高
            if (ptrParent==NULL)
            {   //已回溯到根结点
                DeleteLeftBalance(ptrCurNode, isShorter);
                root=ptrCurNode;                    //转换后 ptrCurNode 为新根
            }
            else if (ptrParent->leftChild==ptrCurNode)
            {   //ptrParent 左子树作平衡处理
                DeleteLeftBalance(ptrParent->leftChild, isShorter);
            }
            else
            {   //ptrParent 右子树作平衡处理
                DeleteLeftBalance(ptrParent->rightChild, isShorter);
            }
            break;
        }
    }
    else
    {  //删除 ptrCurNode 的右子树上的结点
       switch (ptrCurNode->bf)
       {  //检查 ptrCurNode 的平衡度
       case RH:                                         //右高
          ptrCurNode->bf=EH;
          break;
       case EH:                                         //等高
```

```
                ptrCurNode->bf=LH;
                isShorter=false;
                break;
            case LH:                                        //左高
                if (ptrParent==NULL)
                {   //已回溯到根结点
                    DeleteLeftBalance(ptrCurNode, isShorter);
                    root=ptrCurNode;                    //转换后 ptrCurNode 为新根
                }
                else if (ptrParent->leftChild==ptrCurNode)
                {   //ptrParent 左子树作平衡处理
                    DeleteLeftBalance(ptrParent->leftChild, isShorter);
                }
                else
                {   //ptrParent 右子树作平衡处理
                    DeleteLeftBalance(ptrParent->rightChild, isShorter);
                }
                break;
            }
        }
    }
}

template<class ElemType, class KeyType>
void BinaryAVLTree<ElemType, KeyType>::DeleteHelp(const KeyType &key,
BinAVLTreeNode<ElemType> * &p, LinkStack<BinAVLTreeNode<ElemType> * >&s)
//操作结果:删除 p 指向的结点
{
    BinAVLTreeNode<ElemType> * tmpPtr, * tmpF;
    if (p->leftChild==NULL && p->rightChild==NULL)
    {   //p 为叶子结点
        delete p;
        p=NULL;
        DeleteBalance(key, s);
    }
    else if (p->leftChild==NULL)
    {   //p 只有左子树为空
        tmpPtr=p;
        p=p->rightChild;
        delete tmpPtr;
        DeleteBalance(key, s);
    }
    else if (p->rightChild==NULL)
```

```
	{	//p只有右子树非空
		tmpPtr=p;
		p=p->leftChild;
		delete tmpPtr;
		DeleteBalance(key, s);
	}
	else
	{	//p左、右子树非空
		tmpF=p;
		s.Push(tmpF);
		tmpPtr=p->leftChild;
		while (tmpPtr->rightChild!=NULL)
		{	//查找p在中序序列中直接前驱tmpPtr及其双亲tmpF,tmpPtr无右子树为空
			tmpF=tmpPtr;
			s.Push(tmpF);
			tmpPtr=tmpPtr->rightChild;
		}
		p->data=tmpPtr->data;
						//将tmpPtr指向结点的元素值赋值给tmpF指向结点的元素值

		//删除tmpPtr指向的结点
		if (tmpF->rightChild==tmpPtr)
		{	//删除tmpF的右孩子
			DeleteHelp(key, tmpF->rightChild, s);
		}
		else
		{	//删除tmpF的左孩子
			DeleteHelp(key, tmpF->leftChild, s);
		}
	}
}

template<class ElemType, class KeyType>
bool BinaryAVLTree<ElemType, KeyType>::Delete(const KeyType &key)
//操作结果：删除关键字为key的结点
{
	BinAVLTreeNode<ElemType>*p, *f;
	LinkStack<BinAVLTreeNode<ElemType>* >s;
	p=SearchHelp(key, f, s);
	if (p==NULL)
	{	//查找失败，删除失败
		return false;
	}
```

```
        else
        {   //查找成功，插入失败
            if (f==NULL)
            {   //被删除结点为根结点
                DeleteHelp(key, root, s);
            }
            else if (key<f->data)
            {   //key 更小，删除 f 的左孩子
                DeleteHelp(key, f->leftChild, s);
            }
            else
            {    //key 更大，插入 f 的右孩子
                DeleteHelp(key, f->rightChild, s);
            }
            return true;
        }
    }
```

**4. 二叉平衡树的性能分析

考虑所有高度为 h 的二叉平衡树，令 T_h 为一棵高度为 h 的二叉平衡树，且满足 T_h 拥有最少的结点，并设 T_h 的结点个数为 N_h，也就是结点个为 N_h 的二叉平衡树的最大深度为 h。设 T_{hl} 为 T_h 的左子树，T_{hr} 为 T_h 的右子树，T_{hl} 的结点个数为 N_{hl}，T_{hr} 的结点个数为 N_{hr}，则

$$N_h = N_{hl} + N_{hr} + 1 \tag{8.7}$$

因为 T_h 是高度为 h 且拥有最少结点的二叉平衡树，从而可推出 T_h 的其中一个子树的高度为 h－1，而另一子树的高度为 h－2。不失一般性，假设 T_{hl} 的高度为 h－1，T_{hr} 的高度为 h－2。从 T_h 的定义可知，T_{hl} 是高度为 h－1 的二叉平衡树，且在所有高度为 h－1 的二叉平衡树中，T_{hl} 拥有最少的结点数量。相似地，T_{hr} 是高度为 h－2 的二叉平衡树，且在所有高度为 h－2 的二叉平衡树中，T_{hr} 拥有最小的结点个数，T_{hl} 的通式为 T_{h-1}，T_{hr} 的通式为 T_{h-2}，T_{h-1} 的结点个数为 N_{h-1}，T_{h-2} 的结点个数为 N_{h-2}，由公式(8.7)得：

$$N_h = N_{h-1} + N_{h-2} + 1 \tag{8.8}$$

显然有 $N_0=0, N_1=1, N_2=2, \cdots$，令 $F_{h+2}=N_h+1$，由式(8.8)可得：

$$F_2 = 1, F_3 = 2, F_3 = 3, \cdots, F_{h+2} = F_{h+1} + F_h$$

如设 $F_0=0, F_1=1$，显然 F_h 为 Fibonacci(斐波那契)序列，由 12.2.2 节可知 $F_n = \frac{1}{\sqrt{5}}\left[\left(\frac{1+\sqrt{5}}{2}\right)^n - \left(\frac{1-\sqrt{5}}{2}\right)^n\right]$，可知 F_h 约等于 $\frac{\varphi^h}{\sqrt{5}}\left(\text{其中 } \varphi=\frac{1+\sqrt{5}}{2}\right)$，则 N_h 约等于 $\frac{\varphi^{h+2}}{\sqrt{5}}-1$，可解得 h 约等于 $\log_\varphi(\sqrt{5}(N_h+1))-2$，也就是含有 n 个结点的二叉平衡树的最大深度约为 $\log_\varphi(\sqrt{5}(n+1))-2$，也就是在二叉平衡树上进行查找的时间复杂度为 O(logn)。

*8.3.3 B-树和B⁺-树

1. B-树

B树的研究通常归功于 R. Bayer 和 E. McCreight，他们在 1972 年的论文中描述了 B 树。到 1979 年，B 树几乎已经代替了下节要介绍的散列方法以外的所有大型文件访问方法。对于需要完成插入、删除和关键字范围检索等操作的应用程序，B 树或 B 树的一些变体是标准的文件组织方法。B 树涉及在实现基于磁盘的检索树结构时遇到的所有问题。

(1) B 树总是树高平衡的，所有的叶子结点都在同一层。

(2) 更新和检索操作只影响一些磁盘块，因此性能很好。

(3) B 树把相关的记录(即关键字有类似的值)放在同一磁盘块中，从而利用了访问局部性原理。

(4) B 树保证了树中内部结点的最小孩子个数，也就保证了最少关键字个数。这样在检索和更新操作期间减少需要的磁盘读写次数。

一棵 m 阶 B 树定义为有以下特性 m 树：

(1) 根或者是一个叶子结点，或者至少有两个孩子。

(2) 除了根结点以外，每个内部结点有$\left\lceil \frac{m}{2} \right\rceil$到 m 个孩子。

(3) 所有叶子结点在树结构的同一层，并具不含任何信息(可看成是外部结点或查找失败的结点)，因此 m 阶 B 树结构总是树高平衡的。

图 8.20 为一棵 4 阶 B 树，树的深度为 4。

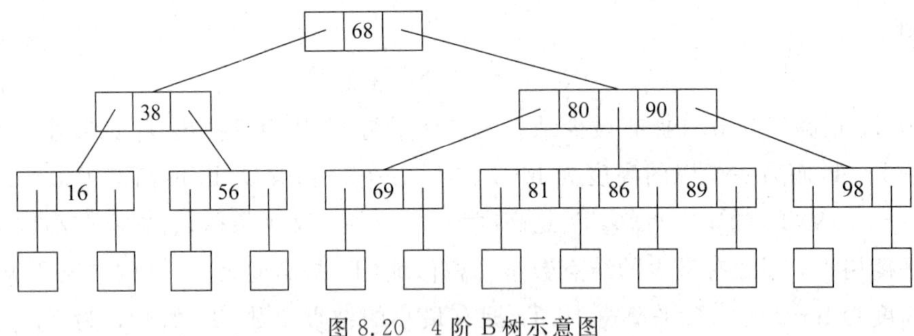

图 8.20 4 阶 B 树示意图

B 树检索是一个交替的两步过程，从 B 树的根结点开始。

(1) 在当前结点中对关键字进行二分法查找。如果查找到关键字，就返回相关记录。如果当前结点是叶子结点，就报告检索失败。

(2) 否则，沿着某个分支重复这一过程。

例如，考虑在图 8.20 所示的 4 阶 B 树中查找关键字值 98 的记录。先查找根结点，然后进入第二个(右边的)分支。检查完第二层的结点后，再进入第三个分支，来到下一层，从而到达包含关键字值 98 的结点。

m 阶 B 树的插入操作的第一步是找到最下层的内部结点，如果结点的孩子个数小于 m，那么就直接插入关键字；如果结点的孩子个数等于 m，那么就把这个结点分裂成两个结点，并且把中间的关键字提升到父结点。如果父结点也已经满了，就再分裂父结点，并且再次提升中间的关键字。插入过程保证所有结点至少半满。例如，当一个4阶B树的内部结点已满时，将会有5个孩子。这个结点会分裂成为两个结点，每个结点包含两个关键字，这样就能继续保持B树的特性了。

m阶B树的删除操作的第一步是找到包含被指定关键字的结点，并从中删除之，如果结点为最下层的内部结点，且其中的孩子个数大于$\left\lceil \frac{m}{2} \right\rceil$，则删除完成，否则要进行“合并”或从相邻兄弟中借一个关键字，如果所删除的关键字K_i所在结点不是最下层的内部结点，则在此关键字右邻子树中最右边的最下层内部结点中的最小关键字K_j替换K_i，然后再删除相应结点中的K_j。

性质：设m阶B的关键字个数为n，则叶子结点为n+1。

证明：采用数学归纳法证明。

当n=1时，m阶B只有一个根结与两个叶子结点，结点成立。

设$0 < n < k$时结成立，当n=k时，设根结点有p个孩子，根结点有p－1个关键字，根结点的子树为$SubT_1, SubT_2, \cdots, SubT_p$，设$SubT_i$的关键字个数为$n_i(i=1,2,\cdots,p)$，则有：

$$n_1 + n_2 + \cdots + n_p + p - 1 = k \tag{8.9}$$

由归纳假设可知$SubT_i$的叶子结点个数为$n_i+1(i=1,2,\cdots,p)$，所以由式(8.9)可知总的叶子结点个数为：

$$(n_1 + 1) + (n_2 + 1) + \cdots + (n_p + 1) = n_1 + n_2 + \cdots + n_p + p = k + 1$$

结论成立，所以引理成立。

设B-树的叶子结点的层次数为h+1，由B-树定义可知，第一层至少有1个结点，第2层最少有2个结点，第3层最少有$2\left\lceil \frac{m}{2} \right\rceil$个结点，第4层最少有$2\left(\left\lceil \frac{m}{2} \right\rceil\right)^2$个结点，…，第h层最少有$2\left(\left\lceil \frac{m}{2} \right\rceil\right)^{h-2}$个结点，第h+1层最少有$2\left(\left\lceil \frac{m}{2} \right\rceil\right)^{h-1}$个叶子结点，叶子结点为查找不成功的结点，设关键字个数为n，则叶子结点个数为n+1，可知：

$$n + 1 \geqslant 2\left(\left\lceil \frac{m}{2} \right\rceil\right)^{h-1}$$

可得：

$$h \leqslant \log_{\left\lceil \frac{m}{2} \right\rceil}\left(\frac{n+1}{2}\right) + 1$$

可知在有n个关键字的m阶B-树上进行查找时，从树根到关键字所在结点的路径的结点个数最大为$\log_{\left\lceil \frac{m}{2} \right\rceil}\left(\frac{n+1}{2}\right)+1$，设n=100000000000，m=1000，则路径上结点个数最多为：$\log_{\left\lceil \frac{1000}{2} \right\rceil}\left(\frac{100000000000+1}{2}\right)+1 \approx 4.964$，也就是查找路径上的结点个数最多为4。

2. B^+-树

B^+-树是B-树的一种变形，比B-树具有更广泛的应用，m阶B^+-树有如下特征：

(1) 每个结点的关键字个数与孩子个数相等,所有非最下层的内层结点的关键字是对应子树上的最大关键字,最下层内部结点包含了全部关键字。

(2) 除了根结点以外,每个内部结点有$\left\lceil \frac{m}{2} \right\rceil$到 m 个孩子。

(3) 所有叶子结点在树结构的同一层,并不含任何信息(可看成是外部结点或查找失败的结点),因此树结构总是树高平衡的。

如图 8.21 所示的为一棵 4 阶 B^+-树,树的深度为 4。

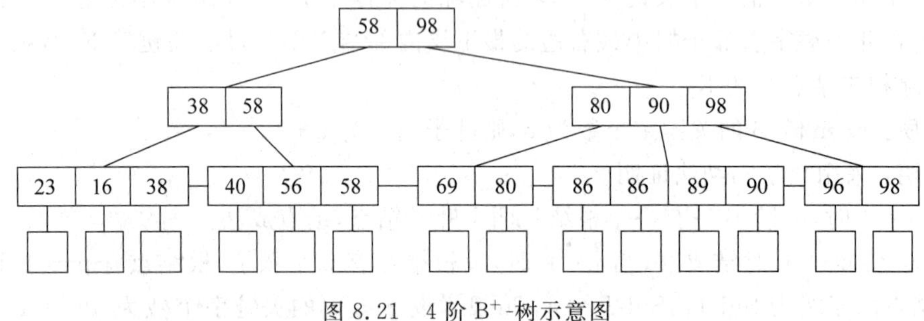

图 8.21 4 阶 B^+-树示意图

在 B^+-树上进行查找时,要从根结点查找到最下层内部结点为止,也可在最下层内部结点从左到右进行顺序查找,插入与删除都在最下层内部结点处进行,其他地方都与 B-树相应操作类似。

8.4 散 列 表

8.4.1 散列表的概念

在散列算法中,数据借助于一个称为散列表(hash table)的表进行组织。我们对关键字 key 应用一个叫做散列函数(hash function)的函数 H(key)来确定具有此关键字 key 的特定数据元素是否在表中,即计算 H(key)的值。H(key)给出数据元素在散列表中的位置。设散列表 ht 的大小为 m,$0 \leqslant H(key) < m$。为了确定关键字值为 key 的数据元素是否在表中,只需要在散列表中查看数据元素 ht[H(key)]。这样一个数据元素的地址通过一个函数来计算,所以数据元素并不需要按照特定的次序存放。

散列函数 H()将关键字 key 对应为一个整数,满足 $0 \leqslant H(key) < m$。两个关键字 key1 和 key2,如果 $key1 \neq key2$,$H(key1) = H(key2)$,也就是不同关键字得相同的散列地址,这种现象称为冲突,这时 key1 与 key2 称为同义词。

选择一个散列函数时,考虑的主要因素是:

(1) 选择一个易于计算的散列函数。

(2) 尽量减少冲突发生的次数。

8.4.2 构造散列函数的方法

有多种构造散列函数的方法,下面介绍一些常见的方法。

1. 平方取中法

在这种方法中,计算散列函数 H 的方法是先计算关键字的平方,然后用结果的中间几位来获得散列表元素的地址。因为一个平方数的中间几位通常依赖于所有的各位,所以即使一些位的数字相同的,不同的关键字值也很可能会产生不同的散列地址。

2. 除留余数法

在这种方法中,用关键字 key 除以不大于散列表大小的数 p 的一个余数,此余数表示 key 在 ht 中的地址,也就是:

$$H(key) = key\%p$$

为减少冲突,在一般情况下,p 最好为素数或不包含小于 20 的素数因子的合数。

3. 随机数法

取关键字的随机函数值为它的散列地址,也就是

$$H(key) = Random(key)$$

其中 Random 为伪随机函数,其取值在 0 到 m−1 之间。

8.4.3 处理冲突的方法

选择的散列函数不仅要易于计算,更重要的是要尽量减少冲突的次数,实际应用中,除特殊情况,冲突是不可避免的。因此,散列算法必须包含处理冲突的算法。冲突解决技术可以分为两类:开放定址法和链地址法。在开放定址法中。数据存储在散列表中;在链地址法中,数据存储在链表中,散列表是指向链表的指针数组。

1. 开放定址法

设散列地址为 0～m−1,冲突是指关键字 key 得到的地址为 h 的位置上已存放有数据元素,处理冲突的方法就是为此关键字寻找另一个空的散列地址,处理冲突的过程可能得到一个地址序列:

$$h_1, h_2, \cdots, h_k$$

也就是在处理冲突时,得到另一个散列地址 h_1,如果 h_1 还有冲突,则求下一个散列地址 h_2,依此类推,直到 h_k 不发生冲突为止。

开放定址法的一般形式为:

$$h_i = (H(key) + d_i)\%m \quad 1 \leqslant i \leqslant m-1$$

其中 H(key)为散列函数,m 为表长,d_i 为增量序列,d_i 有两种常见的取法:

(1) $d_i = i$,也就是 $d_i = 1, 2, \cdots, m-1$,这种取法称为线性探测法。

(2) d_i = 随机数,这种取法称为随机探测法。

例如取散列函数为 H(key)=key%7,在长度为 7 的散列表中已存储有关键字分别为 16,24,11 的数据元素,现用线性探测法插入关键字为 17 的数据元素,散列值 h=

H(17)=3,产生冲突,取下一个散列地址 h_1=(H(17)+1)%7=4,还有冲突,再取下一个散表地址 h_2=(H(17)+2)%7=5,ht[5]为空,将关键字为 17 的数据元素插入在 ht[5]中,显然在查找关键字为 17 的元素时要比较 3 次,如图 8.22 所示。

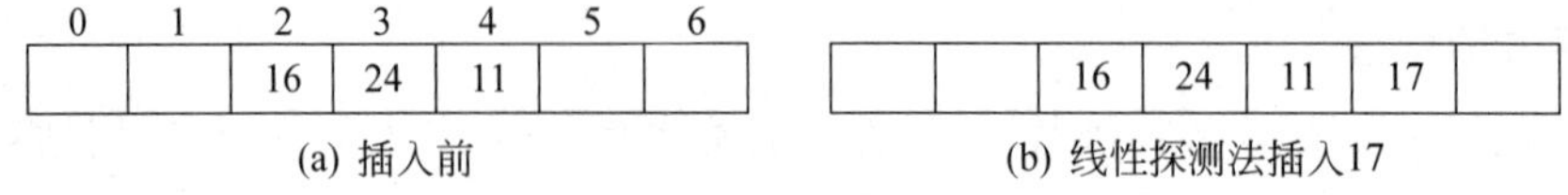

图 8.22 在散列表中插入元素 17 示意图

例 8.1 已知散列表地址空间是 0..8,散列函数是 H(k)=k%7,采用线性探测法处理冲突,将序列{100,20,21,35,3,78,99,10}数据序依次存入散列表中,列出插入时的比较次数,并求出在等概率下的平均查找长度。

仿照前面的分析可得散列表及查找各关键字的比较次数如表 8.1 所示。

表 8.1 散列表及查找关键字的比较次数

散列地址	0	1	2	3	4	5	6	7	8
关键字	21	35	100	3	78	99	20	10	
比较次数	1	2	1	1	4	5	1	5	

$$平均查找长度=\frac{4\times1+2\times1+1\times4+2\times5}{8}=2.5$$

2. 链地址法

散列表 ht 是一个指针数组,对于每个 h,0≤h<m,ht[h]是指向链表的一个指针。对数据元素中的每个关键字 key,首先计算 h=H(key),然后将含此关键字的数据元素插入到 ht[h]指向的链表中,所以对于不相同的关键字 key1 和 key2,如果 H(key1)=H(key2),带有关键字 key1 和 key2 的数据元素将被插入到相同的链表,使得冲突的处理更为快捷和高效。

从使用链地址法的散列表的结构可以看出,数据元素的插入和删除比较简单。在一般情况下,创建链表可以使查找长度缩短。

例 8.2 已知散列表地址空间是 0..6,散列函数与例 8.1 的散列函数相同,现在采用链地址法处理冲突,试由序列{100,20,21,35,3,78,99,10}构造散列表并求平均查找长度。

散列表如图 8.23 所示。

$$平均查找长度=\frac{5\times1+3\times2}{8}=1.375$$

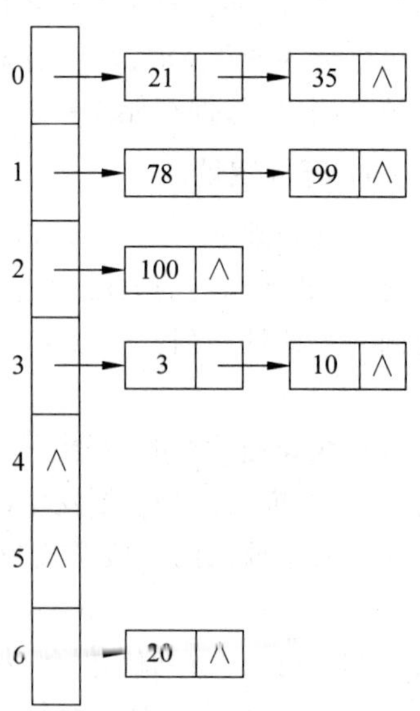

图 8.23 链地址法处理冲突的散列表

*8.4.4 散列表的实现

每种构造散列表的方法以及处理冲突的方法都可构造一个类来实现散列表,散列表一般具有如下基本操作。

1. void Traverse(void (* visit)(const ElemType &)) const

初始条件:散列表已存在。

操作结果:依次对散列表的每个元素调用函数(* visit)。

2. bool Search(const KeyType &key, ElemType &e) const

初始条件:散列表已存在。

操作结果:查寻关键字为 key 的元素的值。

3. bool Insert(const ElemType &e)

初始条件:散列表已存在。

操作结果:插入数据元素 e。

4. bool Delete(const KeyType &key)

初始条件:散列表已存在。

操作结果:删除关键字为 key 的数据元素。

下面实现用除留余数法构造散列表,线性探测法处理冲突的散列表,其他散列表的实现请读者作为练习加以实现。

为了表示 ht[h]是否为空,在数据元素结构中增加数组 empty,empty[i]值为 true 表示 ht[i]为空元素,empty[i]值为 false 表示 ht[i]为非空元素,其中 $i=0,1,\cdots,m-1$。具体 C++ 实现介绍如下。

```
template<class ElemType, class KeyType>
class HashTable
{
protected:
//散列表的数据成员
    ElemType * ht;                                          //散列表
    bool * empty;                                           //空元素
    int m;                                                  //散列表容量
    int p;                                                  //除留余数法的除数

//辅助函数模板
    int H(const KeyType &key) const;                        //散列函数模板
    int Collision(const KeyType &key, int i) const;         //处理冲突的函数模板
    bool SearchHelp(const KeyType &key, int &pos) const; //查找关键字为 key 的元素的位置
public:
// 散列表方法声明及重载编译系统默认方法声明
    HashTable(int size, int divisor);                       //构造函数模板
```

```
    ~HashTable();                                              //析造函数模板
    void Traverse(void (*visit)(const ElemType &)) const;  //遍历散列表
    bool Search(const KeyType &key, int &pos);        //查寻关键字为 key 的元素的位置
    bool Insert(const ElemType &e);                   //插入元素 e
    bool Delete(const KeyType &key);                  //删除关键字为 key 的元素
    HashTable(const HashTable<ElemType, KeyType>&copy);      //复制构造函数模板
    HashTable<ElemType, KeyType>&operator=
        (const HashTable<ElemType, KeyType>&copy);            //重载赋值运算符
};

//散列表类模板的实现部分
template<class ElemType, class KeyType>
int HashTable<ElemType, KeyType>::H(const KeyType &key) const
//操作结果：返回散列地址
{
    return key%p;
}

template<class ElemType, class KeyType>
int HashTable<ElemType, KeyType>::Collision(const KeyType &key, int i) const
//操作结果：返回第 i 次冲突的探查地址
{
    return (H(key)+ i)%m;
}

template<class ElemType, class KeyType>
HashTable<ElemType, KeyType>::HashTable(int size, int divisor)
//操作结果：以 size 为散列表容量, divisor 为除留余数法的除数构造一个空的散列表
{
    m=size;                                                   //赋值散列表容量
    p=divisor;                                                //赋值除数
    ht=new ElemType[m];                                       //分配存储空间
    empty=new bool[m];                                        //分配存储空间

    for (int pos=0; pos<m; pos++)
    {   //将所有元素置空
        empty[pos]=true;
    }
}

template<class ElemType, class KeyType>
HashTable<ElemType, KeyType>::~HashTable()
//操作结果：销毁散列表
{
```

```
    delete []ht;                                          //释放 ht
    delete []empty;                                       //释放 empty
}

template<class ElemType, class KeyType>
void HashTable<ElemType, KeyType>::Traverse(void (* visit)(const ElemType
     &)) const
//操作结果:依次对散列表的每个元素调用函数(* visit)
{
    for (int pos=0; pos<m; pos++)
    {   //对散列表的每个元素调用函数(* visit)
        if (!empty[pos])
        {   //数据元素非空
            (* visit)(ht[pos]);
        }
    }
}

template<class ElemType, class KeyType>
bool HashTable<ElemType, KeyType>::SearchHelp(const KeyType &key, int
     &pos) const
//操作结果:查寻关键字为 key 的元素的位置,如果查找成功,返回 true,并用 pos 指示待查
//数据元素在散列表的位置,否则返回 false
{
    int c=0;                                    //冲突次数
    pos=H(key);                                 //散列表地址

    while (c<m &&                               //冲突次数应小于 m
        !empty[pos] &&                          //元素 ht[pos]非空
        ht[pos]!=key)                           //关键字值不等
    {
        pos=Collision(key,++ c);                //求得下一个探查地址
    }

    if (c>=m||empty[pos])
    {   //查找失败
        return false;
    }
    else
    {   //查找成功
        return true;
    }
}
```

```
template<class ElemType, class KeyType>
bool HashTable < ElemType, KeyType >:: Search ( const KeyType &key, ElemType
    &e) const
//操作结果: 查寻关键字为 key 的元素的值,如果查找成功,返回 true,并用 e 返回元素的值,
//否则返回 false
{
    int pos;                                        //元素的位置
    if (SearchHelp(key, pos))
    {   //查找成功
        e=ht[pos];                                  //用 e 返回元素值
        return true;                                //返回 true
    }
    else
    {   //查找失败
        return false;                               //返回 false
    }
}

template<class ElemType, class KeyType>
bool HashTable<ElemType, KeyType>::Insert(const ElemType &e)
//操作结果: 在散列表中插入元素 e,插入成功返回 true,否则返回 false
{
    int pos;                                        //插入位置
    if (!SearchHelp(e, pos) && empty[pos])
    {   //插入成功
        ht[pos]=e;                                  //数据元素 e
        empty[pos]=false;                           //表示非空
        return true;
    }
    else
    {   //插入失败
        return false;
    }
}

template<class ElemType, class KeyType>
bool HashTable<ElemType, KeyType>::Delete(const KeyType &key)
//操作结果: 删除关键字为 key 的数据元素,删除成功返回 true,否则返回 false
{
    int pos;                                        //数据元素位置
    if (SearchHelp(key, pos))
    {   //删除成功
        empty[pos]=true;                            //表示元素为空
        return true;
```

```
    }
    else
    {    //删除失败
        return false;
    }
}

template<class ElemType, class KeyType>
HashTable<ElemType, KeyType>::HashTable(const HashTable<ElemType, KeyType>
    &copy)
//操作结果:由散列表 copy 构造新散列表—复制构造函数模板
{
    m=copy.m;                                           //散列表容量
    p=copy.p;                                           //除留余数法的除数
    ht=new ElemType[m];                                 //分配存储空间
    empty=new bool[m];                                  //分配存储空间

    for (int pos=0; pos<m; pos++)
    {    //复制数据元素
        ht[pos]=copy.ht[pos];                           //复制元素
        empty[pos]=copy.empty[pos];                     //复制元素是否为空值
    }
}

template<class ElemType, class KeyType>
HashTable<ElemType, KeyType>&HashTable<ElemType, KeyType>::
    operator=(const HashTable<ElemType, KeyType>&copy)
//操作结果:将散列表 copy 赋值给当前散列表—重载赋值运算符
{
    if (&copy!=this)
    {
        delete []ht;                                    //释放当前散列表存储空间
        m=copy.m;                                       //散列表容量
        p=copy.p;                                       //除留余数法的除数
        ht=new ElemType[m];                             //分配存储空间
        empty=new bool[m];                              //分配存储空间

        for (int pos=0; pos<m; pos++)
        {    //复制数据元素
            ht[pos]=copy.ht[pos];                       //复制元素
            empty[pos]=copy.empty[pos];                 //复制元素是否为空值
        }
    }
    return *this;
}
```

8.5 深入学习导读

本章使用类型转换函数自动将数据元素类型转换为关键字类型，从而实现将数据元素的比较自动转换为关键字的比较的思想来源于 Robert L. Kruse, Alexander J. Ryba. 等编著的 Data Structures and Program Design in C++[1]。

本章的大部分时间复杂度的指理思路来源于严蔚敏、吴伟民编著的《数据结构(C 语言版)》[12]。

8.6 习 题 8

8-1 标出下面二叉排序树中各结点的平衡因子。

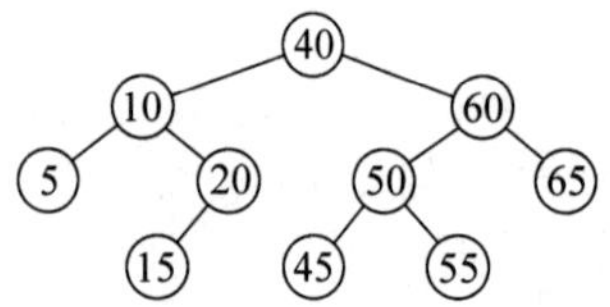

8-2 已知序列{4,1,6,1,3,8,2},试构造二叉排序树。

8-3 有关键字序列{13,20,6,10,15,17},Hash 函数为 H(key)=key%7,表长为 8,采用线性探测法处理冲突,试构造哈希表。

8-4 有关键字序列{7,23,6,9,17,19,21,22,5},Hash 函数为 H(key)=key%5,采用链地址法处理冲突,试构造哈希表。

8-5 设散列函数 H(k)=k%7,散列表的地址空间为 0～6,对关键字序列{32,13,49,55,22,38,22},按线性探测法处理冲突构造哈希表,并指出查找各关键字要进行比较的次数。

8-6 已知关键字序列{12,26,38,89,56},试构造平衡二叉树。

*8-7 画出对长度为 10 的有序表进行折半查找的判定树,并求其等概率时查找成功的平均查找长度。

8-8 试写一递归算法,从大到小输出二叉排序树中所有的关键字值不小于 key 的元素值。

*8-9 试编程判断一个二叉排序树是否为平衡二叉树。

**8-10 设结点个数为 n 的判定树深度为 H(n),用数学归纳法容易证明 H(n)是关于 n 的不减函数。

第9章 排　序

9.1 概　述

排序(Sorting)就是将数据元素(或记录)的任意序列,重新排序成按关键字有序的序列,排序在程序设计中有着重要的应用。

从第8章可以看出,对于有序的顺序表采用折半查找法效率比无序的顺序表采用顺序查找法效率高得多,本章将研究各种排序算法。

设有一组数据元素序列如下:

$$(e_0, e_1, \cdots, e_{n-1})$$

对应的关键字分别为:

$$(key_0, key_1, \cdots, key_{n-1})$$

排序问题就是将这些记录重新排成新序列:

$$(e_{s_0}, e_{s_1}, \cdots, e_{s_{n-1}})$$

使得

$$(key_{s_0} \leqslant key_{s_1} \leqslant \cdots \leqslant key_{s_{n-1}})$$

也就是说排序就是重排数据元素,使其按关键字有序。

如果数据元素关键字没有重复出现,则按任何排序方法排序后得到的序列是唯一的;对于可以重复出现的关键字,则排序结果可能不唯一,假如对于任意 $key_i == key_j (0 \leqslant i < j \leqslant n-1)$,则排序前数据元素 e_i 在 e_j 的前面,如果排序后数据元素 e_i 也在 e_j 的前面,这样的排序方法称为稳定的;反之如可能排序后数据元素 e_i 在 e_j 的后面,则称所用的排序方法是不稳定的。

按照排序过程中所涉及的存储器,可将排序分为如下两类:

(1) 内部排序:待排序的数据元素全部存入计算机的内存中,在排序过程中不需要访问外存。

(2) 外部排序:待排序的数据元素不能全部装入内存,在排序过程中需要不断访问外存。

本章主要讲内部排序,然后再简述外部排序。

对于内部排序,按排序过程中所依据的不同原则,对内排序可分为:

(1) 插入排序。

(2) 交换排序。

(3) 选择排序。

(4) 归并排序。

按内排序过程中所需的工作量,可分为如下 3 类:

(1) 简单排序方法,时间复杂度为 $O(n^2)$。

(2) 先进排序方法,时间复杂度为 O(nlogn)。

(3) 基数排序方法,时间复杂度为 O(d×n)。

对于排序表,假设每个数据元素都与一个关键字相关,并且记录都可按关键字进行比较,可以使用类类型转换函数自动将数据元素类型转换为关键字类型,从而实现对数据元素的比较自动转换为关键字的比较。

说明:

(1) 数据元素的类型可以与关键字类型是一样的,这时任何数据元素都自动是关键字,当然不必进行转换了,比如本章后面的测试程序都假定数据元素与关键字类型都为 int。

(2) 在排序表中比较数据元素大小时,会自动转换为对关键字的比较(当然如果数据元素类型与关键字类型相同时就不必转换),这一转换过程隐藏在类类型转换函数之中,也就是在定义类类型转换函数时已隐藏地定义了关键字,因此本章的排序算法将不标明关键字类型,只标明数据元素类型,具体模板类型参数声明如下:

```
template<class ElemType>
```

9.2 插入排序

9.2.1 直接插入排序

直接插入排序(Straight Insertion Sort)是一种简单的排序算法,其基本思想是将第 1 个数据元素看成是一个有序子序列,再依次从第 2 个数据元素起逐个插入到这个有序的子序列中。一般地,在第 i 步上,将 elem[i]插入到由 elem[0]~elem[i-1]构成的有序子序列中。

例如,已知待排序的一组数据元素序列如下:

{18,8,56,9,68,$\underline{8}$}

首先可假设有序子序列中只包含一个数据元素,也就是{18},将 8 插入在有序子序列中,由于 8<18,显然插入后的有序子序列为:

{ 8,18}

然后再将 56 插入到上述有序子序列中,由于 18<56,可知插入后的新有序子序列如下:

{8,18,56}

按这种过程继续下去,直到有序子序列的数据元素个数与原序列数据元素个数相等为止。

下面是 C++ 编写的算法实现,此处参考数含数据元素数组,数组中存放在 n 个数据元素。

```
template<class ElemType>
void StraightInsertSort(ElemType elem[], int n)
//操作结果:对数组 elem 作直接插入排序
{
    for (int i=1; i<n; i++)
    {   //第 i 趟直接插入排序
        ElemType e=elem[i];                        //暂存 elem[i]
        int j;                                     //临时变量
        for (j=i-1; j>=0 && e<elem[j]; j--)
        {   //将比 e 大的记录都后移
            elem[j+1]=elem[j];                     //后移
        }
        elem[j+1]=e;                               //j+1 为插入位置
    }
}
```

对于关键字序列{18,8,56,9,68,8}各趟插入排序过程如图 9.1 所示。

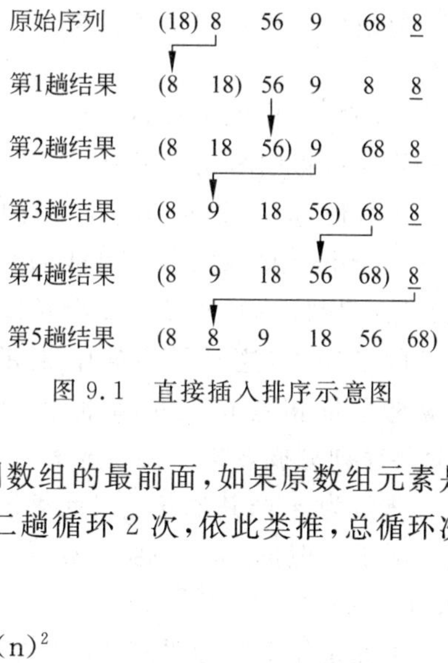

原始序列 (18) 8 56 9 68 8

第1趟结果 (8 18) 56 9 8 8

第2趟结果 (8 18 56) 9 68 8

第3趟结果 (8 9 18 56) 68 8

第4趟结果 (8 9 18 56 68) 8

第5趟结果 (8 8 9 18 56 68)

图 9.1 直接插入排序示意图

现在考虑第 i 趟插入排序 InsertSort,当 elem[i]比它前面元素小时,就向前移动此元素,直到遇到一个比它小或相等的元素时为此。

插入排序算法由嵌套的两个 for 循环组成,外层 for 循环执行 n－1 次,内层 for 循环比较复杂,循环次数依赖于第 i 个元素前的元素中的值比 elem[i]大的元素个数,在最坏情况下,每个元素都必须移动到数组的最前面,如果原数组元素是逆序的就会发生这种情况,这时第一趟循环 1 次,第二趟循环 2 次,依此类推,总循环次数为:

$$\sum_{i=1}^{n-1} i = \frac{n(n-1)}{2} = O(n)^2$$

在最好情况下,数组元素已按关键字递增有序,这时每个内层 for 循环刚进入就退出了,只比较一次,而不移动记录,总的比较次数为 n－1,可知这时的时间复杂度为 O(n)。

如待排序的元素是随机的,也就是排序的元素可能出现的各种排序的概率是相同的,可以证明直接插入排序的平均时间复杂度为 $O(n^2)$。有兴趣的读者可作为练习加以证明。

9.2.2 Shell 排序

Shell(希尔)排序是对插入排序的一种改进,从上节对插入排序的分析可知,对最坏情况下时间复杂度为 $O(n^2)$,在最好情况下时间复杂度为 O(n),如果待排序元素按关键字基本有序,插入排序的效率将大大提高,显然当元素个数 n 较少时效率也较高,Shell 排序正是从这两方面出发对插入排序进行改进而得到的一种效率较高的排序方法。

希尔排序的基本思想是先将整个待排序数据元素序列分割成若干子序列,分别对各子序列进行直接插入排序,等整个序列中的数据元素“基本有序”时,再对全体数据元素进行一次直接插入排序。

例如,对于关键字序列{18,8,15,9,5,3,$\underline{8}$,16},首先将此序列分成 4 个子序列,(18,5),(8,3),(15,$\underline{8}$),(9,16),分别对每个子序列进行排序,可得序列:

(5,3,$\underline{8}$,9,18,8,15,16)

然后再分为 2 个子序列(5,$\underline{8}$,18,15)和(3,9,8,16),分别对 2 个子序列进行排序可得序列:

(5,3,$\underline{8}$,8,15,9,18,16)

最后对整个序列进行排序可得如下有序序列:

(3,5,$\underline{8}$,8,9,15,16,18)

整个排序过程如图 9.2 所示。

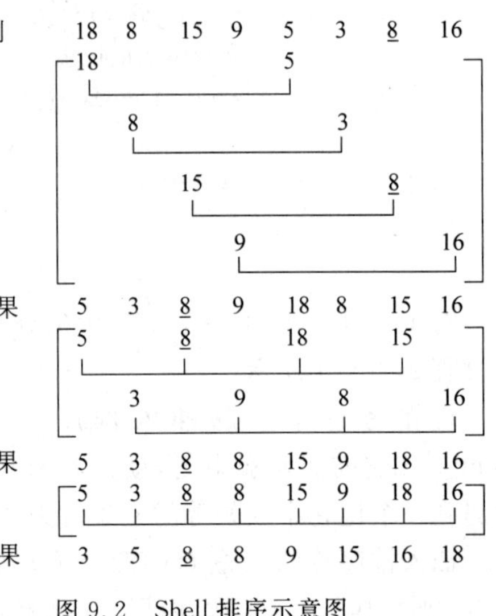

图 9.2 Shell 排序示意图

为方便起见,设待排序序列的长度为 n=8,Shell 排序的一种可能的实现方式是第 1 趟将序列分成 n/2 个长度至多为 2 的子序列,这时子序列中相邻两个元素的下标相差 n/2,称增量为 n/2;第 2 趟将序列分成 n/4 个长度至多为 4 的子序列,这时子序列中相邻两个元素的下标相差 n/4,增量为 n/4;其他各趟以此类推,直到增量为 1 时为止。

对于一般的 Shell 排序算法,设增量序列为 inc[0]>inc[1]>inc[2]>…>inc[t−1]=1。

下面是用 C++ 实现的 Shell 排序算法:

```
template<class ElemType>
void ShellInsert(ElemType elem[], int n, int incr)
//操作结果:对数组 elem 作一趟增量为 incr 的 Shell 排序,对插入排序作出的修改是
//子序列中前后相邻记录的增量为 incr,而不是 1
{
    for (int i=incr ; i<n; i++)
    {    //第 i-incr+1 趟插入排序
        ElemType e=elem[i];                                    //暂存 elem[i]
```

```
            int j;                                          //临时变量
            for (j=i-incr; j>=0 && e<elem[j]; j-=incr)
            {    //将子序列中比 e 大的记录都后移
                 elem[j+incr]=elem[j];                      //后移
            }
            elem[j+incr]=e;                                 //j+incr 为插入位置
      }
}

template<class ElemType>
void ShellSort(ElemType elem[], int n, int inc[], int t)
//操作结果：按增量序列 inc[0..t-1]对数组 elem 作 Shell 排序
{
     for (int k=0 ; k<t; k++)
     {    //第 k+1 趟 Shell 排序
          ShellInsert(elem, n, inc[k]);
     }
}
```

分析 Shell 排序是一个复杂的问题，它的时间复杂度是“增量”序列的函数，到现在为止还未得到数学上的解决，有人指出，当增量序列为 $inc[k]=2^{t-k+1}-1$ 时 Shell 排序的时间复杂度为 $O(n^{1.5})$。

9.3 交换排序

本节讨论借助于“交换”排序的一类方法，最简单的一种是起泡排序(Bubble Sort)，最先进的一种是快速排序(Quick Sort)，下面分别加以讨论。

9.3.1 起泡排序

起泡排序一般作为计算机科学的一些入门课程(如 C 语言程序设计)中作为例题加以介绍，实际上并不太适合，这是因为起泡排序并没有特殊的价值，而是一种相对速度较慢的排序，也没有插入排序易懂，但起泡排序是快速排序的基础。

起泡排序的基本思想是：将序列中的第 1 个元素与第 2 个元素进行比较，如前者大于后者，则两个元素交换位置，否则不交换；再将第 2 个元素与第 3 个元素比较，若前者大于后者，两个元素交换位置，否则不交换；依此类推，直到第 n－1 个元素与第 n 个元素比较(或交换)。经过如此一趟排序，使得 n 个元素中最大者被安置在第 n 个位置上。此后，再对前 n－1 个元素进行同样过程，使得该 n－1 个元素的最大者被安置在整个序列的第 n－1 个位置上；然后再对前 n－2 个元素重复上述过程……直到对前 2 个元素重复上述过程为止。

图 9.3 是对关键字序列(18,8,15,9,5,3,8,1)进行起泡排序的实例,从图中可以看出,在起泡排序的过程中,关键字较小的元素像水中的气泡在逐趟向上飘浮,关键字较大的元素像石块一样向下沉,并且每一趟都有一起最大的"石块"沉到水底。

初始序列	第1趟结果	第2趟结果	第3趟结果	第4趟结果	第5趟结果	第6趟结果	第7趟结果
18	8	8	8	5	4	4	1
8	15	9	5	3	5	1	**4**
15	9	5	3	8	1	**5**	
9	5	3	8	1	**8**		
5	3	8	1	**8**			
3	8	1	**9**				
8	1	**15**					
1	**18**						

图 9.3 起泡排序示意图

下面是起泡排序算法:

```
template<class ElemType>
void BubbleSort(ElemType elem[], int n)
//操作结果:在数组 elem 中用起泡排序进行排序
{
    for (int i=1; i<n; i++)
    {   //第 i 趟起泡排序
        for (int j=0; j<n-i; j++)
        {   //比较 elem[j]与 elem[j+1]
            if (elem[j]>elem[j+1])
            {   //如出现逆序,则交换 elem[j]和 elem[j+1]
                Swap(elem[j], elem[j+1]);
            }
        }
    }
}
```

起泡排序的外层 for 的循环次数为 n－1,内层 for 循环的循环次数为 i,可知内层的总比较次数为:

$$\sum_{i=1}^{n-1} i = \frac{n(n-1)}{2} = O(n^2)$$

所以起泡排序的最好、最坏和平均情况下的时间复杂度是相同的。

9.3.2 快速排序

快速排序平均时间性能最快,有着广泛的应用,典型应用是 UNIX 系统库函数例程中的 qsort 函数,但有趣的是在初始序列有序的情况,快速排序的时间性能最差。

快速排序的基本思想是任选序列中的一个数据元素(通常选取第 1 个数据元素)作为枢轴(pivot),以它和所有剩余数据元素进行比较,将所有较它小的数据元素都排在它前面,将所有较它大的数据元素都排在它之后,经过一趟排序后,可按此数据元素所在位置为界,将序列划分为两个部分,再对这两个部分重复上述过程直至每一部分中只剩一个数据元素为止。

假设待排序的序列为(elem[low],elem[low+1],…,elem[high]),首先任选取序列中的一数据元素(通常可选第一个数据元素)作为枢轴(pivot),再将所有比 pivot 小的数据元素排序 pivot 的左边,将所有比 pivot 大的数据元素排序 pivot 的右边,设由此得到的枢轴的位置是 i,则以 i 作为分界线,将原序列作一次如下的划分:

```
(elem[low], elem[low+1], …, elem[i-1]) elem[i] (elem[i+1], elem[i+2], …,
```

```
elem[high])
```

这样划分后得到两个子序列(elem[low], elem[low+1], …, elem[i−1])和(elem[i+1], elem[i+2], …, elem[high]),并且枢轴 elem[i](也就是 pivot)已被放到正确的位置上,然后再分别对(elem[low], elem[low+1], …, elem[i−1])和(elem[i+1], elem[i+2], …, elem[high])子序列进行划分,直到每个子序列的长度都为 1 时为止。

一趟快速排序的具体方法是,设枢轴是 elem[low],首先从 high 所指位置开始向左搜索到第 1 个小于 elem[low]的数据元素(此数据元素仍假设为 elem[high])为止,然后交换 elem[low]和 elem[high],这时枢轴为 elem[high],再从 low 所指位置开始向右搜索到第 1 个大于 elem[high]的数据元素(此数据元素仍假设为 elem[low])为止,然后交换 elem[low]和 elem[high],这时枢轴为 elem[low];重复这两步直到 low=high 时为止,这时枢轴的位置为 low。

下面是快速排序算法的 C++ 具体实现。

```
template<class ElemType>
int Partition(ElemType elem[], int low, int high)
//操作结果:交换 elem[low..high]中的元素,使枢轴移动到适当位置,要求在枢轴之前的元素
//不大于枢轴,在枢轴之后的元素不小于枢轴,并返回枢轴的位置
{
	while (low<high)
	{
		while (low<high && elem[high]>=elem[low])
		{	//elem[low]为枢轴,使 high 右边的元素不小于 elem[low]
			high--;
		}
		Swap(elem[low], elem[high]);

		while (low<high && elem[low]<=elem[high])
		{	//elem[high]为枢轴,使 low 左边的元素不大于 elem[high]
			low++;
		}
		Swap(elem[low], elem[high]);
	}
	return low;						//返回枢轴位置
}

template<class ElemType>
void QuickSortHelp(ElemType elem[], int low, int high)
//操作结果:对数组 elem[low..high]中的记录进行快速排序
{
	if (low<high)
	{	//子序列 elem[low..high]长度大于 1
		int pivotLoc=Partition(elem, low, high);		//进行一趟划分
```

```
            QuickSortHelp(elem, low, pivotLoc-1);
                                        //对子表 elem[low, pivotLoc-1]递归排序
            QuickSortHelp(elem, pivotLoc+1, high);
                                        //对子表 elem[pivotLoc+1, high]递归排序
        }
    }

    template<class ElemType>
    void QuickSort(ElemType elem[], int n)
    //操作结果:对数组 elem 进行快速排序
    {
        QuickSortHelp(elem, 0, n-1);
    }
```

图 9.4(a)所示的是对关键字序列(49,38,66,97,<u>38</u>,68)第一趟快速划分的过程，图 9.4(b)所示的是排序全过程。

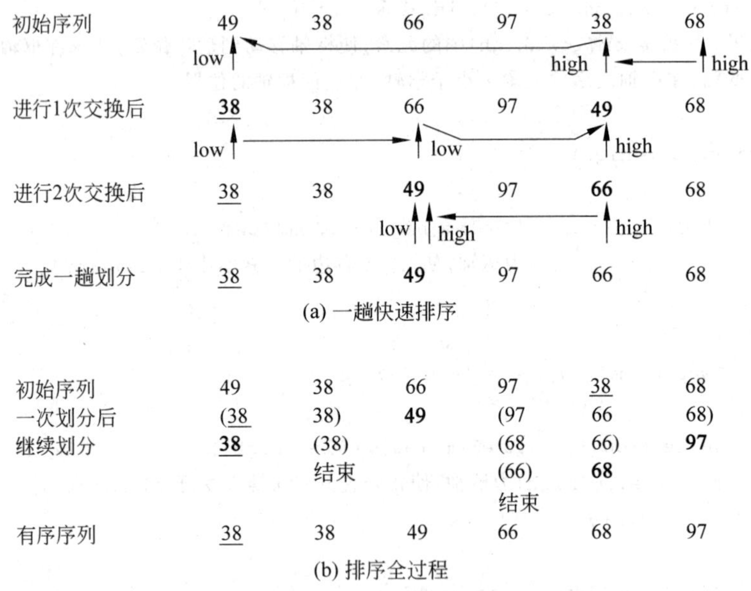

图 9.4 快速排序示意图

下面分析快速排序的时间性能，设 T(n)表示对具有 n 个元素的序列进行快速排序的时间，Tpass(n)表示对具有 n 个元素的序列作一趟划分的时间，设对具有 n 个元素的序列划分后枢轴左侧有 k−1 个元素，而枢轴右侧有 n−k 个元素，则有下如关系：

$$T(n) = Tpass(n) + T(k-1) + T(n-k)$$

从 Partition 算法可知 Tpass(n)与 n 成正比，设 Tpass(n)＝cn，显然 T(0)＝b，设待排序的序列中元素是随机排列的，也就是 k 取 1 至 n 之间任何一个值的概率相同，所以快速排序所需的平均时间为：

$$T_{average}(n) = cn + \frac{1}{n}\sum_{k=1}^{n}[T_{average}(k-1) + T_{average}(n-k)] = cn + \frac{2}{n}\sum_{k=0}^{n-1}T_{average}(k)$$

可此可得：

$$T_{average}(n) = cn + \frac{2}{n}\sum_{k=0}^{n-1}T_{average}(k)$$

$$T_{average}(n-1) = c(n-1) + \frac{2}{n-1}\sum_{k=0}^{n-2}T_{average}(k)$$

由上面两个关系式可推得：

$$\begin{aligned}T_{average}(n) &= \frac{n+1}{n}T_{average}(n-1) + \frac{2n-1}{n}c \\ &< \frac{n+1}{n}T_{average}(n-1) + 2c \\ &< \frac{n+1}{n-1}T_{average}(n-2) + 2(n+1)\left(\frac{1}{n} + \frac{1}{n+1}\right)c \\ &\vdots \\ &< \frac{n+1}{2}T_{average}(1) + 2(n+1)\left(\frac{1}{3} + \cdots + \frac{1}{n+1}\right)c \\ &< (n+1)b + 2(n+1)\left(\frac{1}{2} + \frac{1}{3} + \cdots + \frac{1}{n+1}\right)c\end{aligned}$$

所以可得：

$$T_{average}(n) < (n+1)b + 2(n+1)(H(n+1)-1)c \quad n > 1 \tag{9.1}$$

类似地可得：

$$T_{average}(n) > (n+1)b + (n+1)[H(n+1)-1]c \quad n > 1 \tag{9.2}$$

其中 H(n)是调和级数：

$$H(n) = \sum_{i=1}^{n}\frac{1}{i}$$

调和级数具有性质(参见附录 A)：

$$\ln(n) < H(n) < 1 + \ln(n)$$

由式(9.1)和式(9.2)可得

$$(n+1)b + (n+1)[\ln(n+1) - 1]c < T_{average}(n) < (n+1)b + 2(n+1)\ln(n+1)c$$

可知

$$T_{average}(n) = O(n\log n)$$

快速排序被公认为在所有同数量级 O(nlogn)的排序方法中，平均性能最好，但如原序列有序时，快速排序将蜕化为起泡排序，其时间复杂度为 $O(n^2)$。

9.4 选择排序

选择排序的基本思想是每一趟在 n－i(i＝1,2,…,n－1)个数据元素(elem[i], elem[i+1],…,elem[n－1])中选择最小数据元素作为有序序列中第 i 个数据元素。下面介绍两种常见的选择排序。

9.4.1 简单选择排序

简单选择排序(Simple Selection Sort)的第 i 趟是从(elem[i], elem[i+1],…, elem[n-1])选择第 i 小的元素,并将此元素放到 elem[i]处,也就是说简单选择排序是从未排序的序列中选择最小元素,接着是次小的,依此类推,为寻找下一个最小元素,需检索数组整个未排序部分,但只一次交换即将待排序元素放到正确位置上。

下面是用 C++ 编写的简单选择排序算法。

```
template<class ElemType>
void SimpleSelectionSort(ElemType elem[], int n)
//操作结果:对数组 elem 作简单选择排序
{
    for (int i=0; i<n-1; i++)
    {   //第 i+1 趟简单选择排序
        int lowIndex=i;                         //记录 elem[i..n-1]中最小元素小标
        for (int j=i+1; j<n; j++)
        {
            if (elem[j]<elem[lowIndex])
            {   //用 lowIndex 存储当前寻到的最小元素小标
                lowIndex=j;
            }
        }
        Swap(elem[i], elem[lowIndex]);          //交换 elem[i], elem[lowIndex]
    }
}
```

例如,对于关键字序列(49,38,66,97,49,26),各趟简单选择排序过程如图 9.5 所示。

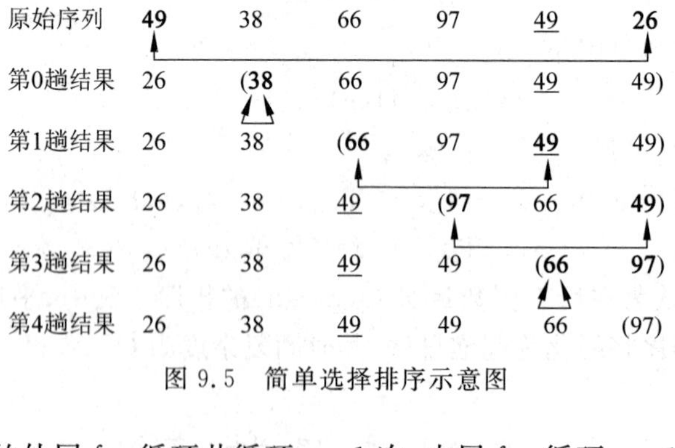

原始序列	**49**	38	66	97	49	**26**
第0趟结果	26	**(38**	66	97	49	49)
第1趟结果	26	38	**(66**	97	**49**	49)
第2趟结果	26	38	49	**(97**	66	**49)**
第3趟结果	26	38	49	49	**(66**	**97)**
第4趟结果	26	38	49	49	66	(97)

图 9.5 简单选择排序示意图

简单选择排序的外层 for 循环共循环 n-1 次,内层 for 循环 n-1-i 次,可知总比较次数为:

$$\sum_{i=0}^{n-2}(n-1-i)=\frac{n(n-1)}{2}=O(n^2)$$

从而可知时间复杂度为 $T(n)=O(n^2)$。

9.4.2 堆排序

堆排序(Heap Sort)是一种基于选择排序的先进排序方法,只需要一个元素的辅助存储空间,如下先介绍堆的概念。

对于有 n 个元素的序列(elem[0], elem[1],…,elem[n−1]),当且仅当满足如下条件时,称为堆:

$$\begin{cases}\text{elem}[i] \leqslant \text{elem}[2i+1] \\ \text{elem}[i] \leqslant \text{elem}[2i+2]\end{cases} \quad \text{或} \quad \begin{cases}\text{elem}[i] \geqslant \text{elem}[2i+1] \\ \text{elem}[i] \geqslant \text{elem}[2i+2]\end{cases}$$

$$(i = 0,1,2,\cdots,(n-2)/2)$$

上面第 1 组关系定义的堆称为小顶堆,第 2 组关系定义的堆称为大顶堆,如将序列对应的数组看成是完全二叉树,则堆的定义表明完全二叉树所有非终端结点的值均不大于(或不小于)其左、右孩子的值,如(elem[0], elem[1], …, elem[n−1])是堆,则堆顶元素 elem[0]的值最小(或最大),例如下面的两个序列为堆,对应的完全二叉树如图 9.6 所示。

(98,56,68,36,55,18)

(16,26,38,36,55,68)

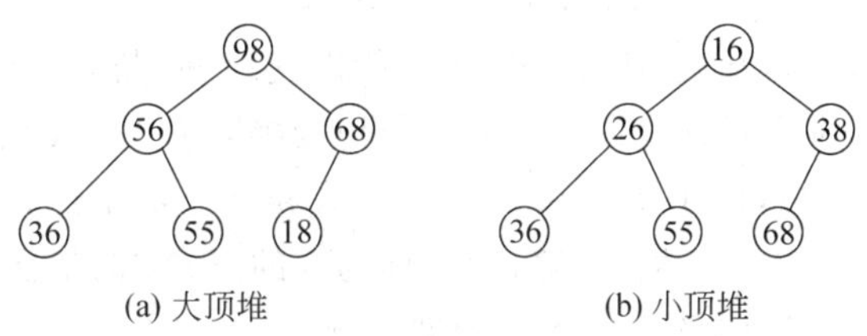

图 9.6 堆示意图

下面只讨论大顶堆,小顶堆与大顶堆完全类似,此处从略。

对于大顶堆,堆顶元素最大,在输出堆顶元素后,如果能使剩下的 n−1 个元素重新构建成一个堆,则可得到次大的元素,如此继续可得到一个有序序列,这种排序方法称为堆排序。

实现堆排序需要实现如下的算法:

(1) 将一个无序序列构建成一个堆。

(2) 在输出堆顶元素后,调整剩余元素成为一个新的堆。

下面先讨论在输出堆顶元素后,调整剩余元素成为一个新的堆的算法实现,图 9.7(a)所示的是一个堆,设输出堆顶元素后,以堆中最后一个元素代替,如图 9.7(b)所示,这时根结点的左、右子树是大顶堆,需自上而下进行调整,首先以堆顶元素的最大的左、右孩子之值进行比较,由于最大孩子为左孩子,左孩子之值 90 大于双亲的值 36,将 36 和 90 进行交换,由 36 代替 90 后破坏了左子树的堆特性,需进行同上面相似的调整,直至叶结点或遇到调整后仍是堆时为止,调整后如图 9.7(c)所示。重复上面过程,交换 90 和 76 后如图 9.7(d)所示。

一般称上述从上至下进行调整的过程为“筛选”,从一个无序序列建立初始堆的过程实际上就是不断“筛选”的过程,如将此序列看成是一个完全二叉树,最后一个非终端结点

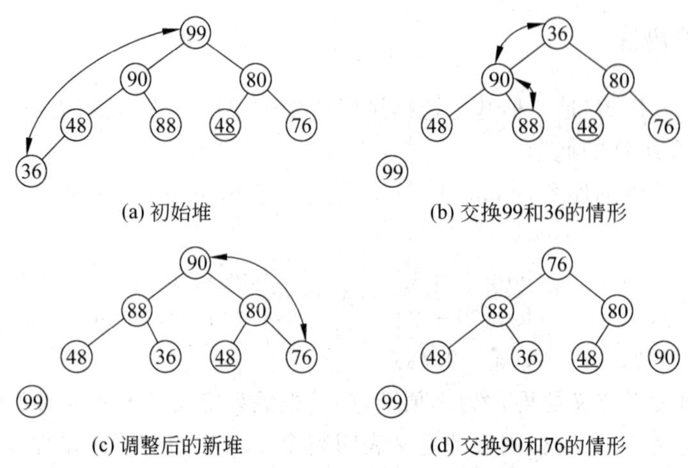

(a) 初始堆 (b) 交换99和36的情形

(c) 调整后的新堆 (d) 交换90和76的情形

图 9.7 输出堆顶元素后调整成新堆示意图

下标是(n-2)/2,可从第(n-2)/2 个元素开始进行“筛选”,例如,图 9.8(a)表示一个无序序列:

(36,48,$\underline{48}$,90,88,80,76,99)

从下标为 3 的元素 90 开始,由于 90<99,所以交换 90 与 99,交换后如图 9.8(b)所示;再“筛选”下标为 2 的元素$\underline{48}$,由于$\underline{48}$<80,所以交换$\underline{48}$与 80,交换后如图 9.8(c)所示;“筛选”下标为 1 的元素 48,由于 48<99,则交换 48 和 99,又由于 48<90,所以再交换 48 与 90,交换后如图 9.8(d)所示;最后“筛选”下标为 0 的元素 36,依次与 99、90 和 48 交换,交换后如图 9.8(e)所示,这时便建成了初始堆。

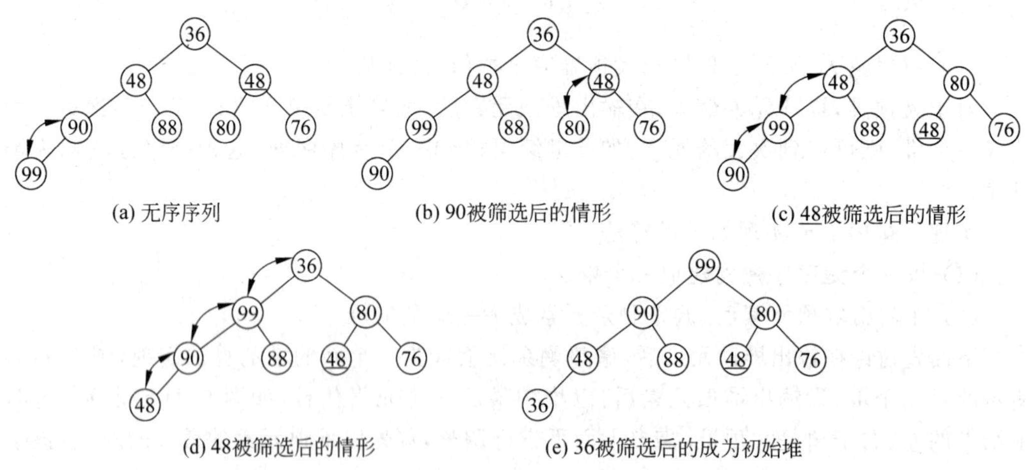

(a) 无序序列 (b) 90被筛选后的情形 (c) $\underline{48}$被筛选后的情形

(d) 48被筛选后的情形 (e) 36被筛选后的成为初始堆

图 9.8 初始堆的建立过程示意图

用 C++ 实现的堆排序算法如下:

```
template<class ElemType>
void SiftAdjust(ElemType elem[], int low, int high)
//操作结果: elem[low..high]中记录除 elem[low]以外都满足堆定义,调
```

```
//整 elem[low]使其 elem[low..high]成为一个大顶堆
{
      for (int f=low, i=2 * low+1; i<=high; i=2 *i+1)
      {     //f 为被调整结点,i 为 f 的最大孩子
            if (i<high && elem[i]<elem[i+1])
            {     //右孩子更大, i 指向右孩子
                  i++;
            }
            if (elem[f]>=elem[i])
            {     //已成为大顶堆
                  break;
            }
            Swap(elem[f], elem[i]);                    //交换 elem[f]与 elem[i]
            f=i;                                       //成为新的调整结点
      }
}

template<class ElemType>
void HeapSort(ElemType elem[], int n)
//操作结果: 对数组 elem 进行堆排序
{
    int i;
    for (i=(n-2)/2; i>=0;--i)
    {     //将 elem[0..n-1]调整成大顶堆
          SiftAdjust(elem, i, n-1);
    };

    for (i=n-1; i>0;--i)
    {     //第 i 趟堆排序
          Swap(elem[0], elem[i]);
             //将堆顶元素和当前未经排序的子序列 elem[0..i]中最后一个元素交换
          SiftAdjust(elem, 0, i-1);                  //将 elem[0..i-1]重新调整为大顶堆
    }
}
```

对于深度为 k 的堆，筛选算法中元素的比较次数最多为 2(k−1)次，在建立含 n 个记录、深度为 h 的堆时，由于第 i 层最多有 2^{i-1} 个结点，所以总共进行的比较次数最多为：

$$\sum_{i=h-1}^{1} 2^{i-1}2(h-i) = \sum_{i=h-1}^{1} 2^{i}(h-i) = \sum_{i=1}^{h-1} 2^{h-i}\cdot i \tag{9.3}$$

由于深度为 h 的完全二叉树，如结点数为 n，则有 $2^{h-1}\leqslant n$，所以 $2^{h}\leqslant 2n$，进而有：

$$\sum_{i=i}^{h-1} 2^{h-i}\cdot i = 2^{h}\sum_{i=i}^{h-1} 2^{-i}\cdot i \leqslant n\sum_{i=i}^{h-1} \frac{i}{2^{i-1}} \tag{9.4}$$

设 $f(x) = \sum_{i=1}^{h-1} ix^{i-1}$，所以有：

$$\int_{t=0}^{x} f(t)dt = \sum_{i=1}^{h-1}\int_{t=0}^{x} it^{i-1}dt = \sum_{i=1}^{h-1} x^i = \frac{x(1-x^{h-1})}{1-x}$$

从而得：

$$f(x) = \frac{(1-hx^{h-1})(1-x)+x(1-x^{h-1})}{(1-x)^2}$$

所以有：

$$\sum_{i=1}^{h-1}\frac{i}{2^{i-1}} = f\left(\frac{1}{2}\right) = \frac{\left(1-\frac{h}{2^{h-1}}\right)\cdot\frac{1}{2}+\frac{1}{2}\left(1-\frac{1}{2^{h-1}}\right)}{\left(\frac{1}{2}\right)^2} = 4\left(1-\frac{h}{2^h}-\frac{1}{2^h}\right) < 4 \quad (9.5)$$

由式(9.3)、式(9.4)与式(9.5)可知总共进行的关键字比较次数最多为：

$$\sum_{i=h-1}^{1} 2^{i-1}\cdot 2(h-i) \leqslant n\sum_{i=1}^{h-1}\frac{i}{2^{i-1}} < 4n \quad (9.6)$$

由于k个结点的完全二叉树的深度为$\lfloor \log_2 k \rfloor+1$，调整新堆调用SiftAdjust函数n−1次，调整时结点个数分别为n−1，n−2，…，1，相应完全二叉树的深度分别为$\lfloor \log_2(n-1) \rfloor+1$，$\lfloor \log_2(n-2) \rfloor+1$，…，$\lfloor \log_2 1 \rfloor+1$，调用SiftAdjust函数进行调整的比较元素次数分别为$2\lfloor \log_2(n-1) \rfloor$，$2\lfloor \log_2(n-2) \rfloor$，…，$2\lfloor \log_2 1 \rfloor$，所以总共进行的比较次数最大为：

$$\sum_{k=n-1}^{1} 2\lfloor \log_2 k \rfloor < 2n\lfloor \log_2 n \rfloor \quad (9.7)$$

由式(9.6)与式(9.7)可知在最坏情况下的时间复杂度为O(nlogn)，相对快速排序在最坏情况下时间复杂度为$O(n^2)$，这是最大的优势，而且只占用一个用于交换元素的临时存储空间，也比快速排序递归算法在实现时用栈更节约存储空间。

9.5 归并排序

归并排序(Merging Sort)是一种简单易懂的高级排序方法，这里的归并是指将两个有序子序列合并为一个新的有序子序列，设在初始序列中有n个元素，归并排序的基本思想是，将序列看成n个有序的子序列，每个序列的长度为1，然后两两归并，得到$\left\lceil \frac{n}{2} \right\rceil$个长度为2或1的有序子序列，然后两两归并……这样重复下去，直到得到一长度为n的有序子序列，这种排序方法称为2-路归并排序，如果每次将3个有序子序列合并为一个新的有序序列，则称为3-路归并排序，以此类推，对于内部排序来讲，2-路归并排序就能完全满足实现需要，只有外部排序才需要多路归并，本节只讨论2-路归并排序，例如，图9.9所示的是2-路归并排序的一个实例。

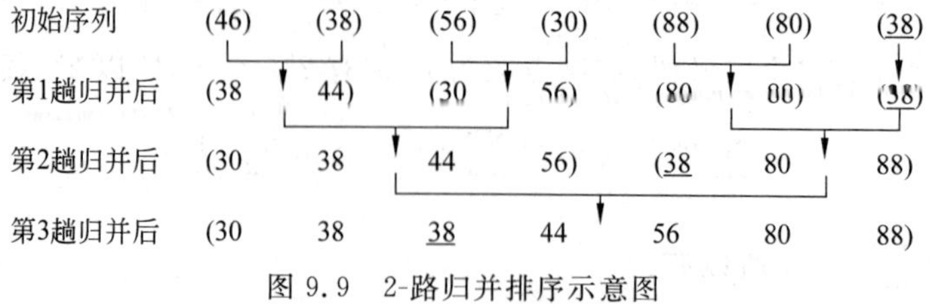

初始序列	(46)	(38)	(56)	(30)	(88)	(80)	(38)
第1趟归并后	(38	44)	(30	56)	(80	88)	(38)
第2趟归并后	(30	38	44	56)	(38	80	88)
第3趟归并后	(30	38	38	44	56	80	88)

图9.9 2-路归并排序示意图

用 C++ 实现的 2-路归并排序算法如下：

```
template<class ElemType>
void SimpleMerge(ElemType elem[], int low, int mid, int high)
//操作结果：将有序子序列 elem[low..mid]和 elem[mid+1..midhigh]归并为新的
//有序序列 elem[low..high]
{
	ElemType * tmpElem=new ElemType[high+1];		//定义临时数组

	int i, j, k;							//临时变量
	for (i=low, j=mid+1, k=low; i<=mid && j<=high; k++)
	{	//i 为归并时 elem[low..mid]当前元素的下标,j 为归并时 elem[mid+1..high]
		//当前元素的下标,k 为 tmpElem 中当前元素的下标
		if (elem[i]<=elem[j])
		{	//elem[i]较小,先归并
			tmpElem[k]=elem[i];
			i++;
		}
		else
		{	//elem[j]较小,先归并
			tmpElem[k]=elem[j];
			j++;
	}
}

	for (; i<=mid; i++, k++)
	{	//归并 elem[low..mid]中剩余元素
		tmpElem[k]=elem[i];
	}

	for (; j<=high; j++, k++)
	{	//归并 elem[mid+1..high]中剩余元素
		tmpElem[k]=elem[j];
	}

	for (i=low; i<=high; i++)
	{	//将 tmpElem[low..high]复制到 elem[low..high]
		elem[i]=tmpElem[i];
	}

	delete []tmpElem;						//释放 tmpElem 所点用空间
}

template<class ElemType>
```

```
void SimpleMergeSortHelp(ElemType elem[], int low, int high)
//操作结果:对 elem[low..high]进行简单归并排序
{
    if (low<high)
    {
        int mid= (low+high)/2;
            //将 elem[low..high]平分为 elem[low..mid]和 elem[mid+1..high]
        SimpleMergeSortHelp(elem, low, mid);  //对 elem[low..mid]进行简单归并排序
        SimpleMergeSortHelp(elem, mid+1, high);
                                            //对 elem[mid+1..high]进行简单归并排序
        SimpleMerge(elem, low, mid, high);
                                    //对 elem[low..mid]和 elem[mid+1..high]进行归并
    }
}

template<class ElemType>
void SimpleMergeSort(ElemType elem[], int n)
//操作结果:对 elem 进行简单归并排序
{
    SimpleMergeSortHelp(elem, 0, n-1);
}
```

对上面的归并排序,在每次归并时都要为临时数组分配存储空间,归并结束后还需释放空间,要花费不少时间,为进一步提高运行速度,可在主归并函数 MergeSort()中统一为临时数组分配存储空间与释放空间,具体实现如下:

```
template<class ElemType>
void Merge(ElemType elem[], ElemType tmpElem[], int low, int mid, int high)
//操作结果:将有序子序列 elem[low..mid]和 elem[mid+1..midhigh]归并为新的
//有序序列 elem[low..high]
{

    int i, j, k;                                        //临时变量
    for (i=low, j=mid+1, k=low; i<=mid && j<=high; k++)
    {   //i 为归并时 elem[low..mid]当前元素的下标,j 为归并时 elem[mid+1..high]
        //当前元素的下标,k 为 tmpElem 中当前元素的下标
        if (elem[i]<=elem[j])
        {   //elem[i]较小,先归并
            tmpElem[k]=elem[i];
            i++;
        }
        else
        {   //elem[j]较小,先归并
            tmpElem[k]=elem[j];
            j++;
```

```
        }
    }

    for (; i<=mid; i++, k++)
    {   //归并 elem[low..mid]中剩余元素
        tmpElem[k]=elem[i];
    }

    for (; j<=high; j++, k++)
    {   //归并 elem[mid+1..high]中剩余元素
        tmpElem[k]=elem[j];
    }

    for (i=low; i<=high; i++)
    {   //将 tmpElem[low..high]复制到 elem[low..high]
        elem[i]=tmpElem[i];
    }
}

template<class ElemType>
void MergeSortHelp(ElemType elem[], ElemType tmpElem[], int low, int high)
//操作结果：对 elem[low..high]进行归并排序
{
    if (low<high)
    {
        int mid= (low+ high)/2;
            //将 elem[low..high]平分为 elem[low..mid]和 elem[mid+1..high]
        MergeSortHelp(elem, tmpElem, low, mid);  //对 elem[low..mid]进行归并排序
        MergeSortHelp(elem, tmpElem, mid+1, high);
                                             //对 elem[mid+1..high]进行归并排序
        Merge(elem, tmpElem, low, mid, high);
                                    //对 elem[low..mid]和 elem[mid+1..high]进行归并
    }
}

template<class ElemType>
void MergeSort(ElemType elem[], int n)
//操作结果：对 elem 进行归并排序
{
    ElemType * tmpElem=new ElemType[n];            //定义临时数组
    MergeSortHelp(elem, tmpElem, 0, n-1);
    delete []tmpElem;                               //释放 tmpElem 所占用空间
}
```

由于将有序子序列 elem[low.. mid]和 elem[mid＋1.. high]归并为有序子序列

elem[low..high]需时间 O(high−low+1)，可知进行一趟归并需时间 O(n)，设归并趟数为 h，显然 h 是 n 的递增函数 h(n)，设：

$$2^{k-1} < n \leqslant 2^k \tag{9.8}$$

当 $n=2^k$ 时，显然归并趟数为 k，即 $h=h(2^k)=k$，同理可得 $h=h(2^{k-1})=k-1$，由式(9.8)显然可得：

$$k-1 < h(n) \leqslant k \tag{9.9}$$

对式(9.8)各项以 2 为底取对数得：

$$k-1 < \log_2 n \leqslant k \tag{9.10}$$

由式(9.10)可得 $k=\lceil \log_2 n \rceil$，由于 h(n)为整数，所以由式(9.9)可得 h(n)=k，进而可得 $h(n)=\lceil \log_2 n \rceil$，这样时间复杂度为 $O(n\lceil \log_2 n \rceil)=O(n\log n)$。归并排序的时间代价并不依赖于待排序数组的初始情况，也就是归并排序的最好、平均和最坏情形的时间复杂度都为 O(nlogn)，这一点比快速排序好，并且归并排序还是稳定的，当然在平均情况下，还是快速排序最快(常数因子更小)。

*9.6 基数排序

基数排序(Radix Sorting)是一种全新的排序方法，其实现的关键是不需要进行记录关键字之间的比较，而是借助多关键字排序思想的排序方法。

9.6.1 多关键排序

假设有 n 个元素序列：

$$\{elem_0, elem_1, \cdots, elem_{n-1}\}$$

元素 $elem_i$ 含有 d 个关键字$(K_i^0, K_i^1, \cdots, K_i^{d-1})$，其中 K_i^0 称为最主位关键字，K_i^{d-1} 称为最次位关键字，如果对任意两个元素 $elem_i$ 和 $elem_j$$(0\leqslant i<j\leqslant n-1)$都满足：

$$(K_i^0, K_i^1, \cdots, K_i^{d-1}) \leqslant (K_j^0, K_j^1, \cdots, K_j^{d-1})$$

则称序列按关键字$(K^0, K^1, \cdots, K^{d-1})$有序。

多关键字序列的排序最常见的方法是最低位优先(Least Significant First，缩写为 LSF)法，先对最低位 K^{d-1} 进行排序，再对高一位关键字 K^{d-2} 进行排序，依此类推，直到对 K^0 进行排序为止，这种排序可以不比较关键字的大小，而是通过“分配”和“收集”来实现，下面通过扑克牌排序来说明这种思想。

每张扑克牌有两个“关键字”：(花色，面值)，假设有如下次序关系：

花色：♥<♣<♠<♦

面值：2<3<4<5<6<7<8<9<10<J<Q<K<A

也就是可以将扑克牌排序如下：

♥2<♥3<♥4<…<♥A<

♣2<♣3<♣4<…<♣A<

♠2<♠3<♠4<…<♠A<

♦2<♦3<♦4<…<♦A

对扑克牌的排序可采用如下的“分配”和“收集”来进行。

第 1 趟“分配”：按扑克牌的面值分配成不同面值的 13 堆。

第 1 趟“收集”：将这 13 堆扑克牌按面值自小至大收集起来(3 收集在 2 的上面，4 收集在 3 的上面……，A 收集在“K”的上面)。

第 2 趟“分配”：按扑克牌的花色分配成不同花色的 4 堆。

第 2 趟“收集”：将这 4 堆扑克牌按花色自小至大收集起来(♣收集在♥的上面，♠收集在♣的上面，♦收集在♠的上面)。

这样经过两趟“分配”和“收集”后便可得到如上次序关系的扑克牌。

9.6.2　基数排序

基数排序的本质是借助于“分配”和“收集”算法对单关键字进行排序，基数排序是将关键字 K_i 在逻辑上看成是 d 个关键字($K_i^0, K_i^1, \cdots, K_i^{d-1}$)，如 K_i^j($0 \leqslant j \leqslant d-1$)有 radix 种值，称 radix 为基数，例如关键字是整数，并且关键字取值范围是 $0 \leqslant j \leqslant 99$，则可认为关键字 K 由 2 个关键字($K^0$, K^1)组成，其中 K^0 是十位数，K^1 是个位数，并且每位关键字可取 10 个值，即基数 radix＝10，在算法实现时可将数据按关键字“分配”到线性链表中，然后再对所得的线性链表进行“收集”。

例如，对如下的关键字序列：

(27,91,01,97,17,23,72,25,05,67,84,07,21,31)

进行第 1 趟“分配”与“收集”如图 9.10 所示。

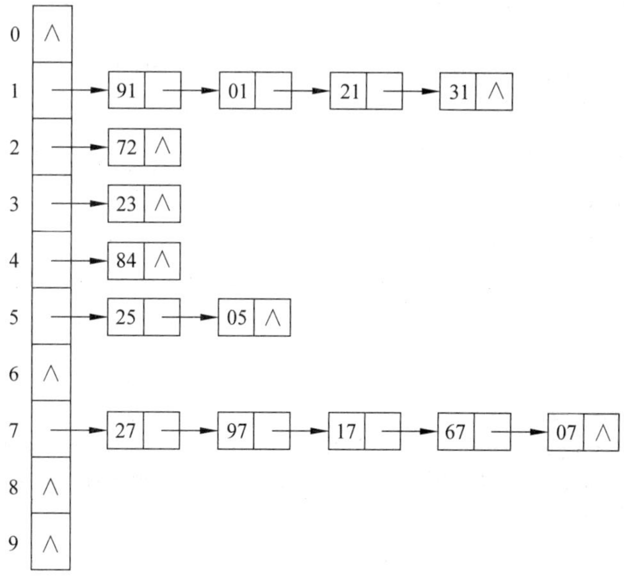

图 9.10　第 1 趟“分配”与“收集”

进行第 2 趟“分配”与“收集”如图 9.11 所示。

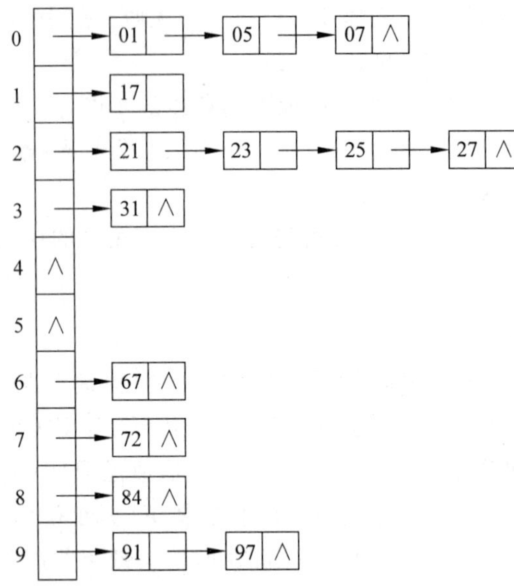

图 9.11 第 2 趟“分配”与“收集”

用 C++ 实现的基数排序算法如下：

```
template<class ElemType>
void Distribute(ElemType elem[], int n, int r, int d, int i, LinkList<ElemType>
    list[])
//初始条件：r为基数,d为关键字位数,list[0..r-1]为被分配的线性表数组
//操作结果：进行第 i 趟分配
{
    for (int power=(int)pow((double)r, i-1), j=0; j<n; j++)
    {   //进行第 i 起分配
        int index=(elem[j]/power)%r;
        list[index].Insert(list[index].Length()+1, elem[j]);
    }
}

template<class ElemType>
void Colect(ElemType elem[], int n, int r, int d, int i, LinkList<ElemType>list[])
//初始条件：r为基数,d为关键字位数,list[0..r-1]为被分配的线性表数组
//操作结果：进行第 i 趟收集
{
    for (int k=0, j=0; j<r; j++)
    {   //进行第 i 起分配
        ElemType tmpElem;
        while (!list[j].Empty())
```

```
        {   //收集 list[j]
            list[j].Delete(1, tmpElem);
            elem[k++]=tmpElem;
        }
    }
}

template<class ElemType>
void RadixSort(ElemType elem[], int n, int r, int d)
//初始条件：r为基数,d为关键字位数
//操作结果：对elem进行基数排序
{
    LinkList<ElemType> *list;                     //用于存储被分配的线性表数组
    list=new LinkList<ElemType>[r];
    for (int i=1; i<=d; i++)
    {   //第i趟分配与收集
        Distribute(elem, n, r, d, i, list);       //分配
        Colect(elem, n, r, d, i, list);           //收集
    }
    delete []list;
}
```

设数组长度为n,基数为r,关键字位数为d,则每趟分配的时间为O(n),每趟收集的时间为O(n+r),共需进行d趟分配与收集,可知总的时间代价为O(d(2n+r)),基数排序是稳定的排序方法,适合于d和r较小的数组。

*9.7 各种内部排序方法讨论

综合本章前面关于内部排序的讨论,大致可得到如表9.1所示的结果。

表9.1 各种排序方法性能

排序分类	排序名称	时间复杂度		辅助空间	稳定性
		平均时间	最坏时间		
简单排序	直接插入排序	$O(n^2)$	$O(n^2)$	O(1)	稳定
	起泡排序	$O(n^2)$	$O(n^2)$	O(1)	稳定
	简单选择排序	$O(n^2)$	$O(n^2)$	O(1)	不稳定
高级排序	快速排序	$O(n\log_2 n)$	$O(n^2)$	$O(\log_2 n)$	不稳定
	堆排序	$O(n\log_2 n)$	$O(n\log_2 n)$	O(1)	不稳定
	归并排序	$O(n\log_2 n)$	$O(n\log_2 n)$	O(n)	稳定
其他排序	Shell排序	由增量序列确定		O(1)	不稳定
	基数排序	O(d(2n+r))	O(d(2n+r))	O(n+r)	稳定

从表中可以得到如下的结论：

(1) 从时间性能而言，一般认为快速排序最佳，但快速排序在最坏情况下的时间性能不如堆排序和归并排序。对于 n 值很大而关键字较小的序列，基数排序的速度最快。本章在各种内部排序的算法实现中，主要考虑到算法的可读性，没有对算法进行优化，可能实际运行时间比优化后慢得多，读者可作为练习，对各种排序方法进行优化。

(2) 从稳定性而言，一般简单排序算法是稳定的，高级排序方法不稳定，但也有例外，如归并排序就是稳定的，还有就是所有选择排序方法都是不稳定的，比如，对序列{16,16,8}，选出最小元素 8，交换 8 与 16 得{8,16,16}，可以发现按选择原理进行的排序方法都是不稳定的。

实际上，在本章讨论的所有排序方法中，没有一种是绝对最优的，在实际应用时，可根据不同情况适当选用。

*9.8 外部排序

前面介绍的内部排序方法的特点是在排序过程中所有数据都在内存中，但是当要排序的数据元素非常多时，以致内存中不能一次进行处理，这时只能将它们以文件的形式存放于外存中，排序时将一部分数据元素调入内存进行处理，在排序过程中不断地在内存和外存之间传送数据，这样的排序方法称为外部排序。

9.8.1 外部排序基础

数据在磁盘上一般以块的形式进行存储，块也称为页面，是磁盘存储的基本单位，操作系统都是以块为单位访问磁盘的，下面先简单介绍磁盘的结构。

磁片容量大、速度快，磁片实际上是一个磁性圆片，在盘面上有许多称为磁道的圆圈，通常将若干张磁片组成磁盘，每张磁片有两个面，磁盘中半径相同的磁道都在同一圆柱面上，称为柱面，读/写头都安装在移动臂上，移动臂可作径向移动，使读/写头移动到指定柱面上，将所有磁片装在一个称为主轴的轴上进行高速旋转，当磁道在读/写磁头上通过时，便可以进行数据的读/写，如图 9.12 所示。

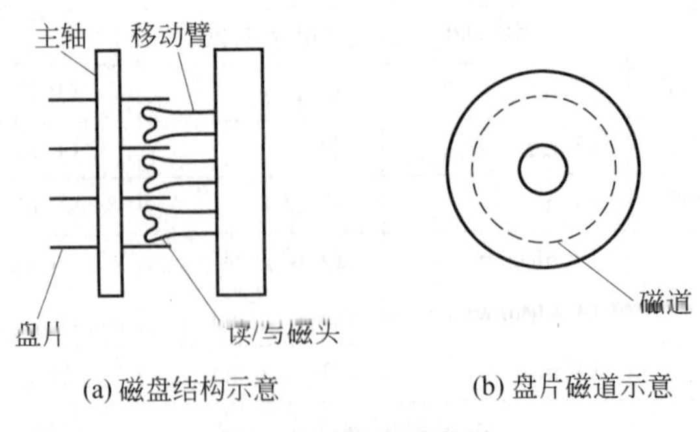

(a) 磁盘结构示意　　(b) 盘片磁道示意

图 9.12　磁盘示意图

磁盘上信息的地址的标注方法是：

(柱面号，盘面号，块号)

柱面号用于确定读/写头的径向运动，块号用于确定信息在磁道上的位置，盘面号用于确定具体的读/写头，为访问一块信息，首先将移动臂作径向移动寻找柱面，实际上也就是寻找磁道，简称为寻道，然后再等候所要访问的信息所在的块旋转到磁头的上面，最后就开始读/写信息了。在磁盘上读/写一块信息所需要的时间由如下 3 部分组成：

$$T_{i/o} = T_{seek} + T_{latency} + T_{trans} \tag{9.11}$$

其中：T_{seek}为寻道时间，也就是磁头作径向运动的时间；

$T_{latency}$为等待时间，也就是等待信息块旋转到磁头上面的时间；

T_{trans}为传输时间，也就是传输信息的时间。

现在的磁盘旋转速度越来越快，读/写时间主要花费在寻道上，所以在磁盘上存储的信息应将相关数据存储到同一柱面或邻近柱面上，这样磁头在读/写时可减少磁头作径向移动的时间。

9.8.2 外部排序的方法

外部排序一般由如下两步构成：

(1) 将外存上所含的 n 个元素依次读入内存并使用内部排序方法进行排序，然后将排序后的有序子文件重新写入外存中，一般称这些子文件为归并段；

(2) 对归并段进行逐趟归并，使归并段的长度由小变大，直到整个文件有序为止。

假设文件有 90000 个元素，先通过 9 次内部排序得到 9 个初始归并段 $R_0 \sim R_8$，每个归并段长度为 10000 个元素，再对归并段进行归并，如图 9.13 所示。

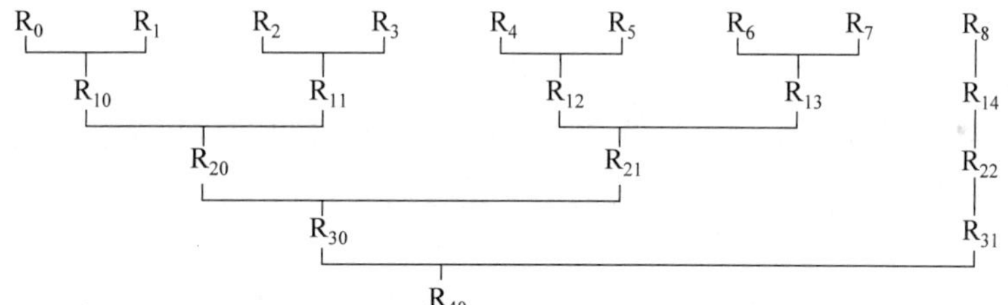

图 9.13 2-路归并过程示意图

从图 9.12 可以看出，由 9 个初始归并段进行两两归并到 5 个有序文件，共进行 4 趟归并，每一趟是从 k 个归并段中得到$\left\lceil \frac{k}{2} \right\rceil$个归并段，这种归并方法实际上就是在归并排序中所讲的 2-路归并排序。

在外部排序中将两个归并段进行归并时不但要在内存中进行归并，而且还要进行外存的读/写操作，对外存的读/写是以块为单位进行的，假设每个块有 500 个元素，则每趟归并需进行 180 次“读”和 180 次“写”操作，4 趟归并再加上产生初始归并段时所进行读/写块的总次数为 4×360＋360＝1800。

在一般情况下,外部排序所需时间如下:

$$T_{es} = mT_{is} + dT_{io} + snT_{mg} \tag{9.12}$$

其中:m 是初始归并段个数;

T_{is}是产生每个初始归并段进行内部排序的时间;

d 是外存块的读/写次数;

T_{io}是对每个外存块的读/写时间;

s 是归并趟数;

n 是元素个数;

T_{mg}是进行归并时每归并出一个元素的时间。

对于上例中的 90000 个元素进行 2-路归并外部排序所需时间为:

$$T_{es} = 9T_{is} + 1800\ T_{io} + 4 * 90000 * T_{mg} = 9T_{is} + 1800\ T_{io} + 360000\ T_{mg}$$

如果对上例中的 90000 个元素进行 3-路归并,如图 9.14 所示,共需进行 2 趟归并,外部排序时总的读/写块的次数为 2×360+360=1080,比 2-路归并排序对外存块的读/写次数更少。

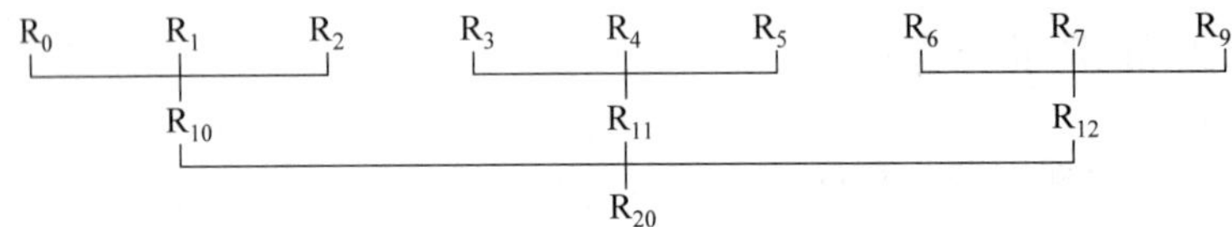

图 9.14 3-路归并过程示意图

对于外部排序所需读/写外存块的次数为:

$$d = 2sn/b + 2n/b \tag{9.13}$$

其中:s 为归并趟数;

n 为总元素个数;

b 为每个块的元素个数。

减少归并趟数可减少外存块的读/写次数,仿照 2-路归并排序的归并趟数公式可类推出 k-路归并排序对 m 个初始归并段的归并趟数的公式如下:

$$s = \lceil \log_k m \rceil \tag{9.14}$$

可见增加 k 值能减少归并趟数,进而减少外存块的读/写次数。

*9.9 实例研究:各种排序算法运行时间测试

不同计算机对各种排序算法运行时间是不同的,但在同一台计算机上的运行时间能反映各种排序算法的效率,也可为进一步优化算法提供实验环境,下面利用随机数生成排序的数组,具体实现如下:

```
//文件路径名:sort_time\sort_time.h
void CreateArray(int a[], int n)
//操作结果:以随机数生成数组 a[]的元素
```

```
{
    SetRandSeed();                                      //设置当前时间为随机数种子
    for (int pos=0; pos<n; pos++)
        a[pos]=GetRand();                               //生成随机数
}
```

利用实用程序软件包中 Timer 很容易得到各种算法的运行时间,具体实现如下:

```
void SortTime(int size)
//操作结果:测试各种排序算法运行时间
{
    int *a;                                             //数组
    a=new int[size];                                    //分配存储空间
    double time;                                        //运行时间

    cout<<"数据元素个数:"<<size<<endl;
    Timer objTime;                                      //计时器对象

    CreateArray(a, size);                               //生成数组
    objTime.Reset();                                    //重置开始时间
    StraightInsertSort(a, size);                        //直接插入排序
    time=objTime.ElapsedTime();                         //运行时间
    cout<<"直接插入排序:"<<time<<"秒"<<endl;             //显示排序时间

    CreateArray(a, size);                               //生成数组
    objTime.Reset();                                    //重置开始时间
    BubbleSort(a, size);                                //起泡排序
    time=objTime.ElapsedTime();                         //运行时间
    cout<<"起泡排序:"<<time<<"秒"<<endl;                 //显示排序时间

    CreateArray(a, size);                               //生成数组
    objTime.Reset();                                    //重置开始时间
    SimpleSelectionSort(a, size);                       //简单选择排序
    time=objTime.ElapsedTime();                         //运行时间
    cout<<"简单选择排序:"<<time<<"秒"<<endl;             //显示排序时间

    int t=int(log((float)size+1)/log((float)2))-1;      //增量数组容量
    int *inc=new int[t];                                //为增量数组分配空间
    for (int i=0; i<t; i++)
        inc[i]=(int)pow((double)2, t-i)-1;              //为增量数组赋值
    CreateArray(a, size);                               //生成数组
    objTime.Reset();                                    //重置开始时间
    ShellSort(a, size, inc, t);                         //Shell 排序
    time=objTime.ElapsedTime();                         //运行时间
    cout<<"Shell 排序:"<<time<<"秒"<<endl;               //显示排序时间
```

```
    delete []inc;                                      //释放增量数组所占用的空间

    CreateArray(a, size);                              //生成数组
    objTime.Reset();                                   //重置开始时间
    QuickSort(a, size);                                //快速排序
    time=objTime.ElapsedTime();                        //运行时间
    cout<<"快速排序:"<<time<<"秒"<<endl;               //显示排序时间

    CreateArray(a, size);                              //生成数组
    objTime.Reset();                                   //重置开始时间
    HeapSort(a, size);                                 //堆排序
    time=objTime.ElapsedTime();                        //运行时间
    cout<<"堆排序:"<<time<<"秒"<<endl;                 //显示排序时间

    CreateArray(a, size);                              //生成数组
    objTime.Reset();                                   //重置开始时间
    SimpleMergeSort(a, size);                          //简单归并排序
    time=objTime.ElapsedTime();                        //运行时间
    cout<<"简单归并排序:"<<time<<"秒"<<endl;           //显示排序时间

    CreateArray(a, size);                              //生成数组
    objTime.Reset();                                   //重置开始时间
    MergeSort(a, size);                                //归并排序
    time=objTime.ElapsedTime();                        //运行时间
    cout<<"归并排序:"<<time<<"秒"<<endl;               //显示排序时间

    CreateArray(a, size);                              //生成数组
    objTime.Reset();                                   //重置开始时间
    RadixSort(a, size, 10, 5);                         //基数排序
    time=objTime.ElapsedTime();                        //运行时间
    cout<<"基数排序:"<<time<<"秒"<<endl;               //显示排序时间

    delete []a;                                        //释放存储空间
}
```

表 9.2 是在作者的笔记本电脑上各种元素个数的运行时间。可以发现随着元素个数的增多,简单归并排序的运行时间比归并排序时间增长速度快得多,这充分说明对算法进行优化有时能大大地提高算法效率,在高级排序算法中基级排序运行时间最长,这是由于在分配与收集中使用了线性链表,分配时不断在线性链表中插入数据元素(用到 new),收集结束后要释放队所占用空间(用到 delete),由于 new 与 delete 都是通过操作系统分配与释放空间,效率较低,如果采用数组实现链表[12]或重载 new 与 delete[2],都会极大地提高算法效率,归并排序运行时间比快速排序更短,如果能对快速排序进行优化,用赋值语句代替交换两个数据元素的方法[2],快速排序算法应该更快,本书在选择算法实现时主要

考虑算法的可读性，如果读者能优化算法，必将进一步提高各种算法，特别是高级排序算法的效率。

表 9.2 各种排序算法的运行时间

元素个数	10 000	20 000	40 000	80 000	160 000
插入排序	4.115s	15.733s	58.354s	219.565s	883.100s
起泡排序	5.447s	19.017s	67.427s	273.223s	1126.640s
简单选择排序	1.272s	4.988s	17.676s	74.467s	301.594s
Shell 排序	0.030s	0.060s	0.120s	0.301s	0.851s
快速排序	0.020s	0.050s	0.070s	0.130s	0.281s
堆排序	0.090s	0.050s	0.100s	0.190s	0.410s
简单归并排序	0.171s	0.891s	12.999s	75.939s	357.524s
归并排序	0.010s	0.030s	0.060s	0.121s	0.211s
基数排序	0.450s	0.751s	1.152s	2.393s	4.937s

9.10 深入学习导读

本章的排序算法思路来源于 Cliford A. Shaffer 所著的 Practical Introduction to Data Structures and Algorithm Analysis. Second Edition[2]，其算法实现简单，可读性强，但算法效率较低；严蔚敏、吴伟民编著的《数据结构(C 语言版)》[12]所讲述的排序算法效率更高，但算法实现可读性要差一些。

读者可优化各种排序算法，应用“排序算法运行时间测试”程序加以实际测试。

9.11 习 题 9

9-1 用直接插入排序法，对序列(48,36,68,98,66,12,26,<u>48</u>)从小到大进行排序，试写出每趟排序的结果。

9-2 有序列(38,19,65,13,97,49,41,95,1,73)，采用冒泡排序方法由小到大进行排序，请写出每趟的结果。

9-3 有一组值：25,84,21,47,15,27,68,35,20，现采用快速排序方法进行排序(用第一个关键字作为分划元素)，试写出每趟的结果。

9-4 在执行某个排序算法的过程中，出现了排序码朝着最终排序序列相反的方向移动，从而认为此排序算法是不稳定的，这种说法正确吗？为什么？

9-5 判别以下序列是否为堆，如果不是，将其调整为堆。

(1) (100,86,48,73,35,39,42,57,66,21)；

(2) (12,70,33,65,24,56,48,92,86,<u>33</u>)。

9-6 如果在 2^{30} 个记录中找出 2 个最小的记录，采用什么样的排序方法所需的关键字比较次数最少？共计多少？

9-7 以带头结点的单链表为存储结构实现简单选择排序，排序的结果是单链表按元素的值升序排序，试编写实现算法。

*9-8 编写算法，对 n 个取整数值的序列进行整理，以使所有负值的元素排在值为非负值的元素之前，要求：

(1) 采用顺序存储结构，至多使用一个记录的辅助存储空间；

(2) 算法的时间复杂度为 O(n)。

**9-9 荷兰国旗问题：设有一个仅由红、白、蓝 3 种颜色的条块组成的条块序列。请编写一个时间复杂度为 O(n)的算法，使得这些条块按红、白、蓝的顺序排好，即排成荷兰国旗图案。

**9-10 可按如下所述方法实现非递归的归并排序：假设序列中有 k 个长度小于 L 的有序子序列。利用过程 merge 对它们进行两两归并，得到$\left\lceil \frac{k}{2} \right\rceil$个长度小于 2L 的有序子序列，称为一趟归并排序。反复调用一趟归并排序过程，使有序子序列的长度自 L=1 开始成倍地增加，直至使整个序列成为一个有序序列。试对序列实现上述归并排序的算法。

**9-11 假设序列的所有的值为介于 1 和 m 之间的整数，且其中很多值是相同的，则可按如下方法进行排序：另设数组 number[1+m]且令 number[i]统计取整数 i 的元素个数，然后按 number 重新计算值为 i 的元素在排好序的序列中的起始位置，这样再重排序列。试编写算法，实现上述排序方法。

**9-12 设待排序数据元素个数为 n，并且各个元素互不相等，如待排序的元素是随机的，也就是排序的元素可能出现的各种排序的概率是相同的，试证明直接插入排序的平均时间复杂度为 $O(n^2)$。

*第 10 章　文　　件

当软件需要存储、处理大量的数据时，由于数据量太大，不能同时将它们存储到主存中。这时，就需要把全部数据放入磁盘，每次有选择地读入其中一部分数据进行处理。

本章介绍在基于磁盘的应用程序开发中，与算法和数据结构设计有关的一些基础知识。

10.1　主存储器和辅助存储器

一般说来，计算机存储设备分为主存储器（primary memory 或 main memory）和辅助存储器（secondary storage 或 peripheral storage）。主存储器通常指随机访问存储器（Random Access Memory，RAM），辅助存储器指硬盘、U 盘和光盘这样的设备。

辅助存储器价格低，具有永久存储能力，但是访问时间更长。尽管磁盘和 RAM 的访问时间都在缩短，但是以大致相同的速率缩短的。它们之间 15 年前的相对速度和今天的相对速度基本上一样，访问时间的差距仍然在 10 万～100 万倍。

为了减少磁盘访问次数，可适当安排信息位置，当需要访问辅助存储器中的数据时，能以尽可能少的访问次数得到所需数据，最好一次就访问到所需信息。对于在辅助存储器中存储的数据，数据结构称为文件结构（file structure），文件结构的组织应当使磁盘访问次数最少。还可合理组织信息，如果不难做到的话，准确地猜测出以后需要的数据，并且现在就把它们取出来使每次磁盘访问都能得到更多的数据，从而减少将来的访问需要；从磁盘或磁带中读取几百个连续字节数据与读取一个字节数据所需的时间没有太大的差别。

10.2　各种常用文件结构

文件是大量记录的集合。习惯上称存储在主存储器（内存储器）中的记录集合为表，称存储在二级存储器（辅助存储器）中的记录集合为文件。

10.2.1　顺序文件

顺序文件（sequential file）是记录按照在文件中的逻辑顺序依次进入存储介质而建立

的,也就是顺序文件中物理记录的顺序和逻辑记录的顺序是一样的。如果次序相继的两个物理记录在存储介质上的存储位置是相邻的,则称**连续文件**;如果物理记录之间的次序由指针表示,则称**串联文件**。

顺序文件的主要特点是:

存取第 i 个记录,必须先搜索在它之前的 i−1 个记录;插入新的记录时只能加在文件的末尾。

顺序文件的优点是连续存取的速度快,主要用于只进行顺序存取、批量修改的情况。

10.2.2 索引文件

索引文件由"索引表"和"主文件"两部分构成,索引表是指示逻辑记录与物理记录之间的对应关系的表,表中的每一项称作**索引项**。不论主文件是否按关键字有序,索引表中的索引项总是按关键字顺序排列。若数据区中的记录也按关键字顺序排列,则称**索引顺序文件**。若数据区中记录不按关键字顺序排列,则称**索引非顺序文件**。

索引表由系统程序自动生成。在记录输入建立数据区的同时建立索引表,表中的索引项自动按关键字进行排序。

例如,对应于如表 10.1 所示的数据文件,其索引表如表 10.2 所示。

表 10.1 主文件

地址	编号	姓名	年龄	体重	地址	编号	姓名	年龄	体重
addr1	1018	李倩	29	51	addr 4	1020	刘刚	39	71
addr2	1010	王佳	56	49	addr 5	1019	文冠杰	58	68
addr3	1011	李明	38	61	addr 6	1016	游文豪	46	66

表 10.2 索引表

编号(关键字)	物理地址	编号(关键字)	物理地址	编号(关键字)	物理地址
1010	addr2	1016	addr6	1019	addr5
1011	addr3	1018	addr1	1020	addr4

说明:对于定长记录,物理地址也可用物理记录号代替。

索引文件的检索过程分两步进行:首先,查找索引表,若索引表上存在该记录,则根据索引项的指示读取外存上的该记录;否则说明外存上不存在该记录,也就不需要访问外存。由于索引项的长度比记录小得多,通常可将索引表一次读入内存,由此在索引文件中进行检索只访问外存两次,即一次读索引表,一次读记录。并且由于索引表是有序的,查找索引表时可用折半查找法。

当记录数目很大时,索引表也很大,以致一个物理块容纳不下。在这种情况下查阅索引仍要多次访问外存。为此,可对索引表建立一个索引,称为查找表。若查找表中项目还很多,则要建立更高一级的查找表。

如果数据文件中记录不按关键字顺序排列,则必须对每个记录建立一个索引项,如此建立的索引表称为**稠密索引**,它的特点是可以在索引表中进行"预查找",即从索引表便可确定待查记录是否存在。如果数据文件中的记录按关键字顺序有序，则可对一组记录建立一个索引项，这种索引表称为**非稠密索引**，它不能进行“预查找”，但索引表占用的储存空间少。

10.2.3　散列文件

散列文件又称直接存取文件，特点是，由记录的关键字值直接得到记录在外存上的存储地址。类似于构造一个哈希表，根据文件中关键码的特点设计一种“哈希函数”和“处理冲突的方法”，然后将记录散列到外存储设备上，故称“散列文件”。

与哈希表不同的是，对于文件来说，外存上的文件记录通常是成组存放的。若干个记录组成一个存储单位，在散列文件中，这个存储单位称为桶(bucket)。假若一个桶能存放 m 个记录，也就是说，m 个同义词的记录可以存放在同一地址的桶中，而当第 m+1 个同义词出现时才发生“溢出”。处理溢出也可采用哈希表中处理冲突的各种方法，但对散列文件，主要采用链地址法。

当发生“溢出”时，需要将第 m+1 个同义词存放到另一个桶中，通常称此桶为“溢出桶”，相对地，称前 m 个同义词存放的桶为“基桶”。溢出桶和基桶大小相同，相互之间用指针相链接。当在基桶中没有找到待查记录时，就顺指针所指到溢出桶中进行查找。例如，某一文件有 18 个记录，其关键字分别为 278，109，063，930，589，184，505，269，008，083，164，215，337，810，620，110，384，362。桶的容量为 3，基桶数为 7。用除留余数法作哈希函数 H(key)=key%7。由此得到的直接存取文件如图 10.1 所示。

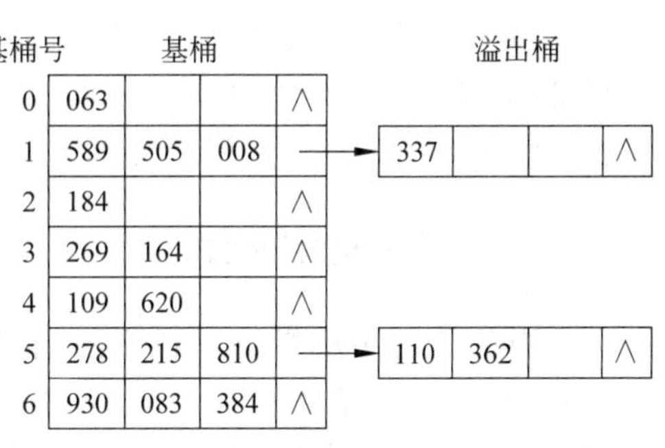

图 10.1　散列文件示意图

在散列文件中进行查找时，首先根据给定值求得哈希地址(即基桶号)，将基桶的记录读入内存进行顺序查找，若找到关键字等于给定值的记录，则检索成功；若基桶内没有填满记录或其指针为空，则文件内没有待查记录，否则可根据指针的值的指示将溢出桶的记录读入内存继续进行顺序查找，直至检索成功或不成功为止。

10.2.4　VSAM 文件

虚拟存储存取方法 VSAM 是 Virtual Storage Access Method 的缩写。它由 3 部分组成：**索引集**、**顺序集**和**数据集**。数据集为主文件，而顺序集和索引集构成主文件的索引部分，顺序集和索引集构成一棵 B^+ 树。其中顺序集中包含了主文件的全部索引项，索引集中的结点可看成是文件索引的高层索引，其结构如图 10.2 所示。

数据集由若干控制区间组成，每个控制区间内含一个或多个记录，当含多个记录时，同一控制区间内的记录按关键字自小至大有序排列，控制区间是用户进行一次存取的逻辑单位。在 VSAM 文件中，顺序集中一个结点连同对应的所有控制区间形成一个整体，

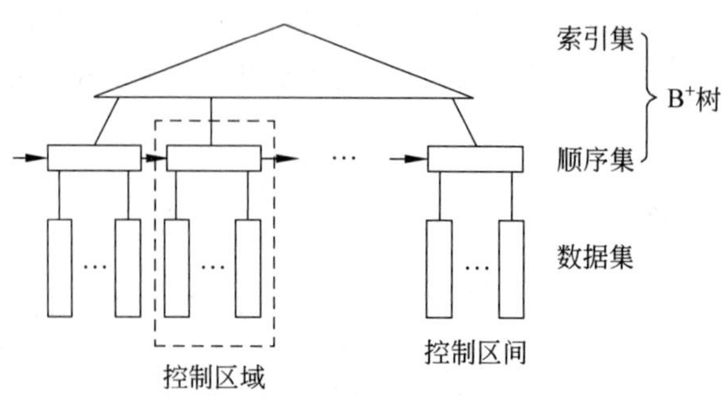

图 10.2 VSAM 文件的结构示意图

称为控制区域。

VSAM 文件中没有溢出区，解决插入的办法是在初建文件时留有适当空间，每个控制区间内的记录数不足额定数。插入记录时，首先由查找结果确定插入的控制区间，当控制区间中的记录数超过文件规定的大小时，要"分裂"控制区间，并修改顺序集中相应的索引项。必要时，还需要"分裂"控制区域，同时分裂顺序集中的结点(即 B^+ 树的叶子结点)。但通常由于控制区域较大，实际上很少发生分裂。在 VSAM 文件中删除一个记录时，必须"真实地"实现删除，因此要在控制区间内"移动"记录，一般情况下，不需要修改索引项，仅当控制区间中记录均被删除之后，才需要修改顺序集中相应的索引项。

VSAM 文件通常作为大型索引顺序文件的标准组织方式。优点是能动态地分配和释放空间，不需要重组文件，能较快地实现记录的检索；其缺点是占有较多的存储空间，一般只能保持约 75%的存储空间利用率。

10.2.5 多关键字文件

本节中的关键字泛指能识别不同记录的数据项，当文件的记录中包含多个关键字时，通常选择一个能唯一确定记录的一个关键字称为主关键字，其他关键字称为次关键字，次关键字可能会重复出现，不能唯一确定记录，也就是对应每个次关键字的记录可能有多个，文件的组织方式应同时考虑如何便于进行次关键字或多关键字组合的查询，称这类文件为多关键字文件。下面介绍两种多关键字文件的组织方式：多重表文件和倒排文件。

1. 多重表文件

多重表文件(multilist file)的特点是：记录按主关键字建立索引，称为主关键字索引(简称为主索引)；对每一个次关键字项建立次关键字索引(称为次索引)，所有具有同一次关键字的记录构成一个链表。主索引为非稠密索引，次索引为稠密索引。每个索引项包括次关键字、头指针和链表长度。

例如，表 10.3 所示的为多关键字文件示例，其中"学号"为主关键字，记录按学号顺序链接，为查找方便起见，将记录按学号分成 2 个链表，其索引如表 10.4 所示，专业与已修学分为次索引，将相同的次关键字的记录链接在同一个链表中，表 10.5 为次关键字"专业"索引，表 10.6 为次关键字"已修学分"索引。有这些次关键字索引，很容易实现次关键字的查找，例如，要查找已修学分在161之下的学生，只要在“已修学分”次关键字索引中，找到0～160这一项，然后从它的索引表头指针出发，查出此链表中所有记录即可。又如，要查找计算机专业的学生，只要在“专业”次关键字索引中找到“计算机”这一项，然后从它的索引表头指针出发，查出此链表中所有记录即可。

表10.3　数据文件

物理地址	姓　名	学　号	专　业		已修学分	
addr1	王铭	2006006	计算机	addr3	180	addr2
addr2	李青	2006003	中文	addr4	190	addr6
addr3	刘倩	2006005	计算机	∧	156	addr4
addr4	吴靖	2006004	中文	∧	120	addr5
addr5	章敏	2006002	数学	addr6	130	∧
addr6	薛晓松	2006001	数学	∧	189	∧

表10.4　“学号”主索引

学号(主关键字)	物理地址	学号(主关键字)	物理地址	学号(主关键字)	物理地址
200601	addr6	200603	addr2	200605	addr3
200602	addr5	200604	addr4	200606	addr1

表10.5　“专业”次关键字索引

专业(次关键字)	物理地址	长度
计算机	addr1	2
数学	addr5	2
中文	addr2	2

表10.6　“已修学分”次关键字索引

已修学分(次关键字)	物理地址	长度
0～160	addr3	3
161～300	addr1	3

多重链表文件易于实现，也易于修改。如果不要求保持链表的某种次序，则插入一个新记录是较容易的，可将记录插在链表的头指针之后。但是，要删去一个记录却很繁琐，需在每个次关键字的链表中删去该记录。在进行多关键字组合查询时，应选择长度最短的次索引，依次存取记录直至找到满足所有条件的记录为止。

2. 倒排文件

在倒排文件中，为每个需要进行检索的次关键字建立一个倒排表，倒排表中具有相同次码的记录构成一个顺序表。当按次关键字进行检索时，首先从相应的次关键字倒排表中得到记录的物理记录号。

例如，表10.7为表10.3中的“专业”倒排表，表10.8为表10.3中的“已修学分”倒排表。

表10.7　“专业”倒排表

专业(次关键字)	物理记录地址
计算机	addr1、addr3
数学	addr5、addr6
中文	addr2、addr4

表10.8　“已修学分”倒排表

已修学分(次关键字)	物理记录地址
0～160	addr3、addr4、addr5
161～300	addr1、addr2、addr6

在插入和删除记录时,倒排表要作相应的修改。在同一索引表中,不同的关键字其记录数不同,各倒排表的长度也不等。

说明:在倒排表中可以存储记录的主关键字值而不存储物理记录地址。

10.3 深入学习导读

本章主要讲解最常见的文件结构,读者可参考 Cliford A. Shaffer 所著的 Practical Introduction to Data Structures and Algorithm Analysis. Second Edition[2]与严蔚敏、吴伟民编著的《数据结构(C 语言版)》[12]。

10.4 习 题 10

10-1 解释名词:顺序文件、散列文件、索引文件、倒排文件。

10-2 简单比较文件的多重表和倒排表组织方式各有什么优缺点。

10-3 假设某文件有 21 个记录,其记录关键字为{7,23,1,18,4,24,56,184,27,63,35,109,15,26,83,215,19,8,16,33,75}。构造一个散列文件,桶的大小为 m=3,基桶数为 7,试画出构造好的散列文件。

第 11 章　算法设计与分析

设计一个好的求解问题的算法更像是一门艺术，而不像是技术，但仍然存在一些行之有效的能够解决许多问题的算法设计方法，可以使用这些方法来设计算法，并观察这些算法是如何工作的。一般情况下，为了获得较好的性能，必须对算法进行细致的调整。但是在某些情况下，算法经过调整之后性能仍无法达到要求，这时就必须寻求另外的方法来求解问题。

11.1　算法设计

算法是问题求解过程的精确描述，一个算法由有限条可完全机械地执行的、有确定结果的指令组成。指令正确地描述了要完成的任务和它们被执行的顺序。计算机按算法指令所描述的顺序执行算法的指令，能在有限的步骤内终止，或终止于给出问题的解，或终止于指出问题对此输入数据无解。

通常求解一个问题可能会有多种算法可供选择，选择的主要标准是算法的正确性、可靠性、简单性和易理解性。其次是算法所需要的存储空间少和执行速度更快等因素。

11.1.1　递归算法

直接或间接地调用自身的算法称为递归算法，直接或间接地调用自身的函数称为递归函数。在算法设计中，使用递归技术往往能使函数的定义和算法的描述简捷并且便于理解。下面就来研究几个实例。

例 11.1　用递归求阶乘 n!。

阶乘可用迭代表示如下：

$$\text{factorial}(n) = \begin{cases} 1, & n = 0 \\ n \times \text{factorial}(n-1), & n > 0 \end{cases}$$

用可递归编程如下：

```
//文件路径名:s11_1\factorial.h
int Factorial(int n)
//操作结果: 用递归求阶乘 n!
{
```

```
    if (n>0)
    {     //递归条件成立
          return n* Factorial(n-1);                    //递归调用
    }
    else
    {     //递归条件不成立
          return 1;                                    //递归结束
    }
}
```

下面对递归函数 factorial()进行分析，首先考虑基本情况，然后再由基本情况推算出其他情况，如表 11.1 所示。

表 11.1 factorial()返回值

函数调用	返回值	函数调用	返回值
factorial(0)	1	factorial(2)	2 * factorial(1)，即 2 * 1 * 1
factorial(1)	1 * factorial(0)，即 1 * 1	factorial(3)	3 * factorial(2)，即 3 * 2 * 1 * 1

简单递归通常都有对函数的入口进行测试的基本情况，上例中 n==0 就是基本情况，然后再将函数中的一个变量的表达式作为参数进行递归调用，如上例中递归调用 factorial(n−1)，最终将递归情况演化为基本情况，上例每次将 n 的值都减 1，直到 n 等于 0 的基本情况为止。

一般递归具有如下的形式：

```
if (<递归结束条件>)
{     //递归结束条件成立,结束递归部分
      递归结束部分;
}
else
{     //递归结束条件不成立,继续进行递归调用
      递归调用部分;
}
```

或

```
if (<递归调用条件> )
{     //递归调用条件成立,继续进行递归调用
     递归调用部分;
}
[else
{     //递归调用条件不成立,结束递归部分
      递归结束部分;
}]
```

说明：上面的方括号中的部分是可省略的部分，也就是当递归调用条件不成立时，结束递归，没有递归结束部分的情况。只要掌握上面的递归调用一般形式，大部分递归程序

都容易理解与掌握。

例 11.2　Fibonacci 数列递归算法。

无穷数列：0,1,1,2,3,5,8,13,…,称为 Fibonacci 数列,可以迭代定义如下：

$$f(n)=\begin{cases}0, & n=0\\ 1, & n=1\\ f(n-1)+f(n-2), & n>1\end{cases}$$

上面定义说明当 n 大于 1 时,数列的第 n 项是它的前面两项之和,用两个较小的自变量的函数值来确定一个较大的自变量的函数值,需要两个初值 f(0)与 f(1),可用递归函数实现如下：

```
//文件路径名: s11_2\fibonacci.h
int Fibonacci(int n)
//操作结果: 返回 Fibonacci 数列的第 n 项
{
    if (n==0)
    {    //递归结束条件成立
         return 0;                                     //终止递归调用
    }
    else if (n==1)
    {    //递归结束条件成立
         return 1;                                     //终止递归调用
    }
    else
    {    //递归结束条件不成立
         return Fibonacci(n-1)+Fibonacci(n-2);         //递归调用
    }
}
```

11.1.2　分治算法

分治算法与软件设计的模块化方法类似。为了解决一个大的问题,将一个规模为 n 的问题分解为规模较小的子问题,这些子问题一般和原问题相似。分别解这些子问题,最后将各个子问题的解合并得到原问题的解。子问题通常与原问题相似,可以递归地使用分治策略来解决。下面通过实例说明分治算法的应用。

例 11.3　Hanoi 塔问题。

传说在古代印度的贝拿勒圣庙里,安装着 3 根插至黄铜板上的宝石针,印度主神梵天在其中一根针上从下到上、由小到大的顺序放 64 片金圆盘,称为梵塔,然后要僧侣轮流值班把这些金圆盘移到另一根针上,移动时必须遵守如下规则：

(1) 每次只能移动一个圆盘；

(2) 任何时候大圆盘不能压在小圆盘之上；

(3) 盘片只允许套在 3 根针中的某一根上。

这位印度主神号称如果这64个圆盘全部移到另一根针上时，世界在一声霹雳中毁灭，Hanoi塔问题又称“世界末日”问题。图11.1为3阶Hanoi塔的初始情况。

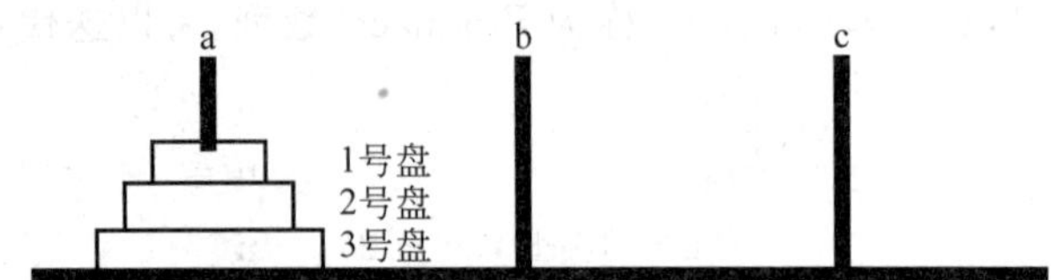

图11.1　3阶Hanoi塔问题的初始状态

对于n阶Hanoi塔问题Hanoi(n, a, b, c)，当n=0时，没圆盘可供移动，什么也不做；当n=1时，可直接将1号圆盘从a针移动到c针上；当n=2时，可先将1号圆盘移动到b针，再将2号圆盘移动到c针，最后将1号盘子移动到c针；对于一般n>0的一般情况可采用如下分治策略进行移动。

(1) 将1至n−1号圆盘从a针移动至b针，可递归求解Hanoi(n−1, a, c, b)；

(2) 将n号圆盘从a针移动至c针；

(3) 将1至n−1号圆盘从b针移动至c针，可递归求解Hanoi(n−1, b, a, c)。

具体实现如下：

```
//文件路径名：s11_3\hanoi.h
void Hanoi(int n,char a,char b,char c)
//操作结果：将a针上的直径由小到大，自上而下编辑为1~n的n个圆盘按规则移到c针
//上，b针可用作辅助针
{
    if (n>0)
    {     //递归条件成立
          Hanoi(n-1, a, c, b);       //将a针上编号为1~n-1的圆盘移到b针，c作辅助针
          cout<<"编号为"<<n<<"的圆盘从"<<a<<"针移到"<<c<<"针"<<endl;
             //将编号为n的圆盘从a针移到c针
          Hanoi(n-1, b, a, c);       //将b针上编号为1~n-1的圆盘移到c针，a作辅助针
    }
}
```

*11.1.3　回溯算法

回溯法可以系统地搜索一个问题的所有解。包含问题的所有解的解空间一般组织成树，也可以组织成图结构，按照先根遍历策略（解空间为树）或深度优先策略（解空间为图），从根结点出发搜索解空间树或从某结点出发搜索解空间图。算法搜索至解空间树（或图）的任一结点时，总是先判断该结点是否肯定不包含问题的解。如果肯定不包含，则跳过对该结点的系统搜索，逐层向其祖先结点回溯，否则，继续按先根遍历策略或深度优先策略进行搜索。回溯法用来求问题的所有解时，要回溯到根（或起始结点），且根结点的所有子树（或从起始结点出发的所有路径）都已被搜索过才结束。

应用回溯法解决问题时，首先应明确定义问题的解空间。问题的解空间应至少包含

问题的一个(最优)解。定义了问题的解空间后,还应将解空间很好地组织起来,使得用回溯法能方便地搜索整个解空间。通常将解空间组织成树或图的形式。确定了解空间的组织结构后,回溯法就从开始结点出发,以先根遍历方式或深度优先方式搜索整个解空间。这个开始结点就成为一个活结点(也就是从此结点可能得到问题解),同时也成为当前的扩展结点(也就是由此结点可能扩展得到其他新活结点)。在当前的扩展结点处,搜索向纵深方向移至一个新结点。这个新结点就成为一个新的活结点,并成为当前扩展结点。如果在当前的扩展结点处不能再向纵深方向移动,则当前的扩展结点就成为死结点(也就是由此结点不能得到问题的解)。换句话说,这个结点不再是一个活结点。此时,应往回移动(回溯)至最近的一个活结点处,并使这个活结点成为当前的扩展结点。回溯法即以这种工作方式递归地在解空间中搜索,直至找到所要求的解或解空间中已无活结点为止。

运用回溯法解题通常包含以下 3 个步骤：

(1) 针对特定问题,定义问题的解空间；

(2) 确定易于搜索的解空间结构；

(3) 以先根遍历方式或深度优先方式搜索解空间。

由于回溯法是对解空间的先根遍历或深度优先搜索,一般情况下可用如下形式的递归函数来实现：

```
void BackTrack (int i, int n)
//操作结果：假设已求得满足约束条件的部分解(x1,…, xi-1),从 xi起继续搜索,直到求
//得整个解(x1, x2, …, xn)
{
    if (i>n)
    {    //已求得解
        输出当前解;
    }
    else
    {    //回溯求解
        for (xi=start(i, n); xi<=end(i, n); xi++)
        {
            修改解的第 i 个元素为 xi;
            if ((x1, x2, …, xi)满足约束条件)
            {    //继续求下一个部分解
                BackTrack (i+1, n);
            }
            恢复解未修改前的状况;                    //回溯求新的解
        }
    }
}
```

其中形式参数 i 表示递归深度,n 用来控制递归深度。当 i>n 时,算法已搜索到一个叶子结点。此时输出当前解,算法的 for 循环中 start(i, n)和 end(i, n)分别表示在当前扩展结点处未搜索过的孩子结点(解空间为树)或邻接点(解空间为图)的起始编号和终止

编号。

例 11.4 求由 n 个元素组成的集合的幂集。

集合 A 的幂集是由集合 A 的所有子集所组成的集合。例如 A={1,2,3},则 A 的幂集为:

$$\rho(A) = \{\{1,2,3\},\{1,2\},\{1,3\},\{2,3\},\{1\},\{2\},\{3\},\{\}\}$$

幂集的每个元素是一个集合,它或是空集,或含集合 A 中一个元素,或含集合 A 中两个元素,或等于集合 A。反之,从集合 A 的每个元素来看,它只有两种状态:它或属于幂集,或不属于幂集。求幂集 ρ(A)的元素的过程可看成是依次对集合 A 中元素进行"取"或"舍(弃)"的过程,可用一棵如图 11.2 所示的二叉树来表示求解幂集元素过程的解空间。

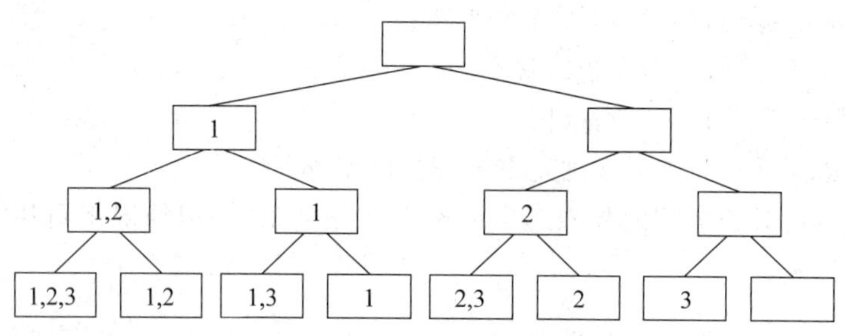

图 11.2 生成幂集的解空间树

树中的根结点表示幂集元素的初始状态(空集);叶子结点表示它的终结状态(如图 11.2 中8 个叶子结点表示 ρ(A)幂集的 8 个元素);第 i(i=2,3,…,n+1)层的分支结点表示已对集合 A 中前 i−1 个元素进行了取/舍处理的当前状态(左分支表示"取",右分支表示"舍")。因此求幂集元素的过程即为先根遍历这棵解空间树的过程,具体算法如下:

```
//文件路径名:s11_4\power_set.h
template<class ElemType>
void BackTrack(const LinkList<ElemType>&lA, LinkList<ElemType>&lB, int i=1)
//参数说明:线性表 lA 表示集合 A,线性表 lB 表示幂集 ρ(A)的一个元素,也就是 A 的子集,
//i 为当前正处理的 A 的元素,第一次调用时 i=1
//操作结果:求集合 A 的幂集
{
    if (i>lA.Length()) OutSolution(lB);          //输出当前的 lB,即 ρ(A)的一个元素
    else
    {
        ElemType e;                              //元素
        int len=lB.Length();                     //lB 的元素个数
        lA.GetElem(i, e);                        //取出 lA 第 i 个元素

        lB.Insert(len+1, e);                     //lB 中包含元素 e
        BackTrack(lA, lB, i+1);                  //递归处理 lA 的第 i+1 个元素
```

```
        lB.Delete(len+1, e);                    //lB 中不包含元素 e
        BackTrack(lA, lB, i+1);                 //递归处理 lA 的第 i+1 个元素
    }
}

template<class ElemType>
void PowerSet(const LinkList<ElemType>&lA)
//操作结果：求集合 A 的幂集
{
    LinkList<ElemType>  lB;                     //表示 A 的子集
    BackTrack(lA, lB);                          //输出集合 A 的幂集
}
```

11.2　算法分析

算法是计算机应用的核心。计算机系统、系统软件的设计和为解决计算机的各种应用项目所做的设计都可归纳为算法设计。前面已讨论了各种典型的算法设计方法，本节主要分析这些算法的时间需求，将介绍递归分析和生成函数分析技术。

11.2.1　递归分析

递归函数包含递归结束部分和递归调用部分，递归结束部分可以直接解决而不需要再次进行递归调用，递归调用部分则包含对算法的一次或者多次递归调用。一般设 T(n) 表示规模为 n 的基本操作的运行次数，不断通过迭代将 T(n)转换为递归结束部分，在递归结束时可直接写出 T(n)的值，下面通过实例说明递归分析。

例 11.5　分析例 11.3 中的 Hanoi 塔问题移动圆盘的次数。

设 T(n)表示 n 个圆盘的 Hanoi 塔问题移动圆盘的次数，显然 T(0)=0，对于 n>0 的一般情况采用如下分治策略：

(1) 将 1 至 n−1 号圆盘从 a 针移动至 b 针，可递归求解 Hanoi(n−1, a, c, b)；

(2) 将 n 号圆盘从 a 针移动至 c 针；

(3) 将 1 至 n−1 号圆盘从 b 针移动至 c 针，可递归求解 Hanoi(n−1, b, a, c)。

在步骤(1)与步骤(3)中需要移动圆盘次数 T(n−1)，步骤(2)需要移动一次圆盘。可得如下的关系：

$$T(n) = 2T(n-1) + 1$$

展开上式可得：

$$\begin{aligned}T(n) &= 2T(n-1) + 1\\ &= 2[2T(n-2) + 1] + 1\\ &= 2^2T(n-2) + 1 + 2\\ &\ \ \vdots\end{aligned}$$

$$= 2^n T(n-n) + 1 + 2 + \cdots + 2^{n-1}$$
$$= 2^n - 1$$

可见移动圆盘次数是 n 的指数函数，随 n 的增长，比较次数增长非常快，因此在运行 Hanoi 塔算法的程序时，n 值不能太大，否则程序可能要几年时间或更长时间才运行结束(可在 n=64 时运行程序试试)。

**11.2.2 利用生成函数进行分析

利用生成函数进行算法分析的主要目的是求出数列$\{a_0, a_1, a_2, \cdots, a_n, \cdots\}$中诸项的值的具体表达式，此序列是度量某种性能的参数，本节将用生成函数来表示整个数列。

定义：设$\{a_0, a_1, a_2, \cdots, a_n, \cdots\}$是一个数列，如下幂级数：

$$G(x) = a_0 + a_1 x + \cdots + a_n x^n + \cdots = \sum_{n=0}^{\infty} a_n x^n$$

称为数列$\{a_0, a_1, a_2, \cdots, a_n, \cdots\}$的生成函数。

为方便起见，一般将数列$\{a_0, a_1, a_2, \cdots, a_n, \cdots\}$简记为$\{a_n\}$。

如果数列$\{a_n\}$的通项 a_n 采用递归定义，为求出存在的 a_n 的非递归表示，生成函数是很有用的。由数列$\{a_n\}$的生成函数可以求得序列$\{a_n\}$的通项。首先假设对 x 的某些值，数列生成函数是收敛的，并能求得生成函数的解析表达式。然后将生成函数重新展开成 x 的幂级数，那么展开式中 x^n 项的系数就是原数列的通项 a_n 的解析表达式。

例 11.6 求例 11.2 中的 Fibonacci 数列通项的表达式。

Fibonacci 数列为：0, 1, 1, 2, 3, 5, 8, 13, …，设通项为 a_n，则有如下关系式：

$$a_n = a_{n-1} + a_{n-2} \quad (n > 1, a_0 = 0, a_1 = 1)$$

则数列$\{a_n\}$的生成函数为

$$G(x) = a_0 + a_1 x + a_2 x^2 + a_3 x^3 + \cdots \tag{11.1}$$

则有

$$xG(x) = a_0 x + a_1 x^2 + a_2 x^3 + a_3 x^4 + \cdots \tag{11.2}$$

$$x^2 G(x) = a_0 x^2 + a_1 x^3 + a_2 x^4 + a_3 x^5 + \cdots \tag{11.3}$$

由式(11.1)−式(11.2)−式(11.3)得：

$$(1 - x - x^2)G(x) = a_0 + (a_1 - a_0)x + (a_2 - a_1 - a_0)x^2 + (a_3 - a_2 - a_1)x^3 + \cdots = x$$

所以有：

$$G(x) = \frac{x}{1 - x - x^2}$$

方程 $1-x-x^2=0$ 的根为 $x_1 = \frac{-1+\sqrt{5}}{2}$，$x_2 = \frac{-1-\sqrt{5}}{2}$，可知：

$$1 - x - x^2 = -(x - x_1)(x - x_2)$$

设：

$$G(x) = \frac{x}{1 - x - x^2} = \frac{-x}{(x - x_1)(x - x_2)} = \frac{c_1}{x - x_1} + \frac{c_2}{x - x_2}$$

其中 c_1 与 c_2 是两个待定数，则有：

$$-x = c_1(x - x_2) + c_2(x - x_1)$$

可得如下的方程：

$$\begin{cases} c_1 + c_2 = -1 \\ x_2 c_1 + x_1 c_2 = 0 \end{cases}$$

解得：

$$c_1 = \frac{x_1}{x_2 - x_1} = \frac{\frac{-1+\sqrt{5}}{2}}{\frac{-1-\sqrt{5}}{2} - \frac{-1+\sqrt{5}}{2}} = \frac{1-\sqrt{5}}{2\sqrt{5}}$$

$$c_2 = \frac{x_2}{x_1 - x_2} = \frac{\frac{-1-\sqrt{5}}{2}}{\frac{-1+\sqrt{5}}{2} - \frac{-1-\sqrt{5}}{2}} = \frac{-1-\sqrt{5}}{2\sqrt{5}}$$

由于：

$$\frac{c_1}{x - x_1} = -\frac{c_1}{x_1} \cdot \frac{1}{1 - \frac{x}{x_1}} = -\frac{c_1}{x_1} \sum_{n=0}^{\infty} \left(\frac{x}{x_1}\right)^n = \frac{1}{\sqrt{5}} \sum_{n=0}^{\infty} \left(\frac{1+\sqrt{5}}{2}\right)^n x^n$$

$$\frac{c_2}{x - x_2} = -\frac{c_2}{x_2} \cdot \frac{1}{1 - \frac{x}{x_2}} = -\frac{c_2}{x_2} \sum_{n=0}^{\infty} \left(\frac{x}{x_2}\right)^n = -\frac{1}{\sqrt{5}} \sum_{n=0}^{\infty} \left(\frac{1-\sqrt{5}}{2}\right)^n x^n$$

所以有：

$$G(x) = \frac{1}{\sqrt{5}} \sum_{n=0}^{\infty} \left[\left(\frac{1+\sqrt{5}}{2}\right)^n - \left(\frac{1-\sqrt{5}}{2}\right)^n\right] x^n = \sum_{n=0}^{\infty} a_n x^n$$

可得：

$$a_n = \frac{1}{\sqrt{5}} \left[\left(\frac{1+\sqrt{5}}{2}\right)^n - \left(\frac{1-\sqrt{5}}{2}\right)^n\right]$$

11.3 深入学习导读

王晓东编著的《计算机算法设计与分析（第 2 版）》[11]、Anany Levitin 著，潘彦译的 Introduction to the Design and Analysis of Algorithms. Second Edition 算法设计与分析基础(第 2 版)[9] 和 Sartaj Sahni 著，汪诗林、孙晓东译的《ADTs, Data Structures, Algorithms, and Application in C++ 数据结构、算法与应用：C++ 语言描述》[6]都对各种算法设计方法进行了系统的介绍，是本书算法设计的主要参考书。

冼镜光编著的《C 语言名题精选百则技巧篇》[21]提供了大量的算法设计实例。

耿素云、屈婉玲、王捍贫编著的《离散数学教程》[25]与 Robert Sedgewick, Philippe Flajolet 著的，冯学武、斐伟东等译的《算法分析导论》[10]都详细介绍了生成函数理论，并且也对递归(递推)分析技术进行深入的讲解。

11.4 习　题　11

11-1 Ackerman 函数 Ack(m, n)有两个独立的整型变量 $m \geqslant 0$ 和 $n \geqslant 0$，具体定义如下：

$$Ack(m,n) = \begin{cases} n+1 & 若\ m=0 \\ Ack(m-1,1) & 若\ n=0 \\ Ack(m-1, Ack(m,n-1)) & 其他情形 \end{cases}$$

试编写 Ack(m, n) 的递归算法。

11-2 设 n 与 m 是正整数，m^n 就是将 m 连乘 n 次，这是一个很没有效率的方法。试采用递归算法来降低乘法次数。

11-3 试采用分治策略求数组中元素的最大值。

*11-4 n 皇后问题：要求在一个 $n \times n$ 的棋盘上放置 n 个皇后，要求放置的 n 个皇后不会互相吃掉；皇后棋子可以吃掉任何它所在的那一行、那一列，以及那两条对角线上的任何棋子。

附录A 调和级数

从 1 到 n 的倒数之和称为调和级数，记为 H(n)，也就是

$$H(n) = \sum_{i=1}^{n} \frac{1}{i} \tag{A1}$$

下面将导出 H(n)的一个性质，首先分析定积分 $\int_1^n \frac{1}{x}dx = \ln n$，当 $i<x<i+1$ 时，$\frac{1}{x}<\frac{1}{i}$，所以有

$$\ln n = \int_1^n \frac{1}{x}dx = \sum_{i=1}^{n-1}\int_i^{i+1} \frac{1}{x}dx < \sum_{i=1}^{n-1}\int_i^{i+1} \frac{1}{i}dx < \sum_{i=1}^{n-1} \frac{1}{i} = H(n) - \frac{1}{n}$$

可得

$$\ln n < H(n) \tag{A2}$$

同样地，当 $i<x<i+1$ 时，$\frac{1}{x}>\frac{1}{i+1}$，所以有

$$\ln n = \int_1^n \frac{1}{x}dx = \sum_{i=1}^{n-1}\int_i^{i+1} \frac{1}{x}dx > \sum_{i=1}^{n-1}\int_i^{i+1} \frac{1}{i+1}dx > \sum_{i=1}^{n-1} \frac{1}{i+1} = H(n) - 1$$

可得

$$H(n) < \ln n + 1 \tag{A3}$$

由式(A.1)与式(A.2)可得

$$\ln n < H(n) < \ln n + 1 \tag{A4}$$

附录B 课本的软件包

本书开发的软件包主要是针对所学的数据结构，在习题中经常使用这些软件包，此处将列出本书的所有软件包，包括软件包名称，涉及的头文件，测试程序所在的文件夹，在课本中出现的章节号。

名 称	头 文 件	测试程序文件夹	课本章节
实用程序软件包	utility. h	test_utility	1.5 节
顺序表	sq_list. h	test_sq_list	2.2 节
简单线性链表	simple_lk_list. h node. h	test_simple_lk_list	2.3.1 节
简单循环链表	simple_circ_lk_list. h node. h	test_simple_circ_lk_list	2.3.2 节
简单双向链表	simple_dbl_lk_list. h dbl_node. h	test_ simple_dbl_lk_list	2.3.3 节
线性链表	lk_list. h node. h	test_lk_list	2.3.4 节
循环链表	circ_lk_list. h node. h	test_circ_lk_list	2.3.4 节
双向链表	dbl_lk_list. h dbl_node. h	test_ dbl_lk_list	2.3.4 节
多项式	polynomial. h poly_item. h lk_list. h node. h	test_ polynomial	2.4 节
顺序栈	sq_stack. h	test_sq_stack	3.1.2 节
链式栈	lk_stack. h node. h	test_lk_stack	3.1.3 节
链队列	lk_queue. h node. h	test_lk_queue	3.2.2 节
循环队列	sq_ queue. h	test_sq_queue	3.2.3 节

续表

名　　称	头　文　件	测试程序文件夹	课本章节
串	string. h lk_list. h node. h	test_string	4.2 节
KMP 算法	kmp_match. h string. h lk_list. h node. h	test_kmp_match	4.3.3 节
数组	array. h	test_array	5.1.3 节
矩阵	matrix. h	test_matrix	5.2.1 节
三对角矩阵	tri_diagonal_matrix. h	test_tri_diagonal_matrix	5.2.2 节
下三角矩阵	lower_triangular_matrix. h	test_lower_triangular_matrix	5.2.2 节
对称矩阵	symmetry_matrix. h	test_symmetry_matrix	5.2.2 节
稀疏矩阵三元组顺序表	tri_sparse_matrix. h triple. h	test_tri_sparse_matrix	5.2.3 节
稀疏矩阵十字链表	cro_sparse_matrix. h cro_node. h triple. h	test_cro_sparse_matrix	5.2.3 节
引用数法广义表	ref_gen_list. h ref_gen_node. h	test_ref_gen_list	5.3.2 节
使用空间法广义表	gen_list. h use_space_list. h gen_node. h node. h	test_use_space_gen_list	5.3.2 节
m 元多项式	mpolynomial. h mpolynomial_node. h use_space_list. h node. h	test_ mpolynomial	5.4.2 节
顺序存储二叉树	sq_binary_tree. h sq_bin_tree_node. h lk_queue. h node. h	test_sq_binary_tree	6.2.3 节
二叉链表二叉树	binary_tree. h bin_tree_node. h lk_queue. h node. h	test_binary_tree	6.2.3 节
三叉链表二叉树	tri_lk_binary_tree. h tri_lk_bin_tree_node. h lk_queue. h node. h	test_tri_lk_binary_tree	6.2.3 节

续表

名　　称	头　文　件	测试程序文件夹	课本章节
先序线索二叉树	pre_thread_binary_tree. h thread_bin_tree_node. h binary_tree. h bin_tree_node. h lk_queue. h node. h	test_pre_thread_binary_tree	6. 4. 2 节
中序线索二叉树	in_thread_binary_tree. h thread_bin_tree_node. h binary_tree. h bin_tree_node. h lk_queue. h node. h	test_in_thread_binary_tree	6. 4. 2 节
后序线索二叉树	post_thread_binary_tree. h post_thread_bin_tree_node. h tri_lk_binary_tree. h tri_lk_bin_tree_node. h lk_queue. h node. h	test_post_thread_binary_tree	6. 4. 2 节
双亲表示树	parent_tree. h parent_tree_node. h lk_queue. h node. h	test_ parent_tree	6. 5. 1 节
孩子双亲表示树	child_parent_tree. h child_parent_tree_node. h lk_list. h lk_queue. h node. h	test_child_parent_tree	6. 5. 1 节
孩子兄弟表示树	child_sibling_tree. h child_sibling _tree_node. h lk_queue. h node. h	test_child_sibling_tree	6. 5. 1 节
双亲表示森林	parent_forest. h parent_tree_node. h lk_queue. h node. h	test_parent_forest	6. 5. 3 节
孩子双亲表示森林	child_parent_forest. h child_parent_tree_node. h lk_list. h lk_queue. h node. h	test_child_parent_forest	6. 5. 3 节

续表

名　称	头　文　件	测试程序文件夹	课本章节
孩子兄弟表示森林	child_sibling_forest. h child_ sibling _tree_node. h lk_queue. h node. h	test_child_sibling_forest	6.5.3 节
哈夫曼树	huffman_tree. h huffman_tree_node. h string. h lk_list. h node. h	test_huffman_tree	6.6.4 节
简单等价类	simple_equivalence. h	test_simple_equivalence	6.8.1 节
等价类	equivalence. h	test_equivalence	6.8.1 节
邻接矩阵有向图	adj_matrix_dir_graph. h	test_adj_matrix_dir_graph	7.2.1 节
邻接矩阵无向图	adj_matrix_undir_graph. h	test_adj_matrix_undir_graph	7.2.1 节
邻接矩阵有向网	adj_matrix_dir_network. h	test_adj_matrix_dir_network	7.2.1 节
邻接矩阵无向网	adj_matrix_undir_network. h	test_adj_matrix_undir_network	7.2.1 节
邻接表有向图	adj_list_dir_graph. h adj_list_graph_vex_node. h lk_list. h node. h	test_adj_list_ dir_graph	7.2.2 节
邻接表无向图	adj_list_undir_graph. h adj_list_graph_vex_node. h lk_list. h node. h	test_adj_list_ undir_graph	7.2.2 节
邻接表有向网	adj_list_dir_network. h adj_list_network_edge. h adj_list_network_vex_node. h lk_list. h node. h	test_adj_list_ dir_network	7.2.2 节
邻接表无向网	adj_list_undir_network. h adj_list_network_edge. h adj_list_network_vex_node. h lk_list. h node. h	test_adj_list_un dir_network	7.2.2 节
Prim 算法	prim. h adj_matrix_undir_network. h	test_prim	7.4.1 节
Kruskal 算法	kruskal. h adj_list_undir_network. h adj_list_network_edge. h adj_list_network_vex_node. h lk_list. h node. h	test_kruskal	7.4.2 节

续表

名　　称	头　文　件	测试程序文件夹	课本章节
拓扑排序算法	top_sort. h adj_matrix_dir_graph. h lk_queue. h node. h	test_top_sort	7.5.1 节
关键路径算法	critical_path. h adj_matrix_dir_network. h lk_queue. h lk_stack. h node. h	test_critical_path	7.5.2 节
最短路径迪杰斯特拉算法	shortest_path_dij. h adj_matrix_dir_network. h	test_shortest_path_dij	7.6.1 节
最短路径弗洛伊德算法	shortest_path_floyd. h adj_list_dir_network. h adj_list_network_edge. h adj_list_network_vex_node. h lk_list. h node. h	test_shortest_path_floyd	7.6.2 节
顺序查找算法	sq_search. h	test_sq_search	8.2.1 节
折半查找算法	bin_search. h	test_bin_search	8.2.2 节
二叉排序树	binary_sort_tree. h bin_tree_node. h lk_queue. h node. h	test_binary_sort_tree	8.3.1 节
二叉平衡树	binary_avl_tree. h bin_avl_tree_node. h lk_queue. h lk_stack. h node. h	test_binary_avl_tree	8.3.2 节
散列表	hash_table. h	test_hash_table	8.4.4 节
插入排序算法	insert_sort. h	test_insert_sort	9.2 节
Shell(希尔)排序算法	shell_sort. h	test_shell_sort	9.3 节
起泡排序算法	bubble_sort. h	test_bubble_sort	9.4.1 节
快速排序算法	quick_sort. h	test_quick_sort	9.4.2 节
简单选择排序算法	simple_selection_sort. h	test_simple_selection_sort	9.5.1 节
堆排序算法	heap_sort. h	test_heap_sort	9.5.2 节
简单归并排序算法	simple_merge_sort. h	test_ simple_merge_sort	9.6 节
归并排序算法	merge_sort. h	test_merge_sort	9.6 节
基数排序算法	radix_sort. h lk_list. h node. h	test_radix_sort	9.7 节

附录C 实验题目

(1) 不带头结点形式的单链表：实现不带头结点形式的单链表。

(2) 改造串类：对本书的字符串 String 类操作较少，试重载字符串连接运算符＋、重载字符串流输入运算符＞＞与输出运算符＜＜实现一个功能更强的类 CString。

(3) 引用数法使用空间表法广义表存储结构：试将引用数法与使用空间表法结合起来实现广义表存储结构。

(4) 改进哈夫曼树类模板：试对本书的哈夫曼树类模板的方法 EnCode 加以改进，将查找字符位置通过指向函数的指针来实现，在具体应用时可进行优化，进而提高算法效率。

(5) 改造最小生成树的 Kruskal 算法的实现：改进本书实现的求最小生成树的 Kruskal 算法，用快速排序等高级排序算法对边按权值进行排序，用等价关系判断两个结点是否属于同一棵自由树以及合并自由树。

(6) 链地址法处理冲突的散列表：试实现用除留余数法构造散列表，链地址法处理冲突的散列表类模板。

(7) 优化快速排序算法的实现：用赋值语句代替交换两个数据元素的方法来优化快速排序算法与堆排序，试实现优化后的算法。

(8) n 皇后问题：要求在一个 n×n 的棋盘上放置 n 个皇后，放置的 n 个皇后不会互相吃掉；皇后棋子可以吃掉任何它所在的那一行、那一列，以及那两条对角线上的任何棋子。

附录 D　课程设计项目

D1　算术表达式求值

1. 问题描述

从键盘上输入中缀算术表达式,包括括号,计算出表达式的值。

2. 基本要求

(1) 程序能对所输入的表达式作简单的判断,如表达式有错,能给出适当的提示,比如括号不匹配时,将显示“括号不匹配”。

(2) 能处理单目运算符:+,-。

D2　简单文本编辑器

1. 问题描述

设计一个文本编辑器,允许将文件读到内存中,也就是存储在一个缓冲区中。这个缓冲区将作为一个类的内嵌对象实现。缓冲区中的每行文本是一个字符串,将每行存储在一个双向链表的结点中,并设计在缓冲区中的行上的各种操作和在单个行中的字符上执行的字符串操作的编辑命令。

2. 基本要求

(1) 文本编辑器至少包含如下命令列表,这些命令可用大写或小写字母键入。

R:读取文本文件到缓冲区中,缓冲区中以前的任何内容将丢失,当前行是文件的第1行。

W:将缓冲区的内容写入文本文件,当前行或缓冲区均不改变。

I:插入单个新行,用户必须在恰当的提示符的响应中输入新行并提供其行号。

D:删除当前行并移到下一行。

F:可以从第1行开始或从当前行开始,查找包含有用户请求的目标串的第1行。

C:将用户请求的字符串修改成用户请求的替换文本,可选择是仅在当前行中有效还是对全部文件有效。

Q:退出编辑器,立即结束。

H：显示解释所有命令的帮助消息，程序也接受？作为 H 的替代者。
N：当前行移到下一行，也就是移到缓冲区中进一行。
P：当前行移到上一行，也就是移到缓冲区中退一行。
B：当前行移到开始处，也就是移到缓冲区的第 1 行。
E：当前行移到结束处，也就是移到缓冲区的最后一行。
G：当前行移到缓冲区中用户指定的行号。
V：查看缓冲区的全部内容，打印到终端上。
(2) 如能力与时间许可，可提供撤销操作，也就是回到上一步操作之前的状态。

D3 压缩软件

1. 问题描述

用哈夫曼编码设计一个压缩软件，能对输入的任何类型的文件进行哈夫曼编码，产生编码后的文件——压缩文件；也能对输入的压缩文件进行译码，生成压缩前的文件——解压文件。

2. 基本要求

要求编码/译码效率尽可能高。

**D4 公园导游系统

1. 问题描述

给出一张某公园的导游图，游客可以通过终端询问从某一景点到另一景点的最短路径。能显示游客从公园大门进入，使游客可以不重复地游览各景点，最后回到公园大门的路线，这样的路线可能有多条，最多显示指定路线的条数。

2. 基本要求

(1) 将导游图作为带权无向图，顶点表示公园的各个景点，边表示各景点之间的道路，边上的权值表示距离。
(2) 将导游图信息存入一文件中，程序运行时可自动读入文件建立相关数据结构。
(3) 显示线路时应同时显示线路长度。

*D5 专家系统应用——动物游戏

1. 问题描述

动物游戏是一个古老的游戏，游戏有两个参与者——玩者和猜者。玩者要求想一个动物，猜者要尽力猜它。猜者要问玩者一系列的是/否的问题，例如：

猜者：是陆生的吗？假如玩者回答“是”，那么猜者可以不考虑不生活在陆地上的动

物,并且用这个信息产生下一个问题,诸如:

猜者:有翅膀吗?问题的答案允许猜者不考虑有翅膀动物或者没有翅膀的动物来猜测。基于玩者的答复,仔细陈述每一个问题让猜者不考虑一大群动物,最后,通过这些给定的特征,猜者知道仅有一种动物:

猜者:你想动物是象吗?假如猜者是对的,那么他或她就赢了这个游戏,否则,玩者赢了该游戏,猜者问玩者:

猜者:你想的是什么动物呢?

玩者:猪。

猜者:象和猪有什么不同?

玩者:象有长鼻子,而猪则没有。

通过记住新的动物以及他或她所猜的动物和新动物的区别,猜者学会了区分这两种动物。

2. 基本要求

(1) 程序的用户作为玩者的角色,计算机是猜者的角色。

(2) 程序保存了一个基本问题的知识,每一个问题让它减少考虑中的动物数。当程序已经减少它的考虑范围仅一只动物时,它就猜这个动物。假如猜者是对的,程序赢了,否则,程序问玩者他或她想的动物名字。然后,问如何区分新的动物和所猜的动物。然后它保存这个问题并且储存这个新的动物在下一次玩的游戏的基本知识中。

(3) 每一次学到的新动物的特征,就被这个程序加入到基本知识中。随着时间的流逝,程序的基本知识在增长,玩者想出不在基本知识中的动物变得越来越难——这个程序在猜动物时变成一位专家。在某些领域通过用一些基本知识来陈述专家见解的程序叫做专家系统,专家系统的研究是人工智能的一个分支。尽管大部分专家系统使用程序不能修改的固定知识,动物游戏的程序是一个特殊的自学习专家系统的例子,因为当它们遇见新的情况时它们增加新的动物到它的基本知识里。这一改变基本知识的能力,使得动物程序能模仿学习的过程。

*D6 词典变位词检索系统

1. 问题描述

在英文中,把某个单词字母的位置(顺序)加以改变所形成的新字词,英文叫做anagram,不妨译为变位词。譬如 said(say 的过去式)就有 dais(讲台)这个变位词。在中世纪,这种文字游戏盛行于欧洲各地,当时很多人相信一种神奇的说法,认为人的姓名倒着拼所产生的意义可能跟本性和命运有某种程度的关联。所以除了消遣娱乐之外,变位词一直被很严肃地看待,很多学者穷尽毕生精力在创造新的变位词。本项目要求词典检索系统实现变位词的查找功能。

2. 基本要求

(1) 用文件 diction.txt 存储词典。

(2) 尽力改进算法效率。

附录E　实验报告格式

实验题目

1. 目标与要求

由老师公布，说明实验的具体目标以及实现要求。

2. 工具/准备工作

在开始做实验前，应回顾或复习相关的内容；准备需要的硬件设施与考虑需要安装哪些C++集成开发环境软件。

3. 实验分析

分析算法设计方法、类结构与主要算法实现原理等内容。

4. 实验步骤

详细介绍实验操作步骤。

5. 测试与结论

粘贴实验程序运行的图像，并加以简单的文字说明，注意程序运行时要尽量覆盖算法的各种情况，最后得到实验程序是否满足实验目标与要求。

6. 实验总结

主要说明算法的其他实现方法、功能扩展、相关实验最有价值的内容，在哪些方面需要进一步了解或得到帮助，以及编程实现实验的感悟等内容。

注：如没有某些内容（例如没有算法的其他实现方法、功能扩展），则不填写相应内容。

附录 F　课程设计报告格式

课程设计题目

1. 问题描述

由老师公布，描述课程设计的内容、约束条件、要求达到的目标等内容。

2. 基本要求

由老师公布，对课程设计项目应达到的基本要求，作者实现时，在满足基本要求的情况下可扩展课程设计的功能。

3. 工具/准备工作

在开始做课程设计项目前，应回顾或复习相关的内容；需要的硬件设施与需要安装哪些 C++ 集成开发环境软件。

4. 分析与实现

分析课程设计项目的实现方法，采用适当的数据结构与算法，并写出类声明与核心算法实现代码。

5. 测试与结论

粘贴课程设计程序运行的图像，并加以简单的文字说明，注意程序运行要尽量覆盖算法的各种情况，最后得到课程设计程序是否满足课程设计题目的要求。

6. 课程设计总结

主要说明算法的其他实现方法、功能扩展、相关课程设计项目最有价值的内容，在哪些方面需要进一步了解或得到帮助，以及编程实现课程设计项目的感悟。

注：如没有某些内容(例如没有算法的其他实现方法、功能扩展)，则不填写相应内容。

参考文献

[1] Robert L. Kruse，Alexander J. Ryba. Data Structures and Program Design in C++. BEIJING Higher Education Press Pearson Education，2002.

[2] Cliford A. Shaffer. A Practical Introduction to Data Structures and Algorithm Analysis. Second Edition. Beijing Publishing House of Election Industry，2002.

[3] Adam Drozdek. Data Structures and Algorithms In C++. Third Edition. 郑岩，战晓苏译. 数据结构与算法——C++版(第3版). 北京：清华大学出版社，2006.

[4] D. S. Malik. Data Structures Using C++. 王海涛，丁炎炎译. 数据结构——C++版. 北京：清华大学出版社，2004.

[5] Larry Nyhoff. ADTs，Data Structures and Problem Sovling with C++. Second Edition. 黄达明等译. 数据结构与算法分析——C++语言描述(第2版). 北京：清华大学出版社，2006.

[6] Sartaj Sahni. ADTs，Data Structures，Algorithms，and Application in C++. 汪诗林，孙晓东译. 数据结构、算法与应用：C++语言描述. 北京：机械工业出版社，2000.

[7] Bruno R. Preiss. Data Structures and Algorithms with Object-Oriented Design Patterns in C++. 胡广斌，王崧，惠民等译. 数据结构与算法——面向对象的C++设计模式. 北京：电子工业出版社，2003.

[8] Yedidyah Langsam，Moshe J. Augenstein，Aaron M. Tenenbaum. Data Structures Using C and C++. Second Edition. 李化，潇东译. 数据结构C和C++语言描述. 北京：清华大学出版社，2004.

[9] Anany Levitin. Introduction to the Design and Analysis of Algorithms. Second Edition. 潘彦译. 算法设计与分析基础(第2版). 北京：清华大学出版社，2007.

[10] Robert Sedgewick，Philippe Flajolet. An Introduction to the Algorithms. 冯学武，斐伟东等译. 算法分析导论. 北京：机械工业出版社，2006.

[11] 王晓东编著. 计算机算法设计与分析（第2版）. 北京：电子工业出版社，2006.

[12] 严蔚敏，吴伟民编著. 数据结构(C语言版). 北京：清华大学出版社，2003.

[13] 殷人昆，陶永雷，谢若阳，盛绚华编著. 数据结构(用面向对象方法与C++描述). 北京：清华大学出版社，2002.

[14] 金远平编著. 数据结构(C++描述). 北京：清华大学出版社，2005.

[15] 齐德昱编著. 数据结构与算法. 北京：清华大学出版社，2003.

[16] Walter Savitch. Problem Solving with C++：The Object of Programming（4th Edition）. 周靖译. C++面向对象程序设计——基础、数据结构与编程思想(第4版). 北京：清华大学出版社，2004.

[17] Brian Overland. C++ IN PLAIN ENGLISH（Second Edition）. 董梁，李君成，李自更等译. C++语言命令详解. 北京：电子工业出版社，2003.

[18] AI Stevens. Teach Yourself C++. 林瑶，蒋晓红，彭卫宁等译. C++大学自学教程(第7版). 北京：电子工业出版社，2004.

[19] 李涛，游洪跃，陈良银，李琳编. C++：面向对象程序设计. 北京：高等教育出版社，2005.

[20] 陈良银，游洪跃，李旭伟主编. C语言程序设计(C99版）. 北京：清华大学出版社，2006.

[21] 冼镜光编著. C语言名题精选百则技巧篇. 北京：机械工业出版社，2005.

[22] 张筑生编著. 数据分析新讲 第一册. 北京：北京大学出版社，2004.
[23] 张筑生编著. 数据分析新讲 第二册. 北京：北京大学出版社，2004.
[24] 张筑生编著. 数据分析新讲 第三册. 北京：北京大学出版社，2004.
[25] 耿素云，屈婉玲，王捍贫编著. 离散数学教程. 北京：北京大学出版社，2004.
[26] 王栋主编. 数学手册. 北京：科学技术文献出版社，2007.
[27] Cook, S. A. The complexity of theorem-proving procedures. In Proceedings of the Third Annual ACM Symposium on the Theory of Computing, 1971, 151-158.
[28] Levin, L. A. Universal sorting problems. Problemy Peredachi Informatsii, vol. 9, no. 3, 1973, 115-116 (in Russian). English translation in Problems of Information Transmission, vol. 9, 265-266.